Schummelseite

Die Welt der Physik ist voller Gleichungen. Hier eine Liste der wichtigsten Formeln zum Nachschlagen, übersichtlich nach Themen sortiert (in den einzelnen Kapiteln des Buches gibt es noch mehr):

Rotationsbewegungen

✔ $\omega = \Delta\theta \,/\, \Delta t$

✔ $\alpha = \Delta\omega \,/\, \Delta t$

✔ $\theta = \omega_0 \cdot (t_\mathrm{E} - t_\mathrm{A}) + \dfrac{1}{2}\,\alpha \cdot (t_\mathrm{E} - t_\mathrm{A})^2$

✔ $\omega_\mathrm{E}^2 - \omega_\mathrm{A}^2 = 2\alpha\theta$

✔ $s = r\theta$

✔ $v = r\omega$

✔ $a = r\alpha$

✔ $a_\mathrm{Z} = v^2 \,/\, r$

✔ $F_\mathrm{Z} = mv^2 \,/\, r$

Elektrizität und Magnetismus

✔ $F = kq_1q_2 \,/\, r^2$

✔ $E = F \,/\, q$

✔ $W = qU$

✔ $C = \kappa\varepsilon_0\, A \,/\, s$

✔ $E = \dfrac{1}{2}\,CU^2$

✔ $U = I \cdot R$

✔ $P = I \cdot U = U^2 \,/\, R = I^2 \cdot R$

✔ $F = qvB \cdot \sin\theta$

✔ $r = mv \,/\, qB$

✔ $F = I\ell B \cdot \sin\theta$

Schummelseite

Kräfte

- ✔ $\Sigma F = ma$
- ✔ $F_{R} = \mu F_{N}$
- ✔ $F_{G} = Gm_1 m_2 / r^2$

Magnetfeld einer Leiterschleife

- ✔ $B = N\mu_0 I / (2R)$

Magnetfeld einer Zylinderspule

- ✔ $B = \mu_0 nI$

Magnetfeld eines Drahts

- ✔ $B = \mu_0 I / 2\pi r$

Spiegel und Linsen

- ✔ $1 / a_G + 1 / a_B = 1 / f$
- ✔ $m = - a_B / a_G$

Trägheitsmomente

- ✔ dünnwandiger Hohlzylinder mit Radius r, der um seine Mittelachse rotiert: $I = mr^2$

- ✔ homogener Zylinder mit Radius r, der um seine Zylinderachse rotiert: $I = \frac{1}{2} mr^2$

- ✔ Hohlkugel mit Radius r, die um eine Achse durch ihren Mittelpunkt rotiert: $I = \frac{2}{3} mr^2$

- ✔ homogene Kugel mit Radius r, die um eine Achse durch ihren Mittelpunkt rotiert: $I = \frac{2}{5} mr^2$

- ✔ Reifen mit Radius r, der um seine Mittelachse rotiert (zum Beispiel Riesenrad): $I = mr^2$

- ✔ punktförmige Masse im Radius r: $I = mr^2$

- ✔ Stab der Länge r, der um eine senkrecht zum Stab stehende Achse durch seinen Mittelpunkt rotiert: $I = \frac{1}{12} mr^2$

Schummelseite

Bewegung

✔ $v = \Delta x / \Delta t$

$= (x_E - x_A) / (t_E - t_A)$

✔ $a = \Delta v / \Delta t$

$= (vE - vA) / (tE - tA)$

✔ $s = v_A \cdot (t_E - t_A) + \dfrac{1}{2} a \cdot (t_E - t_A)^2$

✔ $v_E{}^2 - v_A{}^2 = 2as = 2a \cdot (x_E - x_A)$

Einfache harmonische Bewegung

✔ $x = A \cdot \cos\omega t$

✔ $v_x = -A\omega \cdot \sin\omega t$

✔ $a_x = -A\omega^2 \cdot \cos\omega t$

Thermodynamik

✔ $^\circ C = \dfrac{5}{9} \cdot (^\circ F - 32)$

✔ $^\circ F = \dfrac{9}{5} \cdot (^\circ C + 32)$

✔ $K = {}^\circ C + 273{,}15$

✔ $Q = cm\Delta T$

✔ $Q = kAt\Delta T / L$

✔ $Q = E\sigma \cdot At \cdot T^4$

✔ $pV = nRT$

✔ $E_{\text{kin,mittel}} = \dfrac{3}{2} kT$

Schummelseite

Arbeit und Energie

- $W = Fs \cdot \cos\theta$

- $p = mv$

- $E_{\text{kin}} = \dfrac{1}{2}\,mv^2$

- $\tau = Fr \cdot \sin\theta$

- $\Sigma\tau = I\alpha$

- $I = \Sigma\, mr^2$

NATURKONSTANTEN

Naturkonstanten sind Größen mit konstanten Werten, die in vielen physikalischen Gleichungen auftauchen. Ihre Werte sind entweder experimentell sehr genau bestimmt oder definiert. Die folgende Liste enthält einige der am häufigsten vorkommenden Konstanten.

- Erdbeschleunigung: $g = 9{,}8 \text{ m/s}^2$

- Gravitationskonstante $G = 6{,}67 \cdot 10^{-11} \text{ N} \cdot \text{m}^2/\text{kg}^2$

- Lichtgeschwindigkeit: $c = 2{,}998 \cdot 10^{8} \text{ m/s}$

- Gaskonstante: $R = 8{,}31 \text{ J/(mol} \cdot \text{K)}$

- Avogadro-Konstante: $N = 6{,}02 \cdot 10^{23} \text{ mol}^{-1}$

- Boltzmann-Konstante: $k = 1{,}38 \cdot 10^{-23} \text{ J/K}$

- Coulomb-Konstante: $k = 8{,}99 \cdot 10^{9} \text{ N} \cdot \text{m}^2/\text{C}^2$

- Dielektrizitätskonstante des Vakuums: $\varepsilon_0 = 8{,}85 \cdot 10^{-12} \text{ C}^2/(\text{N} \cdot \text{m}^2)$

- Vakuumpermeabilität: $\mu = 4\pi \cdot 10^{-7} \text{ T} \cdot \text{m/A}$

- Elementarladung: $e = 1{,}60 \cdot 10^{-19} \text{ C}$

- Masse des Elektrons: $m_e = 9{,}11 \cdot 10^{-31} \text{ kg}$

- Masse des Protons: $m_p = 1{,}67 \cdot 10^{-27} \text{ kg}$

Physik für Dummies

Steven Holzner
Physik
für dummies®

Sonderausgabe

Übersetzung aus dem Amerikanischen von
Anna Schleitzer und Michael Bär

Fachkorrektur von Tobias Schwaibold,
Matthias Delbrück, Regina Freudenstein,
Ramona Ettig und Alexander Pawlak

WILEY-VCH GmbH

Physik für Dummies

Bibliografische Information der Deutschen Nationalbibliothek
Die Deutsche Nationalbibliothek verzeichnet diese Publikation
in der Deutschen Nationalbibliografie; detaillierte bibliografische
Daten sind im Internet über `http://dnb.d-nb.de\ignorespacesabrufbar`.

Sonderausgabe
© 2025 Wiley-VCH GmbH, Boschstraße 12, 69469 Weinheim, Germany

Coverfoto: shaiith - `stock.adobe.com`
Korrektur: Frauke Wilkens
Satz: Straive, Chennai, India
Druck und Bindung:

Print ISBN: 978-3-527-72333-1

Bevollmächtigte des Herstellers gemäß EU-Produktsicherheitsverordnung ist die Wiley-VCH GmbH,
Boschstr. 12, 69469 Weinheim, Deutschland, E-Mail: `Product_Safety@wiley.com`.

Über den Autor

Steven Holzner ist preisgekrönter Autor zahlreicher Bücher, darunter auch das *Übungsbuch Physik für Dummies*. Er studierte Physik am Massachusetts Institute of Technology (MIT) und promovierte an der Cornell University. Er unterrichtete dort sowie am MIT über zehn Jahre lang, wobei er auch Physik-Grundkurse gab.

Auf einen Blick

Inhaltsverzeichnis

Kapitel 3

Kapitel 4

Kapitel 5

Kapitel 6
Auf der schiefen Bahn: Geneigte Ebenen und Reibung 101

Kapitel 7
Ringelreihen und Kettenkarussell: Kreisbewegungen 119

Kapitel 8
Physik in Aktion 139

Kapitel 9
Schwungvoll: Impuls und Kraftstoß **157**

Kapitel 10
Wie man's dreht und wendet: Rotationsbewegungen **173**

Kapitel 11
Immer rundherum: Dynamik von Rotationsbewegungen..... 191

Kapitel 12
Hin und her, hin und her: Harmonische Bewegungen............ 207

Kapitel 13
Heiß auf Thermodynamik.. 225

Kapitel 22
Zehn wilde Theorien

Einführung

Alles ist Physik.

Aber was heißt *alles*?

Alles eben. Genau das ist der Punkt – Physik umgibt Sie ständig, bei jeder Handlung. Und da die Physik wirklich für alles und jedes zuständig ist, beschreibt sie auch einige ziemlich verrückte Sachen und ist deshalb nicht immer ganz leicht zu verstehen. Das gilt erst recht, wenn Sie ein für Spezialisten geschriebenes Lehrbuch in die Hand nehmen.

Wenn Sie mit Physik in Kontakt kommen, dann heißt das normalerweise, dass Ihnen ein 1.200-Seiten-Buch vor den Latz geknallt wird. Was folgt, ist dann oft ein mühsamer Kampf mit den edlen Gedanken, die darin ausgebreitet sind. Warum hat eigentlich noch niemand versucht, ein Physiklehrbuch aus der Sicht des *Lesers* zu schreiben? Die gute Nachricht: Jetzt hat es jemand versucht! Und Sie haben dieses Buch vor sich liegen.

Über dieses Buch

Physik für Dummies beschreibt die Physik aus *Ihrer* Sicht. Ich habe schon vor Tausenden von Universitätsstudenten Physikvorlesungen gehalten und weiß daher, dass die meisten Studenten ein gemeinsames Schicksal teilen: Verwirrung. Etwa in der Art: »Ich weiß gar nicht, womit ich *das* verdient habe …« Dieses Buch ist anders: Es ist nicht aus der Sicht eines Physikers oder Professors geschrieben, sondern aus der eines Lesers. Nach unzähligen Stunden, die ich mit meinen Studenten verbracht habe, weiß ich, an welchen Stellen in herkömmlichen Physikbüchern die Verwirrung beginnt, und ich habe mir große Mühe gegeben, diese Fallstricke hier zu umgehen. Dafür ist es wichtig zu verstehen, wie Studenten ticken – wie sie den Unterrichtsstoff erklärt bekommen wollen. Alle Erfahrungen, die ich in meiner Arbeit mit Studenten gesammelt habe, habe ich in dieses Buch gepackt. Zudem verrate ich Ihnen einige Tricks, mit denen sich Professoren und Dozenten die Lösung von bestimmten Aufgaben ganz einfach machen.

Konventionen in diesem Buch

Viele Bücher verwenden eine Unmenge von Konventionen, die Sie überblicken müssen, um damit arbeiten zu können. Dieses Buch ist anders. Neue Begriffe sind an der Stelle, an der sie zum ersten Mal erklärt werden, *kursiv* gesetzt. Variablen (Buchstaben, die in Gleichungen für bestimmte physikalische Größen stehen) sind ebenfalls *kursiv* geschrieben – so können Sie sie einfacher von den Symbolen für Einheiten unterscheiden. Vor allem in Kapitel 4 sind Vektoren (Größen, die sowohl einen Betrag als auch eine Richtung besitzen) ***fett kursiv*** gedruckt.

Was Sie nicht lesen müssen

Es gibt zwei Arten von Elementen in diesem Buch, die Sie überspringen können, wenn Sie nicht an Details interessiert sind – Kästen und Absätze, die mit einem »Vorsicht Technik«-Symbol versehen sind. Die Kästen versorgen Sie mit Hintergrundinformationen, Anekdoten, Randnotizen; genießen Sie sie bei Kaffee und Kuchen oder abends im Bett. Wenn Sie sie ganz weglassen, haben Sie aber nichts physikalisch Wichtiges versäumt. Die »Vorsicht Technik«-Absätze sind das genaue Gegenteil: Hier werden bestimmte Gesichtspunkte vertieft und genauer (oft auch mathematischer) erklärt. Auch diese Passagen können Sie erst einmal weglassen. Falls Sie aber etwas ganz genau wissen wollen, finden Sie hier oft wichtige Informationen.

Törichte Annahmen über den Leser

Ich gehe davon aus, dass Sie keine Vorkenntnisse in Physik haben, wenn Sie mit diesem Buch beginnen. Ein wenig einfache Mathematik, vor allem Algebra, muss ich jedoch voraussetzen. Sie müssen nicht gleich ein Profi in Algebra sein, sollten aber wissen, wie Sie Ausdrücke von einer Seite einer Gleichung auf die andere bringen oder eine Gleichung nach einer bestimmten Größe auflösen. In Kapitel 2 erfahren Sie dazu noch etwas mehr. Ein wenig Trigonometrie wird auch gebraucht, aber wirklich nur ein wenig. Auch hier erfahren Sie in Kapitel 2 in aller Kürze, was nötig ist (vor allem etwas über den Sinus und den Kosinus).

Wie dieses Buch aufgebaut ist

Die Natur ist ein unerschöpfliches Thema. Um dieses Thema auch nur einigermaßen komplett behandeln zu können, zerlegt die Physik das Wissen über die Natur in verschiedene Gebiete. Entlang dieser Richtschnur ist auch dieses Buch aufgebaut; die einzelnen Teile behandeln verschiedene Teilgebiete der Physik.

Teil I: Die Grundlagen

Normalerweise beginnen Sie Ihre Reise durch die Physik mit Teil I, der im Wesentlichen Bewegungen zum Inhalt hat – schon deshalb, weil Bewegungen verhältnismäßig einfach zu beschreiben sind. Sie lernen Begriffe wie Strecke, Geschwindigkeit und Beschleunigung kennen, und Sie kombinieren diese zu einigen wenigen, leicht zu verstehenden Gleichungen. Die Beschreibung von Bewegung ist ein ausgezeichneter Startpunkt, sowohl im Hinblick auf grundlegende Techniken wie Messungen als auch bezüglich der Methodik in der Physik.

Teil II: Mögen die Kräfte der Physik mit Ihnen sein

Kennen Sie folgendes Gesetz: »Zu jeder Kraft existiert eine gleich große und entgegengesetzt gerichtete Gegenkraft.«? Hier lernen Sie die newtonschen Gesetze (das eben genannte Gesetz ist eines davon) im Detail kennen und vor allem verstehen. Ohne Kräfte würden Gegenstände ihren Bewegungszustand nie ändern und die Welt wäre schrecklich langweilig. Dank Isaac Newton kann die Physik sehr genau beschreiben, wie Kräfte wirken und was sie anrichten.

Teil III: Energie und Arbeit

Was tun Sie eigentlich, wenn Sie an einem Gegenstand ziehen und zerren, um ihn in Bewegung zu setzen? Sie verrichten *Arbeit*, die sich dann in *Energie* des Gegenstands wandelt. Mit Arbeit und Energie kann man einen großen Teil der Welt um uns erklären, und deshalb haben die beiden Themen einen eigenen Teil in diesem Buch verdient.

Teil IV: Alles über Wärme

Was passiert, wenn Sie Ihren Finger in eine Kerzenflamme halten? Logisch: Sie verbrennen sich den Finger. Gleichzeitig haben Sie ein (mäßig interessantes) Experiment zum Wärmeübergang durchgeführt. Teil IV dieses Buches beschäftigt sich mit der Physik der Wärme und der Wärmeübertragung, von Physikern Thermodynamik genannt. Sie lernen auch etwas über Wärmekraftmaschinen, das Schmelzen von Eis sowie Temperaturen.

Teil V: Elektrischer Strom und Magnete

Hier wird es richtig spannend: Sie lernen (fast) alles über Elektrizität und wie sie funktioniert, von den einzelnen Elektronen bis hin zu komplexen Schaltkreisen mit ihren Spannungen und Strömen. Dann kommt noch der Magnetismus dazu: Mit harmlosen Stabmagneten fängt es an, und aus der Kombination von Magnetismus und Elektrizität entsteht schließlich Licht!

Teil VI: Der Top-Ten-Teil

Auch in der Wissenschaft gibt es Hitlisten. Hier erfahren Sie in aller Kürze etwas über die verrückten Seiten der Physik. Ob Phänomene aus der Relativitätstheorie wie Zeitdehnung, die Schrumpfung von Längen oder schwarze Löcher, ganz Großes wie den Urknall oder ganz Kleines wie Wurmlöcher in der Raumzeit – hier finden Sie alles platzsparend vereint.

Der Anhang enthält die Lösungen zu den Aufgaben, die Sie am Ende der Kapitel erwarten. Ein Glossar mit den wichtigsten Begriffen zum Buch finden Sie unter `https://www.wiley-vch.de/de/dummies/downloads`.

Symbole, die in diesem Buch verwendet werden

In diesem Buch werden einige Symbole verwendet, um bestimmte Informationen zu kennzeichnen. Sie haben folgende Bedeutung:

Dieses Symbol kennzeichnet Informationen, die es sich zu merken lohnt. Das können besonders wichtige Gleichungen oder interessante Anwendungen von physikalischen Gesetzen sein, aber auch Hinweise, wie eine bestimmte Gleichung oder ein Gesetz am besten anzuwenden ist.

Vorsicht, Technik! Hier kommen Informationen für diejenigen Leser, die es ganz genau wissen wollen. Sie müssen das nicht lesen, außer Sie wollen zum Profi werden (das wollen Sie doch, oder?).

Bei diesem Symbol finden Sie Zusatzinformationen, die Ihnen helfen sollen, ein bestimmtes Thema besser zu verstehen.

Am Ende der meisten Kapitel finden Sie Übungsaufgaben, die mit diesem Symbol gekennzeichnet sind. So können Sie das Gelernte sofort anwenden und festigen. Die zugehörigen Lösungen finden Sie im Anhang.

Wie es weitergeht

Im Gegensatz zu anderen Lehrbüchern muss dieses Buch nicht unbedingt von vorn nach hinten gelesen werden – Sie können ganz nach Belieben darin schmökern! Wie jedes … *für Dummies*-Buch ist es so aufgebaut, dass Sie nach Herzenslust herumspringen können. Das bedingt stellenweise Wiederholungen, die aber auch das Verständnis fördern. Beginnen Sie entweder systematisch mit Kapitel 1 oder nach Lust und Laune – vielleicht mit den Listen in Teil VI? Es ist Ihr Buch – viel Spaß damit!

Teil I
Die Grundlagen

IN DIESEM TEIL ...

Teil I dieses Buches soll Sie in die grundsätzliche Denkweise der Physik einführen. Zu diesem Zweck werden wir uns mit der Physik der Bewegung beschäftigen. Bewegung existiert überall, und zum Glück ist Bewegung auch eines der einfachsten Gebiete der Physik. Die Physik ist sehr gut darin, mithilfe einiger weniger Gleichungen Bewegungen zu messen und vorherzusagen. Die Gleichungen in diesem Teil zeigen Ihnen, wie die Physik funktioniert. Setzen Sie einfach Zahlen ein und beeindrucken Sie Ihre Freunde mit Ihren Rechenfähigkeiten!

Kapitel 1
Mit Physik die Welt verstehen

Physik ist die Untersuchung der Welt und des Universums. Für Sie ist Physik vielleicht eine Plage – eine lästige Pflicht in der Schule, die nur erfunden wurde, um Sie zu ärgern. Aber das stimmt nicht ganz. Denn Physik ist etwas, das Sie vom ersten Augenblick Ihres Lebens an beschäftigt, sobald Sie zum ersten Mal Ihre Augen öffnen.

Physik ist eine allumfassende Wissenschaft. Es gibt buchstäblich nichts, was außerhalb der Physik liegt. Man kann ganz unterschiedliche Aspekte der Natur untersuchen und sich dabei mit verschiedenen Bereichen der Physik befassen: der Physik von bewegten Gegenständen, von Kräften, von elektrischen oder magnetischen Erscheinungen. Man kann sogar untersuchen, was passiert, wenn man sich fast mit Lichtgeschwindigkeit bewegt. All diese Themen und noch viele weitere bespreche ich in diesem Buch.

 Das Wort »Physik« kommt von dem griechischen »physike«, das so viel wie »natürliche Dinge« bedeutet.

Womit sich die Physik beschäftigt

Während Sie in der Welt herumspazieren, können Sie vieles beobachten: Blätter rascheln im Wind, die Sonne scheint, die Sterne funkeln, Glühbirnen leuchten, Autos fahren, Drucker drucken, Menschen gehen zu Fuß oder fahren Rad, Flüsse strömen und so weiter. Wenn Sie innehalten, um diese Erscheinungen zu untersuchen, wird Ihre natürliche Neugier Ihnen endlose Fragen eingeben:

- ✔ Wie sehe ich?

- ✔ Warum ist mein Körper warm?

- ✔ Woraus besteht die Luft, die ich atme?

- ✔ Warum rutsche ich aus, wenn ich einen Schneehügel hochklettere?

- ✔ Was ist mit all den Sternen? Oder sind das Planeten? Warum scheinen sie sich zu bewegen?

- ✔ Was ist das für ein Staubteilchen?

- ✔ Gibt es versteckte Welten, die ich nicht sehen kann?

- ✔ Was ist Licht?

- ✔ Warum wärmen Wolldecken?

- ✔ Was ist eigentlich Materie?

- ✔ Was passiert, wenn ich die Hochspannungsleitung berühre? (Die Antwort auf diese Frage kennen Sie vermutlich – wie Sie sehen, können Grundkenntnisse der Physik auch Leben retten!)

Die Physik untersucht die Welt und die Weise, wie diese funktioniert – von grundlegenden Fragen (zum Beispiel die Überwindung der Trägheit des liegen gebliebenen Autos, das Sie gerade anzuschieben versuchen) bis zu den exotischsten (wie die Erforschung des Aufbaus der allerkleinsten Elementarteilchen, um zu verstehen, wie die Materie aufgebaut ist). Letztlich geht es in der Physik um nichts anderes, als sich der Welt bewusst zu werden.

Mit Bewegung fängt es an

Einige der prinzipiellen Fragen, die Sie sich stellen werden, hängen sehr wahrscheinlich mit Bewegung zusammen. Wird der Felsbrocken, der gerade auf Sie zurollt, noch abbremsen? Wie schnell müssen Sie zur Seite springen, um ihm auszuweichen? (Warten Sie einen Moment, ich muss nur eben mal meinen Taschenrechner holen …) Bewegung war tatsächlich eines der ersten Themen der Physik – und die Einsichten, die dabei gewonnen wurden, sind beeindruckend.

Teil I dieses Buches beschäftigt sich mit Bewegung – von Bällen bis hin zu Eisenbahnen. Bewegung ist eine ganz grundlegende Erscheinung unserer Welt, und die meisten Menschen wissen auch einiges darüber: Wenn man beispielsweise das Gaspedal durchtritt, fährt das Auto schneller. Bewegung ist aber mehr: Die Beschreibung und das Verstehen von Bewegung ist der erste Schritt zu einem umfassenden Verständnis der Physik, die auf Beobachtungen und Messungen und auf der Ableitung von mathematischen Modellen aus diesen

Messungen und Beobachtungen beruht. Diese Vorgehensweise sind die meisten Menschen nicht gewöhnt, und genau da kommt dieses Buch ins Spiel.

Die Untersuchung von Bewegungen ist interessant, aber höchstens der Anfang des ersten Schritts. Wenn Sie sich umschauen, erkennen Sie sofort, dass die Gegenstände um Sie herum ihren Bewegungszustand andauernd ändern. Sie sehen, wie ein Motorrad an einem Stoppschild anhält. Sie sehen, wie ein Blatt vom Baum fällt und am Boden liegen bleibt, bis es von einem Windstoß wieder weggetragen wird. Sie sehen eine Billardkugel, die die anderen Kugeln nicht ganz so trifft, wie Sie es beabsichtigt hatten, sodass alle Kugeln wild durcheinanderrollen und keine einzige ins Loch fällt.

Die ständigen Veränderungen der Bewegung werden durch Kräfte verursacht; dies ist das Thema von Teil II. Sie wissen wahrscheinlich schon manches über Kräfte, aber manchmal ist es wirklich verzwickt herauszufinden, was eigentlich passiert. Mit anderen Worten, manchmal braucht es dazu einen Physiker wie Sie.

Überall ist Energie

Sie müssen nicht lange suchen, um ein Beispiel für Physik in Ihrer Umgebung zu finden. Wenn Sie zum Beispiel morgens aus dem Haus gehen, hören Sie vielleicht plötzlich ein lautes Krachen in der Nähe: Zwei Autos sind mit hoher Geschwindigkeit zusammengestoßen und rauschen jetzt ineinander verkeilt auf Sie zu. Mit etwas Physik (genauer gesagt, mit Teil III dieses Buches) können Sie die notwendigen Messungen und Berechnungen vornehmen, um herauszufinden, wie weit Sie zur Seite springen müssen. Es ist klar, dass es einiges braucht, um die beiden Autos zu stoppen. Aber einiges wovon?

In so einem Fall hilft es Ihnen weiter, wenn Sie mit Begriffen wie Impuls und Energie vertraut sind. Mit diesen Konzepten können Sie die Bewegungen von Gegenständen mit einer Masse beschreiben. Die Energie der Bewegung wird *kinetische Energie* genannt; wenn sich ein Auto mit einer Geschwindigkeit von 60 Kilometern in der Stunde fortbewegt, besitzt es eine gewaltige kinetische Energie.

Woher kommt die kinetische Energie? Sicher nicht aus dem Nichts, sonst müssten wir uns keine Sorgen um die Benzinpreise machen. Vielmehr verbraucht der Motor Benzin, um Arbeit an dem Auto zu verrichten und es zu beschleunigen.

Und wohin geht die Energie, zum Beispiel wenn Sie Ihre schweren Einkaufstaschen die Treppe hochtragen müssen? Dabei haben Sie sicher etwas Zeit, um über Physik nachzudenken; zücken Sie also Ihren Taschenrechner und rechnen Sie aus, wie viel Arbeit Sie leisten müssen, um die prall gefüllten Tragetaschen in den sechsten Stock zu bringen. (Das hätten Sie eigentlich tun müssen, bevor Sie den Mietvertrag unterschrieben haben!)

Ein berühmter Physiker erinnerte sich, wie fasziniert er war, als sein Lehrer ihm im Unterricht von einem Maurer erzählte, »der einen schweren Ziegelstein mühsam auf das Dach eines Hauses hinaufschleppt. Die Arbeit, die er dabei leistet, geht nicht verloren: Sie bleibt unversehrt, aufgespeichert, jahrelang, bis vielleicht eines Tages der Stein sich löst und einem vorübergehenden Menschen auf den Kopf fällt.« Der Schüler, den diese Geschichte so nachhaltig beeindruckt hatte, war niemand anderes als Max Planck (1858–1947), der mit seiner Quantenhypothese die Physik revolutionierte und den Physiknobelpreis des Jahres 1918 erhielt.

In der Anekdote von Planck geht es um das Gesetz von der Energieerhaltung, das zu den wichtigsten Grundlagen der Physik zählt. Nehmen Sie sich also ruhig Zeit, über physikalische Gesetzmäßigkeiten zu staunen. Vielleicht springt dabei ja auch mal ein Nobelpreis heraus! Damit können Sie dann sicher auch die Physikmuffel unter Ihren Freunden beeindrucken.

Rechnen Sie dann auch gleich noch aus, was der Maurer dem arglosen Passanten an Schmerzensgeld zahlen muss. Und schauen Sie sich nach einer Wohnung um, die im Erdgeschoss liegt …

Warm und gemütlich

Wärme und Kälte gehören zu unserem Alltag, daher sind wir auch in dieser Hinsicht im Sommer wie im Winter von Physik umgeben. Haben Sie schon einmal die Tröpfchen auf einem beschlagenen kalten Glas in einem warmen Raum betrachtet? In der Luft gelöster Wasserdampf kühlt sich ab, wenn er mit dem kalten Glas in Kontakt kommt, und kondensiert zu flüssigem Wasser. Dabei gibt er Wärmeenergie an das Glas (und letztlich an das Getränk darin) ab, das sich deshalb bei diesem Vorgang aufwärmt.

Teil IV des Buches beschäftigt sich mit Thermodynamik. Die Thermodynamik kann Ihnen sagen, wie viel Wärme Sie an einem kalten Tag abstrahlen, wie viele Eiskübel Sie brauchen, um einen Lavastrom abzukühlen, wie heiß die Oberfläche der Sonne ist oder was es sonst Interessantes rund um Wärmeenergie zu wissen gibt.

Dabei können Sie auch feststellen, dass Physik nicht auf unseren Planeten beschränkt ist. Warum ist das Weltall kalt? Wie kann es kalt sein, obwohl es doch leer ist? Natürlich nicht einfach deshalb, weil wir messen können, dass es kalt ist. Im Weltall strahlen Sie Wärme ab, aber sehr wenig Wärme wird zu Ihnen hin gestrahlt. In Ihrer gewohnten Umgebung strahlen Sie ebenfalls Wärme ab, aber alle Gegenstände um Sie herum strahlen ihrerseits Wärme zu Ihnen hin. Im Weltall hingegen verschwindet die von Ihnen abgestrahlte Energie einfach in den Weiten des Raums – und Sie erfrieren schneller, als Sie das ausrechnen können.

Strahlung ist nur eine von drei möglichen Arten, wie Gegenstände Wärme austauschen können. In diesem Buch erfahren Sie noch sehr viel mehr Interessantes über Wärme, egal ob sie aus einer Wärmequelle wie der Sonne stammt oder durch Reibung erzeugt wurde.

Vom Blitzschlag zum Laserstrahl

Nachdem Sie die sichtbare Welt der bewegten Gegenstände verstanden und sich dann der unsichtbaren Welt von Arbeit und Energie zugewendet haben, vertieft Teil V die Einblicke in letztere Welt und untersucht, was es mit Elektrizität und Magnetismus auf sich hat.

 Sie können nur die Wirkungen von Elektrizität und Magnetismus beobachten. Sie selbst sind unsichtbar. Wenn man aber beide kombiniert, erhält man Licht – sozusagen die Grundbedingung des Sichtbarseins. Teil V beschäftigt sich damit, was Licht ist und wie es sich durch Linsen und andere Materialien ablenken lässt.

Ein großer Teil der Physik besteht darin, die unsichtbare Welt um uns herum zu untersuchen. Die Materie ist aus elektrisch geladenen Teilchen aufgebaut, weshalb in uns allen eine unglaublich große Zahl solcher Ladungen vorkommt. Wenn wir Ladungen in bestimmten Gebieten konzentrieren, kommen wir zur statischen Elektrizität mit beeindruckenden Erscheinungen wie Blitzen. Wenn sich die Ladungen bewegen, bekommen wir den normalen Strom aus der Steckdose, aber auch Magnetismus.

Ob in Form von Blitzen oder Glühbirnen – Elektrizität ist Physik. In diesem Buch werden Sie nicht nur sehen, dass Elektrizität durch Stromkreise fließen kann, sondern auch, wie sie das tut. Am Ende werden Sie verstehen, wie Widerstände, Kondensatoren und Spulen funktionieren.

Verrückt, verrückter ... Physik!

Selbst wenn Sie mit sehr einfachen Fragen in der Physik beginnen, landen Sie unweigerlich bei den exotischsten Themen. In Teil VI stelle ich Ihnen zehn überraschende Einsichten in Einsteins spezielle Relativitätstheorie sowie zehn erstaunliche Tatsachen aus der Welt der modernen Physik vor.

Einstein ist wohl die bekannteste Galionsfigur der Physik und eine Ikone unserer Zeit. Für viele Menschen ist er das Musterbeispiel des unabhängigen Genies, eines Forschers, der unermüdlich ins Unbekannte vordringt, um Licht ins Dunkel zu bringen. Aber was hat Einstein eigentlich genau gesagt? Und was bedeutet die berühmte Gleichung $E = mc^2$ eigentlich? Soll das wirklich heißen, dass Materie und Energie äquivalent sind, dass man das eine in das andere umwandeln kann? Genau das heißt es!

Das ist wirklich eine verrückte Tatsache, und vermutlich werden Sie sich denken, dass Sie in Ihrem täglichen Leben nicht viel mit ihr zu tun haben werden. Aber das stimmt nicht! Um uns mit Licht und Wärme zu versorgen, wandelt die Sonne nämlich in jeder Sekunde etwa 4,79 Millionen Tonnen Materie in Strahlungsenergie um.

Einstein sagte voraus, dass noch sehr viel seltsamere Dinge passieren, wenn sich Materie annähernd mit Lichtgeschwindigkeit bewegt. »Schau mal, das Raumschiff dort«, sagen Sie zu Ihren Freunden, als gerade eine Rakete fast mit Lichtgeschwindigkeit an Ihnen vorbeizischt. »Sieht aus, als sei es in Flugrichtung gestaucht – es ist bloß halb so lang, wie es in Ruhe wäre.« »Was für ein Raumschiff?«, fragen Ihre Freunde verblüfft. »Es war so schnell weg, dass wir es gar nicht sehen konnten.« Sie wiederum erklären: »Die Zeit läuft in diesem Raumschiff auch langsamer ab als hier auf der Erde. Für uns dauert es über 200 Jahre, bis die Rakete ihr Ziel erreicht; auf der Raketenuhr werden aber nur zwei verstrichene Jahre angezeigt.« »Du spinnst wohl!«, meinen jetzt alle. Willkommen in der ziemlich verwirrenden Welt der Relativitätstheorie!

Die Physik umgibt Sie andauernd, bei jedem noch so gewöhnlichen Geschehen. Aber auch wenn Sie es wirklich ausgefallen mögen, ist die Physik genau das Richtige für Sie. Dieses Buch schließt mit einem kurzen Rundgang durch einige der verrückteren Themen der Physik: beispielsweise der Existenz von Wurmlöchern im Weltraum oder der Tatsache, dass die Gravitation von schwarzen Löchern so stark ist, dass nicht einmal Licht entkommen kann. Na dann: Viel Spaß und gute Reise!

Kapitel 2

Die Grundlagen verstehen

Da stecken Sie nun mitten in einem schwierigen physikalischen Problem und suchen nach dem entscheidenden Kniff. Sie wissen, dass sich schon viele andere Leute erfolglos daran versucht haben, aber plötzlich haben Sie einen Geistesblitz, und alles wird klar und deutlich. »Natürlich«, sagen Sie sich, »es ist ganz einfach! Der Ball steigt bis zu einer Höhe von 9,8 Metern in die Luft.« Für diese richtige Antwort schenkt Ihnen Ihr Dozent ein kurzes Nicken. Sie nehmen die Auszeichnung bescheiden entgegen und die nächste Aufgabe in Angriff. Nicht schlecht für den Anfang!

Mit Physik können Sie Ruhm und Ehre erwerben, allerdings wartet auch eine Menge harter Arbeit auf Sie. Machen Sie sich keine Sorgen wegen der Arbeit; die Befriedigung durch die späteren Erfolge macht das alles wett! Wenn Sie dieses Buch durchgeackert haben, sind Sie ein Physikprofi, der sich mühelos durch alle Aufgaben kämpft …

Mit diesem Kapitel beginnt das große Abenteuer. Dazu müssen wir zuerst ein paar Grundlagen behandeln, die Sie später brauchen werden. Sie erfahren im Folgenden einiges über Messwerte und die wissenschaftliche Schreibweise von Zahlen, erhalten eine Nachhilfestunde in Algebra und Trigonometrie und lernen schließlich, welche Ziffern in einer Zahl wirklich etwas wert sind und welche Sie getrost ignorieren können. Auf diesen soliden Grundlagen können Sie Ihr Physikwissen sicher und unerschütterlich aufbauen und für den Rest des Buches (und Ihres ganzen Lebens) darauf vertrauen.

Nicht erschrecken, es ist nur Physik

Viele Menschen werden nervös, wenn die Rede auf die Physik kommt. Sie sind eingeschüchtert und halten Physik für eine hochintellektuelle Angelegenheit, bei der Zahlen und Regeln auf mysteriöse Weise aus dem Nichts erscheinen. In Wirklichkeit ist Physik ein systematischer Weg, um die Welt zu verstehen. Sie ist eine Erkundungsreise im Auftrag aller Menschen, eine Erforschung der Art und Weise, wie die Welt im Innersten funktioniert.

Obwohl es auf den ersten Blick vielleicht so aussieht, sind die Ziele und Methoden der Physik keine Geheimniskrämerei. Die Physik versucht schlicht und einfach, Modelle für die Welt zu finden. Ihr Grundgedanke ist, gedankliche Modelle aufzustellen, die bestimmte Aspekte der Welt beschreiben: wie Backsteine eine Rampe hinunterrutschen, wie Sterne entstehen und leuchten, wie schwarze Löcher das Licht einfangen, sodass es nicht mehr entkommen kann, wie Autos zusammenstoßen und so weiter. Diese Modelle haben zunächst wenig bis gar nichts mit Zahlen zu tun. Vielmehr beschreiben sie das Wesentliche einer Situation, etwa in der Art: Ein Stern besteht außen aus dieser und darunter aus jener Schicht, als Folge davon findet an der Oberfläche diese und weiter innen jene Reaktion statt. Und schon haben Sie einen Stern.

Irgendwann werden diese Modelle dann *quantitativ* formuliert. Spätestens hier bekommen viele Studenten Probleme. Physik wäre ein Kinderspiel, wenn Sie nur »Der Wagen rollt den Berg hinunter und wird dabei immer schneller« sagen müssten. Ein bisschen schwieriger ist die Sache aber schon – Sie können nämlich nicht nur sagen, dass der Wagen schneller wird, sondern Ihr wahres Können zeigen Sie erst, indem Sie genau beschreiben, um wie viel schneller er im Lauf der Zeit wird!

Der Kern der Physik ist folgender: Sie beobachten etwas, erfinden auf dieser Basis ein Modell, das die Situation beschreibt, und drücken das Modell dann in der Sprache der Mathematik aus – fertig! Damit haben Sie die Möglichkeit vorherzusagen, was in der Realität unter bestimmten Voraussetzungen passieren wird. Die ganze Mathematik ist nur dazu da, um es Ihnen einfacher zu machen, sich in der realen Welt zurechtzufinden, und zu erkennen, was warum passieren wird – nicht um Sie abzuschrecken.

Trauen Sie sich was: Versuchen Sie es ohne Mathematik

Der Nobelpreisträger Richard Feynman erwarb schon sehr früh den Ruf, nicht nur ein unkonventioneller und kluger Kopf zu sein, sondern ein ausgemachtes physikalisches Genie. Stets verstand er es, sein Gegenüber mit überraschenden Einfällen zu verblüffen. Die Methode, nach der er vorging, erklärte Feynman später einmal so: Während andere sich sogleich auf die Mathematik stürzten, stellte er, Feynman, erst einen Zusammenhang zwischen dem physikalischen Problem und einem alltäglichen Phänomen her. Wenn ihm also jemand eine langwierige Herleitung präsentierte, die irgendwie falsch war, stellte er sich ein physikalisches Phänomen vor, das durch das Ergebnis der Herleitung erklärt werden sollte. Er checkte die Herleitung, bis er an den Punkt kam, an dem die Gleichungen nicht mehr länger mit dem übereinstimmten, was in der realen Welt geschah. »Stopp! Hier haben wir den Fehler!«, rief er dann aus und überraschte damit sein Gegenüber, das ihn von nun an für ein Riesengenie hielt. Möchten Sie, dass es Ihnen genauso ergeht? Dann lassen Sie sich nicht von der Mathematik einschüchtern und behalten Sie die Wirklichkeit im Auge!

Denken Sie immer daran, dass die Realität zuerst kommt und erst dann die Mathematik. Wenn Sie ein physikalisches Problem lösen wollen, dann passen Sie auf, dass Sie sich nicht in der Mathematik verheddern. Betrachten Sie die Aufgabe aus einer übergeordneten Perspektive, dann laufen Sie nicht so leicht Gefahr, den Überblick zu verlieren. Nach vielen Jahren in der Lehre kenne ich dieses Problem meiner Studenten sehr gut – sie verirren sich in der Mathematik oder lassen sich von ihr einschüchtern.

Inzwischen nagt sicherlich eine penetrante Frage in Ihrem Hinterkopf: Was habe ich von all diesem Physikwissen? Wenn Sie eine berufliche Karriere in der Physik oder einem verwandten Gebiet wie den Ingenieurwissenschaften anstreben, ist die Antwort klar: Sie werden dieses Wissen täglich benötigen. Aber selbst wenn Sie nicht in einem physiknahen Bereich Karriere machen wollen, können Sie durch eine Beschäftigung mit diesem Thema eine Menge gewinnen. Vieles von dem, was Sie in einer Einführung in die Physik lernen, lässt sich im Alltag prima anwenden. Viel wichtiger als mögliche Anwendungen ist aber Ihre neu gewonnene Fähigkeit zur Lösung von Aufgaben – und zwar beliebige Aufgaben. Die Bearbeitung von physikalischen Aufgaben zeigt Ihnen, wie Sie den Überblick gewinnen, die verschiedenen Lösungsmöglichkeiten gegeneinander abwägen, eine Methode auswählen und schließlich das Problem auf die einfachste Art lösen können.

Messen und Voraussagen

Die Physik ist klasse darin, Dinge zu messen und vorherzusagen – genau dazu ist sie schließlich da. Mit der Messung fängt alles an; sie ist eine systematische Art und Weise, die Welt zu beobachten, um anschließend ein Modell zu erstellen und Vorhersagen treffen zu können. Sie haben eine ganze Reihe unterschiedlicher Maßstäbe zur Auswahl: einige für Längen, einige für Gewichte, einige für die Zeit und so weiter. Wenn Sie die Physik beherrschen wollen, müssen Sie mit Messungen und Messwerten umgehen können.

Um Messungen einfach vergleichen zu können, haben Physiker Maßsysteme erfunden. Das in Europa fast ausschließlich verwendete Maßsystem ist das SI-System (für Système International d'Unités) in der Variante des MKS-Systems (Meter-Kilogramm-Sekunde). Das selten verwendete, aber gelegentlich immer noch anzutreffende CGS-System (Zentimeter-Gramm-Sekunde) unterscheidet sich vom MKS-System in der Wahl der Grundeinheiten für die Länge und die Masse. Tabelle 2.1 zeigt Ihnen die wichtigsten Einheiten im MKS-System. (Versuchen Sie nicht, sich die Einheiten zu merken, die Sie noch nicht kennen; Sie werden sie später kennenlernen, wenn sie gebraucht werden.)

Messgröße	Einheit	Symbol
Länge	Meter	m
Masse	Kilogramm	kg
Zeit	Sekunde	s
Kraft	Newton	N
Energie	Joule	J
Druck	Pascal	Pa
Elektrischer Strom	Ampere	A
Magnetfeldstärke	Tesla	T
Elektrische Ladung	Coulomb	C

Tabelle 2.1: Maßeinheiten im MKS-System

Die Einheiten im Auge behalten

Da physikalische Größen mit ganz verschiedenen Maßstäben (das heißt in verschiedenen Einheiten) messbar sind, können Sie für dieselbe Messung unterschiedliche Zahlenwerte erhalten. Normalerweise ist das völlig egal. Wenn Sie die Wassertiefe in Ihrem Schwimmbecken messen, können Sie sie als zwei Meter, 200 Zentimeter oder 80 Zoll angeben – alle drei Möglichkeiten sind gleichwertig. Stellen Sie sich jetzt aber vor, Sie wollten den Wasserdruck am Grund des Beckens ausrechnen. Dazu setzen Sie einfach Ihren gemessenen Wert für die Tiefe in die Gleichung für den Druck ein (siehe Kapitel 14 und 15). Jetzt müssen Sie aber aufpassen: Welchen der drei Werte müssen Sie in die Gleichung einsetzen? Antwort: Das kommt auf das Maßsystem an.

Die Regel ist ganz einfach: Sie müssen alle Größen in Ihrer Gleichung in demselben Maßsystem einsetzen. Wenn Sie im MKS-System anfangen, dann bleiben Sie auch dabei. Andernfalls ist die Antwort, die Sie bekommen, ein sinnloser Mischmasch verschiedener Einheiten. Wenn Sie die Maßeinheiten durcheinanderbringen, haben Sie verloren – das ist ein bisschen so, als wären in einem Kuchenrezept zwei Teelöffel Salz angegeben, Sie würden aber zwei Tassen Salz hineinschütten. Guten Appetit!

Im Lauf der Jahre habe ich immer wieder Studenten erlebt, die in ihren Rechnungen die Einheiten durcheinandergebracht haben und dann verzweifelten, weil ihre Lösungen falsch waren. Sie hatten die besten Absichten, ihre Lösungswege waren großartig, sie hatten grandiose Geistesblitze, ausgezeichnete Ideen und großes Selbstvertrauen. Aber sie bekamen falsche Antworten.

Stellen Sie sich vor, die Lösung einer gestellten Aufgabe (für einen Druck) lautet 1.500 Kilogramm pro Quadratmeter und ein Student präsentiert Ihnen als Antwort ein Kilogramm pro Quadratzoll. Ist die Antwort falsch oder richtig? Auf jeden Fall ist sie im falschen Maßsystem; um herauszufinden, ob sie physikalisch richtig ist, müssen Sie erst ein wenig rechnen.

Von Meter zu Ellen und zurück: Einheiten umrechnen

Physiker verwenden verschiedene Maßeinheiten, um die Messwerte aus ihren Experimenten anzugeben. Wie können Sie die Werte zwischen den verschiedenen Maßeinheiten umrechnen? Prüfungsaufgaben in der Physik versuchen oft, Ihnen genau hier eine Falle zu stellen, indem sie die vorliegenden Daten in verschiedenen Einheiten angeben: Zentimeter für die eine Größe, Meter für die nächste, und womöglich noch weitere Angaben in Zoll. Lassen Sie sich nicht austricksen! Sie müssen zuerst alle Größen in dasselbe Maßsystem umrechnen, bevor Sie richtig loslegen. Und wie geht das am einfachsten? Mit Umrechnungsfaktoren – passen Sie auf.

Auf einer Weltreise stellen Sie fest, dass Sie 4.680 Kilometer in genau drei Tagen zurückgelegt haben – eine gehörige Strecke. Wie schnell haben Sie sich dabei fortbewegt, wenn Sie annehmen, dass Sie die ganze Zeit immer gleich schnell waren? Wie Sie in Kapitel 3 sehen werden, ist die physikalische Definition von einer Geschwindigkeit genau das, was Sie intuitiv erwarten würden: Strecke geteilt durch Zeit. Also berechnen Sie Ihre Durchschnittsgeschwindigkeit als

$$\frac{4.680 \text{ Kilometer}}{3 \text{ Tage}} = 1.560 \text{ Kilometer/Tag}.$$

Diese Antwort ist richtig, aber nicht in der Standardeinheit für Geschwindigkeiten ausgedrückt. Wenn Sie nur die Geschwindigkeit wissen wollen, ist das kein Problem; vielleicht ist das sogar genau die Einheit, unter der Sie sich am besten etwas vorstellen können. Wenn Sie diese Geschwindigkeit aber in eine andere Gleichung einsetzen wollen, müssen Sie sie zuerst in die Standardeinheit umrechnen. Nehmen wir zunächst an, Sie wollen die Geschwindigkeit in Kilometern pro Stunde wissen.

Um zwischen Einheiten umzurechnen, brauchen Sie einen Umrechnungsfaktor. Das ist ein Verhältnis zweier Werte (mit Einheiten), das bei der Multiplikation mit Ihrem Messwert dafür sorgt, dass die unerwünschten Einheiten verschwinden und die erwünschten übrig bleiben.

In der beschriebenen Situation haben Sie ein Ergebnis in Kilometern pro Tag, das Sie in Kilometer pro Stunde umrechnen wollen. Sie brauchen also einen Faktor, der den Tag im Nenner durch Stunden ersetzt. Daher multiplizieren Sie mit dem Verhältnis zwischen Tagen und Stunden (ein Tag hat bekanntlich 24 Stunden):

$$\frac{4.680 \text{ Kilometer}}{3 \text{ Tage}} = \frac{1.560 \text{ Kilometer}}{1 \text{ Tag}} = \frac{1.560 \text{ Kilometer}}{1 \text{ Tag}} \cdot \frac{1 \text{ Tag}}{24 \text{ Stunden}}.$$

Die Einheiten wie »Tag«, »Sekunde« oder »Meter« verhalten sich dabei genau wie normale Zahlen oder Variablen (»x« beziehungsweise »y«), das heißt, sie können (und sollten) gekürzt werden, wenn sie gleichzeitig im Zähler und im Nenner auftauchen.

Durch die Umrechnung verändert sich das Ergebnis physikalisch gesehen nicht. Da ein Tag genau 24 Stunden entspricht, ist der Umrechnungsfaktor (1 Tag)/(24 Stunden) genau 1. (Das gilt für alle Umrechnungsfaktoren.) Wenn Sie 1.560 Kilometer/Tag mit diesem Umrechnungsfaktor multiplizieren, ändert sich also nichts – außer den Einheiten, in denen das Ergebnis angegeben ist.

Sie müssen jetzt noch die Tage kürzen und die Brüche multiplizieren, dann haben Sie das gesuchte Ergebnis:

$$\frac{1.560 \text{ Kilometer}}{1 \text{ Tag}} \cdot \frac{1 \text{ Tag}}{24 \text{ Stunden}} = \frac{65 \text{ Kilometer}}{1 \text{ Stunde}} = 65 \text{ km/h}.$$

Ihre Durchschnittsgeschwindigkeit war also 65 Kilometer pro Stunde – was ganz schön schnell ist, wenn man bedenkt, dass Sie drei Tage lang ununterbrochen mit diesem Tempo unterwegs waren.

Wenn Sie vor lauter Zahlen nicht mehr weiterwissen, schauen Sie auf die Einheiten!

Wollen Sie einen Insidertipp wissen, den Lehrer und Dozenten oft verwenden, um physikalische Aufgaben zu lösen? Achten Sie auf die Einheiten, mit denen Sie rechnen! Ich habe in meiner Laufbahn schon über Tausenden von Übungsaufgaben gebrütet, und ich kann Ihnen verraten, dass ich diesen Trick andauernd einsetze …

Stellen Sie sich als einfaches Beispiel vor, dass Ihnen eine Entfernung und eine Zeit gegeben sind und Sie eine Geschwindigkeit bestimmen sollen. Sie können dann sofort eine Abkürzung zur Lösung nehmen, wenn Sie wissen, dass die Geschwindigkeit (Meter pro Sekunde) gleich Entfernung (Meter) geteilt durch Zeit (Sekunde) ist.

Wenn die Aufgaben komplizierter werden, kommen darin mehr Größen vor, zum Beispiel eine Entfernung, eine Masse, eine Zeit und so weiter. Lesen Sie sich zuerst die Aufgabe durch, um die verschiedenen Zahlenwerte mit ihren Einheiten herauszupicken. Sie müssen daraus eine Energie berechnen? Wie Sie in Kapitel 10 erfahren, ist Energie gleich Masse mal Entfernung zum Quadrat geteilt durch Zeit zum Quadrat. Falls Sie diese Größen also in der Aufgabenstellung finden, dann wissen Sie schon, wie sie zusammenpassen, damit eine Energie herauskommt. So verirren Sie sich nicht im Labyrinth der Zahlen.

Kurz gesagt: Die Einheiten sind Ihre Freunde. Sie geben Ihnen sofort Hinweise, ob Sie sich auf dem richtigen Weg oder auf dem Holzweg befinden. Wenn Sie das Gefühl haben, dass Sie in einer Aufgabe langsam die Orientierung verlieren, kontrollieren Sie die Einheiten!

Eine gute Übung ist es, die Rechnungen in diesem Buch noch einmal selbst auf Papier durchzurechnen – und zwar mit allen Einheiten, die in den Zwischenschritten der Rechnung weggelassen worden sind.

Sie *müssen* nicht unbedingt einen Umrechnungsfaktor verwenden. Wenn Sie spontan wissen, dass Sie zur Umrechnung von Kilometern pro Tag in Kilometer pro Stunde durch 24 teilen müssen, umso besser. Aber wenn Sie Zweifel haben, gehen Sie lieber den umständlicheren Weg über den Umrechnungsfaktor und machen Sie die Rechnung schriftlich.

Wenn Sie Ihr Ergebnis nun noch in einer Form haben wollen, in der Sie es in weitere Gleichungen im MKS-System einsetzen können, dann müssen Sie die Geschwindigkeit in Metern pro Sekunde angeben. Versuchen Sie das doch einmal nach der beschriebenen Methode. Das Ergebnis ist circa 18 Meter pro Sekunde.

Die Umrechnung zwischen Stunden und Tagen ist recht einfach, da Sie natürlich wissen, dass ein Tag 24 Stunden hat. Wenn seltenere Einheiten ins Spiel kommen, ist die Sache nicht immer so offensichtlich. Tabelle 2.2 gibt Ihnen daher ein paar nützliche Umrechnungsfaktoren an (die Symbole sind in Tabelle 2.1 erklärt).

Einheit	Äquivalent	Anmerkung
1 Meter (m)	100 Zentimeter (cm)	CGS-System
1 Meter (m)	39,4 Zoll (oder Inch, Zeichen: ″)	in den USA gebräuchlich
1 Kilogramm (kg)	1.000 Gramm (g)	CGS-System
1 Joule (J)	10^7 erg	CGS-System
1 Pascal (Pa)	10^5 bar	bar
1 Tesla (T)	10^4 Gauß (G)	CGS-System

Tabelle 2.2: Umrechnung zwischen verschiedenen Einheiten

Nieder mit den Nullen: Die wissenschaftliche Schreibweise

Physiker stecken ihre Nasen in die verrücktesten Ecken, und diese Ecken sind oft mit sehr kleinen oder sehr großen Zahlen verbunden. Sie messen zum Beispiel den Abstand zwischen der Sonne und Pluto, der durchschnittlich 5.900.000.000.000 Meter beträgt. Das sind ganz schön viele Meter, aber auch ganz schön viele Nullen. Physiker haben einen Weg gefunden, solche Zahlen einfacher und übersichtlicher zu schreiben; dazu verwenden sie die sogenannte wissenschaftliche Schreibweise. Dabei werden die vielen Nullen als Zehnerpotenz geschrieben. Um die richtige Zehnerpotenz zu finden, zählen Sie alle Stellen vor dem Dezimalkomma von rechts nach links bis *vor* der ersten Ziffer (die wird nicht mehr mitgezählt, weil sie anschließend *vor* dem Dezimalkomma stehen soll) und schreiben diese als hochgestellte Zahl rechts von einer 10. Damit wird der Abstand zwischen Sonne und Pluto zu

$$5.900.000.000.000 \text{ Meter} = 5{,}9 \cdot 10^{12} \text{ Meter}.$$

Das Gleiche funktioniert auch für sehr kleine Zahlen, bei denen die Zehnerpotenz dann negativ ist. Hier zählen Sie die Stellen ab dem Dezimalkomma nach rechts bis hinter die erste Ziffer, die nicht null ist (sodass Sie im Ergebnis wieder eine Ziffer vor dem Dezimalkomma stehen haben):

$$0{,}000000000000000000\,533\,9 \text{ Meter} = 5{,}339 \cdot 10^{-19} \text{ Meter}.$$

Wenn die Zahl größer als eins ist, ist der Exponent in der wissenschaftlichen Schreibweise positiv; wenn die Zahl kleiner als eins ist, ist der Exponent negativ. Ist der Exponent null, entspricht das der 1 ($10^0 = 1$). Pflichten Sie mir bei, dass die Zahlen in dieser Schreibweise viel kompakter und handlicher werden? Aus diesem Grund wird sie auch in Taschenrechnern verwendet. (Manche Taschenrechner lassen sich zwischen normaler und wissenschaftlicher Schreibweise umschalten – wenn Sie bisher nicht wussten, was Sie damit anfangen sollen, dann werden Sie jetzt ganz schnell zum Experten in wissenschaftlicher Schreibweise.)

Die Genauigkeit von Messwerten

Genauigkeit ist wichtig, wenn Sie physikalische Messungen vornehmen und diese analysieren wollen. Sie dürfen Ihre Messwerte nicht genauer angeben, als Sie sie gemessen haben, indem Sie einfach mehr Stellen nach dem Komma anhängen. Außerdem müssen Sie berücksichtigen, dass Ihre Messungen Fehler enthalten können: Entsprechend müssen Sie unter Umständen die Genauigkeit der Werte durch Anhängen eines Fehlerbereichs mit $\pm$ kennzeichnen. Die folgenden Abschnitte befassen sich intensiver mit diesen beiden Punkten.

Ziffern, die zählen

Bei einem Messwert werden nur diejenigen Ziffern als *signifikant* bezeichnet, die wirklich gemessen wurden. Wenn Ihnen beispielsweise jemand erzählt, dass eine Rakete in 7,00 Sekunden 10,0 Meter weit geflogen ist, dann heißt das, dass beide Messwerte auf drei signifikante Stellen genau gemessen wurden (die Anzahl der Ziffern in beiden Zahlenwerten).

Wenn Sie nun die Geschwindigkeit der Rakete ausrechnen wollen, tippen Sie 10,0 geteilt durch 7,00 in Ihren Taschenrechner ein. Das Ergebnis lautet 1,428571429 Meter pro Sekunde, was unglaublich genau aussieht. Unglaublich ist aber genau der richtige Ausdruck – denn diese Angabe ist viel zu genau! Wenn Sie die Strecke und die Zeit nur jeweils auf drei signifikante Stellen genau kennen, dürfen Sie auch die Geschwindigkeit nur auf drei signifikante Stellen genau angeben. Die Angabe 1,428571429 wäre vergleichbar mit der Messung mit einem Meterstab auf einen Millimeter genau und der anschließenden Angabe des Messwerts auf einen millionstel Millimeter genau.

Im Beispiel der Rakete dürfen Sie nur mit drei signifikanten Stellen arbeiten; der genaueste Wert, den Sie für die Geschwindigkeit angeben können, ist daher 1,43 Meter pro Sekunde, also 1,428571429 auf zwei Nachkommastellen gerundet. Wenn Sie mehr Stellen angeben, täuschen Sie eine Genauigkeit vor, die Sie gar nicht gemessen haben.

 Beim Runden von Zahlen kommt es auf die Stelle rechts von derjenigen Stelle, bis zu der gerundet werden soll, an. Wenn diese Ziffer 5 oder größer ist, wird aufgerundet. Wenn dort eine 4 oder eine kleinere Ziffer steht, wird abgerundet. Somit wird 1,428 zu 1,43 und 1,42 wird zu 1,4.

Was ist nun, wenn Ihnen jemand erzählt, dass die Rakete in 7,0 Sekunden 10,0 Meter weit geflogen ist? Jetzt kennen Sie einen Wert auf zwei signifikante Stellen genau und den anderen auf drei. Es gibt einige Regeln, nach denen Sie entscheiden können, wie viele signifikante Stellen Ihr Ergebnis besitzt:

✔ Wenn Sie Zahlen multiplizieren oder dividieren, hat Ihr Ergebnis so viele signifikante Stellen wie die ursprüngliche Zahl mit der geringsten Zahl von signifikanten Stellen. Im Beispiel der Rakete heißt das, dass Ihr Ergebnis nur zwei signifikante Stellen hat. Die richtige Antwort ist daher 1,4 Meter pro Sekunde.

✔ Wenn Sie Zahlen addieren oder subtrahieren, hat das Ergebnis so viele Stellen nach dem Dezimalkomma wie der Summand mit der geringsten Zahl von Nachkommastellen. Wenn Sie also 14, 3,6 und 6,33 addieren müssen, so dürfen Sie das Ergebnis nur auf eine ganze Zahl gerundet angeben, da die 14 keine signifikanten Stellen nach dem Komma enthält und Ihr Ergebnis folglich auch keine Nachkommastellen enthalten darf. Richtig gerundet lautet das Ergebnis also einfach 24:

$$\begin{array}{r} 3{,}6 \\ +14 \\ +\ 6{,}33 \\ \hline 23{,}93 \approx 24 \end{array}$$

 Nullen, die nur dazu dienen, die Stellen bis zum Dezimalkomma zu füllen, werden üblicherweise nicht als signifikant angesehen. So enthält die Zahl 3600 beispielsweise nur zwei signifikante Stellen. Wenn Sie genau 3600 gemessen haben, können Sie entweder »3600,0« schreiben, wobei das Komma anzeigt, dass wirklich alle Stellen signifikant sein sollen, oder Sie verwenden die wissenschaftliche Schreibweise und schreiben $3{,}600 \cdot 10^3$.

Fehler zugeben

Physiker verlassen sich nicht nur auf die Zahl der signifikanten Stellen, wenn sie ihre Messwerte notieren. Sehr häufig findet man Zahlenangaben in der Art

$(5{,}36 \pm 0{,}05)$ Meter.

Der Teil hinter dem $\pm$ (in dem Beispiel also 0,05 Meter) ist eine Schätzung des Fehlers bei dem gemessenen Wert. Die Angabe bedeutet also, dass der wirkliche Wert nach der Meinung des Autors irgendwo zwischen $5{,}36 + 0{,}05 = 5{,}41$ Meter und $5{,}36 - 0{,}05 = 5{,}31$ Meter liegt. (Die Unsicherheit zeigt nicht, wie weit Ihre Messung vom »wahren« Wert abweicht, sondern wie genau Ihre Messapparatur arbeitet; mit anderen Worten, wie zuverlässig Ihre Messung an sich ist.)

Der Erfolg der Physik gründet sich nicht zuletzt darauf, dass man dort mit Unsicherheiten ehrlich umgeht. Natürlich lassen sich Messergebnisse auch so zurechtbiegen, dass alles wie gewünscht passt. Aber im Zweifelsfall entgeht einem dann die Entdeckung, für die ein anderer dann vielleicht den Nobelpreis erhält. Und diesen Ärger wollen Sie sich sicherlich ersparen, oder?

Um die später auftauchenden Beispielrechnungen nicht zu unübersichtlich zu gestalten, verwende ich meistens glatte, ganze Zahlen. Aber Sie können ja alles auch mal mit krummen Zahlen durchrechnen. Das übt kolossal. Vergessen Sie dabei nicht, sinnvoll zu runden. Wenn Sie zum Beispiel Messwerte mit Zentimetergenauigkeit eingeben, dann werden Sie das Ergebnis sicher nicht mit Millimeterpräzision angeben können, selbst wenn der Taschenrechner zehn Stellen hinter dem Komma ausspuckt.

Etwas einfache Algebra

In der Physik kommen jede Menge Gleichungen vor. Damit Sie vernünftig mit ihnen umgehen können, sollten Sie eine grobe Ahnung haben, wie Sie deren Bestandteile behandeln müssen oder dürfen. Also ist es Zeit für eine kleine Reise in die Abgründe der Algebra.

Die folgende Gleichung gibt die Entfernung s an, die ein Gegenstand zurücklegt, wenn er aus der Ruhe für eine Zeit t mit einer Beschleunigung a beschleunigt wird:

$$s = \frac{1}{2}at^2.$$

Jetzt stellen Sie sich vor, dass in der Aufgabe die Zeit angegeben ist, über die die Beschleunigung wirkt, sowie die Entfernung, die der Gegenstand zurückgelegt hat; Sie sollen nun die Beschleunigung bestimmen. Sie formen die Gleichung also um und lösen nach der Beschleunigung auf:

$$a = 2\frac{s}{t^2}.$$

Sie haben dazu beide Seiten mit 2 multipliziert und durch t^2 geteilt, um die Beschleunigung a allein auf einer Seite der Gleichung stehen zu haben.

Wie sieht es aus, wenn Sie nach der Zeit t auflösen sollen? Wieder schieben Sie die Variablen ein wenig hin und her und erhalten so

$$t = \sqrt{\frac{2s}{a}}.$$

Müssen Sie sich nun alle drei Formen dieser Gleichung merken? Natürlich nicht. Sie merken sich nur eine Gleichung, die diese drei Größen (Entfernung, Beschleunigung und Zeit) miteinander verbindet, und formen diese dann nach Bedarf um. (Eine Liste der Gleichungen, die Sie kennen sollten, finden Sie auf der Schummelseite vorn im Buch.)

... und noch ein bisschen Trigonometrie

Um Physikaufgaben lösen zu können, brauchen Sie außer Algebra auch ein wenig Trigonometrie, beispielsweise den Sinus, den Kosinus und den Tangens. Um dies zu verstehen, schauen Sie sich ein einfaches rechtwinkliges Dreieck wie das in Abbildung 2.1 an, das der Anschaulichkeit halber gleich alle nötigen Bezeichnungen enthält. (Beachten Sie besonders den Winkel θ zwischen den beiden langen Seiten.)

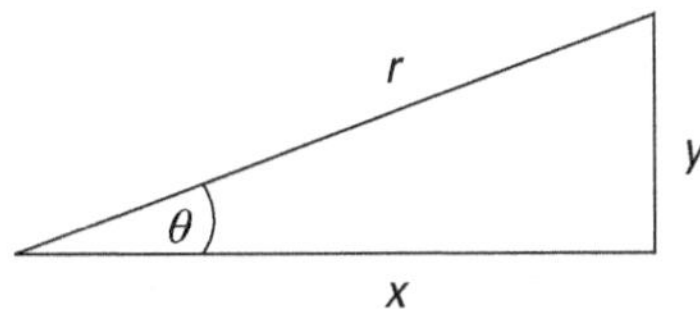

Abbildung 2.1: Ein rechtwinkliges Dreieck mit Bezeichnungen zur Bestimmung der trigonometrischen Funktionen

Um die Werte der trigonometrischen Funktionen für dieses Dreieck zu bestimmen, teilen Sie die Längen der Seiten durch einander. Die folgenden Gleichungen werden sich vor allem in Kapitel 4 als nützlich erweisen, wenn Sie sich mit Vektoren beschäftigen:

$$\sin \theta = y/r, \quad \cos \theta = x/r, \quad \tan \theta = y/x.$$

Wenn Sie einen Winkel (außer dem rechten Winkel) und eine Seite des Dreiecks kennen, können Sie alle anderen Größen bestimmen. Hier sind ein paar Beispiele, die Ihnen bald sehr vertraut sein werden. (Sie müssen sie aber nicht auswendig lernen! Wenn Sie die vorhergehenden Gleichungen für den Sinus, den Kosinus und den Tangens kennen, können Sie sich diese Gleichungen bei Bedarf einfach selbst herleiten.)

$$x = r \cos \theta = y/\tan \theta$$

$$y = r \sin \theta = x \tan \theta$$

$$r = y/\sin \theta = x/\cos \theta$$

Die Umkehrfunktionen zu Sinus, Kosinus und Tangens werden $\sin^{-1}$, $\cos^{-1}$ und $\tan^{-1}$ geschrieben. Wenn Sie den Sinus eines Winkels in die Funktion $\sin^{-1}$ eingeben, erhalten Sie als Wert wieder den Winkel. (Wenn Sie eine gründlichere Auffrischung dieses Themas benötigen, probieren Sie es doch einmal mit *Trigonometrie kompakt für Dummies*, ebenfalls erschienen bei Wiley-VCH.) Für das Dreieck aus Abbildung 2.1 ist

$$\sin^{-1}(y/r) = \theta,$$

$$\cos^{-1}(x/r) = \theta,$$

$$\tan^{-1}(y/x) = \theta.$$

Aufgabe 2.1

Drücken Sie 5,7 nm als Zehnerpotenz des Meters aus.

Aufgabe 2.2

Drücken Sie folgende Größen in der Zehnerpotenzdarstellung aus:

- ✔ 3 GPa

- ✔ 5 µm

- ✔ 7 kJ

Aufgabe 2.3

Stellen Sie folgende Zahlen als Dezimalzahl dar:

$1{,}567 \cdot 10^3$

$1{,}234 \cdot 10^{-1}$

$5{,}98 \cdot 10^4$

Kapitel 3

Geschwindigkeit ist keine Hexerei

Da sitzen Sie nun in Ihrem Formel-1-Flitzer, mit Vollgas auf dem Weg zum Ruhm. Der Wagen läuft gut, die Strecke fliegt förmlich an Ihnen vorbei. Sie sind sicher, dass Sie gewinnen werden, und vor der letzten Kurve liegen Sie weit in Führung. Im Spiegel sehen Sie jedoch, dass ein anderer Wagen näher kommt. Sie merken, dass Sie etwas tun müssen, denn der Vorjahressieger gewinnt rasch an Boden. Gut, dass Sie sich mit Geschwindigkeit und Beschleunigung auskennen. Sie wissen sofort, was zu tun ist: Sie treten das Gaspedal durch und beschleunigen. Die Kurve meistern Sie ohne Probleme, und mit einem neuen Streckenrekord überqueren Sie die Ziellinie. Gut gemacht! Zum Glück haben Sie die Themen dieses Kapitels verstanden: Strecke, Geschwindigkeit und Beschleunigung.

Intuitiv wissen Sie schon eine Menge über das, was Sie im Folgenden lernen werden – sonst wären Sie gar nicht in der Lage, Auto oder auch nur Fahrrad zu fahren. Eine Strecke ist der Weg zwischen zwei Orten; die Geschwindigkeit gibt an, wie schnell Sie sich bewegen; und wer jemals in einem Auto gesessen hat, weiß auch etwas über Beschleunigung. Sie haben jeden Tag mit diesen Dingen zu tun. Die Physik hat sie nicht erfunden, sondern nur in einen systematischen Zusammenhang gebracht. Die Kenntnis dieser Zusammenhänge ermöglicht es uns, Straßen zu planen, Flugzeuge zu bauen, die Bewegung der Planeten zu verfolgen oder einfach nur Fußball zu spielen.

Die Untersuchung von Bewegungen ist ein wichtiger Teil der Physik, und genau darum soll es sich in diesem Kapitel drehen. Los geht's!

Strecken und Entfernungen

Wenn Sie sich von einem Punkt A zu einem Punkt B bewegen, legen Sie eine bestimmte Strecke zurück, die *Entfernung* zwischen den beiden Punkten. Nehmen Sie zum Beispiel den Golfball aus Abbildung 3.1. Damit Sie die zurückgelegte Strecke gut erkennen können, rollt der Ball praktischerweise an einem Meterstab entlang. Sie setzen ihn zu Beginn auf den Nullpunkt des Meterstabs, wie in Abbildung 3.1a gezeigt.

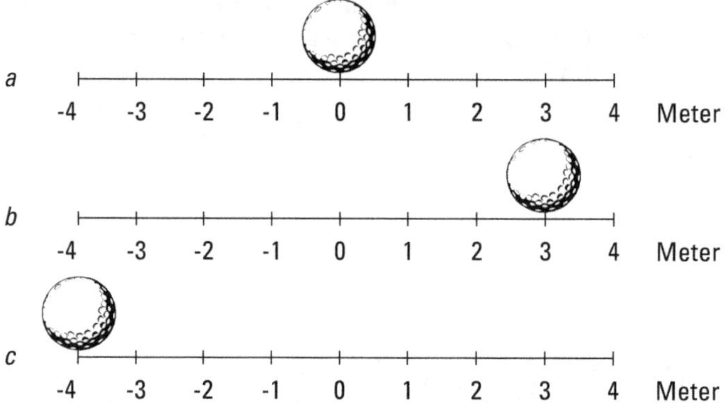

Abbildung 3.1: Ein rollender Golfball auf einem Meterstab

So weit, so gut. Jetzt rollt der Ball drei Meter nach rechts, wie in Abbildung 3.1b dargestellt ist. Dabei legt er eine Strecke zurück – genau die drei Meter zwischen seiner ursprünglichen und seiner neuen Position.

In der Physik wird die Strecke oft mit der Variablen s bezeichnet; in diesem Fall ist also $s = 3\,\mathrm{m}$.

> Wie jeder Messwert (abgesehen von dimensionslosen Größen) besitzt auch die Strecke immer eine Einheit, meist Meter oder Zentimeter. Sie können auch Kilometer, Meilen, Ellen oder Millimeter verwenden; meinetwegen auch Lichtjahre (das heißt die Entfernung, die das Licht in einem Jahr zurücklegt – eine gewaltige Strecke, die Sie sicher nicht mit einem Meterstab abmessen wollen: 9.460.700.000.000 Kilometer oder 9.460.700.000.000.000 Meter).

Hartnäckig wie Forscher nun einmal sind, wollen Sie es noch genauer wissen. Häufig sehen Sie das Symbol s_A, das die Ausgangsposition einer Bewegung bezeichnet (manchmal auch s_0). Und dann gibt es das Symbol s_E für die Endposition einer Bewegung. Für die Bewegung von Abbildung 3.1a nach 3.1b ist s_A die Null-Meter-Markierung und s_E die Stelle bei +3 Metern auf dem Meterstab. Die zurückgelegte Strecke s ist dann gleich Endposition minus Anfangsposition:

$$s = s_E - s_A = +3\,\mathrm{m} - 0\,\mathrm{m} = 3\,\mathrm{m}.$$

 Strecken müssen nicht positiv sein; sie können auch null oder sogar negativ sein. Betrachten Sie als Beispiel Abbildung 3.1c. Hier hat sich der Golfball zu einer neuen Position bewegt, die der Markierung −4 Meter auf dem Meterstab entspricht. Welche Strecke hat er dabei zurückgelegt? Das hängt natürlich davon ab, auf welchen Startpunkt Sie die Bewegung beziehen (das gilt für alle Aufgaben in der Physik). Man nennt den Startpunkt auch den *Ursprung* der Bewegung. Wenn Sie die Bewegung auf den Null-Meter-Punkt dieses Meterstabs beziehen, dann ist die zurückgelegte Strecke

$$s = s_E - s_A = -4\,\mathrm{m} - 0\,\mathrm{m} = -4\,\mathrm{m},$$

sie ist also negativ!

Sie können auch einen anderen Startpunkt als die Null-Meter-Markierung wählen. Nehmen Sie beispielsweise an, dass Sie Abbildung 3.1a nicht kennen; Sie würden dann davon ausgehen, dass der Golfball bei der Position »+3 Meter« aus Abbildung 3.1b gestartet ist. Für die Bewegung auf die Position »−4 Meter« aus Abbildung 3.1c finden Sie die Strecke

$$s = s_E - s_A = -4\,\mathrm{m} - 3\,\mathrm{m} = -7\,\mathrm{m}.$$

Die gemessene Strecke hängt also davon ab, wie Sie den Startpunkt wählen. Meist ist die Wahl für eine bestimmte Aufgabe klar und eindeutig. Aber was machen Sie, wenn die Situation nicht eindeutig ist?

Achsen gliedern die Welt

Im wirklichen Leben verlaufen Bewegungen meist nicht nur in einer Richtung wie bei dem Golfball aus Abbildung 3.1, sondern sie erstrecken sich über zwei oder drei Dimensionen. In solchen Fällen brauchen Sie zur Beschreibung der Situation mehrere gekreuzte Meterstäbe, die man *Achsen* nennt. Es gibt eine horizontale Achse (die x-Achse) und eine vertikale Achse (die y-Achse); bei drei Dimensionen existiert sogar noch eine Achse, die senkrecht aus der Papierebene herausragt (die z-Achse).

Betrachten Sie zum Beispiel Abbildung 3.2, die einen Golfball zeigt, der sich in zwei Dimensionen bewegt. Er startet in der Mitte des Diagramms und rollt nach rechts oben.

Mithilfe der Achsen können Sie sagen, dass sich der Ball zur Position »+4 Meter« auf der x-Achse und zur Position »+3 Meter« auf der y-Achse bewegt. Diesen Punkt können Sie kurz als (4, 3) schreiben; der Wert entlang der x-Achse wird immer zuerst angegeben, danach kommt der Wert entlang der y-Achse.

Was heißt das jetzt für die zurückgelegte Strecke? Die Veränderung Δx entlang der x-Achse ist gleich der entsprechenden Endposition minus der zugehörigen Anfangsposition. (Mit dem Symbol Δ, dem griechischen Buchstaben Delta, bezeichnet man die Veränderung einer Größe.) Wenn der Ball im Zentrum des Diagramms startet – an der Position (0, 0) –, dann ist die Änderung der Position entlang der x-Achse

$$\Delta x = x_E - x_A = +4\,\mathrm{m} - 0\,\mathrm{m} = 4\,\mathrm{m}.$$

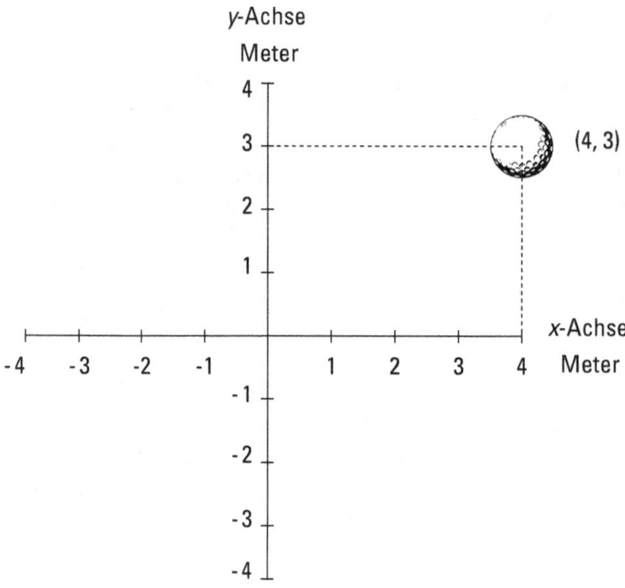

Abbildung 3.2: Eine Bewegung in zwei Dimensionen

Entsprechend ist die Änderung der Position entlang der y-Achse

$$\Delta y = y_E - y_A = +3\,\text{m} - 0\,\text{m} = 3\,\text{m}.$$

Wenn Sie die insgesamt zurückgelegte Strecke anstelle der Veränderung der Positionen entlang der x- beziehungsweise y-Achse wissen wollen, müssen Sie noch ein wenig rechnen. Die Frage ist nun: »Wie weit ist der Golfball vom Zentrum des Diagramms entfernt?« Mithilfe des Satzes von Pythagoras können Sie die Strecke berechnen, die der Ball vom Zentrum bis zu seiner Endposition zurückgelegt hat. Hier die fertige Gleichung:

$$s = \sqrt{\Delta x^2 + \Delta y^2} = \sqrt{4^2 + 3^2} = \sqrt{16 + 9} = \sqrt{25} = 5.$$

Der Golfball hat in diesem Fall also eine Strecke von genau fünf Metern zurückgelegt. (Beachten Sie dabei, dass ich der Bequemlichkeit halber die Einheit »Meter« weggelassen habe!)

Der Satz des Pythagoras besagt, dass die Summe der Quadrate der beiden kurzen Seiten in einem rechtwinkligen Dreieck (der *Katheten*) gleich dem Quadrat der langen Seite (der *Hypotenuse*) ist.

Von der Strecke zur Geschwindigkeit

In den vorhergegangenen Abschnitten haben Sie die Bewegungen von Gegenständen in einer und zwei Dimensionen untersucht. Bewegung ist aber mehr als nur die von einem Gegenstand zurückgelegte Strecke. Wenn ein Gegenstand eine Strecke zurücklegt, benötigt er dafür eine bestimmte Zeit. Das bedeutet, er bewegt sich mit einer bestimmten Geschwindigkeit. Wie lange braucht der Ball aus Abbildung 3.1 zum Beispiel, um von seiner Anfangs- in seine Endposition zu gelangen? Wenn er dafür 12 Jahre braucht, hat es vermutlich sehr lange gedauert, bis diese Abbildung für das Buch endlich fertig war. Oder 12 Sekunden? Das passt schon eher …

Im Rest dieses Kapitels untersuchen Sie, wie schnell Bewegungen ablaufen. So wie Sie die zurückgelegte Strecke messen können, können Sie auch die Zeitdifferenz vom Beginn der Bewegung bis zu ihrem Ende messen. Meist schreibt man das in der Form

$$\Delta t = t_E - t_A.$$

Dabei gibt t_E den Zeitpunkt an, an dem die Bewegung beendet ist; t_A ist der Zeitpunkt, an dem die Bewegung beginnt. Die Differenz dieser beiden Werte ist dann die Zeit, die der Ball für seine Bewegung benötigt hat.

Was ist eigentlich Geschwindigkeit?

Wissenschaftler wollen häufig wissen, wie schnell bestimmte Dinge passieren – und das heißt, dass sie Geschwindigkeiten messen müssen.

In der Sprache der Wissenschaftler lässt sich die Geschwindigkeit als

Geschwindigkeit = Strecke/Zeit

ausdrücken. Wenn Sie zum Beispiel eine Strecke s in einer Zeit t zurücklegen, ist Ihre Geschwindigkeit v

$$v = \frac{s}{t}.$$

Die Variable v ist streng genommen ein Vektor, das heißt eine Größe, die außer einem Betrag auch noch eine Richtung besitzt. In Kapitel 4 beschäftigen wir uns ausführlich mit Vektoren. Meist wird der Vektor der Geschwindigkeit mit $\boldsymbol{v}$ bezeichnet, das heißt als fett-kursives Symbol. Wenn Sie einen Geschwindigkeitsvektor vor sich haben, wissen Sie nicht nur, wie schnell sich ein Gegenstand bewegt, sondern auch in welche Richtung. In der vorhergehenden Gleichung steht v nur für den Betrag des Geschwindigkeitsvektors, daher erscheint das Symbol nicht fett.

Das war leicht, oder? Formal (Physiker lieben formale Aussagen!) ist die Geschwindigkeit die Änderung der Position geteilt durch die Änderung der Zeit. Für eine Bewegung in einer Dimension (zum Beispiel entlang der x-Achse) heißt das

$$v = \frac{\Delta x}{\Delta t} = \frac{x_E - x_A}{t_E - t_A}.$$

Im wirklichen Leben erleben Sie Geschwindigkeiten allerdings selten als Pfeil in einem Diagramm. Geschwindigkeit kann sich in vielerlei Formen äußern, von denen Sie in den nächsten Abschnitten einige kennenlernen werden.

Ein Blick auf den Tacho: Momentangeschwindigkeit

Sie haben schon eine Vorstellung davon, was Geschwindigkeit ist: das, was der Tacho Ihres Autos anzeigt, stimmt's? Sie brauchen während der Fahrt nur auf den Tacho zu schauen, und schon wissen Sie Ihre Geschwindigkeit. 65 Stundenkilometer – hoppla, etwas schnell … ein wenig bremsen … 50 Kilometer pro Stunde, passt. Was Sie dabei messen, ist Ihre Geschwindigkeit genau in dem Moment, in dem Sie auf den Tacho schauen: Ihre *Momentangeschwindigkeit*.

Die Momentangeschwindigkeit ist ein wichtiger Begriff, wenn Sie die Physik von Bewegungen verstehen wollen – merken Sie ihn sich gut. Wenn Sie jetzt gerade 65 Kilometer pro Stunde fahren, dann ist das Ihre Momentangeschwindigkeit. Wenn Sie auf 75 Kilometer pro Stunde beschleunigen, dann ist das Ihre neue Momentangeschwindigkeit. Die Momentangeschwindigkeit gilt immer für einen ganz bestimmten Zeitpunkt – zwei Sekunden später kann sie schon einen völlig anderen Wert haben.

Gleichmäßig voran: Konstante Geschwindigkeit

Was ist, wenn Sie immer gleichmäßig 65 Kilometer pro Stunde fahren? Physikalisch gesprochen fahren Sie dann mit konstanter oder *gleichförmiger* Geschwindigkeit. Beim Autofahren in Mitteleuropa werden Sie dieses Gefühl nur selten erleben können, da der Verkehr Sie ständig zu Änderungen der Geschwindigkeit zwingt. Aber wie wäre es mit einem kleinen Ausflug in die endlosen und fast menschenleeren Weiten Zentralaustraliens?

Gleichmäßige Bewegungen sind physikalisch am einfachsten zu beschreiben, da sich die Geschwindigkeit nie ändert.

Stop-and-go: Wechselnde Geschwindigkeit

Bei *ungleichförmigen* Bewegungen verändert sich die Geschwindigkeit im Lauf der Zeit. Diese Art von Bewegung kommt in der Realität häufig vor. Wenn Sie im Auto unterwegs sind, müssen Sie zum Beispiel dauernd Ihre Geschwindigkeit anpassen. Die Änderungen der Geschwindigkeit drückt sich in Gleichungen wie der folgenden aus (wobei v_E Ihre Geschwindigkeit nach einem Brems- oder Beschleunigungsmanöver ist und v_A Ihre Geschwindigkeit davor):

$$\Delta v = v_E - v_A.$$

Später in diesem Kapitel befassen wir uns mit der Beschleunigung, die bei ungleichförmigen Bewegungen auftritt. Gleich an dieser Stelle möchte ich Sie daran erinnern, dass Beschleunigung im physikalischen Sinn sowohl eine Erhöhung als auch eine Verringerung der Geschwindigkeit bedeuten kann!

Mittelmaß: Durchschnittsgeschwindigkeit

Geschwindigkeitsgleichungen sind keine abstrakten Gedankenspiele; sie können die Messung von Geschwindigkeiten auch konkreter machen. Nehmen Sie zum Beispiel an, Sie wollten von Berlin nach Rom fahren, um dort einen Freund zu besuchen; das sind circa 1.500 Kilometer. Wie schnell waren Sie unterwegs, wenn Sie drei Tage für die Reise gebraucht haben?

Geschwindigkeit ist gleich der zurückgelegten Strecke geteilt durch die dafür benötigte Zeit, also

$$\frac{1.500 \text{ Kilometer}}{3 \text{ Tage}} = 500.$$

500 also – aber 500 was? Sie haben Kilometer durch Tage geteilt, also ist die Lösung 500 Kilometer pro Tag, nicht gerade eine Standardeinheit für Geschwindigkeiten. Was heißt das in Kilometern pro Stunde? Um das herauszufinden, müssen Sie die »Tage« in der Gleichung per Umrechnungsfaktor durch »Stunden« ersetzen (siehe Kapitel 2). Da ein Tag 24 Stunden hat, können Sie das folgendermaßen erreichen (beachten Sie, dass sich die »Tage« herauskürzen):

$$\frac{1.500 \text{ Kilometer}}{3 \text{ Tage}} \cdot \frac{1 \text{ Tag}}{24 \text{ Stunden}} \approx 21 \text{ Kilometer pro Stunde.}$$

Sie sind also 21 Kilometer pro Stunde gefahren. Das klingt nach ziemlich wenig, denn normalerweise fahren Sie auf der Autobahn locker 120 Kilometer pro Stunde. Was Sie hier jedoch berechnet haben, ist eine *mittlere* Geschwindigkeit oder *Durchschnittsgeschwindigkeit* über die gesamte Reise hinweg! Sie haben die gesamte Entfernung durch die gesamte benötigte Zeit geteilt – einschließlich der Stunden, in denen Sie geschlafen oder gerastet haben.

Durchschnittsgeschwindigkeiten werden manchmal als $\bar{v}$ geschrieben; ein Querstrich über einer Variablen kennzeichnet in der Physik in der Regel einen Mittelwert.

Mittlere gegen konstante Geschwindigkeit

Wenn Sie sich nicht gerade mit konstanter Geschwindigkeit bewegen, unterscheidet sich Ihre Momentangeschwindigkeit von Ihrer Durchschnittsgeschwindigkeit. Da Letztere gleich der Gesamtstrecke geteilt durch die Gesamtzeit ist, kann sie sogar sehr deutlich von Ihrer Momentangeschwindigkeit abweichen.

Auf der Fahrt von Berlin nach Rom bringen Sie vielleicht mehrere Nächte im Hotelzimmer zu. Wenn Sie schlafen, ist Ihre Momentangeschwindigkeit null Kilometer pro Stunde (Traumreisen zählen nicht zur Rechnung dazu!) – dennoch ist Ihre mittlere Geschwindigkeit auch in diesem Moment 21 Kilometer pro Stunde, wie im vorigen Abschnitt besprochen! Das liegt einfach daran, dass die mittlere Geschwindigkeit für die gesamte Reise berechnet wird, also 1.500 Kilometer geteilt durch 72 Stunden.

Die mittlere Geschwindigkeit hängt vom Anfangs- und Endpunkt des betrachteten Wegs ab. Nehmen Sie beispielsweise an, dass Sie von Berlin aus zuerst einen Anhalter in Hannover absetzen, bevor Sie zu Ihrer Schwester nach Hamburg weiterfahren. Ihre Reiseroute sieht dann wie in Abbildung 3.3 aus – zuerst 230 Kilometer nach Hannover und dann 110 Kilometer nach Hamburg (jeweils Luftlinie gerechnet).

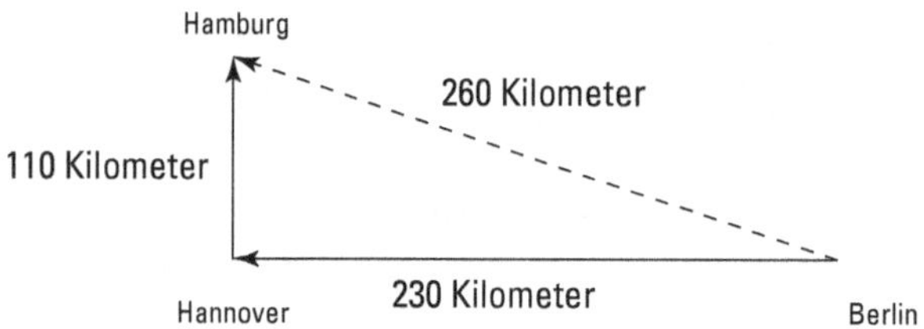

Abbildung 3.3: Abschnitte einer Reise mit den jeweiligen Distanzen

Wenn Sie im Schnitt 100 Kilometer pro Stunde fahren, brauchen Sie für die $230 + 110 =$ 340 Kilometer knapp dreieinhalb Stunden (genauer gesagt 3,4 Stunden, also 3 Stunden und 24 Minuten). Wenn Sie die Durchschnittsgeschwindigkeit aber anhand der tatsächlichen Entfernung zwischen Start- und Endpunkt (Luftlinie) Ihrer Reise berechnen, erhalten Sie stattdessen

$$\frac{260 \text{ Kilometer}}{3,4 \text{ Stunden}} = 76,5 \text{ Kilometer pro Stunde.}$$

Mit dieser Rechnung haben Sie die Durchschnittsgeschwindigkeit entlang der gestrichelten Linie zwischen Start- und Endpunkt der Reise berechnet. Wenn das Ihre Absicht war, prima. Wenn Sie aber lieber Ihre Durchschnittsgeschwindigkeit entlang der beiden Teilstrecken wissen wollen, dann müssen Sie messen, wie lange Sie für jedes der beiden Teilstücke gebraucht haben, und dann die Länge der Teilstücke durch die jeweilige Zeit teilen. So bekommen Sie die Durchschnittsgeschwindigkeit für die einzelnen Teile der Reise.

Wenn Sie mit konstanter Geschwindigkeit fahren, wird die Aufgabe leichter. Dann können Sie die gesamte gefahrene Strecke nehmen, die $110 + 230 = 340$ Kilometer beträgt (und nicht die 260 Kilometer Luftlinie). Diese Strecke teilen Sie durch 3,4 Stunden und erhalten 100 Kilometer pro Stunde. Da Sie die ganze Strecke mit konstanter Geschwindigkeit fahren, ist das auch Ihre Durchschnittsgeschwindigkeit für die beiden Teilstrecken. Außerdem ist es Ihre Momentangeschwindigkeit an jedem Punkt der Reise.

Beim Umgang mit Geschwindigkeiten ist nicht nur der Betrag wichtig, sondern auch die Richtung. Nur wenn Sie den Betrag und die Richtung der Geschwindigkeit gemeinsam betrachten, können Sie Reiserouten berechnen, bei denen sich die Fahrtrichtung ändert.

Schneller oder langsamer: Beschleunigung

Genau wie über die Geschwindigkeit wissen Sie auch schon einiges über die Beschleunigung. Die Beschleunigung beschreibt, wie schnell sich Ihre Geschwindigkeit ändert. Wenn Sie auf eine Parklücke zufahren und plötzlich quietschende Reifen hören, dann wissen Sie sofort, was los ist: Da gibt jemand Gas (das heißt er beschleunigt), um vor Ihnen bei der Parklücke zu sein. Direkt vor Ihnen schert er (es muss doch ein Mann sein, oder?) wieder ein, verfehlt Sie dabei um Haaresbreite und bremst dann scharf ab (auch das ist eine Beschleunigung!), wobei er Sie ebenfalls zu einer Vollbremsung zwingt. Gut, dass Sie sich mit Physik auskennen!

Die Definition der Beschleunigung

In der Physik ist die Beschleunigung a die Änderung Δv einer Geschwindigkeit innerhalb einer bestimmten Zeitspanne Δt geteilt durch diese Zeitspanne:

$$a = \frac{\Delta v}{\Delta t}.$$

Wenn Sie die Anfangs- und die Endgeschwindigkeit v_A beziehungsweise v_E sowie die Anfangs- und Endzeit t_A beziehungsweise t_E kennen, können Sie diese Gleichung auch so schreiben:

$$a = \frac{\Delta v}{\Delta t} = \frac{v_E - v_A}{t_E - t_A}.$$

Wie die Geschwindigkeit ist auch die Beschleunigung ein Vektor (siehe Kapitel 4) und wird daher oft mit dem fett-kursiven Symbol a bezeichnet. Mit anderen Worten, die Beschleunigung besitzt wie die Geschwindigkeit einen Betrag und eine Richtung.

Die Einheit der Beschleunigung

Sie können die Einheit der Beschleunigung ganz einfach ausrechnen, indem Sie eine Geschwindigkeit durch eine Zeitspanne teilen:

$$a = \frac{v_E - v_A}{t_E - t_A} = \frac{\text{Strecke/Zeit}}{\text{Zeit}} = \frac{\text{Strecke}}{\text{Zeit}^2}.$$

Strecke geteilt durch Zeit zum Quadrat? Lassen Sie sich nicht irritieren – das ist schon richtig so. Sie haben eine Geschwindigkeit durch eine Zeit geteilt, und da die Geschwindigkeit bereits die Zeit im Nenner hat, erscheint diese dort eben zweimal, also quadriert. Anders gesagt: Die Beschleunigung ist die Geschwindigkeit, mit der sich Ihre Geschwindigkeit ändert. Und Geschwindigkeiten haben nun mal die Zeit im Nenner stehen.

Die Einheit der Beschleunigung ist Strecke geteilt durch Zeit zum Quadrat. Daher werden Beschleunigungen in Meter pro Sekunde^2, Zentimeter pro Sekunde^2 oder sogar Kilometer pro Stunde^2 angegeben.

Stellen Sie sich vor, Sie fahren im Auto mit 60 Kilometern pro Stunde, als aus dem Fenster des Wagens vor Ihnen plötzlich eine rote Kelle aufblinkt und Sie unmissverständlich auffordert, rechts ranzufahren. Sie bremsen und brauchen genau zehn Sekunden, bis das Auto zum Stehen kommt. Ein Polizist erscheint neben Ihnen und sagt sehr bestimmt: »Sie sind gerade mit 60 Kilometern pro Stunde durch eine 30er-Zone gefahren.« Was antworten Sie? Klar, Sie zücken Ihren Taschenrechner und rechnen schnell aus, wie stark Sie abgebremst haben, um anzuhalten – das muss den Polizisten doch beeindrucken und ihm zeigen, was für ein gesetzestreuer Bürger Sie sind, oder nicht?

Zuerst rechnen Sie die 60 Kilometer pro Stunde in eine in der Physik gebräuchlichere Einheit um; und damit am Ende eine eindrucksvolle Zahl herauskommt, nehmen Sie Zentimeter pro Sekunde. Im ersten Schritt konvertieren Sie in Kilometer pro Sekunde:

$$60 \text{ km/h} \cdot (1 \text{ h}/3.600 \text{ s}) = 0{,}017 \text{ km/s} = 1{,}7 \cdot 10^{-2} \text{km/s}.$$

Als Nächstes rechnen Sie Kilometer pro Sekunde in Zentimeter pro Sekunde um:

$$1{,}7 \cdot 10^{-2} \text{km/s} \cdot (100.000 \text{ cm/km}) = 1.700 \text{ cm/s}.$$

Ihre Geschwindigkeit war anfangs also 1.700 Zentimeter pro Sekunde. Am Ende war Ihre Geschwindigkeit null Zentimeter pro Sekunde (Sie haben ja angehalten), und diese Änderung haben Sie innerhalb von zehn Sekunden erreicht. Wie groß war demnach Ihre Beschleunigung? Sie wissen, dass die Beschleunigung die Änderung der Geschwindigkeit geteilt durch die Zeitspanne für diese Änderung ist:

$$a = \frac{\Delta v}{\Delta t}.$$

Sie setzen die Zahlen ein und bekommen so

$$a = \frac{\Delta v}{\Delta t} = \frac{1.700 \text{ cm/s}}{10 \text{ s}} = 170 \text{ cm/s}^2.$$

Ihre Beschleunigung war demnach 170 Zentimeter pro Sekunde^2. Das kann aber nicht stimmen! Sie sehen das Problem vielleicht schon – schauen Sie auf die ursprüngliche Definition der Beschleunigung:

$$a = \frac{\Delta v}{\Delta t} = \frac{v_E - v_A}{t_E - t_A}.$$

Ihre Endgeschwindigkeit war null, und Ihre Anfangsgeschwindigkeit war 1.700 Zentimeter pro Sekunde (cm/s), also setzen Sie nochmals die Zahlen ein:

$$a = \frac{\Delta v}{\Delta t} = \frac{v_E - v_A}{t_E - t_A} = \frac{0 - 1.700 \text{ cm/s}}{10 \text{ s}} = -170 \text{ cm/s}^2.$$

Mit anderen Worten, Ihre Beschleunigung war nicht +170 Zentimeter pro Sekunde^2, sondern −170 Zentimeter pro Sekunde^2 – ein wichtiger Unterschied nicht nur beim Lösen von Physikaufgaben, sondern auch in der Diskussion mit Gesetzeshütern. Wenn Sie zehn Sekunden lang mit +170 cm/s^2 statt mit −170 cm/s^2 beschleunigt hätten, hätten Sie am Ende eine Geschwindigkeit von 120 Kilometern pro Stunde gehabt – Führerschein ade!

Jetzt haben Sie Ihre Beschleunigung. Sie schalten den Taschenrechner aus, lächeln den Polizisten freundlich an und sagen: »Vielleicht war ich ein bisschen zu schnell, Herr Wachtmeister, aber ich halte mich immer an die Gesetze. Als ich Ihr Signal gesehen habe, habe ich sofort mit −170 Zentimetern pro Sekunde^2 beschleunigt, um möglichst schnell anhalten zu können.« Erstaunt wird der Polizist nun seinerseits einen Taschenrechner zücken, um das selbst nachzurechnen. »Nicht schlecht«, meint er dann beeindruckt, »da wollen wir noch mal ein Auge zudrücken.« Glück gehabt!

Wie die Geschwindigkeit kann auch die Beschleunigung in verschiedenen Varianten auftreten und auf unterschiedliche Weise angegeben werden. Je nach Aufgabe ist es wichtig, darauf zu achten, ob die Beschleunigung positiv oder negativ ist, ob es sich um eine mittlere oder eine momentane Beschleunigung handelt, ob sie konstant ist oder sich verändert. Diese Möglichkeiten werden in den folgenden Abschnitten genauer betrachtet.

Positive und negative Beschleunigungen

Vorzeichen sind in der Physik mindestens so wichtig wie Verkehrszeichen im Straßenverkehr. Genau wie Geschwindigkeiten können auch Beschleunigungen positiv oder negativ sein. Wenn Sie Ihr Auto bis zum Stillstand abbremsen, ist Ihre Anfangsgeschwindigkeit positiv und Ihre Endgeschwindigkeit null – folglich muss die Beschleunigung negativ sein.

Genau wie die Geschwindigkeit besitzt die Beschleunigung sowohl ein Vorzeichen als auch eine Einheit. Eine negative Beschleunigung wird auch Bremsen genannt.

Mittlere und momentane Beschleunigung

Genau wie Sie die mittlere und die momentane Geschwindigkeit angeben können, können Sie auch eine *mittlere* und eine *momentane Beschleunigung* berechnen. Die mittlere Beschleunigung $\overline{a}$ ist das Verhältnis einer Geschwindigkeitsänderung und der Zeitspanne, in der diese stattfindet. Sie berechnen die mittlere Beschleunigung analog zur mittleren Geschwindigkeit, indem Sie die Anfangsgeschwindigkeit von der Endgeschwindigkeit abziehen und das Ergebnis durch die Gesamtzeit (Endzeit minus Startzeit) teilen:

$$\overline{a} = \frac{v_E - v_A}{t_E - t_A}.$$

Natürlich muss die tatsächliche Beschleunigung nicht die ganze Zeit genau diesen Wert gehabt haben. Die Beschleunigung, die Sie zu einem bestimmten Zeitpunkt messen, ist die momentane Beschleunigung – und die kann sich durchaus von der mittleren Beschleunigung unterscheiden. Wenn eine Ampel plötzlich auf Rot umspringt, treten Sie beispielsweise erst einmal scharf auf die Bremse, was eine große Beschleunigung (oder Verzögerung) ergibt. Wenn Sie dann merken, dass es noch gut reicht, lassen Sie die Bremse wieder ein wenig los, und die Beschleunigung wird geringer. Die mittlere Beschleunigung ist aber ein einzelner Wert, der die Gesamtveränderung der Geschwindigkeit während der gesamten Dauer des Bremsvorgangs angibt.

Konstante und variable Beschleunigung

Wie die Geschwindigkeit kann auch die Beschleunigung gleichmäßig (konstant) oder veränderlich (variabel) sein. Beim Autofahren werden Sie durch den Verkehr (oder die lästigen Ampeln) ständig zum Bremsen gezwungen; danach beschleunigen Sie wieder. Ihre Beschleunigung ändert sich also ständig.

Andere Beschleunigungen sind dagegen konstant (verändern sich also nicht), zum Beispiel die Beschleunigung aufgrund der Schwerkraft der Erde. Sie beträgt 9,81 Meter pro Sekunde^2 nach unten (zum Erdmittelpunkt hin). Nicht nur Sie wären erstaunt, wenn die Schwerkraft sich plötzlich ändern würde!

Die Beziehung zwischen Beschleunigung, Zeit und Strecke

In diesem Kapitel haben Sie es mit vier Größen zu tun: Beschleunigung, Geschwindigkeit, Zeit und Strecke. Sie kennen bereits die Standardgleichung für die Geschwindigkeit als Funktion der zurückgelegten Strecke und der dafür benötigten Zeit:

$$v = \frac{\Delta x}{\Delta t} = \frac{x_E - x_A}{t_E - t_A}.$$

Sie kennen ebenfalls die Standardgleichung für die Beschleunigung als Funktion der Geschwindigkeitsänderung und der dafür benötigten Zeit:

$$a = \frac{\Delta v}{\Delta t} = \frac{v_E - v_A}{t_E - t_A}.$$

Diese Gleichungen gehen beide nur einen Schritt weit, indem sie die Geschwindigkeit mit der Strecke (und der Zeit) beziehungsweise die Beschleunigung mit der Geschwindigkeit (und der Zeit) verknüpfen. Aber was ist, wenn Sie die Beschleunigung als Funktion der zurückgelegten Strecke und der Zeit wissen wollen?

Nehmen Sie an, Sie wollten Ihre Gokart-Karriere aufgeben und auf Formel 1 umsteigen, um den ultimativen Kick in puncto Beschleunigung zu erleben. Nach einem Testrennen kennen Sie die zurückgelegte Strecke (400 Meter) und Ihre Zeit (5,5 Sekunden). Wie groß war nun die Beschleunigung, die Sie dabei in den Sitz drückte? Eine gute Frage. Sie brauchen jetzt eine Beziehung zwischen der Beschleunigung, der Strecke und der Zeit; die Geschwindigkeit kommt nicht vor. Es ist nicht weiter schwierig, solch eine Beziehung herzuleiten. Um die Sache etwas zu vereinfachen, lasse ich die Differenzbildung à la $v_E - v_A$ erst einmal weg; die Anfangswerte können Sie nachher immer noch abziehen.

Wenn Sie sich durch mathematische Umformungen kämpfen müssen, ist es oft leichter, nicht mit Differenzen wie $v_E - v_A$ zu arbeiten, sondern sich mit einfachen Größen wie v zufriedenzugeben. Meist können Sie v später wieder in $v_E - v_A$ umwandeln, falls gewünscht.

Eine nahe liegende Beziehung

Um eine Beziehung zwischen der Beschleunigung, der Strecke und der Zeit zu finden, spielen Sie einfach so lange mit den Gleichungen herum, bis Sie haben, was Sie wollen. Die Strecke ist gleich der mittleren Geschwindigkeit mal der Zeit:

$$s = \bar{v} \cdot t.$$

Das ist immerhin ein Anfang. Aber wie groß ist die mittlere Geschwindigkeit für das Beispiel des Formel-1-Wagens? Sie sind mit einer Anfangsgeschwindigkeit von $v_A = 0$ gestartet und wissen nur, dass Sie am Ende ziemlich schnell waren. Da Ihre Beschleunigung dabei konstant war, nahm Ihre Geschwindigkeit geradlinig von null bis auf Ihre Endgeschwindigkeit v_E zu, wie in Abbildung 3.4 gezeigt.

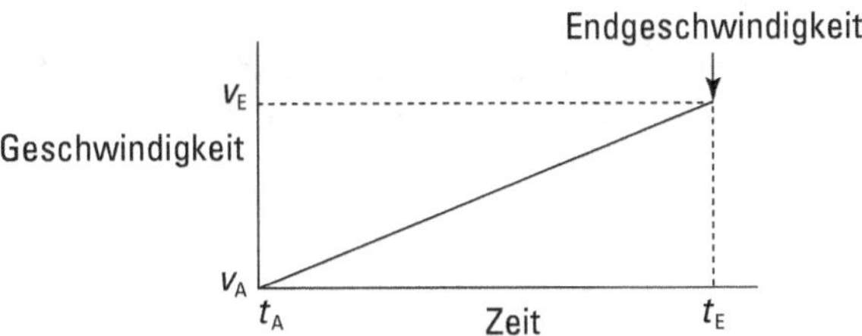

Abbildung 3.4: Zunehmende Geschwindigkeit bei konstanter Beschleunigung

Wegen der konstanten Beschleunigung muss Ihre mittlere Geschwindigkeit gerade gleich der halben Endgeschwindigkeit sein. Für diese gilt:

$$v_E = a \cdot t.$$

Damit haben Sie Ihre Endgeschwindigkeit, und Ihre mittlere Geschwindigkeit war folglich

$$\overline{v} = \frac{1}{2}at.$$

So weit, so gut. Jetzt können Sie das in die Gleichung $s = \overline{v} \cdot t$ einsetzen und erhalten

$$s = \overline{v} \cdot t = \frac{1}{2}v_E \cdot t.$$

Und da Sie wissen, dass $v_E = a \cdot t$ ist, bekommen Sie nun

$$s = \overline{v} \cdot t = \frac{1}{2}v_E \cdot t = \frac{1}{2}a \cdot t \cdot t,$$

also

$$s = \frac{1}{2}at^2.$$

Hier können Sie nun wieder $t_E - t_A$ anstelle von t einsetzen:

$$s = \frac{1}{2}a\left(t_E - t_A\right)^2.$$

Glückwunsch! Sie haben damit eine der wichtigsten Gleichungen hergeleitet, um Physikaufgaben im Zusammenhang mit Beschleunigung, Strecken und Zeiten zu lösen.

Noch mehr Geschwindigkeit

Was ist, wenn Sie nicht mit einer Geschwindigkeit von null starten, aber trotzdem eine Beziehung zwischen Beschleunigung, Zeit und Strecke haben wollen? Zum Beispiel wenn

Sie schon mit 100 Kilometern pro Stunde starten? Diese Startgeschwindigkeit würde sich natürlich zu der soeben berechneten Endgeschwindigkeit hinzuaddieren. Da die zurückgelegte Strecke gleich der Geschwindigkeit mal der Zeit ist, sieht die Gleichung nun folgendermaßen aus (denken Sie daran, dass die Beschleunigung konstant sein soll):

$$s = v_A(t_E - t_A) + \frac{1}{2}a(t_E - t_A)^2.$$

Das sieht doch spannend aus, oder? Wie auch bei anderen langen Gleichungen müssen Sie sich auch diese Gleichung nicht unbedingt merken – es sei denn, Sie haben ein fotografisches Gedächtnis. Es ist vollkommen ausreichend, sich

$$s = \frac{1}{2}at^2$$

zu merken. Wenn Sie nicht bei $t = 0$ Sekunden starten, müssen Sie eben noch die Startzeit abziehen, um die Zeit zu erhalten, in der die Beschleunigung wirkt. Und wenn Sie nicht aus dem Stand starten, müssen Sie zu dem Ergebnis noch die Strecke hinzuaddieren, die aus Ihrer Anfangsgeschwindigkeit resultiert.

Versuchen Sie immer, die Aufgaben mit so viel gesundem Menschenverstand wie möglich zu lösen, anstatt nur mechanisch irgendwelche Gleichungen anzuwenden. Wenn Sie rechnen, ohne recht zu verstehen, was Sie gerade tun, entstehen fast zwangsläufig Fehler!

Wie groß war denn nun Ihre Beschleunigung in dem vorher genannten Beispiel des Formel-1-Boliden? Sie haben jetzt eine Beziehung zwischen der Strecke, der Beschleunigung und der Zeit – also genau das, was Sie brauchen. Wie so häufig müssen Sie nun so lange Algebra betreiben, bis Sie am Ende eine Beziehung haben, auf deren einer Seite alle bekannten Größen und auf deren anderer Seite die gesuchte Größe steht. In diesem Fall ist

$$s = \frac{1}{2}at^2.$$

Das können Sie einfach umformen, indem Sie beide Seiten durch t^2 teilen und mit 2 multiplizieren. Das gibt dann

$$a = 2\frac{s}{t^2}.$$

Prima. Jetzt setzen Sie die Zahlenwerte ein und bekommen

$$a = 2\frac{s}{t^2} = 2 \cdot \frac{400\,\text{m}}{(5,5\,\text{s})^2} = 26{,}45\,\text{m/s}^2.$$

Also 26,45 Meter pro Sekunde zum Quadrat. Was heißt das nun? Die Beschleunigung g aufgrund der Schwerkraft ist beispielsweise 9,8 Meter pro Sekunde zum Quadrat. Also entsprach Ihre Beschleunigung etwa 2,7 g. Wow!

Die Beziehung zwischen Geschwindigkeit, Beschleunigung und Strecke

Im Lösen von Aufgaben sind Sie schon recht weit gekommen. Aber jetzt kommt es noch dicker! Stellen Sie sich wieder vor, Sie fahren ein Formel-1-Rennen. Gegeben sind die Beschleunigung (26,4 Meter pro Sekunde^2) und die Endgeschwindigkeit (145 Meter pro Sekunde). Welche Strecke haben Sie dann im Rennen zurückgelegt? Jetzt sind Sie mit Ihrer Physik am Ende, oder?

»Überhaupt nicht«, sagen Sie voller Selbstvertrauen, »ich muss nur meinen Taschenrechner holen.« Sie kennen die Beschleunigung und die Endgeschwindigkeit und wollen die Strecke wissen, die Sie benötigen, um auf diese Geschwindigkeit zu kommen. Die Aufgabe sieht auf den ersten Blick verwirrend aus, denn alle Gleichungen, die Sie bis jetzt kennengelernt haben, enthielten die Zeit. Aber hey, Sie können die Gleichungen immer auch nach der Zeit auflösen! Also los. Sie kennen die Endgeschwindigkeit v_E, die Anfangsgeschwindigkeit v_A (die null ist) und die Beschleunigung a. Wegen

$$v_\mathrm{E} - v_\mathrm{A} = at$$

wissen Sie weiter, dass

$$t = \frac{v_\mathrm{E} - v_\mathrm{A}}{a} = \frac{(145 - 0)\,\mathrm{m/s}}{26{,}4\,\mathrm{m/s^2}} = 5{,}5\,\mathrm{s}$$

ist. Damit haben Sie die Zeit. Jetzt brauchen Sie noch die Strecke – die Sie aus folgender Gleichung bekommen:

$$s = \frac{1}{2}at^2 + v_\mathrm{A}t.$$

Der zweite Term entfällt, da $v_\mathrm{A} = 0$ ist. Also müssen Sie nur noch die Zahlen einsetzen:

$$s = \frac{1}{2}at^2 = \frac{1}{2} \cdot 26{,}4\,\mathrm{m/s^2} \cdot (5{,}5\,\mathrm{s})^2 \approx 400\,\mathrm{m}.$$

Mit anderen Worten, Sie haben bei Ihrem – recht kurzen – Rennen 400 Meter zurückgelegt.

Wenn Sie Spaß an Gleichungen haben (und wer hat das nicht?), können Sie dieses Ergebnis noch einfacher erhalten. Dazu brauchen Sie noch eine neue Gleichung. (Das ist dann aber wirklich die letzte in diesem Kapitel, versprochen!) Sie suchen jetzt eine Beziehung zwischen der Strecke, der Beschleunigung und der Geschwindigkeit. Dazu lösen Sie zuerst nach der Zeit auf:

$$t = \frac{v_E - v_A}{a}.$$

Da bei konstanter Beschleunigung für die Strecke $s = \bar{v} \cdot t$ und $\bar{v} = \frac{1}{2}(v_\mathrm{E} + v_\mathrm{A})$ gilt, bekommen Sie

$$s = \frac{1}{2}(v_\mathrm{E} + v_\mathrm{A})\,t.$$

Hier setzen Sie jetzt die Zeit ein:

$$s = \frac{1}{2}(v_E + v_A)\,t = \frac{1}{2}(v_E + v_A)\left(\frac{v_E - v_A}{a}\right).$$

Nun formen Sie etwas um (denken Sie dabei an die dritte binomische Formel!):

$$s = \frac{1}{2}(v_E + v_A)\left(\frac{v_E - v_A}{a}\right) = \frac{1}{2a}(v_E^2 - v_A^2).$$

Die $2a$ bringen Sie jetzt noch auf die andere Seite, dann bekommen Sie eine weitere wichtige Gleichung für die Bewegung:

$$v_E^2 - v_A^2 = 2as$$
$$= 2a(x_E - x_A).$$

Jetzt können Sie sich wirklich als Meister der Bewegung betrachten.

Aufgabe 3.1

Sie stehen an einer Ampel und warten, dass diese auf Grün schaltet. Sobald Sie dürfen, geben Sie Gas. Nach 6 Sekunden haben Sie eine Geschwindigkeit von 75 km/h erreicht. Wie groß war Ihre Beschleunigung, und welchen Weg haben Sie dabei zurückgelegt?

Aufgabe 3.2

Ein Stein fällt unter dem Einfluss der Erdbeschleunigung, die 9,81 m/s^2 beträgt. Wie weit fällt er in 13 s?

Aufgabe 3.3

Sie fahren mit dem Motorrad, wobei Sie innerhalb einer Stunde von einer anfänglichen Geschwindigkeit von 70 km/h mit konstanter Beschleunigung auf 0 km/h abbremsen. Wie weit kommen Sie dabei?

Kapitel 4

Richtungsweisend:
Wo geht es lang?

E s ist nicht leicht, ans Ziel zu kommen – egal ob zu Fuß, mit dem Fahrrad, per Auto oder mit dem Flugzeug –, wenn Sie nicht wissen, in welche *Richtung* Sie sich fortbewegen müssen. Die Entfernung ist nicht alles; Sie müssen auch wissen, wohin die Reise gehen soll. In Kapitel 3 haben Sie (fast) alles über Strecken, Geschwindigkeiten und Beschleunigungen erfahren und haben mit Gleichungen wie $s = v_A(t_E - t_A) + \frac{1}{2}a(t_E - t_A)^2$ die Strecke berechnet. Auf diesem Weg bekommen Sie Antworten wie 30 Meter pro Sekunde^2 oder 50 Kilometer pro Stunde. Schön und gut – aber in welche Richtung?

Genau zu diesem Zweck gibt es *Vektoren*. Viele Menschen können Vektoren nicht leiden, weil sie irgendwann einmal schlechte Erfahrungen damit gemacht haben. Das ist schade, denn Vektoren sind sehr nützlich und auch einfach zu verwenden, wenn man das Prinzip verstanden hat – und nach diesem Kapitel werden Sie das Prinzip verstanden haben! Sie werden von Grund auf lernen, wie Vektoren funktionieren und sich wie die Größen, die Sie im Zusammenhang mit Bewegung kennengelernt haben, als Vektoren schreiben lassen.

Vektoren verstehen

In Kapitel 3 haben Sie mit einfachen Zahlenwerten gearbeitet. Solche Werte nennt man in der Physik *Beträge*. Wenn Sie eine Strecke von drei Metern messen, dann besitzt diese Strecke einen Betrag von drei Metern. Vektoren gehen einen Schritt weiter, indem sie diesem Betrag auch eine Richtung geben. So ist das auch im richtigen Leben – wenn Ihnen jemand den Weg erklärt, dann sagt er etwas wie »Das Rathaus ist 500 Meter in dieser Richtung« und gibt Ihnen so eine Entfernung (einen Messwert) und eine Richtung (in die er zeigt) an. Oder wenn Sie mit einem Freund zusammen eine Tür einhängen, sagt er vielleicht zu Ihnen: »Noch ein Stück mehr nach rechts!« – noch ein Vektor. Und wenn Sie mit dem Auto ausweichen, um einen Unfall zu vermeiden, dann beschleunigen (oder verzögern) Sie in einer bestimmten Richtung – wieder ein Vektor.

Viele Situationen im täglichen Leben haben mit Vektoren zu tun: Hinweisschilder an der Straße, Hinweise für Fluchtwege oder Schüsse aufs Fußballtor. Und da die Physik den Alltag beschreibt, kommen natürlich auch in der Physik jede Menge Vektoren vor, beispielsweise Geschwindigkeiten, Beschleunigungen oder Kräfte. Daher müssen Sie mit Vektoren klarkommen – koste es, was es wolle.

Orientierungshilfe: Das Vektorprinzip

Beim Arbeiten mit Vektoren müssen Sie immer zwei Dinge im Auge behalten: den Betrag und die Richtung. Größen, die nur einen Betrag besitzen, heißen *Skalare*. Wenn zu einem Skalar noch eine Richtung hinzukommt, erhalten Sie einen Vektor.

Anschaulich werden Vektoren in der Physik häufig als Pfeile gezeichnet. Das ist eine ausgezeichnete Darstellungsweise, da Pfeile sowohl eine eindeutige Richtung als auch einen eindeutigen Betrag (ihre Länge) besitzen. Betrachten Sie zum Beispiel Abbildung 4.1. Der Pfeil stellt einen Vektor dar, der am Pfeilende beginnt und an der Pfeilspitze endet.

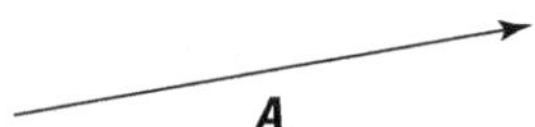

Abbildung 4.1: Der Pfeil besitzt genau wie ein Vektor einen Betrag (seine Länge) und eine Richtung.

Mit Vektoren können Sie Kräfte, Beschleunigungen, Geschwindigkeiten und vieles mehr darstellen. In der Physik verwendet man für Vektoren fette Symbole wie A. In manchen Büchern werden manchmal auch kleine Pfeile über die Buchstaben gesetzt, etwa so:

$\vec{A}$.

Der Pfeil (oder der Fettdruck) zeigt dabei an, dass diese Größe nicht nur einen Betrag (wie die Größe A), sondern auch eine Richtung besitzt; sie ist also kein Skalar, sondern ein Vektor.

Stellen Sie sich vor, Sie erzählen irgendeinem Schlaumeier, dass Sie alles über Vektoren wissen. Sobald er Sie auffordert, ihm doch einen Vektor zu zeigen, nennen Sie ihm nicht nur den Betrag, sondern auch die Richtung – weil nur beide Informationen zusammen einen Vektor ergeben. Das beeindruckt ihn gewaltig! Zum Beispiel könnten Sie sagen, dass A ein Vektor mit einem Betrag von 15 Metern pro Sekunde ist, der in einem Winkel von 15° zur

Horizontalen nach oben zeigt. Der Schlaumeier weiß nun alles, was er wissen muss, zum Beispiel auch, dass es sich um einen Geschwindigkeitsvektor handelt (wegen der Einheit, in der Sie den Betrag angegeben haben).

Nun zu Abbildung 4.2, die zwei Vektoren A und B zeigt. Sie sehen ziemlich gleich aus – beide haben dieselbe Länge und dieselbe Richtung. Tatsächlich sind die beiden Vektoren *identisch*. Zwei Vektoren sind genau dann gleich, wenn sie dieselbe Richtung und denselben Betrag besitzen! Sie können dafür $A = B$ schreiben.

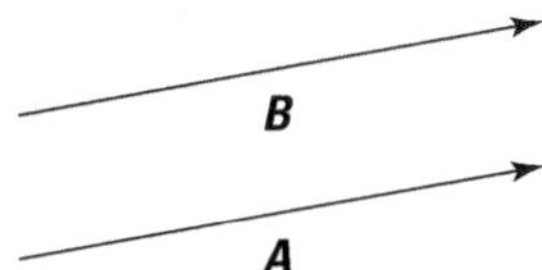

Abbildung 4.2: Zwei Pfeile (Vektoren) mit derselben Richtung und demselben Betrag

Sehen Sie, Sie sind schon auf dem besten Weg zum Vektorprofi! Wenn Sie das Symbol A sehen, wissen Sie jetzt schon, dass Sie es mit einer Größe zu tun haben, die sowohl einen Betrag als auch eine Richtung besitzt, also mit einem Vektor. Sie wissen außerdem, dass zwei Vektoren gleich sind, wenn sie dieselbe Richtung und denselben Betrag besitzen. Aber es gibt noch mehr zu erfahren. Was ist zum Beispiel, wenn Ihnen jemand sagt, dass Sie zu Ihrem Hotel zuerst zehn Kilometer nach Norden und dann fünf Kilometer nach Osten fahren müssen? Wie weit ist das Hotel dann weg und in welcher Richtung befindet es sich?

Von A nach B: Vektoren addieren

Sie können zwei Richtungsvektoren addieren. Dann erhalten Sie einen *resultierenden Vektor* – die Summe der beiden einzelnen Vektoren –, der die direkte Richtung zu Ihrem Ziel und dessen Entfernung angibt.

Nehmen Sie zum Beispiel an, ein Passant erklärt Ihnen, dass Sie zu Ihrem Ziel zuerst Vektor A und dann Vektor B folgen müssen. Wo ist dann Ihr Ziel? Ganz einfach: Gehen Sie genauso vor wie im wahren Leben und folgen Sie zuerst dem Vektor A bis zu seinem Ende und von da ab Vektor B bis zu dessen Ende (siehe Abbildung 4.3).

Wie weit sind Sie nun von Ihrem Startpunkt entfernt, wenn Sie am Ende des Vektors B angekommen sind? Um das herauszufinden, zeichnen Sie einen Vektor C vom Anfangspunkt des ersten Vektors bis zum Endpunkt des zweiten (siehe Abbildung 4.4). Dieser neue Vektor C beschreibt Ihre vollständige Reise vom Start- bis zum Endpunkt. Um C zu erhalten, müssen Sie nur die beiden Vektoren A und B hintereinandersetzen und C als resultierenden Vektor einzeichnen.

Die Addition von Vektoren ist ganz einfach, wenn Sie nur die beiden Vektoren hintereinandersetzen und dann den resultierenden Vektor (die Summe der beiden) vom Ende des ersten bis zur Spitze des zweiten Pfeils ziehen. Mit anderen Worten, $C = A + B$ ist die Resultierende der beiden Vektoren.

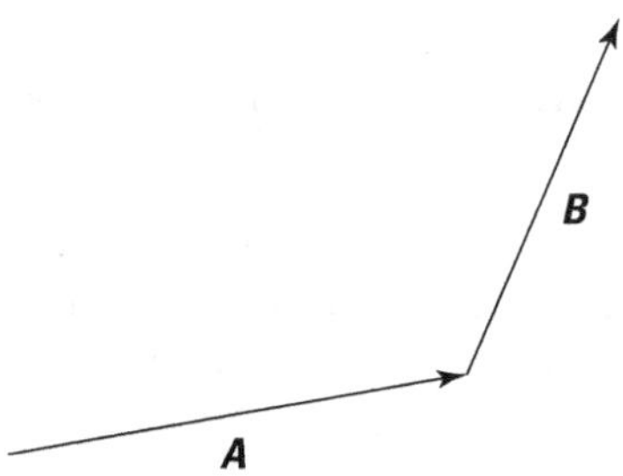

Abbildung 4.3: Um zwei Vektoren zu addieren, gehen Sie vom Ende des ersten bis zur Spitze des zweiten Pfeils.

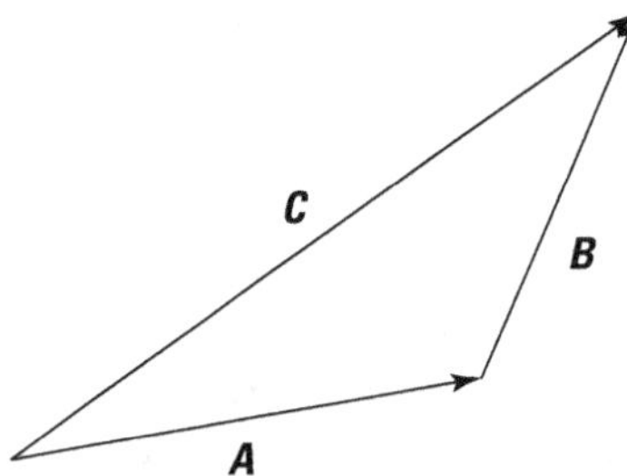

Abbildung 4.4: Die Summe zweier Vektoren ist ein neuer Vektor.

Falls Ihnen die Vektoraddition zu langweilig sein sollte – seien Sie beruhigt, Sie können auch subtrahieren.

Neue Wege gehen: Vektoren subtrahieren

Was ist, wenn Ihnen jemand Vektor C und Vektor A aus Abbildung 4.4 gibt und fragt: »Können Sie die Differenz bestimmen?« Die Differenz ist natürlich der Vektor B! Denn wenn Sie die Vektoren A und B addieren, bekommen Sie ja gerade den Vektor C. Um das dem Fragesteller zu erklären, sagen Sie ihm, dass die Differenz von A und C gleich $C - A$ ist. Die Subtraktion von Vektoren kommt in der Physik zwar nicht allzu häufig vor, dennoch ist es keine Zeitverschwendung, kurz darauf einzugehen.

Um zwei Vektoren voneinander zu subtrahieren, zeichnen Sie sie mit den Enden aneinander – also nicht das Ende des zweiten an die Spitze des ersten wie bei der Addition – und zeichnen dann die Resultierende (die Differenz der beiden Vektoren) von der Spitze des zu subtrahierenden Vektors (A) zur Spitze des Vektors, *von dem* Sie ihn subtrahieren (C). Das ist in Abbildung 4.5 gezeigt, in der A von C subtrahiert wird (also $C - A$ berechnet wird). Wie Sie sehen, ist das Ergebnis gerade der Vektor B.

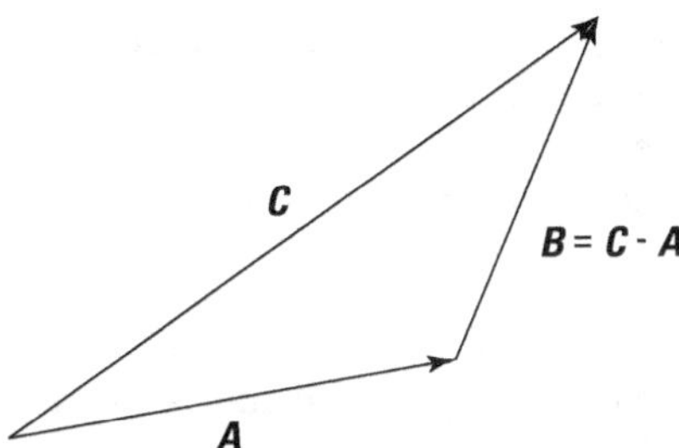

Abbildung 4.5: Bei der Subtraktion von Vektoren zeichnen Sie deren Enden aneinander. Die Resultierende verbindet die Spitzen.

Vielleicht finden Sie folgenden Weg zur Subtraktion von Vektoren einfacher: Sie können auch die Richtung des zu subtrahierenden Vektors (A in $C - A$) einfach umkehren und dann die beiden Vektoren addieren. Das heißt also, Sie zeichnen erst das Ende des umgekehrten Vektors an die Spitze des Vektors C und bestimmen dann die Resultierende.

Wie Sie sehen, können Vektoren addiert und subtrahiert werden. Das heißt, dass Sie in Gleichungen mit Vektoren genauso umgehen können wie mit Skalaren, beispielsweise $C = A + B$, $C - A = B$ und so weiter. Aber es geht noch weiter: Genau wie bei Skalaren können Sie auch für Vektoren Zahlenwerte einsetzen!

Zahlenspiele mit Vektoren

Als Pfeile mögen Vektoren nett aussehen, aber das ist keine besonders präzise Art, sie darzustellen. Sie können Vektoren auch durch Zahlen ausdrücken, indem Sie sie in ihre Bestandteile zerlegen. Betrachten Sie dazu die in Abbildung 4.6 gezeigte Vektoraddition $A + B$. Wenn Sie die Vektoren so darstellen, erkennen Sie ganz deutlich, wie einfach die Vektoraddition eigentlich ist.

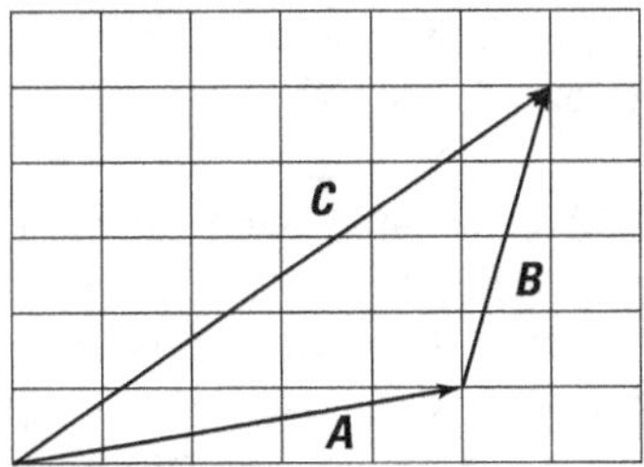

Abbildung 4.6: In einem Koordinatensystem ist der Umgang mit Vektoren gleich viel einfacher.

Nehmen Sie an, dass die Kästchen in Abbildung 4.6 jeweils eine Kantenlänge von einem Meter haben. Mit anderen Worten, der Vektor *A* geht einen Meter nach oben und fünf Meter nach rechts, und der Vektor *B* geht einen Meter nach rechts und vier Meter nach oben. Um sie zu addieren, addieren Sie einfach die horizontalen und die vertikalen Anteile jeweils getrennt.

Der resultierende Vektor *C* geht folglich sechs Meter nach rechts und fünf Meter nach oben. Das ist in Abbildung 4.6 auch grafisch dargestellt – um den vertikalen Anteil des Summenvektors *C* zu erhalten, addieren Sie einfach die vertikalen Anteile von *A* und *B*, und um den horizontalen Anteil des Summenvektors zu bekommen, addieren Sie die beiden horizontalen Anteile von *A* und *B*.

Falls Ihnen die Vektoraddition immer noch mysteriös erscheint, können Sie eine Schreibweise verwenden, die extra erfunden wurde, um Physikern und ... *für Dummies*-Lesern das Leben einfacher zu machen. Da *A* fünf Meter nach rechts (in die Richtung der positiven *x*-Achse) und einen Meter nach oben (die Richtung der positiven *y*-Achse) geht, können Sie dafür mit (x, y)-Koordinaten auch

$$A = \begin{pmatrix} 5 \\ 1 \end{pmatrix}$$

schreiben. Und da der Vektor *B* einen Meter nach rechts und vier Meter nach oben geht, lautet er in dieser Schreibweise

$$B = \begin{pmatrix} 1 \\ 4 \end{pmatrix}.$$

Das Großartige an dieser Schreibweise ist, dass die Vektoraddition dadurch ganz einfach wird. Um zwei Vektoren zu addieren, addieren Sie einfach ihre *x*- und *y*-Komponenten getrennt:

$$A + B = \begin{pmatrix} 5 \\ 1 \end{pmatrix} + \begin{pmatrix} 1 \\ 4 \end{pmatrix} = \begin{pmatrix} 5+1 \\ 1+4 \end{pmatrix} = \begin{pmatrix} 6 \\ 5 \end{pmatrix} = C.$$

Das ganze Geheimnis hinter der Vektoraddition soll also sein, jeden Vektor in seinen *x*- und seinen *y*-Teil zu zerlegen und diese dann separat zu addieren, um die *x*- und *y*-Anteile der Summe zu erhalten? Ja genau, so ist es – das ist wirklich alles! Ab jetzt können Sie mit Zahlenwerten arbeiten, wie es Ihnen beliebt, da Sie einfach nur Zahlen addieren und subtrahieren müssen.

Noch ein Beispiel: Sie wollen in ein Hotel, das 20 Kilometer nach Norden und dann 20 Kilometer nach Osten liegt. In welcher Richtung und in welcher Entfernung von Ihrem jetzigen Standpunkt liegt das Hotel? Mit den angegebenen Koordinaten ist das für Sie nun überhaupt kein Problem mehr. Nehmen Sie einfach an, dass die Richtung nach Osten die positive *x*-Richtung und die Richtung nach Norden die positive *y*-Richtung ist. Schritt 1 Ihrer Reise geht 20 Kilometer nach Norden, Schritt 2 geht 20 Kilometer nach Osten. In der neuen Schreibweise für Vektoren notieren Sie:

$$\text{Schritt 1}: \begin{pmatrix} 0 \\ 20 \end{pmatrix},$$

$$\text{Schritt 2}: \begin{pmatrix} 20 \\ 0 \end{pmatrix}.$$

Um diese beiden Vektoren zu addieren, addieren Sie einfach die Koordinaten:

$$\begin{pmatrix} 0 \\ 20 \end{pmatrix} + \begin{pmatrix} 20 \\ 0 \end{pmatrix} = \begin{pmatrix} 20 \\ 20 \end{pmatrix}.$$

Der resultierende Vektor ist also $\begin{pmatrix} 20 \\ 20 \end{pmatrix}$. Er zeigt von Ihrem Standpunkt genau zum Hotel.

Ein weiteres Rechenverfahren für Vektoren ist die Multiplikation mit einem Skalar. Stellen Sie sich vor, Sie fahren auf einer Rennstrecke mit 150 Kilometern pro Stunde nach Osten, als Sie plötzlich einen Verfolger von hinten aufholen sehen. »Kein Problem«, denken Sie sich, »dann fahre ich eben doppelt so schnell!«:

$$2 \cdot \begin{pmatrix} 0 \\ 150 \end{pmatrix} = \begin{pmatrix} 0 \\ 300 \end{pmatrix}.$$

Jetzt schießen Sie also mit 300 Kilometern pro Stunde nach Osten. Haben Sie gemerkt, wie ich einen Vektor (Ihre Geschwindigkeit) mit einem Skalar multipliziert habe? Beachten Sie dabei, dass jede der Komponenten mit dem Skalar multipliziert wird. Es gilt also allgemein

$$2 \cdot \begin{pmatrix} x \\ y \end{pmatrix} = \begin{pmatrix} 2x \\ 2y \end{pmatrix}.$$

Vektoren und ihre Komponenten

Physikaufgaben verraten Ihnen meist nicht direkt das, was Sie eigentlich wissen wollen. Betrachten Sie zum Beispiel den ersten Vektor, den Sie in diesem Kapitel kennengelernt haben, den Vektor A in Abbildung 4.1. Anstatt Ihnen gleich zu sagen, dass dieser Vektor die Koordinaten (4, 1) besitzt, wird es in einer anderen Aufgabe vielleicht heißen, dass ein Ball mit einer Geschwindigkeit von sieben Metern pro Sekunde auf einer um 15° geneigten Tischoberfläche rollt, und Sie werden gefragt, wie lange es dauert, bis er über die einen Meter entfernte Tischkante fällt. Aus diesen Informationen können Sie die benötigten Komponenten der Vektoren bestimmen.

Komponenten von Vektoren aus Beträgen und Winkeln bestimmen

Beim Lösen von Aufgaben müssen Sie Vektoren oft in deren Bestandteile zerlegen. Man nennt diese Bestandteile auch die *Komponenten* des Vektors. In dem Vektor (4, 1) ist die Komponente entlang der x-Achse 4 und die Komponente entlang der y-Achse 1.

In vielen Aufgaben werden Vektoren jedoch durch ihren Betrag und einen Winkel angegeben – und daraus müssen Sie dann selbst die Komponenten bestimmen. Wenn Sie wissen, dass ein Ball mit einer Geschwindigkeit von sieben Metern pro Sekunde auf einem um 15° geneigten Tisch rollt, und wissen wollen, wie lange es dauert, bis er über die einen Meter in x-Richtung (horizontal!) entfernte Tischkante rollt, dann lautet die eigentliche Frage, wie lange der Ball braucht, um einen Meter in x-Richtung zu rollen. Um das zu beantworten, müssen Sie wissen, wie schnell sich der Ball in x-Richtung bewegt.

Sie wissen bereits, dass sich der Ball mit einer Geschwindigkeit von sieben Metern pro Sekunde in einer um 15° gegen die Horizontale (die positive x-Achse) geneigten Richtung bewegt; das ist ein Vektor, da Ihnen sowohl ein Betrag als auch eine Richtung gegeben sind.

Für die Lösung der Aufgabe brauchen Sie aber nicht nur den Betrag, sondern auch die x-*Komponente* der Geschwindigkeit. Die x-Komponente ist ein Skalar (eine einfache Zahl, kein Vektor), die als v_x geschrieben wird. Die y-Komponente der Geschwindigkeit des Balls ist entsprechend v_y. Also ist

$$v = \begin{pmatrix} v_x \\ v_y \end{pmatrix}.$$

Damit haben Sie den Vektor durch seine Komponenten ausgedrückt. Aber wie groß sind v_x und v_y? Der Vektor hat einen Betrag (sieben Meter pro Sekunde) und eine Richtung ($\theta = 15°$ zur Horizontalen). Außerdem wissen Sie, dass die Tischkante einen Meter in x-Richtung entfernt ist. Wie Sie in Abbildung 4.7 sehen können, brauchen Sie etwas Trigonometrie (Hilfe!), um die Komponenten des Vektors zu bestimmen. Aber kein Grund zur Panik: Mit den in Abbildung 4.7 angegebenen Winkeln ist das ganz einfach. Wenn Sie den Betrag des Vektors v als v schreiben (manchmal wird er auch $|v|$ genannt), dann erkennen Sie aus Abbildung 4.7, dass

$$v_x = v \cos \theta,$$

$$v_y = v \sin \theta.$$

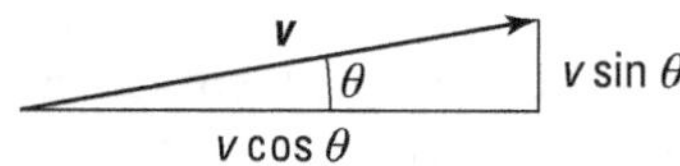

Abbildung 4.7: In Komponenten zerlegt, lassen sich Vektoren leicht addieren oder subtrahieren.

Diese beiden Gleichungen für die Komponenten eines Vektors kommen in der Physik sehr häufig vor. Versuchen Sie, diese genau zu verstehen und dann zu verinnerlichen!

Sie wissen, dass $v_x = v \cos \theta$ ist, daher können Sie auf diesem Weg die x-Komponente der Geschwindigkeit des Balls bestimmen:

$$v_x = v \cos \theta = 7 \cdot \cos 15° = 7 \cdot 0{,}97 = 6{,}8 \text{ m/s}.$$

Das bedeutet, dass sich der Ball mit einer Geschwindigkeit von 6,8 Metern pro Sekunde in x-Richtung bewegt. Da die Tischkante einen Meter in x-Richtung entfernt ist, folgt

$$t = \frac{x}{v_x} = \frac{1\,\text{m}}{6,8\,\text{m/s}} = 0,15\,\text{s}.$$

Wenn Sie wissen, wie schnell der Ball in x-Richtung unterwegs ist, können Sie nun die Lösung der Aufgabe ohne Weiteres angeben: Es dauert 0,15 Sekunden, bis der Ball über die Tischkante fällt. Und was ist mit der y-Komponente der Geschwindigkeit? Auch das ist leicht:

$$v_y = v \sin \theta = 7 \cdot \sin 15° = 7 \cdot 0,26 = 1,8\,\text{m/s}.$$

Beträge und Winkel aus Vektorkomponenten bestimmen

Manchmal sind auch die Komponenten eines Vektors gegeben und Sie müssen den Betrag und einen Winkel bestimmen. Stellen Sie sich zum Beispiel vor, Sie suchen ein Hotel, das 20 Kilometer nach Norden und dann 20 Kilometer nach Osten liegt. In welchem Winkel müssen Sie von Ihrem jetzigen Standpunkt aus losfahren und wie weit ist das Hotel weg? Dazu schreiben Sie die Daten in Vektorschreibweise (siehe den Abschnitt »Zahlenspiele mit Vektoren« weiter vorn in diesem Kapitel):

$$\text{Schritt 1}: \begin{pmatrix} 0 \\ 20 \end{pmatrix},$$

$$\text{Schritt 2}: \begin{pmatrix} 20 \\ 0 \end{pmatrix}.$$

Wenn Sie diese Vektoren addieren, erhalten Sie

$$\begin{pmatrix} 0 \\ 20 \end{pmatrix} + \begin{pmatrix} 20 \\ 0 \end{pmatrix} = \begin{pmatrix} 20 \\ 20 \end{pmatrix}.$$

Der resultierende Vektor in Komponentenschreibweise ist also (20, 20). Die Komponenten sind hier aber gar nicht gefragt. Sie wollen dieses Mal den Winkel (beispielsweise zur Nordrichtung) wissen, in dem Sie losfahren müssen, sowie die Strecke, die Sie dann noch vor sich haben. Wenn Sie Abbildung 4.8 betrachten, ist die Frage mit anderen Worten: »Wie groß sind h und θ?«

Um h zu bestimmen, können Sie den Satz des Pythagoras verwenden:

$$h = \sqrt{x^2 + y^2}.$$

Einsetzen der Zahlenwerte ergibt

$$h = \sqrt{x^2 + y^2} = \sqrt{20^2 + 20^2} \approx 28,3\,\text{Kilometer}.$$

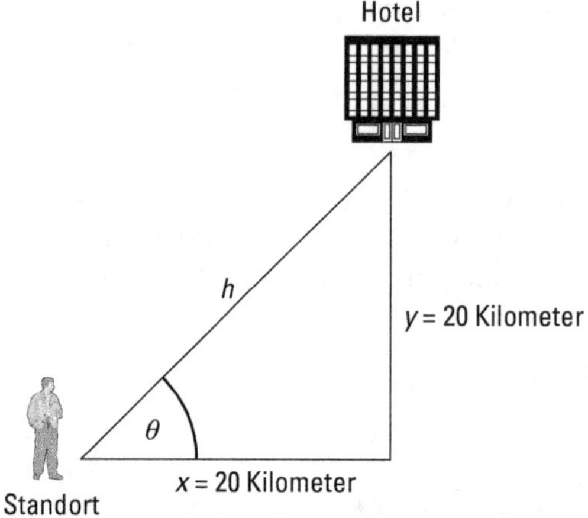

Abbildung 4.8: Die Bestimmung des Winkels aus den Komponenten eines Vektors

Das Hotel ist also etwa 28 Kilometer weit weg. Aber in welcher Richtung? Dank Ihrer großartigen Kenntnisse in Trigonometrie wissen Sie, dass

$$x = h \cdot \cos \theta$$

und

$$y = h \cdot \sin \theta$$

ist. Anders gesagt:

$$x/h = \cos \theta,$$
$$y/h = \sin \theta.$$

Jetzt müssen Sie nur die Umkehrung der Sinus- oder der Kosinusfunktion verwenden:

$$\theta = \sin^{-1}(y/h) = \cos^{-1}(x/h).$$

Und wie berechnen Sie die Umkehrfunktionen des Sinus ($\sin^{-1}$) oder des Kosinus ($\cos^{-1}$)? Ganz einfach: Suchen Sie auf Ihrem Taschenrechner die Tasten für $\sin^{-1}$ und $\cos^{-1}$! Geben Sie einfach die Zahlen ein, für die Sie die Umkehrfunktion berechnen wollen, und drücken Sie die richtige Taste. In diesem Fall erhalten Sie für den Winkel θ

$$\theta = \sin^{-1}(y/h) = \sin^{-1}(20/28{,}3) \approx 45°.$$

Damit wissen Sie alles, was Sie wissen müssen: Das Hotel ist 28 Kilometer entfernt und Sie müssen in einem Winkel von 45° zur Nordrichtung losfahren – also genau nach Nordosten. Wieder hat die Physik gesiegt!

Wenn Sie gut in Trigonometrie sind, können Sie auch gleich den Tangens verwenden, um den Winkel θ zu berechnen, ohne den Umweg über die Berechnung von h zu gehen:

$$y = x \tan \theta,$$

$$\theta = \tan^{-1}(y/x) = \tan^{-1}(20/20) = \tan^{-1}(1) = 45°.$$

Vektoren enträtseln

Sie haben nun zwei Möglichkeiten, um Vektoren in Physikaufgaben anzugeben: Entweder nennen Sie die x- und y-Komponenten, oder Sie verwenden die Beträge und einen Winkel (der Winkel wird meist in Grad von 0° bis 360° angegeben, wobei 0° der Richtung der positiven x-Achse entspricht). Es ist wichtig, dass Sie jederzeit zwischen diesen Formen hin und her wechseln können, da Sie für die Addition von Vektoren die Komponenten benötigen, in Aufgaben aber meist Beträge und Winkel angegeben sind.

So wandeln Sie Beträge und Winkel in Komponenten um:

$$\boldsymbol{h} = \begin{pmatrix} x \\ y \end{pmatrix} = \begin{pmatrix} h \cos \theta \\ h \sin \theta \end{pmatrix}.$$

In dieser Gleichung ist angenommen, dass θ der Winkel zwischen der Horizontalen und der Hypotenuse ist (der längsten Seite eines rechtwinkligen Dreiecks, gegenüber des rechten Winkels), wie in Abbildung 4.8 gezeigt. Wenn dieser Winkel unbekannt ist, können Sie ihn bestimmen, indem Sie sich daran erinnern, dass die Winkelsumme im Dreieck 180° beträgt. Da in einem rechtwinkligen Dreieck wie dem in Abbildung 4.8 gezeigten der rechte Winkel schon 90° hat, müssen sich die beiden anderen Winkel ebenfalls zu 90° ergänzen.

Wenn ein Vektor $\boldsymbol{h}$ in Form seiner (x, y)-Komponenten gegeben ist, können Sie den Betrag h und den Winkel ganz einfach bestimmen:

$$h = \sqrt{x^2 + y^2}$$

$$\theta = \tan^{-1}(y/x).$$

Diese Beziehungen sollten Sie immer parat haben! Ich habe schon oft erlebt, dass Studenten, die vorher voll auf der Höhe waren, an diesem Punkt plötzlich scheiterten – nur weil sie die Umformung der Vektoren nicht im Repertoire hatten.

Sie sollten auch immer im Hinterkopf behalten, dass Vektoren nicht nur zur Lösung von Aufgaben brauchbar sind, sondern auch eine physikalische Bedeutung haben. Welche, wollen Sie wissen? Praktisch alle Größen, die Sie in Kapitel 3 kennengelernt haben, sind Vektoren und keine Skalare! Strecken zum Beispiel sind keine Skalare, sondern Vektoren – sie haben nicht nur einen Betrag (die Länge der Strecke), sondern auch eine Richtung.

Strecken sind auch Vektoren

Anstatt eine Strecke als s zu bezeichnen, sollten Sie besser $\mathbf{s}$ schreiben, um deutlich zu machen, dass sie ein Vektor mit einem Betrag und einer Richtung ist. Wenn es sich um eine Strecke aus dem wirklichen Leben handelt, ist die Richtung ebenso wichtig wie der Betrag.

Stellen Sie sich zum Beispiel vor, dass Ihre geheimen Träume wahr geworden sind: Sie sind ein Tennisass und stehen im Endspiel von Wimbledon! Sie stehen an der Ecke des Spielfelds am Ende Ihrer Grundlinie und wollen den Ball – unerreichbar für Ihren Gegner – genau in die diagonal gegenüberliegende Ecke des Feldes platzieren. Sie wissen, dass der Platz 8,23 Meter breit und 23,77 Meter lang ist – wie weit müssen Sie den Ball schlagen und in welche Richtung? Wie Sie aus Abbildung 4.9 erkennen, ist der Vektor in Komponenten einfach

$$\mathbf{s} = \begin{pmatrix} s_x \\ s_y \end{pmatrix} = \begin{pmatrix} 8,23\ \text{m} \\ 23,77\ \text{m} \end{pmatrix}.$$

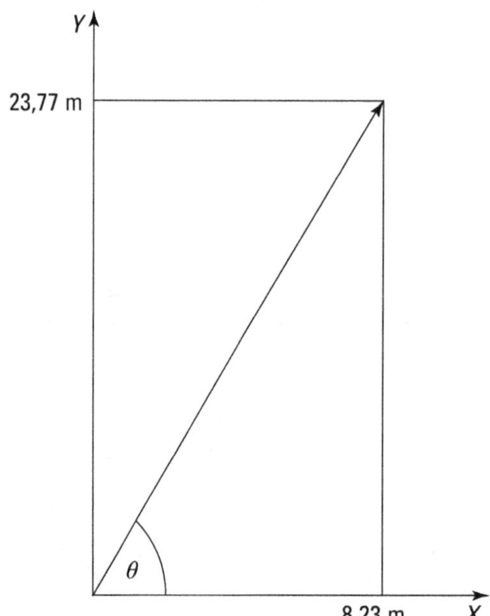

Abbildung 4.9: Die Abmessungen eines Tennisplatzes und die Diagonale für den perfekten Schlag

Die Entfernung (der Betrag der Strecke) ist

$$s = \sqrt{8,23^2 + 23,77^2} = 25,15\ \text{m},$$

und der Winkel bezüglich der x-Achse beträgt

$$\theta = \cos^{-1}(8,23/25,15) = 70,9°.$$

Diesem Ball wird Ihr Gegner konsterniert hinterherschauen – Punkt, Satz und Sieg für die Physik!

Noch ein Vektor: Geschwindigkeit

Wieder stehen Sie auf dem Tennisplatz, aber dieses Mal müssen Sie – in der hinteren Ecke Ihrer Hälfte stehend – einen Stoppball erreichen, den Ihr Gegner genau in die diagonal gegenüberliegende Ecke Ihrer Hälfte platziert hat, also ganz vorn am Netz. Ihre Entfernung von diesem Punkt ist

$$s = \sqrt{8{,}23^2 + 11{,}89^2} = 14{,}5 \text{ m},$$

und der Winkel zur x-Achse ist

$$\theta = \cos^{-1}(8{,}23/14{,}5) = 55{,}4°.$$

Sie wissen, dass Sie diese Strecke in drei Sekunden zurücklegen können – wie ist dann Ihre Geschwindigkeit? Ganz einfach; Sie teilen nur den Vektor s der Strecke durch die benötigte Zeit:

$$v = \frac{1}{3} \cdot s.$$

Hier haben Sie einen Streckenvektor durch einen Skalar geteilt, das Ergebnis muss daher wieder ein Vektor sein. Es ist die Geschwindigkeit v:

$$v = (14{,}5 \text{ m in einem Winkel von } 55{,}4°)/3 \text{ s}$$

$$= 4{,}83 \text{ m/s in einem Winkel von } 55{,}4°.$$

Ihre (mittlere) Geschwindigkeit ist 4,83 Meter pro Sekunde in einem Winkel von 55,4° zur Grundlinie; sie ist ein Vektor.

Wenn Sie einen Vektor durch einen Skalar teilen, bekommen Sie einen neuen Vektor mit in der Regel anderen Einheiten und einem anderen Betrag, aber derselben Richtung. In diesem Fall teilen Sie einen Streckenvektor s durch eine Zeit t und erhalten einen Geschwindigkeitsvektor v. Seinen Betrag erhalten Sie, indem Sie den Betrag der Strecke (die Entfernung) durch die Zeit teilen. Der Vektor gibt Ihnen aber auch gleich die Richtung an, da Sie den Vektor der Strecke eingesetzt hatten. Daher bekommen Sie nun auch für die Geschwindigkeit einen Vektor statt der skalaren Größen, die in Kapitel 3 auftraten.

Dank Ihrer exzellenten Physikkenntnisse stellen Sie aber gleich nach dem Loslaufen fest, dass der Ball von seinem Auftreffpunkt am Netz weiterspringen wird – Ihre sorgfältig berechnete Geschwindigkeit geht daher am Ziel vorbei. Was tun? Laufen Sie eine Kurve!

Einer geht noch: Beschleunigung

Was passiert, wenn Sie eine Kurve machen – egal ob zu Fuß oder mit dem Auto? Sie verändern Ihren Geschwindigkeitsvektor, da Sie Ihre Richtung verändern; mit anderen Worten, Sie beschleunigen in eine neue Richtung. Wie die Strecke und die Geschwindigkeit ist auch die Beschleunigung a ein Vektor.

Sie stehen auf dem Fußballplatz und rennen gerade mit einer Geschwindigkeit von zehn Metern pro Sekunde in einem Winkel von 45° auf einen Punkt an der Mittellinie zu, um den Abschlag Ihres Torwarts zu erreichen. Da sehen Sie einen Gegenspieler auf sich zulaufen, der Sie gleich umrennen wird. Blitzschnell überlegen Sie, was zu tun ist. Sie müssen Ihre Laufrichtung in einer Zehntelsekunde um mindestens 10° ändern, um eine Kollision zu vermeiden. Sie schätzen, dass Sie mit einer Beschleunigung von 20 Metern pro Sekunde^2 im rechten Winkel zu Ihrer bisherigen Geschwindigkeit beschleunigen können. Wird das reichen?

Wenn Δt die Zeit ist, in der die Beschleunigung wirkt, dann ist die Änderung Ihrer Geschwindigkeit

$$\Delta \boldsymbol{v} = \boldsymbol{a}\,\Delta t.$$

Jetzt können Sie die Änderung Ihrer Geschwindigkeit wie in Abbildung 4.10 gezeigt berechnen.

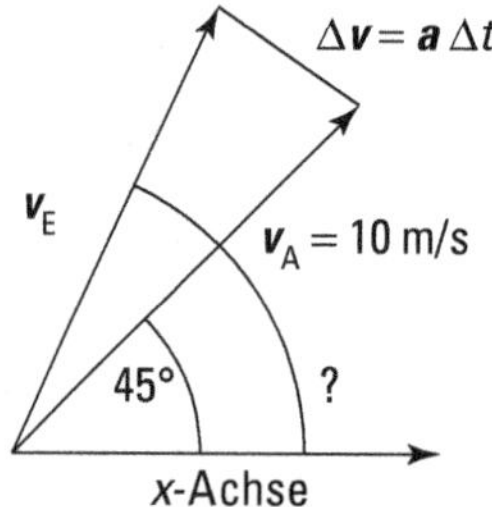

Abbildung 4.10: Durch eine Beschleunigung können Sie die Geschwindigkeit verändern.

Die Berechnung der Endgeschwindigkeit $\boldsymbol{v}_E$ ist jetzt einfach eine Vektoraddition. Das heißt, dass Sie Ihre Anfangsgeschwindigkeit $\boldsymbol{v}_A$ und die Änderung $\Delta \boldsymbol{v}$ der Geschwindigkeit in Komponenten ausdrücken müssen. Ihre Anfangsgeschwindigkeit ist

$$\boldsymbol{v}_A = \begin{pmatrix} v_A \cos\theta \\ v_A \sin\theta \end{pmatrix} = \begin{pmatrix} 10\ \text{m/s} \cdot \cos 45° \\ 10\ \text{m/s} \cdot \sin 45° \end{pmatrix} = \begin{pmatrix} 7{,}1\ \text{m/s} \\ 7{,}1\ \text{m/s} \end{pmatrix}.$$

Jetzt haben Sie es schon fast geschafft. Was ist mit der Änderung $\Delta \boldsymbol{v}$ Ihrer Geschwindigkeit? Sie wissen, dass $\Delta \boldsymbol{v} = \boldsymbol{a}\,\Delta t$ gilt, und der Vektor $\boldsymbol{a}$ entspricht einer Beschleunigung von 20 Metern pro Sekunde^2 in einem Winkel von 90° zu Ihrer bisherigen Laufrichtung (siehe Abbildung 4.10). Der Betrag Δv ist somit

$$\Delta v = a\,\Delta t = 20\ \text{m/s}^2 \cdot 0{,}1\ \text{s} = 2\ \text{m/s}.$$

Was können Sie über die Richtung von $\Delta \boldsymbol{v}$ sagen? Aus Abbildung 4.10 sehen Sie, dass $\Delta \boldsymbol{v}$ in einem rechten Winkel zu Ihrer bisherigen Laufrichtung liegt, die selbst einen Winkel von 45° zur x-Achse besitzt. Also hat $\Delta \boldsymbol{v}$ einen Winkel von 135° zur positiven x-Achse. Mit dieser

Information können Sie Δv in Komponenten zerlegen:

$$\Delta v = \begin{pmatrix} 2\ \text{m/s} \cdot \cos\ 135° \\ 2\ \text{m/s} \cdot \sin\ 135° \end{pmatrix} = \begin{pmatrix} -1,4\ \text{m/s} \\ 1,4\ \text{m/s} \end{pmatrix}.$$

Jetzt haben Sie alles, was Sie brauchen, um Ihre Endgeschwindigkeit durch Vektoraddition zu ermitteln:

$$v_{\text{E}} = v_{\text{A}} + \Delta v = \begin{pmatrix} 7,1\ \ \text{m/s} \\ 7,1\ \ \text{m/s} \end{pmatrix} + \begin{pmatrix} -1,4\ \ \text{m/s} \\ 1,4\ \ \text{m/s} \end{pmatrix} = \begin{pmatrix} 5,7\ \ \text{m/s} \\ 8,5\ \ \text{m/s} \end{pmatrix}.$$

Ihre Endgeschwindigkeit hat somit einen Winkel

$$\theta = \tan^{-1}(8,5/5,7) \approx 56°$$

zur positiven x-Achse. Sie haben es geschafft – das sollte reichen, um dem gegnerischen Abwehrspieler zu entwischen. Sie stecken den Taschenrechner weg, umlaufen den Gegner wie berechnet, schnappen sich den Ball und laufen auf das gegnerische Tor zu. Die Menge tobt – sie kann ja nicht ahnen, dass Sie dieses perfekte Manöver nur Ihren soliden Physikkenntnissen verdanken!

Jetzt haben Sie gesehen, wie die Vektorgleichungen für Strecken, Geschwindigkeiten und Beschleunigungen in der Praxis funktionieren. Sie können alle Gleichungen, die Sie in Kapitel 3 kennengelernt haben, in Vektorform schreiben, zum Beispiel

$$s = v_{\text{A}}(t_{\text{E}} - t_{\text{A}}) + \frac{1}{2} a(t_{\text{E}} - t_{\text{A}})^2.$$

Wie Sie sicher bemerken, ist in diesem Fall der gesamte zurückgelegte Weg die Vektorsumme vom Weg, der nur mit der konstanten Anfangsgeschwindigkeit zurückgelegt worden wäre, und dem Weg, der durch die konstante Beschleunigung hinzukommt.

Im Bann der Schwerkraft: Der freie Fall

Obwohl Sie sich erst in Kapitel 6 so richtig mit der Gravitation auseinandersetzen werden, wollen wir hier schon einmal einen Blick voraus riskieren, denn Aufgaben zur Schwerkraft sind tolle Beispiele für Aufgaben mit Vektoren in zwei Dimensionen. Stellen Sie sich beispielsweise einen Golfball vor, der wie in Abbildung 4.11 gezeigt mit einer horizontalen Geschwindigkeit von einem Meter pro Sekunde auf die Kante einer fünf Meter hohen Klippe zurollt. In welcher horizontalen Entfernung von der Kante der Klippe wird der Ball aufkommen und mit welcher Geschwindigkeit? Dazu müssen Sie zuerst herausfinden, wie lange er in der Luft sein wird.

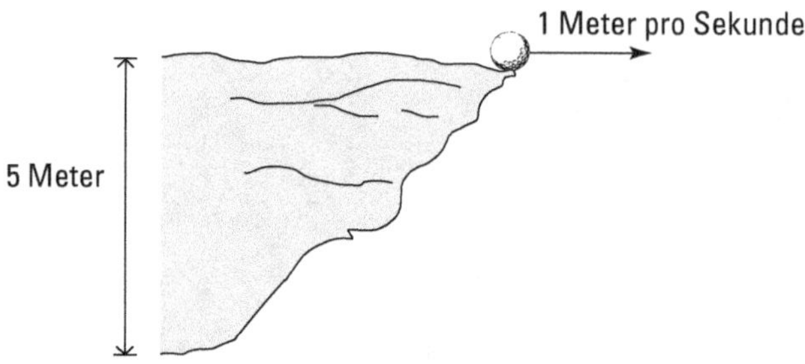

Abbildung 4.11: Ein über eine Klippe fallender Golfball als Beispiel für die Lösung von Aufgaben mit Schwerkraft mithilfe von Vektoren

Zuerst suchen Sie alle Daten zusammen, die Sie kennen. Der Geschwindigkeitsvektor des Balls ist (1, 0) und startet in einer Höhe von fünf Metern über dem Boden. Während des Falls spürt er eine konstante Beschleunigung g (die sogenannte Erdbeschleunigung) von 9,8 Metern pro Sekunde^2 senkrecht nach unten.

Wie finden Sie jetzt heraus, in welcher horizontalen Entfernung von der Klippenkante der Ball unten aufschlagen wird? Zuerst bestimmen Sie, wie lange der Ball in der Luft ist. Da der Ball nur in y-Richtung (senkrecht nach unten) beschleunigt wird, bleibt die x-Komponente v_x seiner Geschwindigkeit unverändert. Das bedeutet, dass der horizontale Abstand seines Auftreffpunkts von der Kante der Klippe einfach $v_x\,t$ sein wird, wenn t die Flugzeit des Balls bis zum Aufschlagen ist. Die Schwerkraft beschleunigt den Ball während des Falls, daher ist die folgende Beziehung zwischen Strecke, Beschleunigung und Zeit ein guter Startpunkt:

$$s = \frac{1}{2}at^2.$$

Für die y-Komponente dieser Gleichung ist die Strecke fünf Meter und der Betrag von a ist die Erdbeschleunigung $g = 9{,}8\,\text{m/s}^2$. Damit wird die Gleichung zu

$$5\,\text{m} = \frac{1}{2}gt^2.$$

Das bedeutet für die Flugdauer des Balls:

$$t = \sqrt{\frac{2 \cdot 5}{9{,}8}} \approx 1\,\text{s}$$

Okay, der Ball fällt also etwa eine Sekunde lang; das ist doch schon etwas. Da er sich während dieser Zeit mit der konstanten Geschwindigkeit v_x in x-Richtung weiterbewegt, legt er in dieser Zeit die horizontale Strecke

$$x = v_x \cdot t = 1\,\text{m/s} \cdot 1\,\text{s} = 1\,\text{m}$$

zurück. Der Golfball schlägt somit in einer horizontalen Entfernung von einem Meter von der Kante der Klippe auf dem Boden auf.

Und wie schnell ist der Ball bei Aufschlag auf dem Boden? Die Hälfte der Antwort kennen Sie bereits, weil Sie wissen, dass sich die x-Komponente der Geschwindigkeit während des Flugs nicht verändert (da sie von der Schwerkraft nicht beeinflusst wird). Die Schwerkraft zieht nur in y-Richtung an dem Ball; seine Endgeschwindigkeit muss daher die Form (1, ?) haben. Bleibt die Frage nach der y-Komponente der Geschwindigkeit. Zuerst verwenden Sie die folgende Gleichung:

$$v_E - v_A = at.$$

In diesem Fall ist $v_A = 0$, die Beschleunigung ist g und Sie interessieren sich nur für die Endgeschwindigkeit in y-Richtung. Also lautet die Gleichung

$$v_y = gt.$$

Einsetzen der Zahlenwerte liefert

$$v_y = gt = (9{,}8) \cdot (1) = 9{,}8 \text{ m/s}.$$

Die Erdbeschleunigung g ist in Wirklichkeit auch ein Vektor, man muss also korrekterweise $\boldsymbol{g}$ schreiben. Das ist auch logisch, denn $\boldsymbol{g}$ ist eine Beschleunigung. Dieser Vektor zeigt immer zum Erdmittelpunkt hin, in dem Beispiel also in negative y-Richtung. An der Erdoberfläche ist sein Wert $-9{,}8$ Meter pro Sekunde^2.

Das negative Vorzeichen gibt an, dass $\boldsymbol{g}$ nach unten zeigt, in die negative y-Richtung. In Wirklichkeit lautet das Ergebnis also

$$v_y = g_y t = (-9{,}8) \cdot (1) = -9{,}8 \text{ m/s}.$$

Der Geschwindigkeitsvektor des Balls beim Auftreffen auf den Boden ist somit (1 m/s; − 9,8 m/s). Der Betrag der Geschwindigkeit ist dann

$$v_E = \sqrt{1^2 + 9{,}8^2} = 9{,}85 \text{ m/s}.$$

Damit haben Sie die Aufgabe gelöst! Der Ball schlägt in einer horizontalen Entfernung von einem Meter von der Kante der Klippe mit einer Geschwindigkeit von etwa 9,9 Metern pro Sekunde auf dem Boden auf. Gut gemacht!

Aufgabe 4.1

Addieren Sie folgende Vektoren:

$$\boldsymbol{a} = \begin{pmatrix} 5 \\ -7 \\ 9 \end{pmatrix}; \quad \boldsymbol{b} = \begin{pmatrix} 3 \\ -4 \\ -4 \end{pmatrix}$$

$$\boldsymbol{c} = \begin{pmatrix} 3 \\ -4 \\ 9 \end{pmatrix}; \quad \boldsymbol{d} = \begin{pmatrix} -3 \\ 4 \\ -9 \end{pmatrix}$$

Aufgabe 4.2

Berechnen Sie die Beträge folgender Vektoren:

$$a = \begin{pmatrix} 5 \\ -7 \\ 9 \end{pmatrix}; \quad b = \begin{pmatrix} 1 \\ -1 \\ 0 \end{pmatrix}; \quad c = \begin{pmatrix} 4 \\ 3 \\ 11 \end{pmatrix}$$

Aufgabe 4.3

Sie gehen mit Ihrem Hund im Wald spazieren. Zunächst gehen Sie 5 km nach Osten, anschließend 3 km nach Süden. Wie weit sind Sie in der Luftlinie von Ihrem Ausgangspunkt entfernt?

Mögen die Kräfte der Physik mit Ihnen sein

Teil II verrät Ihnen, was hinter berühmten Gesetzen wie »Aktion = Reaktion« steckt. Wenn es um Kräfte geht, führt kein Weg an Isaac Newton vorbei. Seine Gesetze und die in diesem Teil vorgestellten Gleichungen machen es möglich vorherzusagen, was passiert, wenn man auf einen Gegenstand eine Kraft ausübt. Unter anderem werden wir uns mit den Begriffen Masse, Beschleunigung und Reibung auseinandersetzen.

Kapitel 5
Ziehen und Schieben: Kräfte

In diesem Kapitel lernen Sie die berühmten drei newtonschen Gesetze kennen. Sie haben sicher schon von ihnen gehört, etwa so: »Actio gleich Reactio«, oder so: »Zu jeder Wirkung gibt es eine gleich große, entgegengesetzt gerichtete Gegenwirkung«. Heute würde man eher sagen: »Zu jeder *Kraft* existiert eine gleich große, entgegengesetzt gerichtete *Gegenkraft*.« Dieses Kapitel erläutert diese und ähnliche Aussagen. Vor allem werden die newtonschen Gesetze Ihre Aufmerksamkeit auf Kräfte und deren Auswirkungen lenken.

Kräfte walten überall

Kräften können Sie in Ihrem Leben nicht aus dem Weg gehen: Sie wenden Kräfte an, um Türen zu öffnen, auf der Computertastatur zu tippen, Ihr Auto zu lenken, mit dem Bagger eine Baugrube auszuheben, Treppen zu steigen oder Ihre Geldbörse aus der Tasche zu nehmen. Ohne dass es Ihnen bewusst ist, sind Kräfte im Spiel, wenn Sie eine Brücke überqueren, Schlittschuh laufen, ein Brötchen zum Mund führen, eine Flasche öffnen, atmen oder Ihrem Schatz zuzwinkern. Ohne Kräfte gibt es keine Bewegung! Daher ist es für die Physik ausgesprochen wichtig, die Wirkungsweise von Kräften zu verstehen.

Wie bei vielen Themen in der Physik denken Sie vielleicht am Anfang, sie seien schwierig zu verstehen – aber nur, bevor Sie sich richtig mit dem Thema beschäftigt haben. Wie Ihre alten Bekannten Strecke, Geschwindigkeit und Beschleunigung (siehe Kapitel 3 und 4) sind auch Kräfte Vektoren, das heißt, sie bestehen aus einem Betrag und einer Richtung (im Gegensatz beispielsweise zur Masse, die nur einen Betrag besitzt).

Sir Isaac Newton war im 17. Jahrhundert der Erste, der eine Beziehung zwischen Kraft, Masse und Beschleunigung aufstellte. Berühmt wurde er vor allem für seine Theorie der Gravitation (siehe Kapitel 6).

Wie in der Physik üblich beobachtete Newton zuerst die Natur, erstellte dann ein gedankliches Modell und drückte dieses zuletzt in Form von mathematischen Gleichungen aus. Wenn Sie die Vektoren im Griff haben (siehe Kapitel 4), dann ist die benötigte Mathematik sehr einfach.

Newton baute sein Modell auf drei Annahmen auf, die heute als die newtonschen Gesetze bekannt sind. Streng genommen sind diese Annahmen keine Gesetze; man nennt sie zwar Naturgesetze, aber vergessen Sie nie, dass die ganze Physik nichts weiter als ein Modell der Natur ist. Aus diesem Grund steht sie auch stets unter Beobachtung, und sobald sich ein Widerspruch ergibt, muss sie überarbeitet werden. So hat Albert Einstein später mit seiner speziellen Relativitätstheorie (mehr dazu in Kapitel 21) die Grenzen der newtonschen Theorie aufgezeigt. Nahe der Lichtgeschwindigkeit verhalten sich viele Dinge nämlich auf einmal unerwartet anders. Aber keine Angst: Für Geschwindigkeiten, wie wir sie aus dem Alltag kennen, funktioniert Newtons Theorie immer noch prächtig!

Bühne frei für das erste newtonsche Gesetz

Trommelwirbel, bitte schön: Die newtonschen Gesetze erklären die Zusammenhänge zwischen Kräften und Bewegung. Das erste dieser Gesetze besagt:

»Ein Gegenstand behält seinen Bewegungszustand unverändert bei – er verharrt in Ruhe oder bewegt sich gleichförmig entlang einer geraden Linie, solange er nicht durch eine äußere Kraft dazu veranlasst wird, diesen Zustand zu ändern.«

Und was heißt das auf Deutsch? Solange auf einen ruhenden oder bewegten Gegenstand keine Kraft einwirkt, bleibt er in Ruhe beziehungsweise bewegt sich unverändert weiter. Für immer.

Wenn Sie zum Beispiel beim Eishockey aufs Tor schießen, dann gleitet der Puck in einer geraden Linie und im immer gleichen Tempo auf das Netz zu, da seine Bewegung auf der Eisfläche praktisch ohne Reibung verläuft. (Das gilt natürlich nur, wenn der Puck dabei nicht von einem Gegner berührt wird – ansonsten würde er seine Bewegungsrichtung vermutlich ändern.)

Im Alltag rutschen Gegenstände eher selten reibungslos auf einer Eisfläche. Reibung gibt es fast überall: Wenn Sie eine Kaffeetasse über den Tisch schieben, rutscht sie ein Stückchen, wird aber rasch langsamer und bleibt schließlich stehen (oder kippt vorher um – Vorsicht beim Ausprobieren!). Das heißt aber nicht, dass das erste newtonsche Gesetz nicht mehr gilt, sondern lediglich, dass die Reibung eine Kraft auf die Tasse ausübt, die deren Bewegung bremst und schließlich stoppt.

Die Aussage, dass ein Gegenstand seinen Bewegungszustand beibehält, solange keine Kraft auf ihn wirkt, erinnert auf fatale Weise an ein *Perpetuum mobile* (eine Maschine, die ganz von selbst ewig weiterläuft … und weiterarbeitet). Aber erstens können Sie Kräften in Wirklichkeit einfach nicht entkommen, egal wie tief Sie sich in den Weltraum hinauswagen. Und zweitens muss ein echtes Perpetuum mobile in irgendeiner Weise seine Umgebung verändern, also Arbeit leisten (und sei es auch noch so wenig). Dazu brauchen Sie aber Kräfte – und darum wird es dann eben doch nichts mit dem Perpetuum mobile!

In Wirklichkeit sagt das erste newtonsche Gesetz einfach aus, dass es nur eine einzige Möglichkeit gibt, den Bewegungszustand eines Körpers zu verändern: Man muss eine Kraft auf ihn ausüben. Mit anderen Worten, Kräfte sind die Ursache jeder Bewegung. Das Gesetz besagt außerdem, dass jeder Gegenstand »versucht«, seinen Bewegungszustand beizubehalten; das ist ein erster Hinweis auf das Konzept der *Trägheit*.

In Schwung kommen: Masse und Trägheit

Trägheit ist die natürliche Bestrebung eines Gegenstands, in Ruhe beziehungsweise in einer gleichförmigen geradlinigen Bewegung zu verharren. Trägheit ist eine der Ausprägungen von Masse; die Messung der Masse eines Gegenstands ist in Wirklichkeit eine Messung seiner Trägheit. Um einen Gegenstand in Bewegung zu versetzen – genauer gesagt, um seinen aktuellen Bewegungszustand zu ändern –, müssen Sie eine Kraft aufwenden, um seine Trägheit zu überwinden.

Stellen Sie sich vor, dass Sie mal wieder in Ihrem Bootshaus nach dem Rechten sehen und Ihre beiden Schiffe betrachten: ein kleines Gummiboot und einen echten Öltanker. Wenn Sie beiden einen gleich kräftigen Tritt versetzen (das heißt dieselbe Kraft auf beide ausüben), werden Sie ganz unterschiedliche Reaktionen beobachten: Das Gummiboot schießt übers Wasser, während der Tanker sich nur ganz wenig (immerhin!) bewegt. Das liegt daran, dass deren Massen und daher deren Trägheiten so unterschiedlich sind. Ein Gegenstand mit kleiner Masse (kleiner Trägheit) reagiert auf eine bestimmte Kraft mit einer viel stärkeren Beschleunigung als ein Gegenstand mit einer großen Masse (großer Trägheit).

Trägheit ist im Leben oft ein Problem. Jeder Autofahrer kann davon ein Lied singen: Es reicht nicht, einfach kurz auf die Bremse zu treten, um vor einer roten Ampel anzuhalten. Vielmehr braucht ein Auto einen erheblichen Bremsweg, der umso länger ist, je schwerer das Auto beladen ist (wegen der größeren Trägheit). Bei nasser Straße oder gar auf Eis wird das noch wichtiger, da hier wegen der geringeren Reibung die Kraft viel kleiner ist, welche die Straße auf das Auto ausüben kann, um dessen Bewegungszustand zu ändern und es abzubremsen.

Da Masse mit Trägheit verbunden ist, möchte sie ihren Bewegungszustand beibehalten. Daher müssen Sie Kräfte ausüben, um eine Veränderung der Bewegung beziehungsweise eine Beschleunigung zu bewirken. Die Masse ist gewissermaßen das Bindeglied zwischen der Kraft und der Beschleunigung.

Maße für Masse

Für die Masse (und somit die Trägheit) existieren viele verschiedene Maßeinheiten. Die gebräuchlichste und im MKS-System gebräuchliche Einheit ist das Kilogramm (kg). Für kleinere Massen wird häufig das Gramm (g) verwendet (1.000 g = 1 kg). Im Alltag kommen auch Einheiten wie Pfund (0,5 kg) oder Tonne (1.000 kg) vor, und in Österreich auch gerne das Dekagramm (10 g).

Masse ist nicht dasselbe wie Gewicht. Die Masse beschreibt die Trägheit eines Körpers gegenüber Kräften (das kann die Gravitation sein, aber auch eine beliebige andere Kraft). Wenn sich eine Masse in einem Gravitationsfeld befindet, übt sie eine Kraft auf ihre Unterlage aus; diese Kraft ist ihr Gewicht. Zum Beispiel besitzt eine Bocciakugel eine Masse von etwa einem Kilogramm. Im Gravitationsfeld (Schwerefeld) der Erde übt sie auf Ihre Hand eine Kraft von 9,8 Newton aus, ihr Gewicht beträgt also 9,8 Newton.

Darf ich vorstellen: Das zweite newtonsche Gesetz

Das erste newtonsche Gesetz ist interessant, aber es bringt Sie in der Praxis nicht weit. Zum Glück hat Newton mit seinem zweiten Gesetz vorgesorgt:

»**Wenn auf einen Gegenstand mit der Masse m eine resultierende Kraft ΣF wirkt, erfährt er eine Beschleunigung a gemäß der Gleichung $\Sigma F = ma$.**«

Mit anderen Worten: Kraft ist gleich Masse mal Beschleunigung. Das Σ (Sigma) in dieser Gleichung bedeutet »Summe«; eine bessere Umschreibung des Gesetzes ist daher:

»**Die Summe aller Kräfte auf einen Gegenstand – die resultierende Kraft – ist gleich der Masse des Gegenstands mal seiner Beschleunigung.**«

Das erste newtonsche Gesetz – ein Gegenstand behält seinen Bewegungszustand bei, solange keine Kraft auf ihn wirkt – ist damit nur ein Sonderfall des zweiten newtonschen Gesetzes mit $\Sigma F = 0$. Daraus folgt nämlich sofort, dass auch die Beschleunigung null sein muss, also gerade das erste newtonsche Gesetz. Betrachten Sie zum Beispiel den Eishockeypuck in Abbildung 5.1. Stellen Sie sich vor, dass er mutterseelenallein vor dem Tor liegt. Daran wollen Sie etwas ändern! Sie beschließen spontan, Ihre Physikkenntnisse anzuwenden, zücken das Buch und lesen nach, was es über die newtonschen Gesetze zu wissen gibt. Entsprechend überlegen Sie sich, dass es reichen müsste, nur eine Zehntelsekunde lang mit Ihrem Schläger eine Kraft auf den Puck auszuüben, um ihn in der richtigen Richtung zu beschleunigen. Sie schlagen gegen den Puck, und tatsächlich fliegt er schnurstracks ins Netz – Volltreffer! Abbildung 5.1 zeigt Ihren Triumph in der Sprache der Physik. Sie haben eine Kraft auf den Puck mit einer bestimmten Masse ausgeübt, sodass dieser direkt in Richtung Tor beschleunigte.

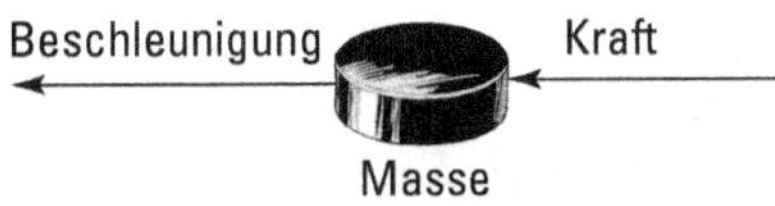

Abbildung 5.1: Beschleunigung eines Eishockeypucks

Wie groß war die Beschleunigung des Pucks? Das kommt natürlich darauf an, wie stark Sie geschlagen haben, wie groß also die von Ihnen ausgeübte Kraft war. Aber um Kräfte messen zu können, müssen Sie sich zuerst mit den korrekten Einheiten auseinandersetzen.

Krafteinheit

In welcher Einheit wird die Kraft gemessen? Da $\Sigma F = ma$ gilt, muss die Kraft im MKS- oder SI-System die Einheit

$$\mathrm{kg} \cdot \mathrm{m/s}^2$$

besitzen (Kilogramm mal Meter pro Sekunde zum Quadrat). Die meisten Menschen (auch Physiker!) finden diese Einheit etwas umständlich. Darum hat sie einen eigenen Namen und ein eigenes Symbol bekommen: Newton (N).

Nun verstehen Sie auch meine Bemerkung über das Gewicht einer Bocciakugel (also deren Gewichtskraft im Schwerefeld der Erde): Wenn die Kugel eine Masse von einem Kilogramm hat und auf sie die Erdbeschleunigung von 9,8 Metern pro Sekunde^2 wirkt, dann übt sie auf Ihre Hand eine Kraft von $9,8\,\mathrm{kg} \cdot \mathrm{m/s}^2 = 9,8\,\mathrm{N}$ aus.

Resultierende Kräfte

Die meisten Bücher schreiben anstelle von $\Sigma F = ma$ einfach nur $F = ma$, was ich ab jetzt auch so halten werde. Sie müssen aber immer daran denken, dass hier jeweils die resultierende Kraft gemeint ist, das heißt die Vektorsumme aller an dem Körper angreifenden Kräfte. Betrachten Sie zum Beispiel die Kräfte, die in Abbildung 5.2 auf den Ball wirken (durch Pfeile dargestellt). In welche Richtung wird der Ball beschleunigt?

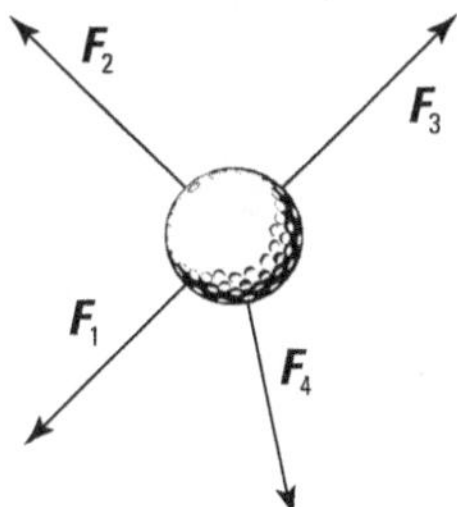

Abbildung 5.2: Verschiedene Kräfte, die auf einen Ball wirken

Da für das zweite newtonsche Gesetz nur die resultierende Kraft eine Rolle spielt, lässt sich diese Aufgabe relativ leicht lösen. Sie müssen nur – wie in Abbildung 5.3 gezeigt – die verschiedenen Kräfte zu einem resultierenden Kraftvektor ΣF addieren. Wenn Sie diesen kennen, können Sie die Gleichung $\Sigma F = ma$ anwenden.

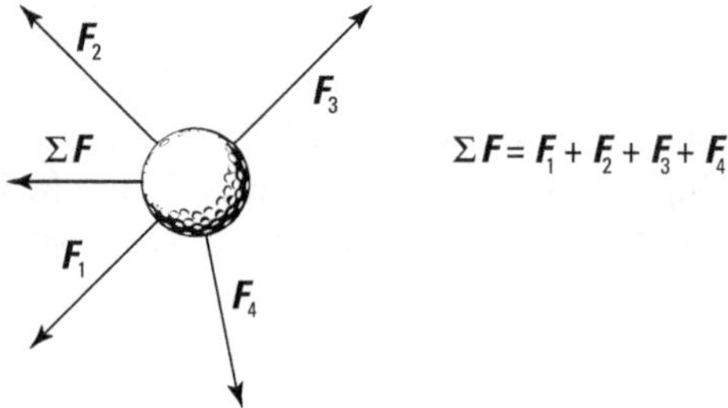

Abbildung 5.3: Die resultierende Kraft ist die Vektorsumme aller auf den Ball wirkenden Kräfte.

Die Berechnung der zurückgelegten Strecke aus Zeit und Beschleunigung

Stellen Sie sich vor, Sie sind auf Ihrer üblichen Wochenendexkursion zum Sammeln physikalischer Daten. In einem weißen Laborkittel spazieren Sie mit Ihrer Kladde durch die Gegend, als Sie rein zufällig an einem Rugbyspiel vorbeikommen – eine hochinteressante Angelegenheit für einen Physiker. Sie sehen gleich eine Situation, in der – wie in Abbildung 5.4 gezeigt – drei Spieler gleichzeitig an dem ruhig liegenden Ball zerren.

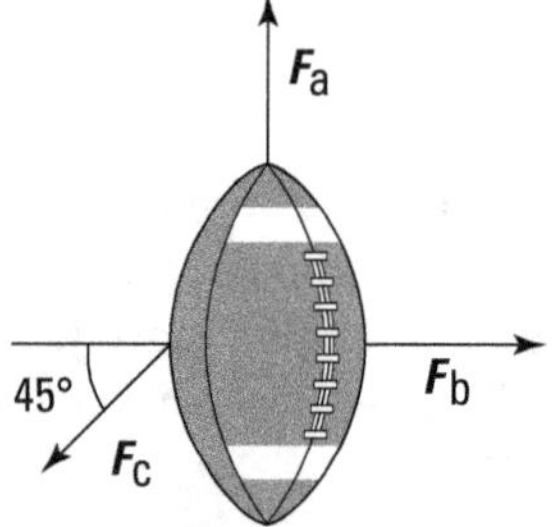

Abbildung 5.4: Ein Kräftediagramm zeigt alle Kräfte, die an einem Körper angreifen.

Ein Diagramm wie Abbildung 5.4 nennt man ein *Kräftediagramm*. Es zeigt alle Kräfte, die auf einen Gegenstand wirken. Solch ein Diagramm macht es leicht, die Resultierende dieser Kräfte zu bestimmen.

Sie schleichen sich schnell und unbemerkt durch die Spieler hindurch. Um die Kräfte auf den Ball zu messen, riskieren Sie im Namen der Wissenschaft Kopf und Kragen, aber schließlich haben Sie die Messwerte (die Beträge der Kraftvektoren) schwarz auf weiß auf dem Papier:

$$F_a = 150 \text{ N},$$

$$F_b = 125 \text{ N},$$

$$F_c = 165 \text{ N}.$$

Die Masse des Balls beträgt ein Kilogramm. Wo wird der Ball in einer Zehntelsekunde sein? Sie berechnen die Strecke, die ein Gegenstand in einer bestimmten Zeit unter der Wirkung einer konstanten Kraft zurücklegt, auf die folgende Weise:

1. Bestimmen Sie die resultierende Kraft ΣF, indem Sie alle auf den Gegenstand wirkenden Kräfte vektoriell addieren. (In Kapitel 4 finden Sie die nötigen Informationen zum Addieren von Vektoren.)

2. Bestimmen Sie den Vektor der Beschleunigung aus $\Sigma F = ma$.

3. Verwenden Sie $s = v_A(t_E - t_A) + \frac{1}{2}a(t_E - t_A)^2$, um die in der angegebenen Zeit zurückgelegte Strecke zu bestimmen (siehe Kapitel 3).

Höchste Zeit, den Taschenrechner auszupacken. Als ersten Schritt bestimmen Sie die Resultierende der angreifenden Kräfte. Dazu müssen Sie die in Abbildung 5.4 gezeigten Kraftvektoren in ihre Komponenten zerlegen und diese dann zur resultierenden Kraft aufsummieren (siehe Kapitel 4).

F_a und F_b können Sie leicht angeben, da F_a senkrecht nach oben (entlang der positiven y-Achse) und F_b nach rechts (in Richtung der positiven x-Achse) zeigt. Folglich ist

$$F_a = \begin{pmatrix} 0\,\text{N} \\ 150\,\text{N} \end{pmatrix},$$

$$F_b = \begin{pmatrix} 125\,\text{N} \\ 0\,\text{N} \end{pmatrix}.$$

Die Komponenten von F_c sind nicht ganz so leicht zu finden. Sie brauchen einen Ausdruck in der Form

$$F_c = \begin{pmatrix} F_{c,x} \\ F_{c,y} \end{pmatrix}.$$

F_c schließt einen Winkel von 45° mit der negativen x-Achse ein, wie aus Abbildung 5.4 zu sehen ist. Wenn Sie den Winkel von der positiven x-Achse aus messen, erhalten Sie $180° + 45° = 225°$. Damit können Sie F_c in Komponenten schreiben:

$$F_c = \begin{pmatrix} F_{c,x} \\ F_{c,y} \end{pmatrix} = \begin{pmatrix} F_c \cos\theta \\ F_c \sin\theta \end{pmatrix}.$$

Einsetzen der Zahlenwerte ergibt nun

$$F_{\mathrm{c}} = \begin{pmatrix} F_{\mathrm{c}}\cos\theta \\ F_{\mathrm{c}}\sin\theta \end{pmatrix} = \begin{pmatrix} 165N \cdot \cos 225° \\ 165N \cdot \sin 225° \end{pmatrix} = \begin{pmatrix} -117\,N \\ -117\,N \end{pmatrix}.$$

Beachten Sie die Vorzeichen! Beide Komponenten von F_{c} sind negativ. Selbst wenn Sie nicht sofort einsehen, dass der Winkel von F_{c} gleich $180° + 45° = 225°$ ist, können Sie die berechneten Komponenten schnell auf Plausibilität prüfen. F_{c} zeigt nach unten und nach links, also in Richtung der negativen x- und y-Achsen. Folglich müssen beide Komponenten von F_{c} negativ sein. Sie haben also richtig gerechnet. Ich habe schon viele Studenten gesehen, die sich mit den Vorzeichen von Vektorkomponenten völlig verheddert haben, weil sie es nicht für nötig hielten, ihre Zwischenergebnisse mit der Realität zu vergleichen!

Vergleichen Sie immer die Vorzeichen Ihrer berechneten Vektorkomponenten mit der tatsächlichen Richtung des Vektors bezüglich der Koordinatenachsen. Das kostet Sie nur eine Sekunde, kann aber Stunden mühsamer Fehlersuche ersparen.

Sie haben jetzt die drei Kräfte in Komponentenform:

$$F_{\mathrm{a}} = \begin{pmatrix} 0 \\ 150\ \mathrm{N} \end{pmatrix},$$

$$F_{\mathrm{b}} = \begin{pmatrix} 125\,\mathrm{N} \\ 0 \end{pmatrix},$$

$$F_{\mathrm{c}} = \begin{pmatrix} -117\ \mathrm{N} \\ -117\ \mathrm{N} \end{pmatrix}.$$

Damit sind Sie bereit für die Vektoraddition:

$$\sum F = F_{\mathrm{a}} + F_{\mathrm{b}} + F_{\mathrm{c}}$$

$$= \begin{pmatrix} 0\,\mathrm{N} \\ 150\,\mathrm{N} \end{pmatrix} + \begin{pmatrix} 125\ \mathrm{N} \\ 0\,\mathrm{N} \end{pmatrix} + \begin{pmatrix} -117\ \mathrm{N} \\ -117\ \mathrm{N} \end{pmatrix}$$

$$= \begin{pmatrix} 8\,\mathrm{N} \\ 33\,\mathrm{N} \end{pmatrix}.$$

Die resultierende Kraft gibt Ihnen die Richtung an, in die sich der Ball bewegen wird. Der nächste Schritt ist, seine Beschleunigung zu bestimmen. Dabei hilft Ihnen Herr Newton:

$$\sum F = \begin{pmatrix} 8\,\mathrm{N} \\ 33\,\mathrm{N} \end{pmatrix} = m a.$$

Mit anderen Worten:

$$\sum F/m = \begin{pmatrix} 8\,\mathrm{N} \\ 33\,\mathrm{N} \end{pmatrix} / m = a.$$

Da die Masse des Balls ein Kilogramm ist, heißt das

$$\sum F/m = \begin{pmatrix} 8\,\text{N} \\ 33\,\text{N} \end{pmatrix} / (1\,\text{kg}) = \begin{pmatrix} 8\,\text{m/s}^2 \\ 33\,\text{m/s}^2 \end{pmatrix} = a.$$

Sie machen Fortschritte; jetzt haben Sie schon die Beschleunigung des Balls. Um nun herauszufinden, wo der Ball nach 0,1 Sekunden sein wird, verwenden Sie die folgende Gleichung aus Kapitel 3 (s ist die zurückgelegte Strecke):

$$s = \frac{1}{2} a (t_\text{E} - t_\text{A})^2.$$

Beachten Sie dabei, dass v_A null ist, sodass ein Term in dieser Gleichung von vornherein wegfällt. Durch Einsetzen der Zahlenwerte erhalten Sie

$$s = \frac{1}{2} a (t_\text{E} - t_\text{A})^2 = \frac{1}{2} \cdot \begin{pmatrix} 8 \\ 33 \end{pmatrix} \text{m/s}^2 \cdot (0{,}1\,\text{s})^2 = \begin{pmatrix} 4 \\ 16{,}5 \end{pmatrix} \text{cm}.$$

Sehr gut. Nach einer Zehntelsekunde sollte sich der Ball also um vier Zentimeter entlang der positiven x-Achse und um 16,5 Zentimeter entlang der positiven y-Achse bewegt haben. Sie ziehen die Stoppuhr aus der Tasche, stoppen die Zeit und beobachten gleichzeitig die Bewegung des Balls. Und tatsächlich: Nach einer Zehntelsekunde hat er sich um vier Zentimeter in x-Richtung und um 16,5 Zentimeter in y-Richtung bewegt! Das bedeutet zweierlei: Erstens haben Sie richtig gerechnet, und zweitens waren die Kräfte in diesem Zeitraum tatsächlich konstant. Denn nur dann dürfen Sie die Gleichung, die Sie für die Strecke verwendet haben, auch wirklich verwenden!

Die Berechnung der Kraft aus Zeit und Geschwindigkeit

Im vorangegangenen Abschnitt haben Sie die Strecke berechnet, die ein Gegenstand unter der Wirkung einer konstanten Beschleunigung in einer gegebenen Zeit zurücklegt. Wie sieht es aus, wenn Sie den umgekehrten Weg gehen und berechnen wollen, welche Kraft nötig ist, damit ein Gegenstand in einer gegebenen Zeit eine bestimmte Geschwindigkeit erreicht? Nehmen Sie zum Beispiel an, dass Sie Ihr Auto innerhalb von zehn Sekunden von null auf 100 Kilometer pro Stunde beschleunigen wollen. Welche Kraft brauchen Sie dazu? Dazu rechnen Sie zuerst 100 Kilometer pro Stunde in Kilometer pro Sekunde um:

$$(100\,\text{km/h}) \cdot (1\,\text{h}/3.600\,\text{s}) = 2{,}8 \cdot 10^{-2}\,\text{km/s}.$$

Die Stunden kürzen sich heraus, sodass nur die Sekunden in der Einheit stehen bleiben. Als Nächstes rechnen Sie Kilometer pro Sekunde in Meter pro Sekunde um,

$$(2{,}8 \cdot 10^{-2}\,\text{km/s}) \cdot (1.000\,\text{m}/1\,\text{km}) = 28\,\text{m/s}.$$

Sie wollen also in zehn Sekunden eine Geschwindigkeit von 28 Metern pro Sekunde erreichen. Welche Kraft brauchen Sie dazu, wenn Ihr Auto eine Masse von 1.000 Kilogramm besitzt? Die Beschleunigung erhalten Sie mithilfe der folgenden Gleichung aus Kapitel 3:

$$a = \frac{\Delta v}{\Delta t} = \frac{v_\text{E} - v_\text{A}}{t_\text{E} - t_\text{A}} = \frac{28\,\text{m/s}}{10\,\text{s}} = 2{,}8\,\text{m/s}^2.$$

Sie brauchen also eine Beschleunigung von 2,8 Metern pro Sekunde^2. Das zweite newtonsche Gesetz sagt Ihnen, dass

$$\Sigma F = ma$$

ist, und Sie wissen, dass das Auto eine Masse von 1.000 Kilogramm hat. Also ist

$$\Sigma F = ma = 1.000 \text{ kg} \cdot 2,8 \text{ m/s}^2 = 2.800 \text{ kg} \cdot \text{m/s}^2 = 2.800 \text{ N}.$$

Das Auto muss also zehn Sekunden lang eine Kraft von 2.800 Newton aufbringen, um auf die gewünschte Geschwindigkeit von 100 Kilometern pro Stunde zu beschleunigen.

Diese Lösung vernachlässigt Faktoren wie Reibung oder eine eventuelle Steigung der Straße; diese Themen werden in Kapitel 6 diskutiert. Im wahren Leben sind Reibungskräfte selbst auf einer ebenen Straße nicht vernachlässigbar; Sie brauchen daher etwa 30 Prozent mehr Kraft als eben berechnet.

Das große Finale: Das dritte newtonsche Gesetz

Das dritte newtonsche Gesetz ist berühmt – vor allem bei Boxern und Fahrlehrern. Trotzdem erkennen Sie möglicherweise seine volle Tragweite noch nicht:

»Immer wenn ein Gegenstand eine Kraft auf einen anderen Gegenstand ausübt, übt der zweite Gegenstand eine gleich große, aber entgegengesetzt gerichtete Kraft auf den ersten Gegenstand aus.«

Die volkstümlichere Fassung dieser Aussage, die Sie sicher schon oft gehört haben, lautet »Aktion = Reaktion«. In der Physik kommen Sie mit der ersten Fassung wesentlich weiter, schon allein deshalb, weil »Aktion« so ungefähr alles von Winterschlussverkauf bis zum Revanchefoul bedeuten kann.

Stellen Sie sich beispielsweise vor, dass Sie in Ihrem Auto sitzen und mit konstanter Beschleunigung fahren. Um zu beschleunigen, muss Ihr Auto eine Kraft auf die Straße ausüben, ansonsten können Sie nicht schneller werden. Umgekehrt übt die Straße dieselbe Kraft auf Ihr Auto aus. In Abbildung 5.5 ist dieses Tauziehen zwischen Reifen und Straße dargestellt.

Wenn die Straße nicht dieselbe Kraft auf Ihren Reifen ausübt wie Ihr Reifen auf die Straße, dreht der Reifen durch – beispielsweise im Winter bei Glätte, wenn die Reibung zwischen Straße und Reifen zu gering ist, um das Kräftegleichgewicht herstellen zu können. Auf trockener Straße gleichen sich die Kräfte normalerweise aus; das bedeutet aber nicht, dass keine Bewegung stattfindet! Da eine Kraft auf Ihr Auto wirkt, beschleunigt es. Auf diesem Weg wird die Kraft, die Ihr Auto auf die Straße ausübt, letztlich in Beschleunigung des Autos umgewandelt.

Aber warum bewegt sich die Straße nicht? Schließlich muss zu jeder Kraft eine gleich große Gegenkraft existieren, also spürt auch die Straße eine Kraft. Ihr Auto beschleunigt,

Abbildung 5.5: Die resultierenden Kräfte an einem Reifen während der Beschleunigung

also müsste die Straße doch auch beschleunigen, oder? Ob Sie es glauben oder nicht: Genau so ist es – auch die Straße (besser gesagt die Erde) beschleunigt! Ihr Auto schiebt die Erde an und beeinflusst die Bewegung der Erde. Da die Masse der Erde aber etwa 6.000.000.000.000.000.000.000-mal ($6 \cdot 10^{21}$-mal) so groß ist wie die Ihres Autos, ist der Effekt nicht allzu offensichtlich.

Reibung und das dritte newtonsche Gesetz

Wenn ein Eishockeyspieler gegen den Puck schlägt, dann beschleunigt sowohl der Puck als auch der Spieler. Dieser Effekt wird besser sichtbar, wenn Sie annehmen, dass der Puck 500 Kilogramm wiegt: Der Puck würde sich dann kaum noch bewegen, während der Spieler zurückprallen würde. (Diese Situation wird in Teil III dieses Buches ausführlicher diskutiert.)

Nehmen Sie spaßeshalber an, dass Ihnen nach dem Ende des Spiels die ehrenvolle Aufgabe zufällt, diesen Monsterpuck vom Feld zu schaffen. Sie verwenden dazu, wie in Abbildung 5.6 gezeigt, ein Seil.

Abbildung 5.6: Mit einem Seil können Sie auch einen 500-Kilogramm-Puck vom Eis ziehen.

Seile kommen in vielen Physikaufgaben vor, oft auch in Kombination mit einer Seilrolle oder einem Flaschenzug. Bei einem einfachen Seil ist die Kraft, mit der das Seil an dem daran befestigten Gegenstand zieht, exakt genauso groß wie die Kraft, mit der Sie am anderen Ende des Seils ziehen.

Der 500-Kilogramm-Puck spürt eine Reibungskraft auf der Eisfläche – nicht sehr viel, da das Eis glatt ist, aber doch ein wenig –, die Ihren Bemühungen Widerstand entgegensetzt. Die resultierende Kraft auf den Puck ist folglich

$$\Sigma F = F_{\text{Seil}} - F_{\text{Reibung}}.$$

Da (das heißt, falls ...) F_{Seil} größer ist als F_{Reibung}, setzt sich der Puck in Bewegung. Wenn Sie mit konstanter Kraft an dem Seil ziehen, beschleunigt der Puck kontinuierlich, da die resultierende Kraft immer gleich seiner Masse mal seiner Beschleunigung sein muss:

$$\Sigma F = F_{\text{Seil}} - F_{\text{Reibung}} = ma.$$

Die Kraft, mit der Sie an dem Puck ziehen, wird also teilweise zur Beschleunigung des Pucks und teilweise zur Überwindung der Reibungskraft verwendet; sie ist nach dem dritten newtonschen Gesetz immer genauso groß wie die Kraft, die der Puck auf Sie ausübt (aber entgegengesetzt gerichtet):

$$F_{\text{Seil}} = F_{\text{Reibung}} + ma.$$

Wenn Sie eine Seilrolle verwenden, um einen Gegenstand der Masse M hochzuheben, müssen Sie so stark an dem Seil ziehen, dass Sie die Gewichtskraft $M \cdot g$ des Gegenstands überwinden können, wobei g die Erdbeschleunigung an der Oberfläche der Erde ist, das heißt 9,8 Meter pro Sekunde^2 (siehe die ausführliche Diskussion in Kapitel 6). In Abbildung 5.7 ist gezeigt, wie das Seil über eine Rolle läuft, bevor es die Masse M erreicht.

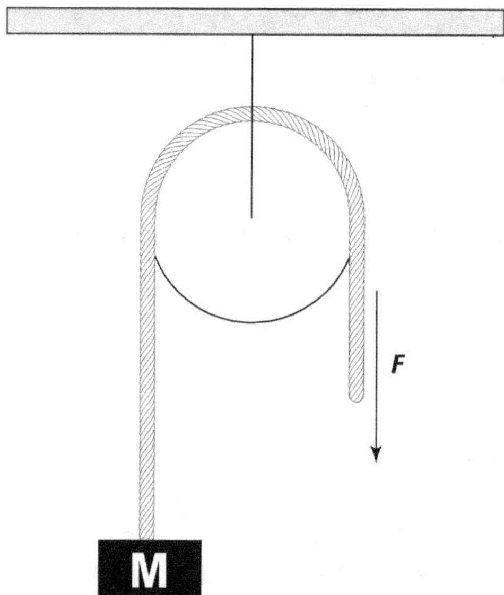

Abbildung 5.7: Eine einfache Seilrolle zur Umkehrung der Kraftrichtung

Hier überträgt das Seil nicht nur die Kraft F auf den Gegenstand M, sondern ändert auch die Richtung der Kraft. Wenn Sie nach unten ziehen, wirkt auf den Gegenstand eine gleich große Kraft nach oben, da das Seil (oder vielmehr die Rolle) die Richtung der Kraft umkehrt. Wenn in dieser Situation F größer ist als $M{\cdot}g$, wird die Masse nach oben beschleunigt; es gilt dann $F = M{\cdot}(g + a)$. Die Summe $g + a$ ist die resultierende Beschleunigung der Masse M.

Dieses System aus Seil und Rolle hat aber seinen Preis; das dritte newtonsche Gesetz lässt sich nicht so leicht überlisten. Nehmen Sie an, dass Sie die Masse angehoben haben und diese in der Luft hängt. Damit sie in Ruhe bleibt, muss F gleich $M{\cdot}g$ sein. Irgendwie hat sich die Richtung Ihrer Kraft umgekehrt, nur wie?

Um das herauszufinden, müssen Sie die Kraft betrachten, die die Aufhängung des Flaschenzugs auf die Decke ausübt. Wie groß ist diese Kraft? Da die Rolle ruhig hängt und in keine Richtung beschleunigt, muss für sie $\Sigma F = 0$ gelten: Die Summe aller auf die Rolle wirkenden Kräfte muss null sein.

Aus Sicht der Seilrolle zerren zwei Kräfte nach unten: die Kraft F, mit der Sie am Seil ziehen, und die gleich große Gewichtskraft $M{\cdot}g$, mit der die Masse M zum Erdmittelpunkt gezogen wird (da sich in diesem Moment nichts bewegt). Das macht insgesamt eine Kraft von $2F$ nach unten. Um diese Kräfte auszugleichen und eine resultierende Kraft von null zu erreichen, muss die Decke eine nach oben gerichtete Kraft von $2F$ auf die Rolle ausüben.

Sie können keine Kraft ausüben, ohne dabei eine gleich große Gegenkraft hervorzurufen. Im Beispiel der Seilrolle ändert das Seil zwar die Richtung der Kraft, aber nicht ohne Nebenwirkungen. Damit die Kraft sich von $-F$ (nach unten) auf $+F$ (nach oben) ändert, muss die Aufhängung der Rolle eine Kraft von $2F$ ausüben (und aushalten!).

Winkel und Kräfte im dritten newtonschen Gesetz

Um beim Umgang mit Kräften die Winkel berücksichtigen zu können, müssen Sie mit Vektoren rechnen. Betrachten Sie dazu Abbildung 5.8. Hier bewegt sich die Masse M nicht, sondern Sie üben eine Kraft F aus, um sie in Ruhe zu halten. Die Frage ist jetzt: Welche Kraft (Betrag und Richtung!) wirkt auf die Befestigung der Rolle, die sich natürlich ebenfalls nicht bewegen soll?

Das ist gar nicht so schwer, wie es zunächst aussieht. Da Sie wissen, dass die Seilrolle sich nicht bewegt, ist schon klar, dass an ihr gemäß dem zweiten newtonschen Gesetz $\Sigma F = 0$ gelten muss. Welche Kräfte wirken auf die Befestigung? Einmal natürlich das Gewichtskraft $M{\cdot}g$ der Masse M. Wenn Sie das Gewicht in Komponentenform schreiben (siehe Kapitel 4), sieht das so aus:

$$F_{\text{Masse}} = \begin{pmatrix} 0 \\ -M \cdot g \end{pmatrix} .$$

(Denken Sie daran, dass die y-Komponente von F_{Masse} negativ sein muss, da sie nach unten, das heißt in Richtung der negativen y-Achse zeigt.) Dann gibt es noch die Kraft, mit der Sie an dem Seil ziehen. Da Sie mit dieser Kraft nur das Gewicht im Gleichgewicht halten und die Rolle lediglich die Richtung dieser Kraft, nicht jedoch deren Betrag verändert, muss diese

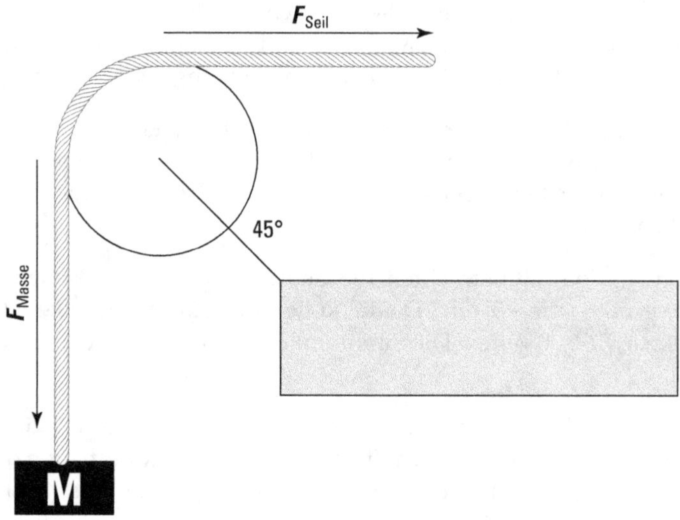

Abbildung 5.8: Eine Seilrolle in einer Situation mit einem rechten Winkel zwischen den Seilenden

Kraft gerade den Betrag $M{\cdot}g$ besitzen, aber jetzt nach rechts (entlang der positiven x-Achse) gerichtet. Also ist

$$F_{Seil} = \begin{pmatrix} M \cdot g \\ 0 \end{pmatrix}.$$

Die Kraft, die Sie selbst und die Masse auf die Befestigung der Seilrolle ausüben, erhalten Sie durch eine einfache Vektoraddition von F_{Masse} und F_{Seil}:

$$F_{Masse} + F_{Seil} = \begin{pmatrix} 0 \\ -M \cdot g \end{pmatrix} + \begin{pmatrix} M \cdot g \\ 0 \end{pmatrix} = \begin{pmatrix} M \cdot g \\ -M \cdot g \end{pmatrix}.$$

Die von Ihnen (oder dem Seil) und der Masse ausgeübte Kraft $F_{Masse+Seil}$ auf die Befestigung ist also $(M{\cdot}g, -M{\cdot}g)$. Sie wissen weiter, dass

$$\sum F = 0 = F_{Masse+Seil} + F_{Befestigung}$$

gelten muss, wobei $F_{Befestigung}$ die Kraft ist, die die Befestigung der Seilrolle auf die Rolle ausübt. Also muss

$$F_{Befestigung} = -F_{Masse+Seil}$$

sein. Folglich ist

$$F_{Befestigung} = -F_{Seil+Masse} = -\begin{pmatrix} M \cdot g \\ -M \cdot g \end{pmatrix} = \begin{pmatrix} -M \cdot g \\ M \cdot g \end{pmatrix}.$$

Wie Sie Abbildung 5.8 entnehmen können, ist dieses Ergebnis plausibel: Die Befestigung muss auf die Rolle eine Kraft nach links und oben ausüben, damit diese an Ort und Stelle bleibt. Um den Betrag der Kraft zu erfahren, können Sie dieses Ergebnis noch in Betrag und Richtung umrechnen (siehe Kapitel 4). Für den Betrag gilt:

$$F_{\text{Befestigung}} = \sqrt{(-M \cdot g)^2 + (M \cdot g)^2} = \sqrt{2}\, M \cdot g.$$

Diese Kraft ist größer als jede der beiden einzelnen Kräfte, da die Seilrolle die Richtung der Kraft ändern muss. Und was lässt sich über die Richtung von $\boldsymbol{F}_{\text{Befestigung}}$ sagen? Aus Abbildung 5.8 können Sie sehen, dass die Kraft nach links oben zeigen muss; mal sehen, ob Ihnen die Mathematik dieselbe Lösung liefert. Wenn θ der Winkel zwischen $\boldsymbol{F}_{\text{Befestigung}}$ und der positiven x-Achse ist, dann ist die x-Komponente von $\boldsymbol{F}_{\text{Befestigung}}$

$$F_{\text{Befestigung},x} = F_{\text{Befestigung}} \cdot \cos\theta.$$

Also ist

$$\theta = \cos^{-1}\left(\frac{F_{\text{Befestigung},x}}{F_{\text{Befestigung}}} \right).$$

Außerdem wissen Sie schon, dass $\boldsymbol{F}_{\text{Befestigung},x} = -M\cdot g$ sein muss, da diese Kraft Ihr Ziehen am Seil gerade kompensiert (ansonsten würde sich die Rolle in x-Richtung bewegen). Wenn Sie also

$$F_{\text{Befestigung}} = \sqrt{2}\, M \cdot g$$

einsetzen, bekommen Sie

$$F_{\text{Befestigung},x} = -M \cdot g = -\frac{F_{\text{Befestigung}}}{\sqrt{2}}.$$

Jetzt müssen Sie bloß noch die Zahlenwerte einsetzen:

$$\theta = \cos^{-1}\left(\frac{F_{\text{Befestigung},x}}{F_{\text{Befestigung}}} \right) = \cos^{-1}\left(\frac{-\dfrac{F_{\text{Befestigung}}}{\sqrt{2}}}{F_{\text{Befestigung}}} \right) = \cos^{-1}\left(\frac{-1}{\sqrt{2}} \right) = 135°.$$

Die Richtung von $\boldsymbol{F}_{\text{Befestigung}}$ ist also genau wie erwartet 135° zur positiven x-Achse.

 Wenn die Vorzeichen Sie in solchen Aufgaben verwirren, kontrollieren Sie Ihre (Zwischen-)Ergebnisse immer anhand der Richtungen der Vektoren, die Sie kennen. Auch in der Physik gilt: Ein Bild sagt mehr als tausend Worte!

Im Gleichgewicht

Physiker sagen, dass sich ein Gegenstand im mechanischen Gleichgewicht befindet, wenn seine Beschleunigung null ist, wenn also keine resultierende Kraft auf ihn wirkt. Der Gegenstand muss dazu nicht unbedingt ruhen – er kann auch mit 1.000 Kilometern pro Stunde durch die Gegend rasen, solange nur die Summe aller Kräfte auf ihn null ist und er daher nicht beschleunigt wird. Das heißt, es dürfen durchaus Kräfte auf ihn wirken, nur müssen sie sich gegenseitig ausgleichen.

Betrachten Sie zum Beispiel Abbildung 5.9. Sie haben Ihren eigenen Laden aufgemacht und wollen jetzt Ihr Firmenschild über der Tür aufhängen. Dazu haben Sie vorausschauend einen Draht gekauft, der nach Aussage des netten Verkäufers im Baumarkt eine Zugkraft von 15 Newton aushalten kann, ohne zu reißen.

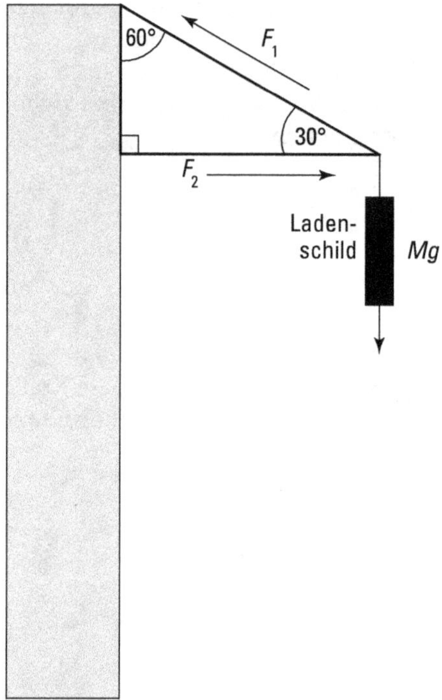

Abbildung 5.9: Damit Ihr Schild hängen bleibt, müssen die daran angreifenden Kräfte sich ausgleichen.

Das Schild hat eine Gewichtskraft von nur 8 Newton, also kein Problem. Oder doch? Sicherheitshalber packen Sie Ihren Taschenrechner aus und fangen an zu rechnen. Sie müssen die Kraft F_1 in der Abbildung bestimmen, denn dort muss Ihr Draht halten, damit das Schild oben bleibt. Sie wollen, dass das Schild im mechanischen Gleichgewicht ist, dass sich also alle angreifenden Kräfte ausgleichen. Das Gewicht $M{\cdot}g$ des Schildes muss folglich durch eine nach oben gerichtete Kraft kompensiert werden.

Die einzige nach oben gerichtete Kraft ist in diesem Fall die y-Komponente von F_1, wie Sie aus der Abbildung erkennen können. Die von der waagerechten Tragstange ausgeübte Kraft F_2 ist nur horizontal gerichtet, sie hilft Ihnen daher für Ihr vertikales Problem nicht weiter. Mithilfe Ihrer Kenntnisse in Trigonometrie (siehe Kapitel 4) und der Abbildung stellen Sie fest, dass die y-Komponente von F_1 gleich

$$F_{1,y} = F_1 \sin 30°$$

ist. Damit das Schild hält, muss $F_{1,y}$ gleich dem Gewicht $M{\cdot}g$ des Schildes sein, also

$$F_{1,y} = F_1 \sin 30° = M \cdot g.$$

Sie wissen jetzt, dass für die auf den Draht wirkende Kraft F_1 Folgendes gilt:

$$F_1 = \frac{M \cdot g}{\sin 30°}$$

Das Schild hat eine Gewichtskraft von 8 Newton, also ist

$$F_1 = \frac{M \cdot g}{\sin 30°} = \frac{8\,\mathrm{N}}{0{,}5} = 16\,\mathrm{N}.$$

Hoppla – Sie haben anscheinend doch ein Problem! Der Draht muss eine Kraft von 16 Newton aushalten, ist aber nur für eine Kraft von 15 Newton ausgelegt. Was können Sie daraus lernen? Kaufen Sie beim nächsten Mal einen dickeren Draht.

Nehmen wir an, Sie haben es getan: Sie waren noch einmal im Baumarkt und haben einen stärkeren Draht erworben. Jetzt müssen Sie sich noch Gedanken über die Stange machen, die die horizontale Kraft F_2 aushalten muss (siehe Abbildung 5.9). Und wie groß ist F_2? Es gibt in der gezeigten Situation nur zwei horizontale Kräfte beziehungsweise Kraftkomponenten, F_2 und die x-Komponente von F_1. Außerdem wissen Sie bereits, dass $F_1 = 16$ Newton ist. Damit haben Sie schon alles, was Sie brauchen, um F_2 zu berechnen. Zuerst bestimmen Sie die x-Komponente von F_1. Mithilfe von Abbildung 5.9 und etwas Trigonometrie bekommen Sie

$$F_{1,x} = F_1 \cos 30°.$$

Diese Kraft muss durch F_2 kompensiert werden:

$$F_{1,x} = F_1 \cos 30° = F_2.$$

Damit erhalten Sie

$$F_2 = F_1 \cos 30° = F_1 \cdot 0{,}87 = 16\,\mathrm{N} \cdot 0{,}87 = 13{,}9\,\mathrm{N}.$$

Die Stange muss also mindestens eine Kraft von 13,9 Newton aushalten können.

Um ein Schild mit einem Gewicht von nur 8 Newton aufzuhängen, brauchen Sie einen Draht, der 16 Newton tragen kann, und eine Stange, die 13,9 Newton aushält. Betrachten Sie die Situation genau – die y-Komponente der Kraft in dem Draht muss das gesamte Gewicht des Schildes tragen, und da der Draht in einem recht kleinen Winkel zur Horizontalen gespannt ist, brauchen Sie eine sehr große Kraft, um die benötigte y-Komponente zu erhalten. Um diese Kraft wiederum ausgleichen zu können, brauchen Sie eine stabile Stange. (Die Verhältnisse werden sehr viel einfacher, wenn Sie den Winkel θ größer machen, den Faden also steiler spannen.)

Aufgabe 5.1

Sie üben eine Kraft von 15 N auf einen Ball der Masse 0,25 kg aus. Angenommen, der Ball war zunächst in Ruhe. Wie weit hat er sich dann in 1 s bewegt?

Aufgabe 5.2

Sie wollen einen Koffer hochheben, der eine Masse von 28 kg hat. Wie viel Kraft müssen Sie aufwenden?

Aufgabe 5.3

Sie werfen einen Stein mit einer Geschwindigkeit von 23 m/s senkrecht nach oben. Wie schnell ist der Stein nach 4 s?

Kapitel 6
Auf der schiefen Bahn: Geneigte Ebenen und Reibung

Kapitel 5 zeigt Ihnen, welche Kraft Sie brauchen, um eine Masse gegen die Gravitation anzuheben. Damit geht die Geschichte aber erst richtig los. In diesem Kapitel sehen Sie, wie sich die Gravitation bei Bewegungen auf geneigten (schiefen) Ebenen auswirkt und wie Sie Reibungskräfte berücksichtigen können. Außerdem lernen Sie, was die Gravitation mit den Flugbahnen von Gegenständen anstellt.

Nur nicht runterziehen lassen: Gravitation

Auf der Oberfläche der Erde ist die Wirkung der Gravitation (Schwerkraft) überall gleich groß; ein Gegenstand der Masse m wird immer mit einer Kraft mg nach unten gezogen, wobei g die Gravitationsbeschleunigung an der Erdoberfläche (Erdbeschleunigung) ist:

$$g = 9{,}8 \text{ m/s}^2.$$

Die Beschleunigung ist ein Vektor, das heißt, sie hat eine Richtung und einen Betrag (siehe Kapitel 4). Der Vektor g zeigt immer senkrecht nach unten, zum Erdmittelpunkt hin; auf der Erde werden daher alle Gegenstände nach unten gezogen. Aus der Tatsache, dass $F_{\text{Schwer}} = mg$ ist, folgt die wichtige Beobachtung, dass die Beschleunigung eines fallenden Gegenstands nicht von seiner Masse abhängt:

$$F_{\text{Schwer}} = ma = mg.$$

Anders ausgedrückt:

$$a = g \,.$$

Unabhängig von der Masse eines fallenden Gegenstands ist $a = g$; ein schwerer Gegenstand fällt somit nicht schneller als ein leichter. Die Schwerkraft bewirkt bei jedem fallenden Körper dieselbe Beschleunigung nach unten (in der Nähe der Erdoberfläche ist das die Erdbeschleunigung g). Nun werden Sie sicher einwenden, dass es sehr wohl etwas ausmacht, ob man einen Apfel oder ein Papiertaschentuch fallen lässt. Der Apfel wird schneller zu Boden fallen, während das Taschentuch eher sanft herabsegelt. Das liegt daran, dass uns im Alltag die *Luftreibung* einen Streich spielt! Wenn Sie die Fallversuche im Vakuum wiederholen, werden Sie sehen, dass die Gravitation keinen Unterschied mehr zwischen Apfel und Papiertaschentuch macht, beide fallen exakt gleich schnell.

Vorläufig bleibt diese Diskussion am Boden der Tatsachen beziehungsweise der Erde. Das vereinfacht die Sache, da hier die Gravitationsbeschleunigung konstant gleich g ist. Im nächsten Kapitel werden Sie abheben und die direkte Umgebung der Erde verlassen. Aus der Sicht des Mondes sieht die Sache mit der Erdanziehung ganz anders aus; je weiter Sie von der Erde entfernt sind, desto weniger spüren Sie von deren Anziehung. Vorläufig aber ist die Gravitationsbeschleunigung gleich der konstanten Erdbeschleunigung g und zeigt senkrecht nach unten. Sie müssen sich daher nicht mit Vektorgleichungen herumschlagen, und skalare Gleichungen wie $F_{\text{Schwer}} = mg$ reichen vollkommen aus, um herauszufinden, welcher Gegenstand am Boden bleibt und welcher abhebt. Sie können auf dieser Grundlage sogar Gegenstände untersuchen, die sich in einem bestimmten Winkel bewegen.

Rolltreppe abwärts: Die schiefe Ebene

In vielen einfachen Physikaufgaben im Zusammenhang mit der Schwerkraft kommen schiefe Ebenen vor; sie sind daher einen genaueren Blick wert. Betrachten Sie Abbildung 6.1, in der ein Wagen eine geneigte beziehungsweise schiefe Ebene (eine Rampe) hinunterrollt. Er bewegt sich dabei nicht nur vertikal, sondern auch horizontal entlang der Ebene, die in einem Winkel θ gegen die Horizontale geneigt ist.

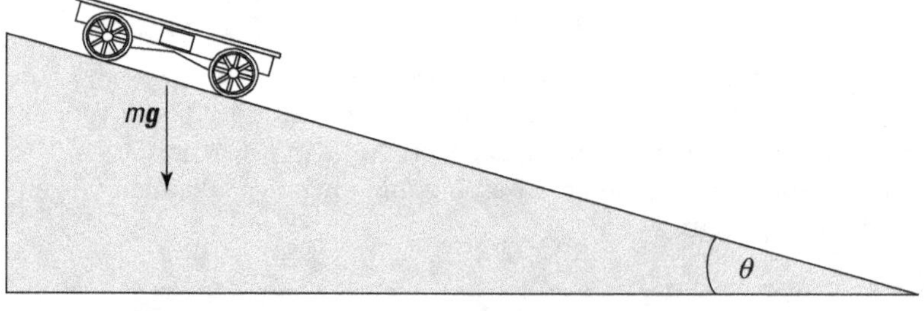

Abbildung 6.1: Ein Wagen rollt eine geneigte Ebene hinunter.

Stellen Sie sich zum Beispiel vor, dass $\theta = 30°$ ist und die geneigte Ebene eine Länge von fünf Metern hat. Wie schnell ist der Wagen am Ende der Ebene? Die Schwerkraft beschleunigt den Wagen auf seiner Fahrt, aber da sie senkrecht nach unten wirkt, steht sie nur zum Teil für die Beschleunigung in Richtung der Ebene zur Verfügung: Nur die Komponente der Schwerkraft parallel zur Ebene kann den Wagen beschleunigen.

Wie groß ist die Komponente der Schwerkraft entlang der geneigten Ebene, wenn die vertikale Gesamtkraft auf den Wagen mg beträgt? Betrachten Sie dazu Abbildung 6.2, die die benötigten Winkel und Vektoren zeigt. (In Kapitel 4 gibt es eine detaillierte Beschreibung von Vektoren.) Um die Komponente von F_{Schwer} parallel zu der Ebene zu finden, bestimmen Sie zunächst den Winkel zwischen F_{Schwer} und der Ebene. Dabei ist etwas Wissen über Dreiecke (siehe Kapitel 2) nützlich – zum Beispiel, dass die Summe der drei Winkel in einem Dreieck 180° beträgt. Der Winkel zwischen F_{Schwer} und dem Boden ist 90°, der Winkel zwischen der Ebene und dem Boden ist θ. Aus Abbildung 6.2 ist damit sofort klar, dass der Winkel zwischen F_{Schwer} und der schiefen Ebene gleich $180° - 90° - \theta$ oder $90° - \theta$ sein muss.

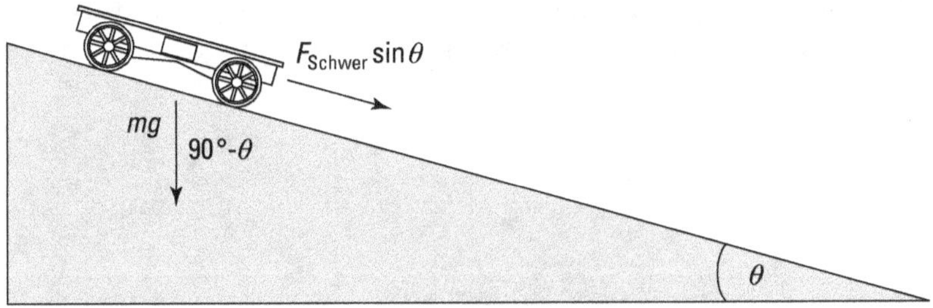

Abbildung 6.2: Ein Wagen rollt eine schiefe Ebene hinunter.

Winkelzüge

Physiklehrer verwenden eine streng geheime Methode, um die Winkel zwischen Vektoren und Ebenen herauszufinden – wenn Sie wollen, verrate ich sie Ihnen. Eigentlich ist es ganz einfach: Die Winkel müssen immer irgendwie mit θ zusammenhängen. Also überlegen Sie sich, was passiert, wenn θ null wird. In dem Beispiel aus Abbildung 6.2 wird der Winkel zwischen F_{Schwer} und der Ebene 90°. Und was passiert, wenn θ gleich 90° ist? Dann ist der Winkel zwischen F_{Schwer} und der Ebene 0°.

Mit diesem Wissen können Sie ziemlich sicher sein, dass der Winkel zwischen F_{Schwer} und der geneigten Ebene $90° - \theta$ sein muss. Wenn Sie also nicht recht wissen, wie Sie einen bestimmten Winkel bestimmen sollen, dann lassen Sie den bekannten Winkel gedanklich einmal 0° und einmal 90° werden und beobachten Sie, wie sich Ihr Winkel dann verhält. Das ist ein schneller Weg zum Erfolg.

Die Komponenten von F_{Schwer} parallel zur geneigten Ebene

Jetzt fragen Sie sich natürlich, wie groß die Komponente von F_{Schwer} in Richtung der geneigten Ebene ist. Nichts leichter als das! Da der Winkel zwischen F_{Schwer} und der Ebene gleich $90° - \theta$ ist (siehe den vorhergehenden Abschnitt), muss die Komponente von F_{Schwer} in Richtung der Ebene

$$F_{\text{Ebene}} = F_{\text{Schwer}} \cos (90° - \theta)$$

sein. Wenn Sie wie die meisten Menschen Trigonometrie lieben (siehe Kapitel 2 und 4), kennen Sie vermutlich auch die Beziehung

$$\sin \theta = \cos (90° - \theta).$$

(Falls nicht, dann kennen Sie sie jetzt – außerdem können Sie die erstgenannte Gleichung auch einfach so nehmen, wie sie ist.) Also haben Sie

$$F_{\text{Ebene}} = F_{\text{Schwer}} \cos (90° - \theta) = F_{\text{Schwer}} \sin \theta.$$

Das sieht plausibel aus, denn wenn θ null wird, wird auch F_{Ebene} null, da die Ebene dann ganz flach ist. Und wenn θ gleich $90°$ ist, wird $F_{\text{Ebene}} = F_{\text{Schwer}}$, weil die Ebene jetzt genau senkrecht steht. Die Kraft, die den Wagen beschleunigt, ist also $F_{\text{Schwer}} \cdot \sin \theta$. Wie groß ist dann die Beschleunigung eines Wagens, dessen Masse 800 Kilogramm beträgt? Auch das ist leicht:

$$F_{\text{Schwer}} \sin \theta = ma$$

und folglich

$$a = F_{\text{schwer}} \frac{\sin \theta}{m}.$$

Es wird sogar noch leichter, wenn Sie sich an die Beziehung $F_{\text{Schwer}} = mg$ erinnern:

$$a = F_{\text{schwer}} \frac{\sin \theta}{m} = mg \cdot \frac{\sin \theta}{m} = g \sin \theta.$$

Sie wissen jetzt, dass die Beschleunigung des Wagens auf der Ebene $a = g \cdot \sin \theta$ ist. Solange keine Reibung wirkt, gilt diese Gleichung für einen Gegenstand mit beliebiger Masse, der auf einer solchen Ebene beschleunigt. Mit anderen Worten: Die Beschleunigung eines Gegenstands auf einer in einem Winkel θ geneigten schiefen Ebene in Abwesenheit von Reibung ist $g \cdot \sin \theta$.

Geschwindigkeit auf der schiefen Ebene

Sind Sie ein Geschwindigkeitsfanatiker? Dann wollen Sie sicher wissen, wie schnell der Wagen am unteren Ende der schiefen Ebene ankommt. Das sieht doch sehr nach einer Aufgabe für unsere bewährte Gleichung aus Kapitel 3 aus:

$$v_{\text{E}}^2 - v_{\text{A}}^2 = 2as.$$

Die Anfangsgeschwindigkeit v_{A} ist null, θ beträgt $30°$ und die Strecke s fünf Meter, also bekommen Sie

$$v_{\text{E}}^2 = 2as = 2 \cdot g \cdot \sin 30° \cdot (5,0 \text{ m}) = 49 \text{ m}^2/\text{s}^2.$$

v_E beträgt also sieben Meter pro Sekunde oder rund 25 Kilometer pro Stunde. Das hört sich erst einmal gar nicht schnell an, aber versuchen Sie einmal, ein Auto mit dieser Geschwindigkeit mit der Hand anzuhalten. (Stopp – versuchen Sie es lieber doch nicht!) In Wirklichkeit ist dieses Beispiel etwas vereinfacht, da ein Teil der Bewegung als Rotation der Räder vorliegt und nicht als Vorwärtsbewegung des Wagens. (Sie haben eigentlich die Geschwindigkeit eines Gegenstands berechnet, der nicht rollt, sondern die Ebene reibungslos *hinuntergleitet*.) Mehr zu diesem Thema lesen Sie in Kapitel 10.

Beschleunigung macht Spaß

Kurze Frage: Wie schnell wäre ein Eiswürfel, der die geneigte Ebene in den Abbildungen 6.1 und 6.2 reibungsfrei hinunterrutscht? Schnelle Antwort: Genauso schnell wie der Wagen in Ihrer Berechnung, also sieben Meter pro Sekunde. Die Beschleunigung eines Gegenstands auf einer geneigten Ebene, die um einen Winkel θ zur Horizontalen geneigt ist, ist $g \cdot \sin \theta$. Die Masse des Gegenstands spielt dabei keine Rolle, wichtig ist nur die Komponente der Gewichtskraft parallel zur Ebene. Und wenn Sie die Beschleunigung parallel zur Ebene kennen, können Sie die bekannte Gleichung

$$v_E^2 = 2as$$

verwenden, die auch nicht von der Masse abhängt.

Reibereien

Reibung, das ist die Kraft, die Gegenstände in ihrer Position festhält – so sieht es jedenfalls aus. Tatsächlich geht ohne Reibung gar nichts. Versuchen Sie einmal, sich eine Welt ohne Reibung vorzustellen: Keine Chance, Auto oder Fahrrad zu fahren, zu spazieren oder auch nur ein Käsebrötchen vom Teller aufzuheben. Reibung scheint auf den ersten Blick Ihr Gegner zu sein, aber bei genauer Betrachtung ist sie Ihr bester Freund.

Reibung entsteht durch Unregelmäßigkeiten an den Oberflächen von Gegenständen. Wenn Sie zwei mikroskopisch unebene Oberflächen übereinander hinwegziehen, erzeugen Sie Reibung. Je stärker Sie die beiden Flächen zusammenpressen, desto stärker wird die Reibung, da sich die Unebenheiten immer mehr ineinander verhaken.

Die Physik weiß eine ganze Menge über Reibung und deren Entstehung zu erzählen. Stellen Sie sich zum Beispiel vor, dass Sie Ihr gesamtes Vermögen in einem riesigen Goldklumpen anlegen, der Ihnen prompt gestohlen wird (siehe Abbildung 6.3). Der Dieb zieht mit aller Kraft an dem Goldklumpen, um ihn zu beschleunigen, weil die Polizei ihn verfolgt. Hier hilft Ihnen (außer der Polizei) die Reibung – der Dieb kann den Klumpen nicht annähernd so schnell beschleunigen, wie er dachte, da das Gold doch sehr schwer und die Reibung am Boden sehr groß ist.

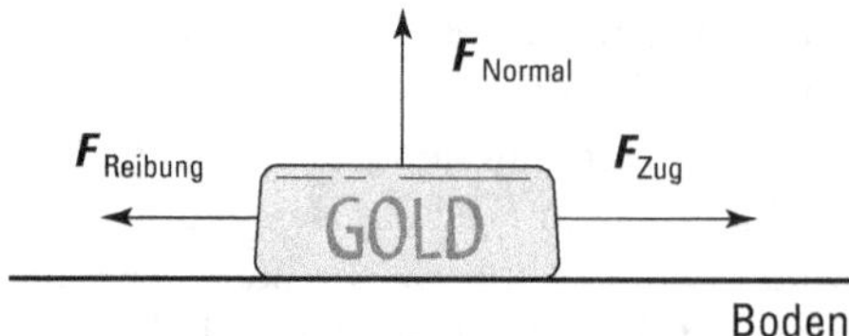

Abbildung 6.3: Die Reibung macht es schwierig, schwere Gegenstände zu ziehen.

Wie können Sie das Versagen des Diebs quantitativ verstehen? Die resultierende Kraft in x-Richtung ist gleich der Differenz zwischen der Kraft F_{Zug}, mit der er am Seil zieht, und der Reibungskraft F_{Reibung}. Das liefert Ihnen die Beschleunigung in x-Richtung:

$$F_{\text{Zug}} - F_{\text{Reibung}} = ma.$$

So weit, so einfach. Aber wie können Sie F_{Reibung} berechnen? Dazu brauchen Sie zuerst die Normalkraft.

Reibung und Normalkraft

Die Reibungskraft F_{Reibung} wirkt immer der Kraft entgegen, die Sie ausüben, um einen Gegenstand zu bewegen. Außerdem ist die Reibung proportional zu der Kraft, mit der ein Gegenstand gegen die Oberfläche gedrückt wird, über die er gleiten soll.

Wie Sie in Abbildung 6.3 sehen, ist die Kraft, mit der Ihr Goldklumpen auf den Boden gedrückt wird, gerade seine Gewichtskraft mg. Der Boden übt seinerseits dieselbe Kraft nach oben auf den Goldklumpen aus. Die nach oben auf den Goldklumpen wirkende Kraft heißt *Normalkraft* und wird als F_{Normal} abgekürzt. Die Normalkraft ist nicht unbedingt gleich der Gewichtskraft – sie ist aber immer die *senkrecht* zur Oberfläche wirkende Kraft. Mit anderen Worten: Die Normalkraft ist die Kraft, die die beiden Oberflächen gegeneinanderdrückt. Je größer die Normalkraft ist, desto größer ist (bei ansonsten gleichen Oberflächen) die Reibung.

In Abbildung 6.3 rutscht der Goldbarren auf dem waagerechten Boden, daher ist die Normalkraft genauso groß wie die Gewichtskraft, $F_{\text{Normal}} = mg$. Damit haben Sie nun die Kraft, die den Goldklumpen und den Boden aneinanderpresst. Und wie geht's weiter? Jetzt kommt die Reibungskraft dran.

Der Reibungskoeffizient

Die Reibungskraft hängt von den Oberflächeneigenschaften der beiden aneinander entlanggleitenden Materialien ab. Wie kann die Physik hier einen Zahlenwert vorhersagen? Kann sie gar nicht. Es ist kein Problem, allgemeine Gleichungen wie $\Sigma F = ma$ für das Verhalten von Gegenständen aufzustellen (siehe Kapitel 5). Aber die genauen Eigenschaften zweier Oberflächen theoretisch vorherzusagen, ist etwas ganz anderes – hier ist die Theorie überfordert. In dieser Situation sind Messungen gefragt.

Was Sie einfach messen können, ist der Zusammenhang zwischen Reibungs- und Normalkraft. Es zeigt sich nämlich, dass die beiden in guter Näherung proportional sind, sodass Sie sie über eine Proportionalitätskonstante μ verknüpfen können:

$$F_{\text{Reibung}} = \mu F_{\text{Normal}}$$

oder etwas kürzer

$$F_{\text{R}} = \mu F_{\text{N}}.$$

Diese Beziehung sagt aus, dass Sie aus der Normalkraft direkt die Reibungskraft ausrechnen können, sofern Sie die Konstante μ kennen. Dieser *Reibungskoeffizient* muss für jede Oberfläche einzeln gemessen werden; Sie können ihn also nicht einfach in einem Buch nachschlagen.

Der Reibungskoeffizient liegt immer zwischen null und eins. Ein Wert von null bedeutet, dass überhaupt keine Reibung vorhanden ist. Der größtmögliche Wert der Reibungskraft F_{R} ist gleich der Normalkraft F_{N}. Das bedeutet beispielsweise, dass Sie ein Auto höchstens mit Ihrer eigenen Gewichtskraft anschieben können, sofern Sie keine anderen Hilfsmittel außer Reibung benutzen, um selbst nicht wegzurutschen. Mehr geht nicht, und auch diese Kraft lässt sich nur erreichen, wenn $\mu = 1$ ist. (Wenn Sie sich Löcher für Ihre Füße graben, um das Auto anzuschieben, sieht das wieder anders aus: Jetzt beruht die Kraft, die Sie erreichen können, nicht mehr nur auf der Reibung zwischen Ihren Schuhen und dem Boden.)

Die Gleichung $F_{\text{R}} = \mu F_{\text{N}}$ ist keine Vektorgleichung (siehe Kapitel 4), da die Reibungskraft F_{R} nicht in dieselbe Richtung zeigt wie die Normalkraft F_{N}. Wie Sie aus Abbildung 6.3 erkennen können, stehen F_{R} und F_{N} senkrecht aufeinander. F_{N} steht immer senkrecht auf den beiden Flächen, zwischen denen die Reibung stattfindet, während F_{R} immer in Richtung der Flächen (der Bewegungsrichtung entgegen) zeigt. Die Gleichung stellt also nur einen Zusammenhang zwischen den Beträgen der Kräfte her.

Die Reibungskraft hängt nicht von der Größe der Kontaktfläche zwischen den beiden Oberflächen ab. Das bedeutet, auch wenn Ihr Goldklumpen doppelt so lang und dafür nur halb so hoch ist (folglich wieder dieselbe Masse hat), bekommen Sie immer noch dieselbe Reibungskraft, wenn Sie ihn über den Boden ziehen. Das ist auch plausibel. Einerseits könnten Sie zwar denken, dass bei einer doppelt so großen Fläche auch die Reibungskraft doppelt so groß sein sollte. Andererseits halbieren Sie dabei aber die Kraft, die den Klumpen pro Quadratzentimeter seiner Fläche auf den Boden drückt, da über jedem Quadratzentimeter nur noch halb so viel Gold liegt!

Sind Sie bereit, Ihren Laborkittel anzuziehen und ein paar Reibungskräfte zu berechnen? Nicht so schnell – es gibt noch ein kleines Hindernis. Es zeigt sich nämlich, dass Sie für jede Oberfläche zwei verschiedene Reibungskoeffizienten brauchen.

Haften und Gleiten

Die beiden verschiedenen Reibungskoeffizienten heißen *Haftreibungskoeffizient* und *Gleitreibungskoeffizient*.

Der Grund dafür, dass Sie zwei unterschiedliche Koeffizienten brauchen, hat damit zu tun, dass es zwei ganz verschiedene Mechanismen für die Entstehung von Reibung gibt. Wenn sich zwei Oberflächen nicht gegeneinander bewegen, aber zusammengedrückt werden, können sich mikroskopische Unebenheiten ineinander verhaken; das Ergebnis ist eine statische Reibung oder *Haftreibung*. Wenn sich die Oberflächen gegeneinander bewegen, können sich die Unebenheiten nicht mehr richtig ineinander verhaken, und Sie messen eine dynamische Reibung oder *Gleitreibung*. In der Praxis heißt das einfach, dass Sie zwei verschiedene Koeffizienten berücksichtigen müssen, den Haftreibungskoeffizienten μ_H und den Gleitreibungskoeffizienten μ_{Gl}.

Anfangsschwierigkeiten: Haftreibung

Der Haftreibungskoeffizient μ_H ist der größere der beiden Koeffizienten; das bedeutet, dass die Haftreibung stets größer ist als die Gleitreibung. Nach der eben genannten Beschreibung der Reibung ist das plausibel, denn nur bei der Haftreibung haben die Oberflächen Gelegenheit, sich richtig ineinander zu verzahnen, während sich die Oberflächen im Fall der Gleitreibung gegeneinander bewegen und nur größere Unebenheiten zur beobachteten Reibung beitragen können.

Die Haftreibung ist entscheidend, wenn Sie eine Kraft auf einen ruhenden Gegenstand ausüben, um ihn zu bewegen: Diese Reibung müssen Sie überwinden, um den Gegenstand in Bewegung zu versetzen.

Nehmen Sie beispielsweise an, dass der Haftreibungskoeffizient zwischen dem Goldklumpen in Abbildung 6.3 und dem Boden 0,3 beträgt und dass der Klumpen eine Masse von 1.000 Kilogramm besitzt (mit einem solchen Ruhekissen brauchen Sie sich um Ihre Zukunft keine Sorgen mehr zu machen!). Welche Kraft muss der Dieb dann aufbringen, um das Gold wegzuziehen? Aus dem Abschnitt »Der Reibungskoeffizient« weiter vorn in diesem Kapitel wissen Sie, dass

$$F_R = \mu_H F_N$$

ist. Und weil die Oberfläche horizontal ist, wirkt die Normalkraft – die die beiden Oberflächen zusammenpresst – genau entgegen der Gewichtskraft des Barrens und besitzt denselben Betrag wie diese. Es gilt also

$$F_R = \mu_H F_N = \mu_H mg,$$

wenn m die Masse des Barrens ist und g die Erdbeschleunigung. Einsetzen der Zahlen ergibt dann

$$F_R = \mu_H F_N - \mu_H mg = 0{,}3 \cdot 1.000\,\text{kg} \cdot 9{,}8\,\text{m/s}^2 = 2.940\,\text{N}.$$

Der Dieb muss also mit einer Kraft von 2.940 Newton an dem Goldklumpen ziehen, um ihn überhaupt in Bewegung zu versetzen – eine Eisenkugel am Fuß ist nichts dagegen. Und was würde passieren, wenn er das tatsächlich schaffen würde? Welche Kraft braucht er, um seine Beute in Bewegung zu halten, wenn sie sich erst einmal bewegt? Jetzt kommt es auf die Gleitreibung an.

In Schwung bleiben: Gleitreibung

Die Gleitreibungskraft zwischen zwei aneinander entlanggleitenden Flächen ist kleiner als die Haftreibungskraft. Der Gleitreibungskoeffizient kann aber nicht aus dem Haftreibungskoeffizienten berechnet, sondern muss extra gemessen werden.

Sie können an einem einfachen Beispiel selbst erfahren, dass die Haftreibung größer ist als die Gleitreibung. Stellen Sie sich vor, dass Sie eine Kiste aus Ihrem Auto auf eine schräge Laderampe stellen. Die Kiste beginnt zu rutschen; schnell stellen Sie einen Fuß davor. Nachdem sie einmal steht, wird sie sehr wahrscheinlich auch stehen bleiben, wenn Sie den Fuß wieder wegnehmen, weil nun die größere Haftreibung zum Tragen kommt.

Nehmen Sie an, dass der Goldbarren aus Abbildung 6.3 (mit einer Masse von 1.000 Kilogramm) einen Gleitreibungskoeffizienten μ_{Gl} von 0,18 besitzt. Welche Kraft muss der Dieb dann aufwenden, um seine Beute in Bewegung zu halten? Sie haben schon alle Daten, die Sie dazu benötigen:

$$F_R = \mu_{Gl}F_N = \mu_{Gl}mg.$$

Sie setzen die Zahlenwerte ein und bekommen

$$F_R = \mu_{Gl}F_N = \mu_{Gl}mg = 0{,}18 \cdot 1.000\,\text{kg} \cdot 9{,}8\,\text{m/s}^2 = 1.764\,\text{N}.$$

Der Dieb muss mit einer Kraft von etwa 1.800 Newton an seiner Beute ziehen, um sie in Bewegung zu halten, während er vor der Polizei flieht – das wird er in vollem Lauf wohl kaum schaffen, sofern er keine Helfer hat. Hätte er sich vorher doch besser ein wenig mit Physik beschäftigt! Die Physik sagt in dem Fall sehr deutlich, dass die Polizei ihn erwischen wird. Und wenn die Polizisten sich mit Physik auskennen, werden sie nach einem kurzen Blick auf die Beute zu Ihnen sagen: »Den Dieb haben wir geschnappt – Ihr Gold schaffen Sie aber bitte selbst nach Hause!«

Mit Reibung bergauf

Die vorangegangenen Abschnitte dieses Kapitels haben sich mit Reibung auf horizontalen Flächen beschäftigt. Wie sieht die Sache aus, wenn Sie einen schweren Gegenstand eine Rampe hinaufziehen müssen, beispielsweise Ihren Kühlschrank?

Sie wollen übers Wochenende zelten gehen, und da Sie vorhaben, beim Angeln einige Prachtexemplare von Fischen an Land zu ziehen, wollen Sie Ihren 100 Kilogramm schweren Kühlschrank mitnehmen. Der Haken dabei ist, dass Sie das Ding in Ihren Kofferraum schaffen müssen (siehe Abbildung 6.4). Der Kühlschrank muss dazu eine Rampe mit einer Neigung von 30° hoch, die einen Haftreibungskoeffizienten von 0,2 und einen Gleitreibungskoeffizienten von 0,15 besitzt. Zum Glück wollen Ihnen zwei Freunde helfen. Aber leider kann jeder von Ihnen nur 350 Newton stemmen; daher sind Sie alle drei etwas besorgt.

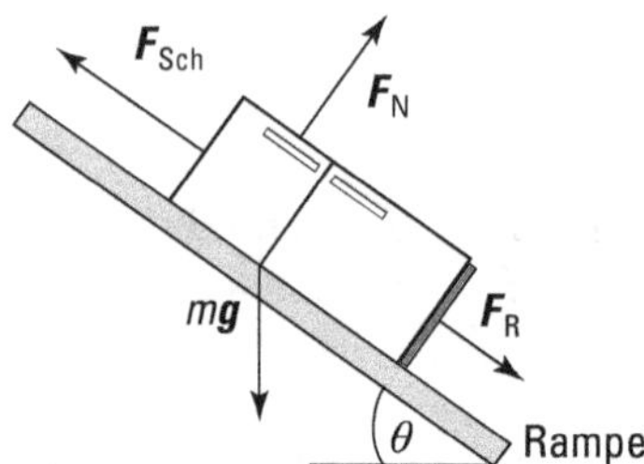

Abbildung 6.4: Um einen Gegenstand eine schräge Rampe hinaufzuschieben, müssen Sie gleich mehrere Kräfte überwinden.

»Nur keine Panik«, sagen Sie fröhlich und ziehen Ihren Taschenrechner aus der Tasche, »ich rechne das noch schnell durch.« Ihre Freunde trinken eine Cola, während Sie zu rechnen beginnen. Die Kraft F_{Sch}, die Sie brauchen, um den Kühlschrank die Rampe hinaufzuschieben, muss die Komponente der Gewichtskraft mg des Kühlschranks parallel zur Rampe und zusätzlich die Reibungskraft F_R ausgleichen. Diesen beiden Teilen widmen sich die beiden folgenden Abschnitte.

Die parallele Komponente der Gewichtskraft

Um die Komponente der Gewichtskraft parallel zur Rampe zu bestimmen, betrachten Sie nochmals Abbildung 6.4. Das Gewicht des Kühlschranks wirkt senkrecht nach unten. Die Winkel in dem Dreieck aus Rampe, Boden und dem senkrechten Gewichtsvektor müssen zusammen 180° ergeben. Der Winkel zwischen der Gewichtskraft und dem Boden ist 90° und der Winkel zwischen dem Boden und der Rampe ist 0°. Also ist der Winkel zwischen der Rampe und dem Gewichtsvektor

$$180° - 90° - \theta = 90° - \theta.$$

Damit ist die Komponente des Gewichts entlang der Oberfläche der Rampe wieder

$$mg \cos (90° - \theta) = mg \sin \theta.$$

Als erstes Zwischenergebnis für die Kraft, die Sie aufwenden müssen, um den Kühlschrank gegen die Schwerkraft und gegen die Reibung nach oben zu schieben, erhalten Sie daher

$$F_{Sch} = mg \sin \theta + F_R.$$

Die Reibungskraft

Die nächste Frage ist, wie groß die Reibungskraft F_R ist. Müssen Sie dazu den Haftreibungskoeffizienten oder den Gleitreibungskoeffizienten verwenden? Da der Haftreibungskoeffizient größer ist, stellt er die sicherere Wahl dar. Wenn Ihre Freunde und Sie den

Kühlschrank erst einmal in Bewegung setzen können, wird es Ihnen erst recht gelingen, ihn mit geringerem Kraftaufwand in Bewegung zu halten. Mithilfe des Haftreibungskoeffizienten erhalten Sie die Reibungskraft F_R aus

$$F_R = \mu_H F_N.$$

Jetzt brauchen Sie noch die Normalkraft F_N, um weiterzumachen (siehe den Abschnitt »Reibung und Normalkraft« weiter vorn in diesem Kapitel). F_N ist die Komponente der Gewichtskraft senkrecht zur Oberfläche der Rampe. Sie wissen bereits, dass der Winkel zwischen dem Gewichtsvektor und der Rampe wie in Abbildung 6.5 gezeigt gleich $90° - \theta$ ist.

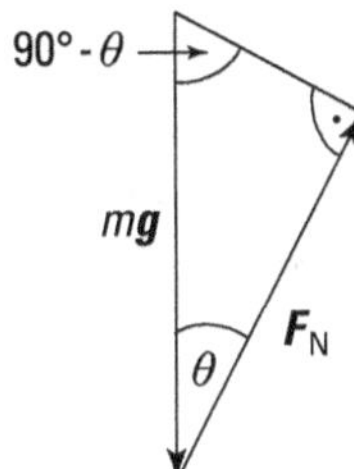

Abbildung 6.5: Normal- und Gravitationskraft auf einen Gegenstand auf einer geneigten Ebene

Mit etwas Trigonometrie (siehe Kapitel 2) erhalten Sie

$$F_N = mg \sin (90° - 0) = mg \cos \theta.$$

Zur Kontrolle lassen Sie in Gedanken θ gegen null gehen; dabei geht $\cos \theta$ gegen eins und es wird $F_N = mg$, wie es sein muss. Damit haben Sie

$$F_{Sch} = mg \sin \theta + \mu_H mg \cos \theta.$$

Jetzt müssen Sie nur noch die Zahlenwerte einsetzen:

$$F_{Sch} = mg \sin \theta + \mu_H mg \cos \theta = 100 \cdot 9{,}8 \cdot \sin 30° + 0{,}2 \cdot 100 \cdot 9{,}8 \cdot \cos 30°$$

$$= 490 \, \text{N} + 170 \, \text{N} = 660 \, \text{N}$$

Sie brauchen also eine Kraft von 660 Newton, um den Kühlschrank bergauf zu schieben. Mit anderen Worten, Ihre beiden Freunde, von denen jeder eine Kraft von 350 Newton aufbringen kann, sind mehr als genug für die Arbeit. »Los«, sagen Sie, »fangt an!« – und zeigen dabei lächelnd auf den Kühlschrank. Leider stolpert einer auf dem Weg nach oben und lässt den Kühlschrank los. Die Kraft des zweiten Freunds reicht aber nicht aus, und der Kühlschrank beginnt unaufhaltsam nach unten zu rutschen. Beide Helfer lassen los und bringen sich mit einem schnellen Sprung in Sicherheit.

Wehe, wenn er losgelassen: Wie weit rutscht der Kühlschrank?

Eine sehr ungünstige Entwicklung … Nehmen Sie an, dass die Rampe und der Boden denselben Gleitreibungskoeffizienten haben; wie weit rutscht der Kühlschrank dann? Abbildung 6.6 zeigt den Kühlschrank, der sich die drei Meter lange Rampe hinabbewegt. Nur 7,5 Meter hinter der Rampe parkt ein Auto, und Sie sehen mit Sorge, wie der Kühlschrank immer schneller wird … Wird er das Auto rammen? Sie fühlen sich nicht recht wohl in Ihrer Haut, als Sie den Taschenrechner zücken.

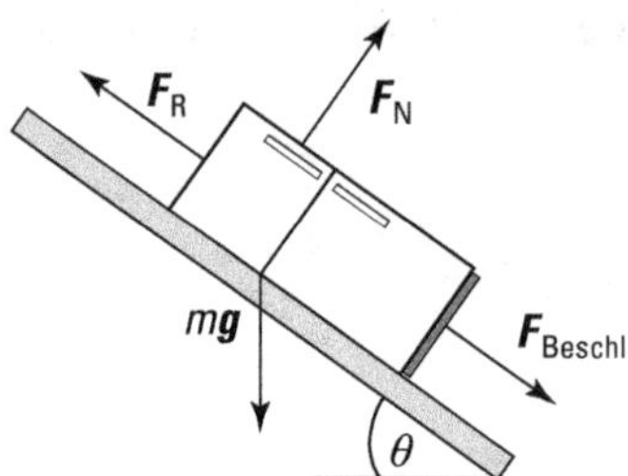

Abbildung 6.6: Die Kräfte auf einen
Gegenstand, der eine Rampe hinunterrutscht

Wenn ein Gegenstand eine Rampe hinunterrutscht, verändern sich die Kräfte, wie Sie in Abbildung 6.6 sehen können. Jetzt existiert keine Kraft F_{Sch} mehr, die den Kühlschrank nach oben schiebt; stattdessen zieht die Komponente der Gewichtskraft entlang der Rampe den Kühlschrank nach unten. Die Reibung wirkt dieser Kraft entgegen und bremst die Bewegung. Welche Kraft beschleunigt nun insgesamt den Kühlschrank? Aus dem Abschnitt »Die parallele Komponente der Gewichtskraft« weiter vorn in diesem Kapitel wissen Sie, dass die Komponente der Gewichtskraft entlang der Rampe gleich

$$mg \cos(90° - 0) = mg \sin \theta$$

ist. Die Normalkraft ist

$$F_N = mg \cos \theta;$$

und das bedeutet, dass die Gleitreibungskraft

$$F_R = \mu_{Gl} F_N = \mu_{Gl} mg \cos \theta$$

ist. Die resultierende Kraft F_{Beschl}, die den Kühlschrank die Rampe hinuntersausen lässt, ist dann

$$F_{Beschl} = mg \sin \theta - F_R = mg \sin \theta - \mu_{Gl} mg \cos \theta.$$

Beachten Sie, dass Sie die Reibungskraft F_R hier *abziehen*, da diese immer der Kraft entgegenwirkt, die eine Bewegung eines Gegenstands erzeugt. (Anders gesagt: Reibung bremst.) Sie setzen wieder die Zahlenwerte ein und erhalten

$$F_{Beschl} = 100 \cdot 9,8 \cdot \sin 30° - 0,15 \cdot 100 \cdot 9,8 \cdot \cos 30° = 490\,\text{N} - 130\,\text{N} = 360\,\text{N}.$$

Der Kühlschrank wird also mit einer Kraft von 360 Newton nach unten gezogen. Mit seiner Masse von 100 Kilogramm ergibt sich eine Beschleunigung von 360 Newton / (100 Kilogramm) = 3,6 Meter pro Sekunde^2, die entlang der gesamten drei Meter langen Rampe wirkt. Daher können Sie die Endgeschwindigkeit des Kühlschranks am Fuß der Rampe aus

$$v_{\mathrm{E}}^2 = 2as$$

berechnen:

$$v_{\mathrm{E}}^2 = 2as = 2 \cdot 3{,}6 \ \mathrm{m/s}^2 \cdot 3{,}0 \ \mathrm{m} = 21{,}6 \ \mathrm{m}^2/\mathrm{s}^2.$$

Schließlich erhalten Sie so eine Geschwindigkeit des Kühlschranks am Fuß der Rampe von 4,6 Metern pro Sekunde. Mit diesem Tempo setzt die Kiste auf dem waagerechten Boden ihre Reise in Richtung des geparkten Autos fort. Und wie weit kommt sie tatsächlich?

Wieder tippen Sie Zahlen in Ihren Taschenrechner ein, während Ihre Freunde nervös zusehen. Da ist also dieser Kühlschrank, der mit einer Geschwindigkeit von 4,6 Metern pro Sekunde durch die Gegend saust, und Sie wollen wissen, wie weit er kommt, bevor die Reibung ihn stoppt. Da die Straße horizontal ist, wird er jetzt nicht mehr durch die Gewichtskraft beschleunigt; früher oder später muss er also anhalten. Früher oder später? Vor dem geparkten Auto oder genau an diesem? Wie üblich berechnen Sie zuerst die Kraft, die auf den Kühlschrank wirkt. Jetzt ist die Reibungskraft

$$F_{\mathrm{R}} = \mu_{\mathrm{Gl}} F_{\mathrm{N}}.$$

Da der Kühlschrank sich nun auf einer waagerechten Fläche bewegt, ist die Normalkraft F_{N} einfach gleich seiner Gewichtskraft mg; folglich ist die Reibungskraft

$$F_{\mathrm{R}} = \mu_{\mathrm{Gl}} F_{\mathrm{N}} = \mu_{\mathrm{Gl}} mg.$$

Einsetzen der Zahlenwerte liefert

$$F_{\mathrm{R}} = \mu_{\mathrm{Gl}} mg = 0{,}15 \cdot 100 \cdot 9{,}8 = 147 \ \mathrm{N}.$$

Eine Kraft von 147 Newton arbeitet also daran, den wild gewordenen Kühlschrank zu bändigen. Und wie lange braucht die, um ihn komplett zum Stehen zu bringen? Da die Reibungskraft in diesem Fall bremsend wirkt, ist die Beschleunigung negativ:

$$a = \frac{F_{\mathrm{R}}}{m} = \frac{-147 \, \mathrm{N}}{100 \, \mathrm{kg}} = -1{,}47 \, \mathrm{m/s}^2.$$

Die zurückgelegte Entfernung bekommen Sie nun aus der Beziehung

$$v_{\mathrm{E}}^2 - v_{\mathrm{A}}^2 = 2as,$$

umgestellt auf die Entfernung:

$$s = \frac{v_{\mathrm{E}}^2 - v_{\mathrm{A}}^2}{2a}.$$

Die Endgeschwindigkeit soll in diesem Fall null sein, also ist

$$s = \frac{v_E^2 - v_A^2}{2a} = \frac{(0\,\mathrm{m/s})^2 - (4{,}7\,\mathrm{m/s})^2}{2 \cdot (-1{,}5\,\mathrm{m/s^2})} = 7{,}4\,\mathrm{m}.$$

Puh! Das war knapp. Der Kühlschrank rutscht 7,4 Meter, das Auto ist aber 7,5 Meter weit weg. Erleichtert schauen Sie dem Ausgang der Geschichte zu. Ihre Freunde rennen dem Kühlschrank panisch hinterher; der aber hält ganz von selbst exakt zehn Zentimeter vor dem Auto an. War doch klar!

Schwerkraft und Flugbahnen

Erst Kapitel 7 beschäftigt sich mit der Wirkung der Gravitation im Weltraum, aber es gibt einige Aspekte dieses Themas, die bereits in dieses Kapitel gehören. Viele Physikaufgaben haben mit der Wirkung der Gravitation zu tun; in diesem Sinn behandelt der folgende Abschnitt die simple Tatsache, die man gemeinhin mit »runter kommen sie immer« umschreibt: das Verhalten von Gegenständen unter der Wirkung einer konstanten Gravitationskraft. In gewissem Sinn baut dieser Abschnitt eine Brücke zwischen der zuvor beschriebenen geneigten Ebene und den Weltraumthemen des nächsten Kapitels.

Hoch hinaus: Die Maximalhöhe

Mithilfe von Größen wie Beschleunigung, Schwerkraft und Geschwindigkeit können Sie einfach bestimmen, wie hoch ein Gegenstand in die Luft fliegt.

Stellen Sie sich vor, Sie bekommen von Ihren Freunden zum Geburtstag endlich mal ein sinnvolles Geschenk: eine Kanone. Ihre Schussgeschwindigkeit ist 860 Meter pro Sekunde, und jede Kanonenkugel hat eine Masse von zehn Kilogramm. Zur Vorführung feuern Ihre Freunde gleich auf der Geburtstagsparty einen Schuss ab – senkrecht nach oben. Vor lauter Ohs und Ahs verstehen Sie Ihr eigenes Wort nicht mehr. Alle rätseln, wie hoch die Kugel wohl fliegt. Da Sie ohnehin noch etwas Physik üben wollten, packen Sie Ihren Taschenrechner aus und fangen an zu rechnen.

Sie kennen die Anfangsgeschwindigkeit v_A der Kugel und Sie wissen, dass die Schwerkraft sie nach unten beschleunigen wird. Wie können Sie daraus bestimmen, wie hoch die Kugel fliegen wird? Am höchsten Punkt der Flugbahn hat die Kugel eine Geschwindigkeit von null, danach fällt sie wieder nach unten. Am höchsten Punkt, wo die Geschwindigkeit null ist, können Sie daher die folgende Gleichung verwenden:

$$v_E^2 - v_A^2 = 2as,$$

wobei s die Entfernung (in diesem Fall die Höhe) ist, die die Kanonenkugel erreicht. Umstellen nach s gibt

$$s = \frac{v_E^2 - v_A^2}{2a}.$$

Sie setzen die Zahlenwerte ein: v_E ist null, v_A ist 860 Meter pro Sekunde und die abwärts gerichtete Beschleunigung ist $g = 9{,}8$ Meter pro Sekunde^2, die Erdbeschleunigung:

$$s = \frac{v_E^2 - v_A^2}{2a} = \frac{(0\text{ m/s})^2 - (860\text{ m/s})^2}{2 \cdot (-9{,}8\text{ m/s}^2)} = 3{,}8 \cdot 10^4\,\text{m}.$$

Oha! Die Kugel fliegt 38 Kilometer hoch! (Dabei ist allerdings der Luftwiderstand nicht berücksichtigt ...) Nicht schlecht für ein Geburtstagsgeschenk. Während Sie sich stolz in der Runde Ihrer Geburtstagsgäste umsehen, beginnen Sie zu überlegen, wie lange die Kugel wohl braucht, um diese Höhe zu erreichen.

In höchste Höhen: Flugzeit

Wie lange dauert es, bis die Kanonenkugel ihre maximale Höhe von 38 Kilometern erreicht, wo ihre Geschwindigkeit für einen kurzen Moment null wird? Sie erinnern sich sicher an eine ähnliche Aufgabe aus Kapitel 4, in der Sie den Fall eines Golfballs von einer Klippe analysiert hatten. Dort hatten Sie aus

$$s = \frac{1}{2}at^2$$

die Höhe der Klippe berechnet. Diese Gleichung stellt *eine* Möglichkeit dar, die Aufgabe zu lösen; es gibt aber auch andere. Beispielsweise wissen Sie, dass die Geschwindigkeit der Kugel am Maximum null ist, daher können Sie auch die folgende Gleichung verwenden, um die Zeit zu bestimmen, die die Kanonenkugel bis zum Erreichen der Maximalhöhe braucht:

$$v_E = v_A + at.$$

Mit $v_E = 0$ und $a = g = 9{,}8\text{ m/s}^2$ bekommen Sie so

$$0 = v_A - gt.$$

Mit anderen Worten:

$$t = \frac{v_A}{g}.$$

Sie setzen die Zahlen ein und erhalten

$$t = \frac{v_A}{g} = \frac{860\text{ m/s}}{9{,}8\text{ m/s}^2} = 88\text{ s}.$$

Die Kugel braucht also gerade mal 88 Sekunden, um ihre Maximalhöhe zu erreichen. Wie lange dauert dann ihr gesamter Flug – wann schlägt sie also wieder neben Ihnen ein?

Hin und zurück: Die gesamte Flugdauer

Wie lange dauert es, bis die Kanonenkugel ihre Maximalhöhe von 38 Kilometern erreicht und danach wieder frei zur Erde zurückfällt – von der Mündung bis zum Rasen sozusagen? Die eine Hälfte der Reise dauert 88 Sekunden, so viel wissen Sie schon. Der zweite Teil der Antwort ist aber besonders einfach: Ohne Luftreibung sind Flüge wie der einer

Kanonenkugel immer symmetrisch! Der Fall ist ein exaktes Spiegelbild des Aufstiegs. Die Geschwindigkeit an einem beliebigen Punkt der Bahnkurve (in diesem Fall eine senkrechte Linie) ist bei Aufstieg und Abstieg genau gleich groß (zeigt aber natürlich in die entgegengesetzte Richtung). Das bedeutet, dass die gesamte Flugdauer einfach das Doppelte der Zeit ist, die die Kugel bis zu ihrem Maximum braucht:

$$t_{\text{gesamt}} = 2 \cdot 88 = 176 \text{ s}.$$

Es dauert nach dem Schuss also 176 Sekunden oder zwei Minuten und 56 Sekunden, bis die Kugel wieder auf dem Boden einschlägt. Volle Deckung!

Ein Schuss in einem beliebigen Winkel

In den vorangegangenen Abschnitten haben Sie sich mit einer Kanonenkugel befasst, die senkrecht nach oben abgeschossen wurde. Nun ist dies eine eher ungewöhnliche Schussrichtung für eine Kanone. Stellen Sie sich jetzt vor, dass Ihre Freunde noch einen Schuss in einem Winkel θ zur Horizontalen abfeuern, um das nahe gelegene Finanzamt (oder so) zu treffen (siehe Abbildung 6.7). Die Bahn der Kugel in diesem Fall ist das Thema der folgenden Abschnitte.

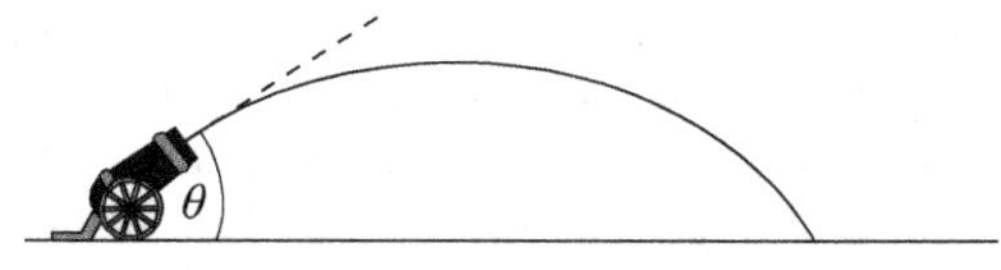

Abbildung 6.7: Ein Schuss aus einer Kanone in einem Winkel θ zur Horizontalen

Die Komponenten der Bewegung

Wie können Sie die Bewegung einer Kanonenkugel bei einem solchen Schuss beschreiben? Da Sie eine Bewegung immer in x- und y-Komponenten zerlegen können und die Schwerkraft nur auf die y-Komponente wirkt, ist das ganz einfach. Zerlegen Sie die Anfangsgeschwindigkeit (siehe Kapitel 4):

$$v_x = v_{\text{A}} \cos\theta,$$

$$v_y = v_{\text{A}} \sin\theta.$$

Diese Komponenten der Geschwindigkeit sind unabhängig und die Schwerkraft wirkt nur in der y-Richtung. Folglich ist v_x konstant; nur v_y verändert sich gemäß

$$v_y(t) = v_{\text{A}} \sin\theta - gt.$$

Die Bestimmung der x- und der y-Position der Kanonenkugel zu einem beliebigen Zeitpunkt ist nun nicht mehr allzu schwer. Für x gilt einfach

$$x = tv_x = tv_{\text{A}} \cos\theta.$$

Da die Schwerkraft die Kanonenkugel senkrecht nach unten beschleunigt, hat y die Form

$$y = v_y t - \frac{1}{2} g t^2.$$

(Das t^2 ist für die Parabelform der Bahn in Abbildung 6.7 verantwortlich.) Die Zeit, die eine Kanonenkugel mit einer bestimmten vertikalen Anfangsgeschwindigkeit unterwegs ist, bis sie wieder auf dem Boden aufkommt, haben Sie bereits in den vorherigen Abschnitten berechnet:

$$t = 2\frac{v_y}{g}.$$

Wenn Sie diese Zeit kennen, können Sie auch berechnen, wie weit die Kugel in dieser Zeit in x-Richtung kommt:

$$s = v_x t = \frac{2 v_x v_y}{g} = \frac{2 v_A^2 \sin\theta \cos\theta}{g}.$$

Das ist schon die Lösung – damit können Sie ausrechnen, wie weit die Kugel in Abhängigkeit von der Mündungsgeschwindigkeit und dem Abschusswinkel fliegt.

Die maximale Reichweite der Kanone

Wie weit fliegt die Kugel, wenn sie in einem Winkel von 45° abgeschossen wird? (In diesem Fall ist $v_x = v_y$, und die Reichweite wird maximal.) Die Gleichung dafür lautet einfach

$$s_{\max} = \frac{2 v_x v_y}{g} = \frac{2 v_A^2 \sin\theta \cos\theta}{g} = \frac{2 \cdot (860\,\text{m/s})^2 \cdot \sin 45° \cdot \cos 45°}{9{,}8\,\text{m/s}^2} = 75\,\text{km}.$$

Die Reichweite beträgt 75 Kilometer. Nicht übel!

Aufgabe 6.1

Angenommen, eine Bücherkiste liegt auf einer Rampe, die mit dem Boden einen Winkel von 50° bildet. Wie groß ist ihre Beschleunigung, wenn sie hinunterrutscht?

Aufgabe 6.2

Sie wollen einen (anfangs noch horizontalen) Skihang hinunterfahren und benötigen eine Kraft von 20 N, um loszufahren. Wie groß ist der Reibungskoeffizient, wenn Ihre Masse 55 kg beträgt?

Aufgabe 6.3

Stellen Sie sich vor, Sie wollen eine Bücherkiste eine Rampe mit einer Neigung von 35° hinaufschieben. Welche Kraft benötigen Sie, wenn die Masse der Kiste 90 kg und der Haftreibungskoeffizient 0,18 beträgt?

Kapitel 7

Ringelreihen und Kettenkarussell: Kreisbewegungen

Kreisbewegungen spielen bei Raumschiffen im Orbit um fremde Planeten ebenso eine Rolle wie bei Rennautos auf einem Rundkurs oder bei Bienen, die eine Blume umschwirren. In den vorigen Kapiteln haben Sie Begriffe wie Strecke, Geschwindigkeit oder Beschleunigung kennengelernt; im Folgenden werden Sie dieselben Begriffe auf Kreisbewegungen übertragen.

Jeder der erwähnten Begriffe hat eine Entsprechung bei Kreisbewegungen, sodass die Beschreibung von kreisförmigen Bewegungen für Sie keine Herausforderung mehr ist – Sie müssen nur einfach den Drehwinkel, die Winkelgeschwindigkeit und die Winkelbeschleunigung verwenden:

✔ An die Stelle der zurückgelegten Strecke tritt der Drehwinkel, der im Kreis zurückgelegte *Winkel*.

✔ Die Winkelgeschwindigkeit drückt aus, welchen Winkel ein Gegenstand pro Sekunde überstreicht.

✔ Die Winkelbeschleunigung gibt die zeitliche Änderung der Winkelgeschwindigkeit an.

Jetzt nehmen Sie Ihre vertrauten Gleichungen für geradlinige Bewegungen und ersetzen überall Strecke durch Drehwinkel, Geschwindigkeit durch Winkelgeschwindigkeit und Beschleunigung durch Winkelbeschleunigung – fertig!

Dann also los, aber passen Sie trotzdem auf, dass Ihnen nicht schwindelig wird!

Immer rundherum: Gleichförmige Kreisbewegung

Gleichförmige Kreisbewegung bedeutet, dass sich ein Gegenstand mit konstanter Winkelgeschwindigkeit im Kreis bewegt. Beispiele hierfür sind ein Kinderkarussell (außer in der Beschleunigungs- oder Bremsphase am Anfang beziehungsweise Ende einer Fahrt) oder der kontinuierliche Lauf des Sekundenzeigers einer Uhr. In Abbildung 7.1 ist ein Golfball gezeigt, der an einer Schnur befestigt ist und im Kreis herumwirbelt. Er bewegt sich ebenfalls mit konstanter Geschwindigkeit im Kreis. Genauer gesagt, mit konstantem Betrag der Geschwindigkeit, denn die Richtung seiner Geschwindigkeit ändert sich natürlich ständig. Auch er ist somit ein Beispiel für eine gleichförmige Kreisbewegung.

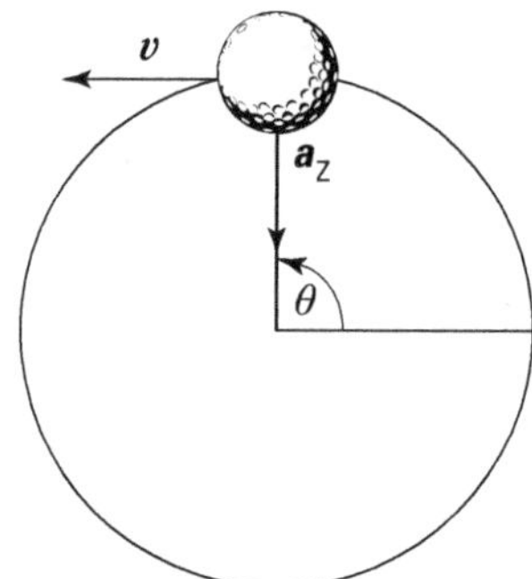

Abbildung 7.1: Ein Golfball an einer Schnur bewegt sich mit konstanter Geschwindigkeit im Kreis – auf das Grün schafft er es so nie.

Ein Gegenstand, der eine gleichförmige Kreisbewegung ausführt, braucht für jede Runde auf seiner Bahn gleich lange. Diese Zeit wird seine *Periode* genannt und mit T bezeichnet. Die Bahngeschwindigkeit des Balls hängt auf einfache Weise mit seiner Periode zusammen: In jeder Runde muss der Golfball dieselbe Entfernung zurücklegen, nämlich den Umfang des Kreises. Wenn r der Radius des Kreises ist, ist sein Umfang gleich $2\pi r$. Die Geschwindigkeit des Balls ist folglich

$$v = \frac{2\pi r}{T}.$$

Sie können den Spieß auch umdrehen und nach der Periode auflösen; das gibt

$$T = \frac{2\pi r}{v}.$$

Stellen Sie sich vor, dass Sie einen Golfball an einer ein Meter langen Schnur zweimal pro Sekunde im Kreis herumwirbeln. Wie groß ist dann seine Geschwindigkeit? Setzen Sie die Zahlenwerte ein:

$$v = \frac{2\pi r}{T} = \frac{2\pi \cdot (1\ \text{m/s})}{0{,}5\ \text{s}} \approx 13\ \text{m/s}.$$

Er fliegt also mit einer Geschwindigkeit von (knapp) 13 Metern pro Sekunde im Kreis herum. Hoffentlich hält Ihre Schnur das aus!

Richtungsänderung: Die Zentripetalbeschleunigung

Um einen Gegenstand auf einer Kreisbahn zu halten, muss seine Geschwindigkeit andauernd die Richtung ändern, wie Sie in Abbildung 7.2 erkennen können. Hierzu ist eine Beschleunigung nötig, die sogenannte *Zentripetalbeschleunigung*. Die Geschwindigkeit steht dabei zu jedem Zeitpunkt der Bewegung senkrecht auf dem Kreisradius.

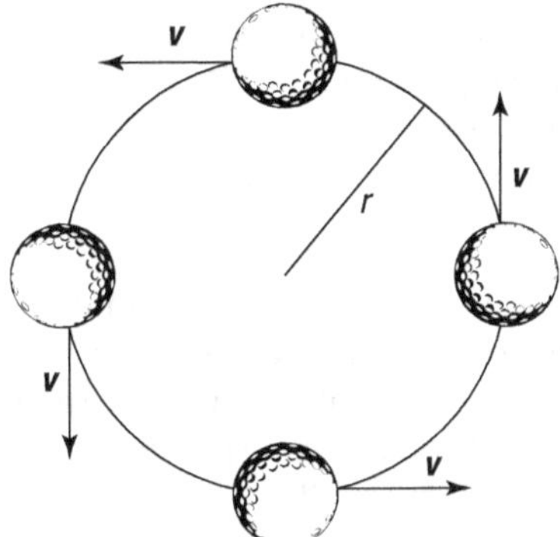

Abbildung 7.2: Auf einer Kreisbahn ändert die Geschwindigkeit andauernd die Richtung.

Diese Aussage gilt für alle Objekte auf Kreisbahnen: Die Geschwindigkeit eines Gegenstands auf einer Kreisbahn steht immer senkrecht auf dem Kreisradius. Die Zentripetalbeschleunigung steht immer senkrecht zur Geschwindigkeit; sie zeigt in Richtung des Kreisradius nach innen.

Was passiert, wenn die Schnur, die den Ball aus Abbildung 7.2 hält, an einem der vier eingezeichneten Punkte auf der Kreisbahn reißt? Wohin fliegt der Ball? Ganz einfach – wenn seine Geschwindigkeit in diesem Moment nach links zeigt (oben), fliegt er nach links weiter. Wenn sie nach rechts zeigt (unten), fliegt er nach rechts und so weiter. Das mag Ihnen im ersten Moment nicht plausibel erscheinen; trotzdem ist es richtig. Wenn die Schnur reißt, die die Zentripetalkraft überträgt und den Ball so zu einer dauernden Richtungsänderung zwingt, fliegt der Ball mit derjenigen Geschwindigkeit weiter, die er in diesem Moment hatte.

Denken Sie immer daran, dass die Geschwindigkeit eines Gegenstands auf einer Kreisbahn senkrecht auf dem Kreisradius steht! Sie zeigt daher zu jedem Zeitpunkt in die Richtung der Kreisbahn an derjenigen Stelle, an der sich der Gegenstand gerade befindet. Man sagt daher, dass die Geschwindigkeit *tangential* zu der Kreisbahn gerichtet ist.

Unter dem Einfluss der Zentripetalbeschleunigung

Das Besondere an einer gleichförmigen Kreisbewegung ist, dass sich die Richtung des Geschwindigkeitsvektors permanent ändert, sein Betrag aber konstant bleibt. Das bedeutet, dass die Beschleunigung keine Komponente in Richtung der Geschwindigkeit besitzen kann; ansonsten würde sich auch der Betrag der Geschwindigkeit ändern.

Die Richtung der Geschwindigkeit passt sich dagegen fortlaufend der Kreisbewegung an. Damit das der Fall ist, muss die Zentripetalbeschleunigung immer zum Zentrum des Kreises zeigen; sie steht daher immer senkrecht auf dem Geschwindigkeitsvektor des Gegenstands. Die Zentripetalbeschleunigung verändert die Richtung der Geschwindigkeit, lässt deren Betrag aber unverändert.

In unserem Beispiel (Abbildungen 7.1 und 7.2) übt die Schnur eine Kraft auf den Golfball aus und hält ihn so auf seiner Kreisbahn. Die Schnur überträgt genau die Zentripetalkraft. Um diese Kraft zu erzeugen, müssen Sie kontinuierlich eine Zugkraft in Richtung des Kreismittelpunkts ausüben. (Stellen Sie sich einmal vor, was Sie spüren, wenn Sie einen Gegenstand auf diese Weise im Kreis schwingen.) In Abbildung 7.1 ist der Vektor a_Z der Zentripetalbeschleunigung eingezeichnet.

Wenn Sie den Ball in Richtung Kreiszentrum beschleunigen, warum trifft er dann nicht über kurz oder lang Ihre Hand? Ganz einfach: Sie ziehen nur so stark, dass sich sein Geschwindigkeitsvektor gerade so weit dreht, dass der Ball auf der Kreisbahn bleibt. Würden Sie stärker ziehen (das heißt die Schnur verkürzen), würde sich der Geschwindigkeitsvektor stärker nach innen drehen und der Ball sich tatsächlich Ihrer Hand nähern.

Der Betrag der Zentripetalbeschleunigung

Um einen Gegenstand auf einer Kreisbahn zu halten, müssen Sie ihn dauernd nach innen in Richtung des Kreismittelpunkts beschleunigen. Aber welchen Betrag muss diese Beschleunigung besitzen? Ganz einfach. Wenn sich ein Gegenstand mit einer Geschwindigkeit v auf einer Kreisbahn mit dem Radius r bewegt, dann ist die Zentripetalbeschleunigung

$$a_Z = \frac{v^2}{r}.$$

Stellen Sie sich beispielsweise vor, dass Sie mit dem Auto in hohem Tempo durch eine Kurve fahren. Aus der Gleichung $a_Z = v^2/r$ können Sie sehen, dass die Zentripetalbeschleunigung für eine feste Geschwindigkeit umgekehrt proportional zum Radius der Kurve ist. Das wissen Sie natürlich auch aus Erfahrung – je enger die Kurve ist, desto größer ist die Kraft, die auf Ihr Auto (und Sie) in der Kurve wirkt.

Wie am Schnürchen: Zentripetalkraft

Wenn Sie in Ihrem Auto um eine Kurve fahren, erzeugt die Reibung der Reifen auf der Straße eine Zentripetalbeschleunigung. Aber woher wissen Sie, welche Kraft Sie auf das Auto ausüben müssen, damit es mit seiner aktuellen Geschwindigkeit eine Kurve mit einem bestimmten Radius fährt? Die dafür nötige Kraft ist die *Zentripetalkraft*, eine zum Zentrum des Kreises gerichtete Kraft, die Ihr Auto auf eine Kreisbahn zwingt.

Einen Golfball an einer Schnur herumzuwirbeln ist ein lustiges Spielchen (siehe Abbildung 7.1), aber ersetzen Sie den Golfball einmal probehalber durch eine Kanonenkugel ... Jetzt wirbeln Sie plötzlich eine Masse von zehn Kilogramm zweimal pro Sekunde im Kreis herum. Sie werden vermutlich schnell merken, dass Sie dafür sehr viel mehr Kraft aufwenden müssen.

 Kraft ist Masse mal Beschleunigung, $F = ma$, und die Zentripetalbeschleunigung ist v^2/r (siehe den vorigen Abschnitt). Folglich ist die Zentripetalkraft, die nötig ist, um einen Gegenstand der Masse m mit einer Geschwindigkeit v auf einer Kreisbahn mit dem Radius r zu halten, gleich

$$F_Z = m\frac{v^2}{r}.$$

Diese Gleichung sagt Ihnen, welche Kraft Sie brauchen, um einen bestimmten Gegenstand mit einer bestimmten Geschwindigkeit in einem Kreis mit einem gegebenen Radius fliegen zu lassen. Gegenstände auf Bahnen mit gleichem Radius können durchaus unterschiedlich schnell sein, aber für eine höhere Geschwindigkeit brauchen Sie auch mehr Kraft. Zum Beispiel bewegt sich der Ball aus den Abbildungen 7.1 und 7.2 mit einer Geschwindigkeit von 13 Metern pro Sekunde an einer ein Meter langen Schnur. Welche Kraft müssen Sie ausüben, um eine zehn Kilogramm schwere Kanonenkugel an derselben Schnur mit derselben Geschwindigkeit fliegen zu lassen? Ganz einfach:

$$F_Z = m \cdot \frac{v^2}{r} = 10\ \text{kg} \cdot \frac{(13\ \text{m/s})^2}{1\ \text{m}} \approx 1.700\,\text{N}.$$

Sie brauchen also eine Kraft von etwa 1.700 Newton. Ganz schön heftig; ich hoffe, Sie machen regelmäßig Krafttraining.

Die Zentripetalkraft wird gebraucht!

Die Zentripetalkraft ist nicht irgendeine neue Kraft, die plötzlich grundlos aus dem Nichts erscheint, sobald ein Gegenstand sich auf einer Kreisbahn bewegt – es ist die Kraft, die *nötig* ist, damit er sich auf dieser Bahn bewegen *kann*! Viele sind verwirrt, weil sie glauben, dass hier wundersamerweise eine neue Kraft hervorgezaubert wird. Das ist vielleicht verständlich, denn andere Kräfte in der Physik (wie Gravitation, Reibung oder elektromagnetische Kräfte) definieren sich über einen einzigen Wirkmechanismus (zum Beispiel die Anziehung zwischen beliebigen Massen), der in ganz unterschiedlichen Situationen auftreten kann. Die Zentripetalkraft kann dagegen auf ganz unterschiedliche Weise entstehen (sie kann zum Beispiel durch die Gravitation bewirkt werden), ist jedoch charakteristisch für eine bestimmte Situation. Wenn ein Gegenstand eine Zentripetalkraft von fünf Newton benötigt, damit er sich auf einer bestimmten Kreisbahn bewegen kann, dann beschreibt er ohne diese Kraft keine Kreisbahn mehr.

Mit Vollgas durch die Kurve: Die Zentripetalkraft hilft

Stellen Sie sich vor, dass Sie mit dem Auto auf eine enge Kurve zufahren. Je enger die Kurve ist, desto größer ist die Zentripetalkraft, die Sie brauchen, um die Kurve mit hoher Geschwindigkeit durchfahren zu können. Die Kraft wird durch die Reibung zwischen den Reifen und der Straßenoberfläche erzeugt; wenn die Straße glatt ist, etwa durch Eis oder Schnee, kann die Straße nur eine kleine Zentripetalkraft ausüben und Sie können nur langsam durch die Kurve fahren.

Stellen Sie sich vor, Sie fahren auf eine Kurve mit einem Radius von zehn Metern zu. Sie wissen, dass der Haftreibungskoeffizient der Straßenoberfläche 0,8 beträgt. (Sie dürfen hier den Haftreibungskoeffizienten verwenden, solange die Reifen auf der Straße nicht rutschen; siehe Kapitel 6.) Die Masse des Autos sei etwa 1.000 Kilogramm. Wie schnell dürfen Sie maximal fahren, um sicher durch die Kurve zu kommen? Schnell zücken Sie Ihren Taschenrechner und fangen mit einer Hand an zu tippen. Die Reibung zwischen Reifen und Straße muss die Zentripetalkraft aufbringen, also gilt

$$F_{\mathrm{Z}} = m\frac{v^2}{r} = \mu_{\mathrm{H}} mg,$$

wobei m die Masse des Autos ist, v seine Geschwindigkeit, r der Radius der Kurve, μ_{H} der Haftreibungskoeffizient und g die Erdbeschleunigung von 9,8 Metern pro Sekunde^2. Sie lösen nach der Geschwindigkeit auf und erhalten

$$v = \sqrt{\mu_{\mathrm{H}} gr}.$$

Das sieht doch einfach aus! Schnell setzen Sie die Zahlen ein und bekommen

$$v = \sqrt{\mu_{\mathrm{H}} gr} = \sqrt{0{,}8 \cdot 9{,}8 \ \mathrm{m/s^2} \cdot 10 \ \mathrm{m}} = 8{,}9 \ \mathrm{m/s}.$$

Das sind etwa 32 Kilometer pro Stunde. Sofort werfen Sie einen Blick auf den Tacho und sehen, dass Sie nur 27 Kilometer pro Stunde fahren – also alles im grünen Bereich, Sie können die Kurve ohne Risiko nehmen.

An Autobahnausfahrten kommt es öfters vor, dass sich Fahrer verschätzen und mit zu hoher Geschwindigkeit in die Kurve gehen. Um das Unfallrisiko zu senken, sind dort die Kurven manchmal nach außen etwas überhöht; auf diese Weise stellt die Masse des Autos einen Teil der benötigten Zentripetalkraft zur Verfügung.

Betrachten Sie dazu Abbildung 7.3, die eine solche geneigte Straße zeigt. Wie groß muss der Winkel θ sein, damit Sie einen Kurvenradius von 200 Metern mit 100 Kilometern pro Stunde fahren können? Straßenbauer können solche Kurven zu einem richtigen Vergnügen machen, indem sie die Neigung so einstellen, dass Sie die erforderliche Zentripetalkraft vollständig aus der Komponente des Gewichts Ihres Autos in Richtung des Kurvenmittelpunkts erhalten. Diese Komponente ist $F_{\mathrm{N}} \sin \theta$, wobei F_{N} die Normalkraft ist (siehe Kapitel 6). Also gilt

$$F_{\mathrm{Z}} = F_{\mathrm{N}} \sin \theta = mv^2/r.$$

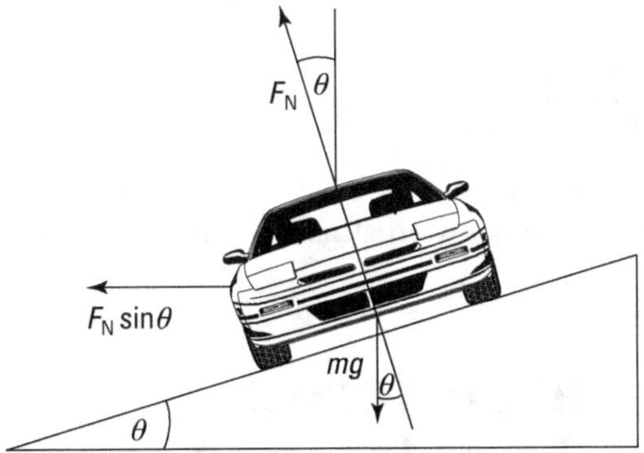

Abbildung 7.3: Die Kräfte auf ein Auto in einer außen überhöhten Kurve

Um die Zentripetalkraft bestimmen zu können, brauchen Sie also die Normalkraft F_N. In Abbildung 7.3 können Sie erkennen, dass F_N aus der Kombination der Zentripetalkraft in der Kurve und der Gewichtskraft des Autos entsteht. Die vertikale Komponente von F_N muss gleich mg sein, da keine anderen vertikalen Kräfte wirken. Folglich ist

$$F_N \cos\theta = mg$$

oder

$$F_N = mg / \cos\theta.$$

Setzen Sie dies in die Gleichung für die Zentripetalkraft ein, so bekommen Sie

$$F_Z = F_N \sin\theta = mg\frac{\sin\theta}{\cos\theta} = m\frac{v^2}{r}.$$

Da $\sin\theta$ geteilt durch $\cos\theta$ gleich $\tan\theta$ ist, können Sie dafür auch

$$F_Z = mg\tan\theta = m\frac{v^2}{r}$$

schreiben. Damit erhalten Sie schließlich für θ

$$\theta = \tan^{-1}\left(\frac{v^2}{gr}\right).$$

Keine Sorge, Sie müssen dieses Ergebnis nicht auswendig lernen. Sie können diese Gleichung immer wieder herleiten, wenn Sie die nötigen Informationen haben. Diese Art von Gleichungen setzen Straßenbauingenieure immer ein, wenn sie Kurven etwas überhöhen wollen. Das Schöne ist, dass darin die Masse des Autos nicht mehr enthalten ist; die Gleichung gilt also für alle Fahrzeuge!

Um die zuvor gestellte Aufgabe zu lösen, müssen Sie jetzt nur noch die Zahlenwerte einsetzen: 100 Kilometer pro Stunde sind 28 Meter pro Sekunde und der Radius der Kurve soll

200 Meter betragen, also ist

$$\theta = \tan^{-1}\left(\frac{v^2}{gr}\right) = \tan^{-1}\left(\frac{(28 \text{ m/s})^2}{9{,}8 \text{ m/s} \cdot 200 \text{ m}}\right) \approx 22°.$$

Um diese Vorgaben zu erreichen, müssen die Ingenieure die Kurve also um etwa 22° neigen, damit Sie sich selbst bei schlechten Straßenverhältnissen keine Sorgen mehr machen müssen, ob es Sie aus der Kurve trägt.

Winkelkoordinaten: Entfernung, Geschwindigkeit, Beschleunigung

Wenn Sie lieber linear denken, können Sie auch eine Kreisbewegung linear beschreiben – allerdings erfordert das etwas Gewöhnung. Betrachten Sie dazu noch einmal den Ball in Abbildung 7.1 – er legt bei seiner Bewegung keine Strecke im herkömmlichen, linearen Sinn zurück. Sie können die x- oder y-Koordinate des Balls nicht als gerade Linie zeichnen. Trotzdem gibt es in seiner Bewegung eine Koordinate, die sich für eine gleichförmige Kreisbewegung linear darstellen lässt: den Winkel θ. Der gesamte von dem Ball überstrichene Winkel nimmt linear mit der Zeit zu. Sie können ihn daher für Kreisbewegungen als Entsprechung der Strecke s für geradlinige Bewegungen ansehen. (In Kapitel 3 finden Sie nähere Informationen über Strecken.)

Die Standardeinheit für den Winkel in einer Kreisbewegung ist *Radiant* (rad), nicht Grad. Ein geschlossener Kreis entspricht 2π rad oder 360°, also gilt 360° = 2π rad. Wenn Sie sich ein Mal im Kreis drehen, haben Sie einen Winkel von 360° oder 2π rad zurückgelegt. Ein Halbkreis hat den Winkel π rad, ein Viertelkreis $\pi/2$ rad. (Oft wird die Abkürzung »rad« weggelassen, der Übersichtlichkeit halber führe ich sie aber meistens mit; siehe auch Kapitel 11.)

Wie können Sie Winkelangaben von Grad nach Radiant und umgekehrt umrechnen? Das ist nicht weiter schwierig, da 360° = 2π rad sind (oder $2 \times 3{,}14$, dem gerundeten Wert von π). Wenn Sie zum Beispiel 45° in Radiant umrechnen wollen, verwenden Sie einfach diesen Umrechnungsfaktor:

$$45° \frac{2\pi \text{ rad}}{360°} = \frac{\pi}{4} \text{ rad}.$$

Also sind 45° = $\pi/4$ rad. Wenn Sie beispielsweise $\pi/2$ rad in Grad umrechnen wollen, gehen Sie umgekehrt vor:

$$\frac{\pi}{2} \text{ rad} \cdot \frac{360°}{2\pi \text{ rad}} = 90°$$

Folglich sind $\frac{\pi}{2}$ rad = 90°.

Dass Sie den Winkel θ in einer Kreisbewegung genau wie die Strecke s bei geradlinigen Bewegungen verwenden können, erleichtert Ihnen das Leben enorm, denn damit haben Sie für die Kreisbewegung schon eine Entsprechung zu jeder Gleichung aus Kapitel 3. Einige dieser Gleichungen sind

$$v = \frac{\Delta s}{\Delta t},$$

$$a = \frac{\Delta v}{\Delta t},$$

$$s = v_A(t_E - t_A) + \frac{1}{2}a(t_E - t_A)^2,$$

$$v_E^2 - v_A^2 = 2as.$$

Um die jeweilige Gleichung für Kreisbewegungen zu finden, müssen Sie die Variablen ersetzen: Anstelle der Strecke s in linearen Bewegungen setzen Sie den Winkel θ ein. Anstelle der linearen Geschwindigkeit v nehmen Sie die *Winkelgeschwindigkeit ω*, die zeitliche Änderung des Winkels θ:

$$\omega = \frac{\Delta\theta}{\Delta t}.$$

Die Gleichung entspricht genau der Definition der Geschwindigkeit in geradlinigen Bewegungen:

$$v = \frac{\Delta s}{\Delta t}.$$

Nehmen Sie zum Beispiel an, dass Sie einen Ball an einer Schnur befestigt haben. Wie groß ist die Winkelgeschwindigkeit des Balls, wenn Sie ihn daran zweimal pro Sekunde im Kreis herumwirbeln? Er absolviert dann einen vollständigen Kreis, also einen Winkel von 2π rad, in einer halben Sekunde. Folglich ist seine Winkelgeschwindigkeit

$$\omega = \frac{\Delta\theta}{\Delta t} = \frac{2\pi\,\text{rad}}{0{,}5\,\text{s}} = 4\pi\,\text{rad/s}.$$

Können Sie auf dieselbe Weise auch die Beschleunigung des Balls angeben? Natürlich, dazu brauchen Sie nur die *Winkelbeschleunigung α*. Die Definition der linearen Beschleunigung a ist

$$a = \frac{\Delta v}{\Delta t}.$$

Also liegt es nahe, die Winkelbeschleunigung α durch

$$a = \frac{\Delta\omega}{\Delta t}$$

zu definieren. Die Einheit der Winkelbeschleunigung ist, ganz klar, Radiant pro Sekunde^2. Wenn Sie den Ball innerhalb von zwei Sekunden von 4π rad/s auf 8π rad/s beschleunigen, ist die Winkelbeschleunigung

$$a = \frac{\Delta\omega}{\Delta t} = \frac{(8\pi - 4\pi)\,\text{rad/s}}{2\,\text{s}} = 2\pi\,\text{rad/s}^2.$$

Damit haben Sie die Entsprechungen der Strecke s, der Geschwindigkeit v und der Beschleunigung a gefunden – den Winkel θ, die Winkelgeschwindigkeit ω und die Winkelbeschleunigung α – und können diese Größen eins zu eins in die alten (linearen) Gleichungen einsetzen:

$$\omega = \frac{\Delta\theta}{\Delta t},$$

$$a = \frac{\Delta\omega}{\Delta t},$$

$$\theta = \omega_A(t_E - t_A) = +\frac{1}{2}\alpha(t_E - t_A)^2,$$

$$\omega_E^2 - \omega_A^2 = 2a\theta.$$

Wenn Sie eine Aufgabe in Winkelvariablen statt in linearen Koordinaten lösen wollen, haben Sie jetzt das nötige Rüstzeug. Noch mehr über Winkel, Winkelgeschwindigkeit und Winkelbeschleunigung erfahren Sie in Kapitel 10, wo es um Drehimpulse und Drehmomente geht.

Der Apfel fällt nicht weit vom Stamm: Das newtonsche Gravitationsgesetz

Sie müssen nicht unbedingt Bälle an Schnüren festbinden, um Kreisbewegungen beobachten zu können. Zum Beispiel fliegen auch die Planeten (annähernd) auf Kreisbahnen um die Sonne – oder auch der Mond um die Erde. Sie sehen die »Schnüre« nicht, die den Mond auf seiner Bahn um die Erde halten, da hier die *Gravitation* die für die Kreisbewegung nötige Zentripetalkraft erzeugt.

Isaac Newton hat uns eines der grundlegendsten Naturgesetze beschert: das Gravitationsgesetz. Es besagt, dass jede Masse eine anziehende Kraft auf alle anderen Massen ausübt. Wenn zwei Massen m_1 und m_2 durch einen Abstand r voneinander getrennt sind, dann ist der Betrag der Kraft zwischen ihnen gleich

$$F = G\frac{m_1 \cdot m_2}{r^2},$$

wobei G eine Konstante mit dem Wert $6{,}67 \cdot 10^{-11}$ Nm^2/kg^2 ist.

Mit einem Apfel fing es an

Sie kennen die Anekdote vermutlich – angeblich fiel ein Apfel vom Baum auf Isaac Newtons Kopf und lieferte ihm die entscheidende Inspiration für seine Gravitationstheorie. Aber fiel da wirklich ein Apfel, und fiel er wirklich auf Newtons Kopf? Es kann schon sein, dass ein fallender Apfel Newton auf die richtige Spur brachte oder zumindest seine Aufmerksamkeit auf das Problem der Gravitation lenkte; man nimmt aber heute an, dass die Anekdote trotzdem nur eine nette Geschichte ist. Immerhin gab es offenbar tatsächlich Apfelbäume im Garten von Newtons Mutter in Woolsthorpe in Lincolnshire. Ein Nachkomme des legendären Baums steht noch heute dort.

Mit dieser Gleichung können Sie die Gravitationsanziehung zwischen zwei beliebigen Massen berechnen. Wie groß ist zum Beispiel die Kraft zwischen der Erde und der Sonne? Die Masse der Sonne ist ungefähr $1,99 \cdot 10^{30}$ Kilogramm und die der Erde $5,98 \cdot 10^{24}$ Kilogramm; die beiden Körper sind $1,50 \cdot 10^{11}$ Meter voneinander entfernt. Wenn Sie diese Zahlenwerte in Newtons Gleichung einsetzen, gibt das

$$F = G\frac{m_1 \cdot m_2}{r^2} = 6{,}67 \cdot 10^{-11}\frac{\text{m}^3}{\text{kg} \cdot \text{s}^2} \cdot \frac{1{,}99 \cdot 10^{30}\,\text{kg} \cdot 5{,}98 \cdot 10^{24}\,\text{kg}}{(1{,}5 \cdot 10^{11}\,\text{m})^2} = 3{,}52 \cdot 10^{22}\,\text{N}.$$

Die Gravitationsanziehung zwischen der Erde und der Sonne beträgt also $3,52 \cdot 10^{22}$ Newton.

Probieren Sie noch ein Beispiel aus dem Alltag. Stellen Sie sich vor, Sie sind mit Ihren Physikaufgaben für heute fertig und setzen sich im Park auf eine Bank, um sich ein wenig zu erholen. Auf einer Bank gegenüber sehen Sie eine Frau und einen Mann sitzen, die sich anlächeln. Im Lauf der Zeit bemerken Sie, wie die beiden immer näher zueinanderrücken, bis sie sich schließlich berühren. Kann diese Anziehungskraft durch die Gravitation verursacht werden? Sie zücken sofort Ihren Taschenrechner und fangen an zu rechnen. Wenn die beiden jeweils etwa 75 Kilogramm wiegen und zu Beginn einen halben Meter voneinander entfernt sitzen, dann ist die Anziehung zwischen ihnen aufgrund der Gravitation

$$F = G\frac{m_1 \cdot m_2}{r^2} = 6{,}67 \cdot 10^{-11}\frac{\text{m}^3}{\text{kg} \cdot \text{s}^2} \cdot \frac{75\,\text{kg} \cdot 75\,\text{kg}}{(0{,}5\,\text{m})^2} = 1{,}5 \cdot 10^{-6}\,\text{N}.$$

Ob diese Kraft ausreicht, um die beobachtete Veränderung des Abstands zu erklären? Vermutlich existieren außer der Gravitation noch andere Anziehungen, die Sie hier nicht berücksichtigt haben ...

Gravitation an der Erdoberfläche: Die Erdbeschleunigung

Die Gleichung $F = (Gm_1m_2)/r^2$ für die Gravitationskraft gilt unabhängig davon, wie weit die beiden Massen voneinander entfernt sind. Sie gilt also auch für einen ganz besonderen Fall, der die meisten in diesem Buch beschriebenen Anwendungen der Gravitation abdeckt – die Kraft der Gravitation an der Oberfläche der Erde. An dieser Stelle kommt die gar nicht so triviale Beziehung zwischen Masse und Gewicht ins Spiel: Die Masse ist ein Maß für die Trägheit eines Gegenstands; die Gewichtskraft hingegen ist die Kraft, die auf diesen Gegenstand in einem Gravitationsfeld wirkt. An der Erdoberfläche sind die beiden Größen durch die Erdbeschleunigung g miteinander verknüpft: $F = mg$. Die Einheit der Masse ist das Kilogramm (oder Gramm, Milligramm und so weiter); die Einheit der Kraft ist das Newton.

Können Sie die Erdbeschleunigung g aus dem newtonschen Gravitationsgesetz herleiten? Aber sicher. Die Kraft auf einen Gegenstand der Masse m_1 an der Erdoberfläche ist

$$F = m_1 g.$$

Nach dem dritten newtonschen Gesetz (siehe Kapitel 5) muss folgendes Kräftegleichgewicht herrschen:

$$F = m_1 g = G\frac{m_1 \cdot m_E}{r_E^2}$$

Dabei bedeuten m_E und r_E Masse und Radius der Erde. Der Radius r_E der Erde beträgt etwa $6,38 \cdot 10^6$ Meter, und die Masse der Erde ist $5,98 \cdot 10^{24}$ Kilogramm, also ist

$$F = m_1 g = G\frac{m_1 m_E}{r_E^2} = 6,67 \cdot 10^{-11}\,\frac{\mathrm{m}^3}{\mathrm{kg} \cdot \mathrm{s}^2} \cdot \frac{m_1 \cdot 5,98 \cdot 10^{24}\,\mathrm{kg}}{(6,38 \cdot 10^6\,\mathrm{m})^2}.$$

Sie teilen beide Seiten durch m_1 und bekommen so

$$g = 6,67 \cdot 10^{-11}\,\frac{\mathrm{m}^3}{\mathrm{kg} \cdot \mathrm{s}^2} \cdot \frac{5,98 \cdot 10^{24}\,\mathrm{kg}}{(6,38 \cdot 10^6\,\mathrm{m})^2} \approx 9,8\ \mathrm{m/s}^2.$$

Das newtonsche Gravitationsgesetz liefert Ihnen also die Gravitationsbeschleunigung an der Oberfläche der Erde (die Erdbeschleunigung): 9,8 Meter pro Sekunde^2.

Wenn Sie die Gravitationskonstante G und die Masse und den Radius der Erde kennen, können Sie das newtonsche Gravitationsgesetz verwenden, um den Wert der Erdbeschleunigung zu berechnen. Natürlich können Sie diese auch einfach messen, indem Sie zum Beispiel einen Apfel fallen lassen und seine Geschwindigkeit ermitteln – aber warum sollten Sie diesen simplen Weg gehen, wenn es einen viel schöneren Weg gibt, für den Sie nichts Geringeres als die Masse der Erde messen müssen?

Kreisbahnen und das Gravitationsgesetz

Im Weltall kreisen Himmelskörper unter dem Einfluss der Gravitation um andere Himmelskörper. Satelliten (sowohl künstliche als auch der Mond) umkreisen die Erde, die Erde umkreist die Sonne, die Sonne umkreist den Mittelpunkt der Milchstraße, die Milchstraße umkreist den Mittelpunkt ihres lokalen Galaxienhaufens und so weiter. Der Unterschied zu der Kreisbewegung des Balls an einer Schnur besteht darin, dass die Kraft für zwei bestimmte Himmelskörper in einem gegebenen Abstand immer gleich groß ist – Sie können nicht mal schnell die Kraft erhöhen, um die Umlaufgeschwindigkeit zu erhöhen, wie Sie es mit dem Ball getan haben. In den folgenden Abschnitten untersuchen Sie die Geschwindigkeit und die Periode von kreisenden Himmelskörpern und lernen die keplerschen Gesetze kennen.

Die Geschwindigkeit von Satelliten

In einer bestimmten Umlaufbahn um einen gegebenen Himmelskörper muss ein Satellit immer die gleiche Geschwindigkeit haben, da die Gravitationsanziehung immer gleich ist. Wie groß ist diese Geschwindigkeit? Sie können sie aus den Gleichungen für die Zentripetalkraft und die Kraft der Gravitation berechnen. Sie wissen, dass für die Zentripetalkraft, die nötig ist, damit ein Satellit mit der Masse m_1 sich auf einer Kreisbahn bewegt (siehe den Abschnitt »Wie am Schnürchen: Zentripetalkraft« weiter vorn in diesem Kapitel), gilt:

$$F_Z = m_1 \frac{v^2}{r}.$$

Diese Zentripetalkraft muss von der Gravitation aufgebracht werden (da Sie keine Schnur zwischen den Himmelskörpern haben); also gilt

$$G\frac{m_1 \cdot m_2}{r^2} = \frac{m_1 \cdot v^2}{r}.$$

Diese Gleichung können Sie umstellen, um die Geschwindigkeit zu erhalten:

$$v = \sqrt{\frac{Gm_2}{r}}.$$

Diese Gleichung liefert Ihnen die Geschwindigkeit, die ein Satellit mit einem gegebenen Bahnradius haben muss, um unter dem Einfluss der Gravitation auf seiner Umlaufbahn bleiben zu können. Die Geschwindigkeit muss immer konstant sein, solange der Radius der Bahn konstant ist, das heißt, solange es sich um eine Kreisbahn handelt. Diese Gleichung gilt für beliebige Körper, die sich unter dem Einfluss der Gravitation auf einer Umlaufbahn befinden, ob es nun künstliche Satelliten sind oder die Erde auf ihrer Bahn um die Sonne. Wenn Sie an der Geschwindigkeit interessiert sind, mit der Satelliten die Erde umkreisen, setzen Sie in diese Gleichung die Masse der Erde ein:

$$v = \sqrt{\frac{Gm_E}{r}}.$$

Künstliche Satelliten umkreisen die Erde typischerweise in einer Höhe von einigen Hundert oder Tausend Kilometern über der Erdoberfläche. Angenommen, ein Satellit befindet sich in einer Umlaufbahn 640 Kilometer über der Erdoberfläche. Wie schnell ist er? Sie müssen nur die Zahlen einsetzen:

$$v = \sqrt{\frac{Gm_E}{r}} = \sqrt{\frac{6{,}67 \cdot 10^{-11}\,\frac{\mathrm{m}^3}{\mathrm{kg \cdot s}^2} \cdot 5{,}98 \cdot 10^{24}\,\mathrm{kg}}{7{,}02 \cdot 10^6\,\mathrm{m}}} = 7{,}54 \cdot 10^3\,\mathrm{m/s}.$$

Das sind etwa 27.100 Kilometer pro Stunde!

Auf einige Dinge sollten Sie bei der Verwendung der Geschwindigkeitsgleichung achten:

✔ Die Zahl von $7{,}02 \cdot 10^6$ Meter, durch die Sie in der Gleichung geteilt haben, ist *nicht* die Höhe des Satelliten über der Erdoberfläche (die nur 640 Kilometer beträgt). Vielmehr müssen Sie in der Gleichung den Abstand des Satelliten vom Erdmittelpunkt einsetzen, da das Gravitationsgesetz auf diesem Abstand beruht – die Entfernung in der Gleichung ist immer der Abstand zwischen den Mittelpunkten der beiden sich umkreisenden Himmelskörper. In diesem Fall müssen Sie daher zum Abstand des Satelliten von der Erdoberfläche ($6{,}40 \cdot 10^5$ Meter) noch den Radius der Erde ($6{,}38 \cdot 10^6$ Meter) addieren.

✔ In der Gleichung ist vorausgesetzt, dass der Satellit hoch genug fliegt, um nicht mehr von der Atmosphäre abgebremst zu werden. Diese Voraussetzung ist selbst in 640 Kilometer Höhe nicht vollständig erfüllt; auch dort spüren die Satelliten noch Luftreibung. Sie bremst die Satelliten ab, die dadurch langsam immer tiefer sinken, bis die Reibung in der Atmosphäre so groß wird, dass sie immer heißer werden und schließlich verglühen. In Höhen unterhalb von etwa 200 Kilometern über der Erdoberfläche nimmt der Radius der Umlaufbahn bei jeder Erdumrundung spürbar ab (siehe weiter hinten in diesem Kapitel).

✔ Die Gleichung enthält die Masse des Satelliten nicht. Wenn anstelle eines künstlichen Satelliten der Mond in einer Höhe von 640 Kilometern die Erde umlaufen würde (und Luftreibung und Zusammenstöße mit der Erde ausgeschlossen werden könnten), so müsste er dieselbe Geschwindigkeit wie der Satellit aufweisen, um in seiner niedrigen Umlaufbahn zu bleiben (*das* gäbe spektakuläre Mondaufgänge!).

Sie können sich die Bewegung eines Satelliten um die Erde als permanente Fallbewegung auf die Erde zu vorstellen. Der einzige Grund, warum der Satellit nicht auf der Erdoberfläche einschlägt, ist seine Geschwindigkeit parallel zur Erdoberfläche. Diese ist gerade so groß, dass er die Erde verfehlt und stattdessen in einer Umlaufbahn in konstanter Höhe um sie kreist. Dies ist auch der Grund dafür, dass Astronauten in einer Erdumlaufbahn schwerelos sind – obwohl die Wirkung der Gravitation dort natürlich noch deutlich spürbar ist: Sie fallen mit derselben Geschwindigkeit wie ihre Raumstation und werden deshalb relativ zu dieser nicht beschleunigt (und wenn die Beschleunigung null ist, ist das Gewicht null!).

Manchmal ist die Periode einer Umlaufbahn wichtiger als die Geschwindigkeit; zum Beispiel wenn Sie darauf warten, dass ein Satellit endlich über den Horizont steigt, damit Sie Ihr Satellitentelefon einschalten und lostelefonieren können.

Die Umlaufzeit von Satelliten

Die *Umlaufzeit* eines Satelliten ist die Zeit, die er braucht, um seine Bahn einmal komplett zu durchlaufen – also seine Periode auf der Umlaufbahn. Wenn Sie die Geschwindigkeit des Satelliten und den Radius seiner Bahn (siehe den vorigen Abschnitt) kennen, können Sie die Periode leicht ausrechnen. Der Satellit durchläuft den ganzen Umfang seiner Bahn ($2\pi r$, wenn r der Radius der Bahn ist) in einer Periode T. Also gilt für seine Geschwindigkeit

$$v = \frac{2\pi r}{T}.$$

Aus dem Gravitationsgesetz wissen Sie aber auch, dass für die Geschwindigkeit gilt:

$$v = \sqrt{\frac{Gm_E}{r}}.$$

Das können Sie mit dem obigen Ausdruck gleichsetzen und nach der Periode auflösen:

$$T = 2\pi \sqrt{\frac{r^3}{Gm_E}}.$$

Ihre physikalische Intuition bringt Sie jetzt vielleicht zu der Frage: Was ist, wenn ein Satellit stationär über einem bestimmten Punkt der Erdoberfläche steht? Mit anderen Worten, was ist mit einem Satelliten, dessen Periode 24 Stunden beträgt? Solche Satelliten existieren tatsächlich; man nennt sie *geostationäre* Satelliten. Sie werden vor allem für die Telekommunikation verwendet. Da sie immer an demselben Punkt stehen, gehen geostationäre Satelliten nicht wie andere Himmelskörper über dem Horizont auf, um dann bald wieder zu verschwinden. Ihre Periode beträgt 24 Stunden oder 86.400 Sekunden. Welchen Radius hat ihre Bahn? Aus der Gleichung für die Periode erhalten Sie

$$r^3 = \frac{1}{4\pi^2} \cdot T^2 G m_\mathrm{E}.$$

Die keplerschen Gesetze

Johannes Kepler stellte Anfang des 17. Jahrhunderts die nach ihm benannten Gesetze der Planetenbewegung auf, noch vor dem allgemeinen Gravitationsgesetz Newtons. Die Gesetze lauten:

✔ Erstes Gesetz: Die Planeten bewegen sich auf Ellipsenbahnen. (Auch ein Kreis ist eine Ellipse!)

✔ Zweites Gesetz: Die Planeten bewegen sich so, dass die Verbindungslinie von einem Planeten zur Sonne in gleichen Zeiten immer gleiche Flächen überstreicht.

✔ Drittes Gesetz: Das Quadrat der Bahnperiode eines Planeten ist proportional zur dritten Potenz seines Abstands von der Sonne.

Im Abschnitt »Die Umlaufzeit von Satelliten« können Sie sehen, wie man das dritte keplersche Gesetz aus den newtonschen Gesetzen herleiten kann. Als Gleichung geschrieben lautet es

$$r^3 = \frac{1}{4\pi^2} \cdot T^2 G m_\mathrm{E}.$$

Während das dritte keplersche Gesetz nur besagt, dass T^2 proportional zu r^3 ist, liefert das newtonsche Gesetz also gleich noch die Proportionalitätskonstante.

Wenn Sie die Zahlenwerte einsetzen, gibt das

$$r^3 = \frac{1}{4\pi^2} \cdot T^2 G m_\mathrm{E}$$

$$= \frac{1}{4\pi^2} \cdot (8{,}64 \cdot 10^4 \mathrm{s})^2 \cdot 6{,}67 \cdot 10^{-11} \frac{\mathrm{m}^3}{\mathrm{kg} \cdot \mathrm{s}^2} \cdot 5{,}98 \cdot 10^{24} \mathrm{kg}$$

$$= 7{,}54 \cdot 10^{22} \, \mathrm{m}^3$$

und damit schließlich

$$r = 4{,}23 \cdot 10^7 \, \mathrm{m}.$$

Der Bahnradius beträgt also $4{,}23 \cdot 10^7$ Meter. Wenn Sie davon den Radius der Erde von $6{,}38 \cdot 10^6$ Metern abziehen, kommen Sie auf eine Höhe über der Erdoberfläche von $3{,}59 \cdot 10^7$ Metern. Also etwa 36 Kilometer. Das ist die Höhe geostationärer Satelliten. In dieser Höhe umlaufen sie die Erde mit derselben Winkelgeschwindigkeit, mit der sich auch die Erde dreht, sodass sie immer genau über demselben Punkt der Erdoberfläche stehen.

In der Praxis ist es sehr schwierig, die Geschwindigkeit so genau einzustellen; daher besitzen geostationäre Satelliten entweder kleine Gasdüsen oder magnetische Spulen, mit denen sie sich vom Magnetfeld der Erde abstoßen können, um so ihre Position nachzujustieren.

Rundherum: Vertikale Kreisbewegung

Haben Sie sich auch schon mal gefragt, wie BMX-Fahrer oder Skateboarder durch einen Looping fahren und darin eine Zeit lang auf dem Kopf stehen können, ohne herunterzufallen? Die Schwerkraft muss sie doch nach unten ziehen!? Wie schnell müssen sie sein, damit das funktioniert? Die Antworten auf diese Fragen hängen von der Balance zwischen Zentripetal- und Schwerkraft ab.

Betrachten Sie dazu Abbildung 7.4, die einen Ball auf einer Loopingbahn zeigt. Eine typische Frage aus dem Physikunterricht lautet: »Welche Geschwindigkeit ist nötig, damit der Ball sicher durch den Looping kommt?« Entscheidend ist der höchste Punkt der Bahn – wenn der Ball dort nicht runterfällt, kommt er auf der Bahn wieder unten an. Um diese alles entscheidende Frage beantworten zu können, müssen Sie verstehen, unter welcher Bedingung der Ball oben bleibt.

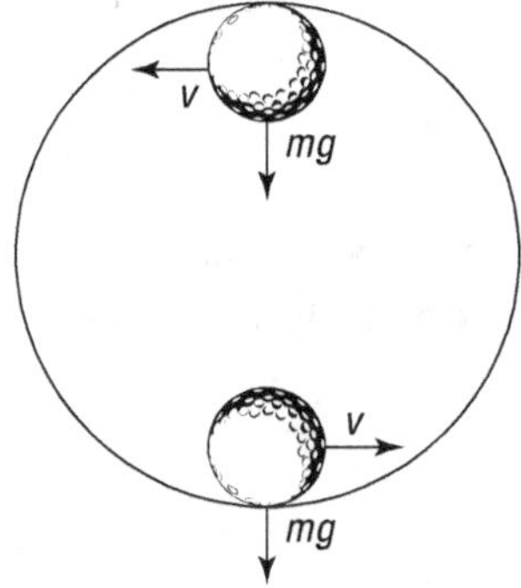

Abbildung 7.4: Die Gewichtskraft und die Geschwindigkeit eines Balls in einem Looping

Damit er heil durch den Looping kommt, muss auf den Ball eine Kraft wirken, die mindestens so groß ist wie die Zentripetalkraft, die er braucht, um sich auf dem vorgegebenen Radius zu bewegen. Wie Sie aus Abbildung 7.4 sehen können, bleibt der Ball am obersten Punkt der Bahn nur gerade eben in der Spur. An allen anderen Punkten der Bahn wirkt eine Normalkraft (siehe Kapitel 6) aufgrund seiner Geschwindigkeit und der Tatsache, dass die

Bahn gekrümmt ist. Wenn Sie wissen wollen, welche Geschwindigkeit er mindestens haben muss, um den Looping erfolgreich zu durchlaufen, müssen Sie genau dorthin schauen, wo er nur gerade eben noch auf der Bahn bleibt: ganz nach oben.

Am höchsten Punkt ist die Normalkraft, die die Bahn auf den Ball ausübt, gerade null. Das bedeutet, die Zentripetalkraft gleicht gerade eben noch die Gewichtskraft aus, sodass der Ball nicht herunterfällt. Mit anderen Worten: Am Scheitelpunkt der Bahn muss die Geschwindigkeit des Balls gerade so groß sein, dass sie der durch die Gewichtskraft bewirkten Zentripetalkraft entspricht, die nötig ist, damit der Ball sich auf der Kreisbahn bewegen kann. Die benötigte Zentripetalkraft ist

$$F_Z = m\frac{v^2}{r},$$

und die Gewichtskraft ist

$$F_G = mg.$$

Und da F_G gleich F_Z sein muss, gilt

$$m\frac{v^2}{r} = mg.$$

Dafür können Sie einfacher schreiben:

$$v = \sqrt{rg}.$$

Die Masse des Gegenstands, der sich in einem Looping bewegt, ist nicht mehr in der Gleichung enthalten.

Die minimale Geschwindigkeit, die ein Gegenstand benötigt, um durch den Looping zu kommen, ist also die Quadratwurzel aus dem Radius der Bahn mal der Erdbeschleunigung g. Wenn der Gegenstand langsamer ist, fällt er von der Bahn (mit etwas Glück fällt er sogar wieder auf die Bahn, aber er hat dann keine Kreisbahn durchlaufen).

Nehmen Sie an, dass der Looping aus Abbildung 7.4 einen Radius von 20 Metern hat; wie schnell muss der Ball dann sein, um ganz oben noch Kontakt mit der Bahn zu halten? Setzen Sie einfach die Zahlen ein:

$$v = \sqrt{rg} = \sqrt{20\,\text{m} \cdot 9{,}8\,\text{m/s}^2} = 14\,\text{m/s}.$$

Der Ball muss also mindestens mit einer Geschwindigkeit von 14 Metern pro Sekunde (oder 50 Kilometern pro Stunde) oben in der Bahn ankommen.

Was ist, wenn Sie denselben Trick mit einem Motorrad auf einer brennenden Bahn vorführen wollen, um Ihre Kumpels zu beeindrucken? Sie brauchen genau dieselbe Geschwindigkeit: 50 Kilometer pro Stunde auf einer Bahn mit einem Radius von 20 Metern. Wenn Sie das ausprobieren wollen, denken Sie aber daran, dass das die Geschwindigkeit ist, die Sie *oben* im Looping haben müssen – unten müssen Sie wesentlich schneller in den Looping hineinfahren, da Sie ja erst einmal 40 Meter an Höhe (den doppelten Radius) erklimmen müssen, um ganz oben anzukommen!

Und wie viel schneller müssen Sie unten hineinfahren? Lesen Sie dazu Teil III dieses Buches, in dem Sie etwas über kinetische Energie (die Art von Energie, die unter anderem fahrende Motorräder besitzen) und potenzielle Energie (die Art von Energie, die Motorräder besitzen, wenn sie sich hoch in der Luft befinden) und ihre Umwandlung ineinander erfahren.

Aufgabe 7.1

Sie lassen ein Spielzeugflugzeug an einer Leine im Kreis herumfliegen. Angenommen, Sie beschleunigen es in 4 s von $\omega = 2{,}4$ rad/s auf 4,7 rad/s. Wie groß ist die Winkelbeschleunigung?

Aufgabe 7.2

Angenommen, Sie treiben einen Ball an einer Schnur im Kreis herum. Wie groß ist seine Zentripetalbeschleunigung, wenn er sich mit einer Geschwindigkeit von 83,5 km/h auf einem Radius von 3,7 m bewegt?

Aufgabe 7.3

Die große Halbachse der Umlaufbahn der Erde um die Sonne beträgt $a_{\mathrm{Er}} = 1{,}50 \cdot 10^8$ km, die große Halbachse der Umlaufbahn des Planeten Mars um die Sonne hat einen Wert von $a_{\mathrm{Ma}} = 2{,}28 \cdot 10^8$ km. Wie groß ist die Umlaufzeit des Mars um die Sonne?

Das Kürzel a steht in diesem Fall nicht für die Beschleunigung, sondern für die große Halbachse, also den größten Radius einer Ellipse. Lassen Sie sich von so etwas nicht verunsichern: Dank der Einheit wird klar, was gemeint ist.

Teil III

Energie und Arbeit

IN DIESEM TEIL ...

Wenn Sie mit Ihrem Auto einen Berg hinauffahren und dort parken, besitzt das Auto Energie – potenzielle Energie. Wenn sich die Bremse löst und das Auto den Berg hinunterrollt, verwandelt sich diese potenzielle Energie in kinetische Energie. Jetzt erfahren Sie, was diese Energieformen eigentlich sind und wie sie sich aus der Arbeit ergeben, die Sie beim Bewegen oder Dehnen eines Gegenstands leisten. Mit etwas Nachdenken über Arbeit und Energie können Sie Aufgaben lösen, die weit über das hinausgehen, was Sie allein mit den newtonschen Gesetzen erreichen könnten.

Kapitel 8
Physik in Aktion

Über Arbeit wissen Sie eigentlich schon alles: Arbeit ist das, was Sie tun, wenn Sie Physikaufgaben lösen. Sie setzen sich mit einem Taschenrechner an Ihren Schreibtisch, schwitzen ein wenig, und das war es dann: Die Arbeit ist getan. Leider gilt das für die Arbeit in der Physik nicht. In der Physik bedeutet Arbeit, dass eine Kraft entlang einer Strecke wirkt – und die Arbeit ist dann das Produkt aus Kraft und Weg. Das mag allerdings nicht gerade das sein, was sich Ihr Chef unter Arbeit vorstellt ... Außer »richtiger« Arbeit werden Sie in diesem Kapitel die Begriffe kinetische und potenzielle Energie kennenlernen, etwas über konservative und nicht-konservative Kräfte erfahren und einen genaueren Blick auf die Konzepte der mechanischen Energie und Leistung werfen. Also los, an die Arbeit!

Es ist nicht so, wie Sie denken ...

Arbeit ist das Produkt aus einer Kraft, die über eine bestimmte Wegstrecke wirkt, multipliziert mit eben dieser Wegstrecke. Physikalisch ausgedrückt verrichten Sie die Arbeit $F \cdot s \cdot \cos \theta$, wenn Sie eine Kraft F über eine Strecke s ausüben und θ der Winkel zwischen F und s ist. In der Sprache des Normalbürgers heißt das: Wenn Sie ein 1.000 Kilogramm schweres Auto eine bestimmte Strecke weit schieben, ist die verrichtete Arbeit gleich der Kraft, die Sie in Richtung der Bewegung ausgeübt haben, multipliziert mit der zurückgelegten Strecke.

Um das Ganze richtig verstehen zu können, müssen Sie sich zuerst mit den Einheiten vertraut machen, in denen Arbeit gemessen wird. Erst wenn Sie das geschafft haben, können Sie sich mit praktischen Beispielen wie dem Schieben oder Ziehen von Lasten befassen.

Arbeit messen

Arbeit ist kein Vektor, sondern ein Skalar; das heißt, sie besitzt keine Richtung, sondern nur einen Betrag (mehr zu Vektoren und Skalaren in Kapitel 4). Da Arbeit Kraft mal Weg ist ($F \cdot s \cdot \cos \theta$), hat sie im Meter-Kilogramm-Sekunde-System (kurz MKS-System; siehe Kapitel 2) die Einheit Newtonmeter. Newtonmeter klingt umständlich, daher hat die Einheit einen eigenen Namen bekommen: Joule. Die Umrechnung ist einfach: 1 Newton mal 1 Meter entspricht 1 Joule (oder 1 J).

Gewichte stemmen

Einen schweren Gegenstand – zum Beispiel eine Hantel – hoch in die Luft zu halten, scheint harte Arbeit zu sein. Physikalisch betrachtet stimmt das leider nicht. Obwohl das Halten von Gewichten biologisch durchaus mit Arbeit verbunden sein mag, ist es im physikalischen Sinn keine Arbeit. Zwar passiert in Ihrem Körper eine Menge, während Sie die Hantel halten, und anstrengend mag das alles auch sein, aber solange Sie sich und die Gewichte nicht *bewegen*, leisten Sie – physikalisch gesehen – keine Arbeit.

Bewegung ist eine Voraussetzung für Arbeit. Stellen Sie sich vor, Sie müssten einen großen Goldbarren nach Hause schaffen, den Sie in einer geheimnisvollen Höhle entdeckt haben (siehe Abbildung 8.1). Wie viel Arbeit müssen Sie leisten, um das Ding nach Hause zu bekommen? Zuerst einmal müssen Sie herausfinden, mit welcher Kraft Sie schieben müssen, um den Barren zu bewegen.

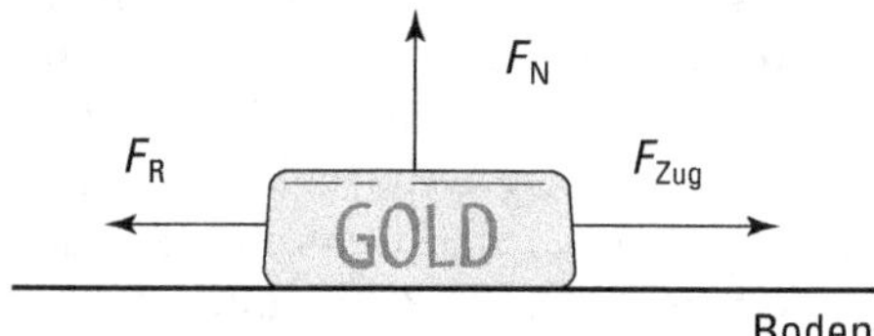

Abbildung 8.1: Zum Schieben eines Gegenstands muss man Arbeit leisten – auch in der Physik.

Der Gleitreibungskoeffizient μ_{Gl} (siehe Kapitel 6) zwischen dem Goldbarren und der Straße beträgt 0,25 und die Masse des Barrens ist 1.000 Kilogramm. Mit welcher Kraft müssen Sie schieben, damit der Barren sich gleichmäßig bewegt, ohne schneller zu werden? Dazu brauchen Sie folgende Gleichung aus Kapitel 6:

$$F_R = \mu_{Gl} F_N.$$

Wenn die Straße eben ist, ist die Normalkraft F_N einfach gleich mg (Masse mal Erdbeschleunigung). Also ist

$$F_R = \mu_{Gl} F_N = \mu_{Gl} mg.$$

Dabei ist m die Masse des Barrens und g die Erdbeschleunigung. Nun setzen Sie die Zahlenwerte ein und bekommen

$$F_\text{R} = \mu_\text{Gl}F_\text{N} = \mu_\text{Gl}mg = 0,25 \cdot 1.000\,\text{kg} \cdot 9,8\,\text{m/s}^2 = 2.450\,\text{N}.$$

Sie müssen also mit einer Kraft von 2.450 Newton schieben, um den Goldbarren in Bewegung zu halten, ohne ihn zu beschleunigen. Wenn Sie drei Kilometer oder 3.000 Meter von zu Hause entfernt sind, müssen Sie insgesamt eine Arbeit von

$$W = Fs \cos \theta$$

verrichten. Da Sie sinnvollerweise in die Richtung schieben werden, in der sich der Barren bewegen soll, ist der Winkel θ zwischen der Kraft F und der Strecke s gleich 0°. Weiter gilt $\cos \theta = 1$. Einsetzen der Zahlen gibt dann

$$W = Fs \cos \theta = 2.450\,\text{N} \cdot 3.000\,\text{m} \cdot 1 = 7,35 \cdot 10^6\text{J}.$$

Sie müssen also eine Arbeit von $7,35 \cdot 10^6$ J verrichten, um Ihren Glücksfund nach Hause zu schaffen. Wollen Sie wissen, was das heißt? Also gut.

Um ein Gewicht von einem Kilogramm um einen Meter anzuheben, müssen Sie über diese Strecke eine Kraft von 9,8 Newton aufwenden, also verrichten Sie eine Arbeit von 9,8 Joule. Ihren Goldbarren nach Hause zu schaffen, kostet Sie ungefähr 750.000-mal so viel Mühe! Oder ein anderer Vergleich: Eine Kilokalorie (kcal), die immer noch am häufigsten verwendete Einheit für den Nährstoffgehalt von Lebensmitteln, entspricht 4.186 Joule. Um den Barren ins traute Heim zu bringen, werden Sie also etwa 1.755 Kilokalorien verbrauchen – am besten gehen Sie schon mal Müsliriegel einkaufen! (Diese Rechnung funktioniert auch umgekehrt: Rechnen Sie doch einmal aus, wie weit Sie den Goldbarren schieben müssen, um den Eisbecher von heute Nachmittag wieder abzutrainieren ...)

Sie können diese Energie auch noch in Kilowattstunden umrechnen – eine Einheit, die Sie vielleicht von Ihren Stromrechnungen kennen. Eine Kilowattstunde (kWh) entspricht $3,6 \cdot 10^6$ Joule. Also brauchen Sie etwa zwei Kilowattstunden, um Ihren Schatz nach Hause zu bringen.

Zug um Zug

Wenn Sie eher ein rückwärtsgewandter Typ sind, ziehen Sie vielleicht lieber, anstatt zu schieben. Auch gut – das mag in vielen Fällen auch einfacher sein, besonders wenn man, wie in Abbildung 8.2 gezeigt, ein Seil verwenden kann. Wenn Sie dabei aber unter dem Winkel θ ziehen, wirkt Ihre Kraft nicht genau in Richtung der Bewegung. Um die Arbeit zu berechnen, müssen Sie in diesem Fall herausfinden, welcher Anteil der Kraft in Richtung der Bewegung zeigt. Die korrekte Definition der Arbeit ist Kraft in Bewegungsrichtung multipliziert mit der zurückgelegten Strecke,

$$W = F_\text{Zug}s \cos \theta.$$

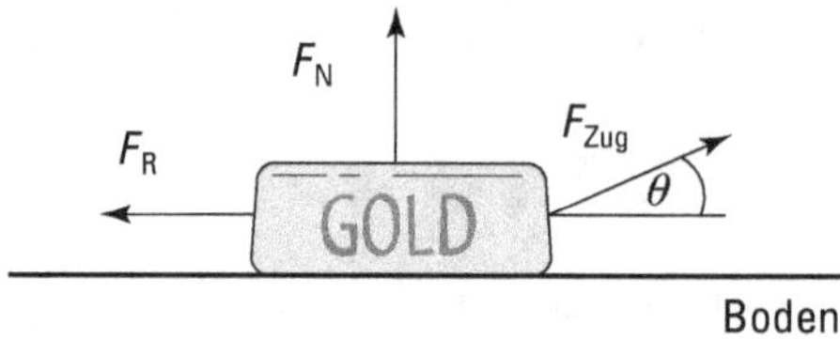

Abbildung 8.2: Wenn man nicht in dieselbe Richtung zieht, in der sich der Gegenstand dann auch bewegt, muss man noch mehr Arbeit leisten.

Angenommen, der Winkel θ, unter dem Sie ziehen, ist klein, sodass Sie den Barren nicht anheben (was Sie zwar ohnehin nicht schaffen würden, was aber die Normalkraft und damit die Reibung verringern würde). Sie brauchen eine Kraft von 2.450 Newton in Bewegungsrichtung, um den Barren in Bewegung zu halten (siehe vorherigen Abschnitt), das heißt, Sie müssen so stark ziehen, dass die Beziehung

$$F_\text{Zug} \cos \theta = 2.450 \text{ N}$$

erfüllt ist; es muss also

$$F_\text{Zug} = \frac{2.450\,\text{N}}{\cos \theta}$$

gelten. Wenn der Winkel θ gleich 10° ist, müssen Sie mit einer Kraft von

$$F_\text{Zug} = \frac{2.450\,\text{N}}{\cos 10°} = 2.490\,\text{N}$$

ziehen. Denn es zählt nur die Kraft in Bewegungsrichtung für die geleistete Arbeit. Und da Sie in Wirklichkeit in einem Winkel von 10° an dem Seil ziehen, müssen Sie mehr Kraft aufbringen, um am Ende dieselbe Arbeit zu verrichten. (Natürlich nehme ich dabei an, dass Sie mit Ihrem Goldbarren auf demselben Weg nach Hause gehen wie in dem Beispiel aus Abbildung 8.1.)

Negative Arbeit

Sie waren gerade unterwegs, um sich das größte Fernsehgerät zu kaufen, das Sie in Ihrer Wohnung aufstellen können. Jetzt kommen Sie mit dem Ding nach Hause und müssen es die Treppe bis zu Ihrer Wohnung hinaufbefördern. Der Fernseher ist verdammt schwer – etwa 100 Kilogramm –, und während Sie es den ersten Treppenabsatz hochwuchten – etwa einen halben Meter hoch –, sagt Ihnen Ihr Rücken unmissverständlich, dass Sie doch besser Hilfe geholt hätten! Denn immerhin müssen Sie eine Arbeit von

$$W_1 = Fs \cos \theta = 100 \text{ kg} \cdot 9{,}8 \text{ m/s}^2 \cdot 0{,}5 \text{ m} \cdot 1 = 490 \text{ J}$$

verrichten. (Achtung: F ist gleich Masse mal Beschleunigung, in diesem Fall also mg, wobei g die Gravitationsbeschleunigung ist. Und θ ist 0°, weil Sie nach oben heben, das heißt in derselben Richtung, in die der Fernseher sich bewegt.) Also setzen Sie das Gerät ganz langsam wieder ab und verschnaufen erst einmal. Wie viel Arbeit haben Sie beim Abstellen verrichtet? Ob Sie es glauben oder nicht – Sie haben eine negative Arbeit an dem Fernsehgerät verrichtet, denn die Kraft, die Sie ausgeübt haben (nach oben), war der Bewegungsrichtung des Geräts (nach unten) entgegengesetzt. Also war hier $\theta = 180°$ und damit $\cos\theta = -1$. Wenn Sie jetzt die Arbeit ausrechnen, ergibt das

$$W_2 = Fs\cos\theta = 100\,\text{kg} \cdot 9{,}8\,\text{m/s}^2 \cdot 0{,}5 \cdot (-1) = -490\,\text{J}.$$

Insgesamt haben Sie also die Arbeit $W = W_1 + W_2 = 0$ geleistet. Mit anderen Worten: Nichts! Irgendwie ist das sogar logisch, denn der Fernseher steht genau da, wo er vorher auch stand.

Wenn die Kraft, die ein Objekt bewegt, eine Komponente in der Bewegungsrichtung des Objekts besitzt, ist die geleistete Arbeit positiv. Wenn die Kraft, die ein Objekt bewegt, eine Komponente entgegen der Bewegungsrichtung des Objekts besitzt, ist die geleistete Arbeit negativ.

Mit Schwung voran: Kinetische Energie

Wenn Sie an einem Gegenstand mit konstanter Kraft ziehen, so setzt er sich in Bewegung, sobald diese Kraft größer ist als die Summe der Kräfte (zum Beispiel Reibung und Schwerkraft), die ihn an seinem Ort halten wollen. Wenn er sich dann mit einer bestimmten Geschwindigkeit bewegt, besitzt er *kinetische Energie* (das heißt Energie aufgrund seiner Bewegung). Energie bezeichnet allgemein die Fähigkeit, Arbeit verrichten zu können.

Stellen Sie sich vor, Sie kommen beim Minigolf an ein ganz besonders schwieriges Loch, bei dem Sie den Ball durch einen Looping schlagen müssen. Der Ball kommt mit einer bestimmten Geschwindigkeit in dem Looping an; in der Sprache der Physik heißt das, er hat eine bestimmte kinetische Energie. Wenn er am Eingang des Loopings so schnell ist, dass er gerade noch den obersten Punkt erreicht, besitzt er dort die Geschwindigkeit null und somit keine kinetische Energie mehr. Er ist nun aber weiter oben als zuvor und fällt daher von dort wieder nach unten, wo er (unter der Annahme, dass er auf der Bahn bleibt und Reibung keine Rolle spielt) mit derselben Geschwindigkeit ankommt, die er vorher beim Eintritt in den Looping hatte.

Wenn der Ball beim Eintritt in den Looping beispielsweise eine kinetische Energie von 20 Joule hat, ist dies eine Energie rein aufgrund seiner Bewegung. Am obersten Punkt des Loopings bewegt er sich (wenigstens für einen ganz kurzen Moment) nicht mehr, besitzt also auch keine kinetische Energie mehr. Der Anstieg hat aber Arbeit gekostet, und zwar genau diese 20 Joule. Auch der ruhende Golfball besitzt daher eine Energie von 20 Joule, aber eben nicht mehr als kinetische, sondern als *potenzielle Energie*. Der Name potenzielle Energie deutet an, dass diese Energie jederzeit wieder verfügbar ist: Wenn der Ball zum Eingang des Loopings herunterfällt, werden diese 20 Joule an potenzieller Energie wieder in 20 Joule an kinetischer Energie umgewandelt. (Mehr zur potenziellen Energie gibt es im Abschnitt »Energievorrat: Potenzielle Energie« weiter hinten in diesem Kapitel.)

Am Eingang des Loopings besitzt der Ball eine kinetische Energie von 20 Joule, weil er sich bewegt. Am obersten Punkt des Loopings hat er eine potenzielle Energie von 20 Joule aufgrund seiner Höhe, bewegt sich aber nicht mehr; nachdem er wieder heruntergefallen ist, besitzt er erneut eine kinetische Energie von 20 Joule. Dieses Schema ist in Abbildung 8.3 gezeigt: Der Ball besitzt stets eine Energie von 20 Joule, nur die Art der Energie verändert sich. Wenn er sich bewegt, besitzt er kinetische Energie, und wenn er sich nicht bewegt, dafür aber weiter oben ist, besitzt er potenzielle Energie. Der Gesamtbetrag der Energie bleibt immer gleich, nur die Aufteilung auf verschiedene Formen ändert sich. Dieses Prinzip gilt nicht nur für die Punkte ganz unten und ganz oben im Looping, sondern überall im Universum und zu allen Zeiten. Die Physiker sprechen daher von der *Erhaltung* der mechanischen Energie. Darauf komme ich gleich (im Abschnitt »Vorwärts, rückwärts, rundherum: Energieerhaltung«) noch einmal ausführlicher zurück – bleiben Sie dran!

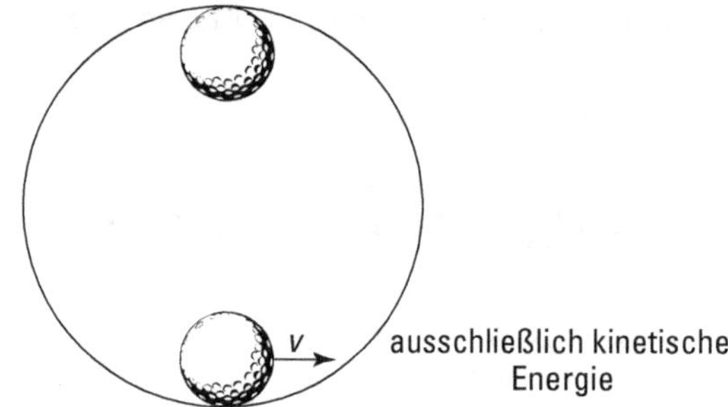

Abbildung 8.3: Ein Gegenstand, der sich ganz ohne Reibung durch einen Looping bewegt, besitzt an jedem Streckenpunkt dieselbe Energie, diese nimmt nur verschiedene Formen an.

Was geschieht mit der kinetischen Energie, wenn wir Reibung berücksichtigen? Wenn ein Gegenstand auf einer horizontalen Fläche rutscht, dann bewirkt die Reibung, dass er immer langsamer wird und schließlich stehen bleibt. Die kinetische Energie ist dann verschwunden, ohne dass irgendeine sichtbare Form von potenzieller Energie aufgetaucht ist. Was ist passiert? Nun, die kinetische Energie des Gegenstands wurde in Wärme umgewandelt; der Gegenstand und die Fläche haben sich (wenn auch nur wenig) erwärmt.

Jetzt haben Sie schon einiges über kinetische Energie gehört. Aber wie berechnet man sie?

Eine Formel für die kinetische Energie

Die Arbeit, die Sie aufwenden müssen, um einen Gegenstand zu beschleunigen, wird zur kinetischen Energie E_{kin} des Gegenstands. Die Formel dafür ist

$$E_{\text{kin}} = \frac{1}{2}mv^2.$$

Damit können Sie jederzeit aus der Masse und der Geschwindigkeit eines Gegenstands seine kinetische Energie berechnen. Stellen Sie sich beispielsweise vor, Sie beschleunigen ein

Modellflugzeug, um es fliegen zu lassen. Dazu müssen Sie Kraft aufwenden; die Gleichung dafür ist

$$F = ma.$$

Aus dem letzten Abschnitt wissen Sie, dass die aufgebrachte Arbeit (die in kinetische Energie des Flugzeugs umgewandelt wird) gleich

$$W = Fs \cos \theta$$

ist. Sofern Ihre Kraft in dieselbe Richtung wirkt, in die das Flugzeug später fliegen soll (falls das nicht der Fall ist, sollten Sie üben), ist $\cos \theta = 1$ und es gilt

$$W = Fs = mas.$$

Wenn Sie Anfangs- und Endgeschwindigkeit des Flugzeugs kennen, können Sie daraus die Beschleunigung a berechnen. Dazu benötigen Sie folgende Formel aus Kapitel 3:

$$v_E^2 - v_A^2 = 2as.$$

Dabei bedeuten wie gehabt v_A die Anfangs- und v_E die Endgeschwindigkeit. Diesen Ausdruck können Sie einfach zu

$$a = \left(v_E^2 - v_A^2 \right) / 2s$$

umformen. Dieses a setzen Sie jetzt in die obige Gleichung für die Arbeit ein. Damit ergibt sich

$$W = mas = \frac{1}{2} m \left(v_E^2 - v_A^2 \right).$$

Wenn die Anfangsgeschwindigkeit null ist (weil Sie das Flugzeug zu Beginn ruhig in der Hand halten), wird daraus

$$W = \frac{1}{2} m v_E^2.$$

Diese Arbeit verleihen Sie dem Modellflugzeug (das heißt seiner Bewegung) beim Wurf; sie wird in kinetische Energie des Flugzeugs umgewandelt:

$$E_{kin} = \frac{1}{2} m v_E^2.$$

Kinetische Energie in der Praxis

Normalerweise wird die Gleichung für die kinetische Energie verwendet, um die kinetische Energie eines Gegenstands zu berechnen, dessen Masse und Geschwindigkeit man kennt. Angenommen, Sie stehen auf dem Schießstand und feuern eine zehn Gramm schwere Kugel mit einer Geschwindigkeit von 600 Metern pro Sekunde auf die Zielscheibe – wie groß ist dann die kinetische Energie der Kugel? Die Gleichung lautet

$$E_{kin} = \frac{1}{2} m v^2.$$

Beim Einsetzen der Zahlenwerte müssen Sie darauf achten, dass Sie die Einheiten nicht durcheinanderbringen, das heißt, Sie müssen die Masse der Kugel von Gramm in Kilogramm umrechnen. Das gibt dann

$$E_{\text{kin}} = \frac{1}{2}mv^2 = \frac{1}{2} \cdot 0{,}01\,\text{kg} \cdot (600\,\text{m/s})^2 = 1.800\,\text{J}.$$

Die kleine Kugel hat also eine kinetische Energie von beachtlichen 1.800 Joule!

Es gibt noch eine andere Möglichkeit, die Gleichung für die kinetische Energie einzusetzen. Nehmen Sie an, Sie wissen, wie viel Energie Sie zur Beschleunigung eines Gegenstands aufwenden, und wollen seine Geschwindigkeit am Ende der Prozedur wissen. Beispielsweise könnten Sie auf einer Raumstation arbeiten und für die NASA Satelliten in Umlaufbahnen um die Erde bringen. Sie öffnen also morgens die Tür zum Satellitenlager der Raumstation und schnappen sich den ersten Satelliten, der immerhin 1.000 Kilogramm wiegt. Sie schleppen ihn zur Auswurfluke und beschleunigen ihn mit einer Kraft von 2.000 Newton, die Sie über eine Strecke von einem Meter aufbringen, ins Weltall. (Natürlich schieben Sie dabei genau in die Richtung, in die der Satellit auch fliegen soll.) Welche Geschwindigkeit hat der Satellit dann relativ zur Raumstation? Nun, Sie haben die Arbeit

$$W = Fs \cdot \cos\,\theta$$

verrichtet. Weil $\cos\,\theta = 1$ ist (Sie schieben in Flugrichtung des Satelliten), heißt das für die Arbeit

$$W = Fs = 2.000\,\text{N} \cdot 1\,\text{m} = 2.000\,\text{J}.$$

Diese Arbeit wird vollständig in kinetische Energie des Satelliten umgewandelt, es gilt also

$$2.000\,\text{J} = \frac{1}{2}\,mv^2.$$

Sie müssen nun nach v auflösen und den Zahlenwert $m = 1.000$ Kilogramm einsetzen:

$$v = \sqrt{\frac{2 \cdot 2.000\,\text{J}}{1.000\,\text{kg}}} = 2\,\text{m/s}.$$

Der Satellit entfernt sich nach Ihrem Kraftakt also mit einer Geschwindigkeit von zwei Metern pro Sekunde von Ihrer Raumstation – das sollte reichen, um ihn in sichere Entfernung von der Station und schließlich auf eine eigene Umlaufbahn zu bringen.

Denken Sie daran, dass Kräfte auch negative Arbeit verrichten können. Wenn Sie einen Satelliten einfangen, indem Sie ihn von seiner ursprünglichen Geschwindigkeit von einem Meter pro Sekunde relativ zur Raumstation abbremsen, so wenden Sie eine Kraft an, die der Bewegungsrichtung des Satelliten entgegengesetzt ist. Das bedeutet, dass der Satellit kinetische Energie verliert. Sie haben damit negative Arbeit an ihm verrichtet.

In diesem Beispiel mussten Sie sich nur mit einer einzigen Kraft herumschlagen – der Kraft, die Sie zur Beschleunigung oder zum Abbremsen des Satelliten einsetzen. Im normalen Leben wirken jedoch meist viele Kräfte auf einen Gegenstand, die alle berücksichtigt werden müssen.

Das wahre Leben: Resultierende Kräfte

Wenn Sie die Arbeit wissen wollen, die an einem Gegenstand verrichtet und in kinetische Energie umgewandelt wird, müssen Sie nur die resultierende Kraft kennen, die auf ihn wirkt. Anders gesagt, Sie können so tun, als ob die resultierende Kraft die einzige Kraft sei, die auf den Gegenstand wirkt. Tatsächlich können viele Kräfte gleichzeitig wirken, aber entgegengesetzt gleich große Kräfte (zum Beispiel die Normalkraft und die Schwerkraft) heben einander auf. Wenn Sie beim Tauziehen einen genau gleich starken Gegner haben, können Sie beide mit aller Kraft ziehen, ohne dass sich einer bewegt. Die beiden Kräfte erzeugen keine kinetische Energie.

Ein weiteres Beispiel ist in Abbildung 8.4 gezeigt – mal wieder ein Kühlschrank auf einer schiefen Ebene. Angenommen, Sie wollen wissen, wie schnell der Kühlschrank (mit einer Masse von 100 Kilogramm) am Ende der Rampe ist. Sie wissen, dass die an ihm verrichtete Arbeit in kinetische Energie umgewandelt wird. Aber wie können Sie sie ausrechnen? Zuerst müssen Sie die resultierende Kraft bestimmen, die auf den Kühlschrank wirkt, und daraus die Arbeit, die diese Kraft an ihm verrichtet. Diese Arbeit können Sie dann in kinetische Energie umwandeln und daraus wiederum die Geschwindigkeit des Kühlschranks am Fuß der Rampe bestimmen. Alles klar? Dann los …

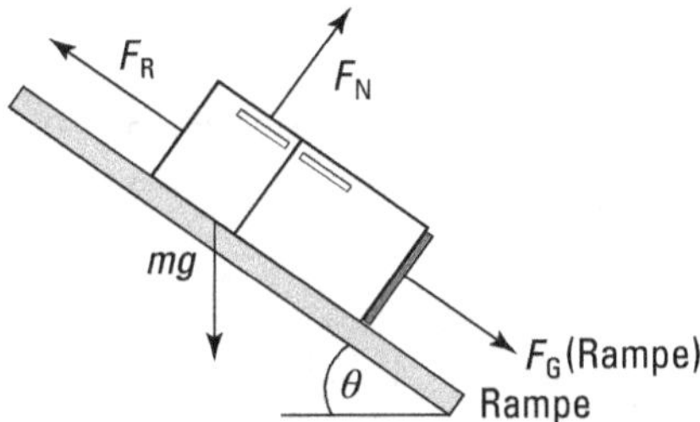

Abbildung 8.4: Um die Geschwindigkeit des Kühlschranks am Fuß der Rampe zu bestimmen, berechnet man zunächst die resultierende Kraft, die auf ihn wirkt.

Welche resultierende Kraft wirkt auf den Kühlschrank? In Kapitel 6 haben wir gesehen, dass für die Komponente der Gewichtskraft des Kühlschranks parallel zur Oberfläche der Rampe gilt:

$$F_G(\text{Rampe}) = mg \cos (90° - \theta) = mg \sin \theta,$$

wobei m die Masse des Kühlschranks und g die Erdbeschleunigung bedeuten. Die Normalkraft ist (siehe Kapitel 6)

$$F_N = mg \sin (90° - \theta) = mg \cos \theta.$$

Daher ist die Gleitreibungskraft (siehe Kapitel 6)

$$F_R = \mu_{Gl} F_N = \mu_{Gl} mg \cos \theta,$$

wobei μ_{Gl} der Gleitreibungskoeffizient ist. Die resultierende Kraft, die den Kühlschrank die Rampe hinunterschiebt, ist daher gleich

$$F_{res} = F_G(\text{Rampe}) - F_R = mg\,\sin\theta - \mu_{Gl}mg\,\cos\theta.$$

Jetzt haben Sie's fast geschafft! Wenn die Rampe eine Neigung von 30° zur Horizontalen hat und der Gleitreibungskoeffizient 0,15 beträgt, bekommen Sie durch Einsetzen der Zahlen

$$F_{res} = 100\,\text{kg} \cdot 9{,}8\,\text{m/s}^2 \cdot \sin\,30° - 0{,}15 \cdot 100\,\text{kg} \cdot 9{,}8\,\text{m/s}^2 \cdot \cos\,30°$$

$$= 490\,\text{N} - 130\,\text{N}$$

$$= 360\,\text{N}.$$

Die resultierende Kraft auf den Kühlschrank beträgt also 360 Newton. Diese Kraft wirkt entlang der gesamten Rampe, das heißt über eine Strecke von drei Metern. Dabei verrichtet sie eine Arbeit von

$$W = F_{res}s = 360\,\text{J} \cdot 3{,}0\,\text{m} \approx 1.100\,\text{J}.$$

Diese 1.100 Joule werden komplett in kinetische Energie des Kühlschranks umgewandelt:

$$1.100\,\text{J} = E_{kin} = \frac{1}{2}mv^2.$$

Sie wollen die Geschwindigkeit wissen, also lösen Sie nach v auf und finden so

$$v = \sqrt{\frac{2 \cdot 1.100\,\text{J}}{100\,\text{kg}}} = 4{,}7\,\text{m/s}.$$

Der Kühlschrank kommt also mit einem Tempo von knapp fünf Metern pro Sekunde am Fuß der Rampe an. Gut zu wissen!

Energievorrat: Potenzielle Energie

Zu einer Bewegung gehört mehr als nur kinetische Energie. Ein Gegenstand kann aufgrund seiner Lage im Raum auch *Lageenergie* oder potenzielle Energie besitzen. Diese Energieform wird als potenziell bezeichnet, da sie jederzeit wieder in kinetische Energie oder eine andere Energieform umgewandelt werden kann.

Stellen Sie sich vor, Sie haben die herausfordernde Aufgabe, mit Ihrem kleinen Cousin Stefan einen Nachmittag auf dem Spielplatz zu verbringen. Sie setzen den Bengel auf die Rutsche und schauen zu, was passiert. Stefan startet ruhig sitzend, beschleunigt und hat am Ende der Rutsche ein ganz ordentliches Tempo. Sie merken sofort, dass hier Physik im Spiel ist. Also packen Sie Ihr Notizbuch aus, setzen Stefan höher auf die Rutsche und beobachten wieder genau, was passiert. Nun wird Stefan noch schneller. Sie setzen ihn noch weiter nach oben, aber da kommt plötzlich Stefans Mutter und unterbricht die schöne Versuchsreihe abrupt – genug Physik für heute.

Was passierte auf der Rutsche? Woher kam Stefans kinetische Energie? Sie stammt aus der Arbeit, die Sie an dem Jungen verrichten, indem Sie ihn gegen die Schwerkraft nach oben auf die Rutsche setzen. Dort oben wartet er ruhig sitzend auf seine nächste Fahrt; er hat also zunächst keine Geschwindigkeit und folglich auch keine kinetische Energie. Da Sie den Jungen aber gegen die Schwerkraft nach oben gehoben haben, besitzt er potenzielle Energie. Sobald Stefan die Rutsche hinunterrutscht, verwandelt die Schwerkraft Ihre Arbeit (beziehungsweise die potenzielle Energie, die Sie damit erzeugt haben) in kinetische Energie.

Der Kampf gegen die Schwerkraft

Wie viel Arbeit verrichten Sie, wenn Sie einen Gegenstand gegen die Schwerkraft anheben? Nehmen Sie beispielsweise an, Sie wollten eine Kanonenkugel vom Fußboden auf einen Tisch der Höhe h heben. (Falls Sie keine Kanonenkugel im Haus haben, denken Sie einfach an einen Sack Kartoffeln.) Dabei verrichten Sie die Arbeit

$$W = Fs \cos \theta.$$

Wie üblich ist F die Kraft, s die Strecke, entlang der die Kraft ausgeübt wird, und θ ist der Winkel zwischen beiden. Die Gewichtskraft eines Gegenstands ist mg (Masse mal Gravitationsbeschleunigung, 9,8 Meter pro Sekunde zum Quadrat). Wenn Sie die Kugel senkrecht nach oben heben, gilt $\theta = 0°$ und damit $\cos \theta = 1$. Also:

$$W = Fs \cos \theta = mgh.$$

Die Variable h bezeichnet die Höhe, auf die Sie die Kanonenkugel heben. Wenn die Kanonenkugel auf dem Tisch angekommen ist, bleibt sie (hoffentlich!) ruhig liegen. Sie besitzt folglich keine kinetische Energie – aber dafür potenzielle Energie, nämlich genau die Arbeit, die Sie beim Hochheben der Kugel verrichtet haben.

Welche kinetische Energie hätte die Kugel, wenn sie vom Tisch herunterrollen und auf den Boden fallen würde (dorthin, wo sie war, bevor Sie sie auf den Tisch gehoben haben)? Ganz einfach: Sie hätte beim Aufprall auf den Boden eine kinetische Energie von genau mgh. Die potenzielle Energie der Kugel, die sie auf dem Tisch hatte, wäre am Boden gerade wieder vollständig in kinetische Energie umgewandelt (und äußert sich in der Geschwindigkeit beziehungsweise im Loch im Boden, das sie nach dem Aufprall hinterlässt).

Allgemein gilt auf der Erdoberfläche, dass ein Gegenstand der Masse m in einer Höhe h eine potenzielle Energie

$$E_{\text{pot}} = mgh$$

besitzt (im Vergleich zu seiner potenziellen Energie bei $h = 0$). Wenn ein Gegenstand gegen die Schwerkraft vertikal aus einer Höhe h_{A} in eine Höhe h_{E} nach oben gehoben wird, ändert sich seine potenzielle Energie um

$$\Delta E_{\text{pot}} = mg\,(h_{\text{E}} - h_{\text{A}}).$$

Die Arbeit, die beim Hochheben verrichtet wird, wandelt sich in potenzielle Energie des Gegenstands um.

Bäumchen, wechsle dich! Die Umwandlung von kinetischer in potenzielle Energie

Gegenstände können ganz unterschiedliche Arten von potenzieller Energie besitzen. Alles, was Sie tun müssen, um potenzielle Energie zu erzeugen, ist, an dem Gegenstand Arbeit gegen irgendeine Kraft zu verrichten. Ist der Gegenstand zum Beispiel mit einer Feder verbunden, so können Sie die Feder dehnen. Eine der häufigsten Ursachen für potenzielle Energie in der Physik ist jedoch die Schwerkraft. Die potenzielle Energie eines Gegenstands der Masse m aufgrund der Erdanziehung in einer Höhe h in der Nähe der Erdoberfläche ist mgh (bezogen auf ihren Wert bei $h = 0$, wobei es Ihnen überlassen bleibt, wie Sie diesen Nullpunkt wählen).

Nehmen Sie wieder an, dass Sie eine Kanonenkugel mit einer Masse von 40 Kilogramm vom Fußboden auf ein drei Meter hohes Regal heben wollen. Leider rollt die Kugel von dem Regal herunter und fällt zielgenau in Richtung Ihrer Zehen. Aus der potenziellen Energie der Kugel auf dem Regal können Sie ausrechnen, welches Tempo die Kugel haben wird, wenn sie Ihren großen Zeh trifft. Auf dem Regal hat die Kanonenkugel eine potenzielle Energie von

$$E_{\text{pot}} = mgh = 40\ \text{kg} \cdot 9{,}8\ \text{m/s}^2 \cdot 3\ \text{m} \approx 1.180\ \text{J}.$$

Aufgrund ihrer Lage im Gravitationsfeld der Erde besitzt die Kanonenkugel eine potenzielle Energie von 1.180 Joule (relativ zu dem Wert, den sie auf dem Fußboden beziehungsweise auf Ihren Zehen hätte). Was passiert nun, während sie fällt? Ihre potenzielle Energie wird in kinetische Energie umgewandelt. Und wie schnell ist sie beim Aufschlag? Da die potenzielle Energie vollständig in kinetische Energie umgewandelt wird, können Sie die zuvor benutzte Gleichung verwenden:

$$E_{\text{pot}} = 1.180\ \text{J} \equiv E_{\text{kin}} = \frac{1}{2}mv^2.$$

(Im Abschnitt »Mit Schwung voran: Kinetische Energie« weiter vorn in diesem Kapitel wird die Gleichung für die kinetische Energie genauer erklärt.) Nun setzen Sie (möglichst schnell ...) die Zahlen ein und lösen nach der Geschwindigkeit auf. Das Ergebnis lautet

$$v = \sqrt{\frac{2E_{\text{pot}}}{m}} = \sqrt{\frac{2 \cdot 1.180\ \text{J}}{40\ \text{kg}}} = 7{,}7\ \text{m/s}.$$

Sie sehen sich also einer 40 Kilogramm schweren Kanonenkugel ausgeliefert, die gleich mit einer Geschwindigkeit von 7,67 Metern pro Sekunde auf Ihren großen Zeh treffen wird. Keine angenehme Vorstellung, oder? Höchste Zeit, den Taschenrechner auszuschalten und die Füße aus der Gefahrenzone zu bringen – wie gut, dass Sie genügend Physik beherrschen, um diese weise Entscheidung zu fällen!

Am Scheideweg: Konservative und nicht-konservative Kräfte

Kräfte, bei denen die verrichtete Arbeit unabhängig von dem genauen Weg ist, den ein Gegenstand zurücklegt, werden *konservative Kräfte* genannt. Wenn Sie einen Gegenstand im

Gravitationsfeld der Erde um 50 Meter nach oben heben, so erhöht sich seine potenzielle Energie um *mgh*, egal ob Sie die Treppe nehmen oder mit einem Hubschrauber senkrecht aufsteigen. Ganz anders sieht es bei der Reibung aus. Hier wird kinetische Energie in Wärme umgewandelt, und der eingeschlagene Weg spielt eine große Rolle: Je rauer der Untergrund und je länger der zurückgelegte Weg ist, desto mehr kinetische Energie »geht verloren«. Aus diesem Grund ist die Reibung eine nicht-konservative Kraft.

Angenommen, Sie und ein paar Freunde wollen den Feldberg im Schwarzwald mit der Höhe $h = 1.488$ Meter besteigen. Sie können entweder die schnelle direkte Route wählen oder einen landschaftlich schönen, aber längeren Weg einschlagen. Ihre Freunde nehmen den kurzen Weg, Sie den längeren – wobei Sie sich noch Zeit für ein kleines Picknick nehmen und nebenher ein paar Physikaufgaben lösen. Oben werden Sie mit »Hey, unsere potenzielle Energie ist jetzt um *mgh* größer als unten im Tal« empfangen. »Meine auch«, sagen Sie und genießen die Aussicht. Der Grund ist die (zuvor im Abschnitt »Der Kampf gegen die Schwerkraft« vorgestellte) Gleichung

$$\Delta E_{\mathrm{pot}} = mg\,(h_{\mathrm{E}} - h_{\mathrm{A}}).$$

Sie besagt nichts weiter, als dass der Weg völlig egal ist, auf dem Sie von h_{A} nach h_{E} gelangen; es zählt nur die Differenz zwischen Anfangs- und Endhöhe. Weil der im Gravitationsfeld der Erde zurückgelegte Weg nicht relevant ist, ist die Schwerkraft eine konservative Kraft.

Sie können den Unterschied zwischen konservativen und nicht-konservativen Kräften auch anders betrachten. Stellen Sie sich vor, Sie machen Urlaub in den Schweizer Alpen im Gipfelhotel auf dem Rothorn (2.288 Meter). Sie fahren den ganzen Tag umher, mit der Bahn bis zum Brienzer See (566 Meter), auf das Schwarzhorn (2.928 Meter), über die Große Scheidegg ins Tal zurück und schließlich wieder ins Hotel. Wie hat sich an diesem Tag Ihre potenzielle Energie verändert? Oder anders gefragt: Welche Arbeit hat die Schwerkraft an diesem ereignisreichen Tag an Ihnen verrichtet? Da die Gravitation eine konservative Kraft ist, ist die Änderung Ihrer potenziellen Energie ganz einfach null. Sie nehmen das Abendessen wieder auf derselben Höhe ein wie das Frühstück, daher hat sich Ihre potenzielle Energie im Gravitationsfeld der Erde nicht verändert und die Schwerkraft hat keine Arbeit an Ihnen verrichtet (von eventuellen Gewichtsveränderungen durch ein mittägliches Käsefondue einmal abgesehen).

Konservative Kräfte sind im Umgang viel angenehmer, weil sie keine Energie »verschlampen«, während Sie sich unter ihrem Einfluss bewegen. Wenn Sie am Ende an derselben Stelle wie am Anfang sind, haben Sie auch dieselbe potenzielle Energie. Wenn Sie es aber mit Kräften wie der Reibung (zu denen auch der Luftwiderstand gehört) zu tun haben, wird die Lage komplizierter. Wenn Sie einen Holzklotz über eine mit Schmirgelpapier bespannte Fläche ziehen müssen, hängt die von der Reibung verrichtete Arbeit davon ab, welchen Weg Sie auf dem Schmirgelpapier wählen. Ein doppelt so langer Weg wird für Sie doppelt so mühevoll werden, da Sie doppelt so viel Arbeit gegen die Reibung verrichten müssen. Die verrichtete Arbeit hängt vom gewählten Weg ab, weil die Reibung eine nicht-konservative Kraft ist.

Es lohnt sich, den Gedanken noch etwas weiterzuspinnen, dass Reibung eine nicht-konservative Kraft ist. Wenn Sie unter dem Einfluss von Reibungskräften einen Rundweg zurücklegen, bleibt die Summe aus kinetischer und potenzieller Energie (zusammengefasst als mechanische Energie) nicht konstant. Die Reibung bewirkt, dass mechanische Energie verloren geht und in Wärmeenergie umgewandelt wird. Die Wärmeenergie wird aber schnell in die Umgebung verteilt und kann nicht zurückgewonnen oder verwertet werden. Aus diesem und weiteren guten Gründen beschränken sich Physiker oft auf eine Analyse der mechanischen Energie.

Vorwärts, rückwärts, rundherum: Energieerhaltung

Mechanische Energie ist die Summe aus potenzieller und kinetischer Energie. Die Erhaltung der mechanischen Energie, die für konservative Kräfte gilt, erleichtert den Physikern das Leben ganz enorm. Stellen Sie sich zum Beispiel vor, dass Sie einen Achterbahnwagen an zwei unterschiedlichen Stellen auf seiner Spur sehen. An den beiden Punkten 1 und 2 ist er verschieden hoch in der Luft und besitzt verschiedene Geschwindigkeiten. Da die mechanische Energie die Summe aus potenzieller (Masse mal Gravitationsbeschleunigung mal Höhe) und kinetischer Energie (halbe Masse mal Quadrat der Geschwindigkeit) ist, beträgt die gesamte mechanische Energie an Punkt 1

$$W_1 = mgh_1 + \frac{1}{2}mv_1^2.$$

Entsprechend ist an Punkt 2

$$W_2 = mgh_2 + \frac{1}{2}mv_2^2.$$

Wie groß ist der Unterschied zwischen W_1 und W_2? Wenn Reibung oder andere nicht-konservative Kräfte vorhanden sind, ist die Differenz gerade die von den nicht-konservativen Kräften an dem Wagen verrichtete Arbeit W_{nk}

$$W_1 - W_2 = W_{nk}.$$

Wenn keine nicht-konservativen Kräfte vorliegen, können diese auch keine Arbeit verrichten und entsprechend ist $W_{nk} = 0$. Folglich ist in diesem Fall

$$W_2 = W_1$$

oder

$$mgh_1 + \frac{1}{2}mv_1^2 = mgh_2 + \frac{1}{2}mv_2^2.$$

Diese Gleichungen beschreiben das Prinzip der *Erhaltung der mechanischen Energie*. Dieses Prinzip besagt, dass die mechanische Energie eines Gegenstands erhalten bleibt (sich also nicht verändert), solange die von nicht-konservativen Kräften an ihm verrichtete Arbeit null ist. Diese Gleichungen bedeuten nicht, dass die beiden Wagen die gleiche kinetische und potenzielle Energie haben. Vielmehr besagen sie, dass derjenige Teil, den der eine Wagen mehr an potenzieller Energie hat, beim anderen Wagen in kinetische Energie umgewandelt ist, sodass die Gesamtsumme erhalten bleibt.

 Um die Erhaltung der mechanischen Energie auszudrücken, können Sie auch einfach feststellen, dass an zwei Punkten 1 und 2 die Beziehung

$$E_{\text{pot},1} + E_{\text{kin},1} = E_{\text{pot},2} + E_{\text{kin},2}$$

gelten muss.

Noch einfacher wird es, wenn Sie schreiben

$$E_1 = E_2,$$

wobei E_1 beziehungsweise E_2 die gesamte mechanische Energie an dem jeweiligen Punkt bedeutet. Mit anderen Worten: Solange nicht-konservative Kräfte keine Rolle spielen und keine Arbeit verrichtet wird, besitzt ein Gegenstand immer dieselbe Gesamtenergie.

 Interessant ist, dass Sie in der vorherigen Gleichung die Masse m herauskürzen können. Das bedeutet, dass Sie eine der vier Energien berechnen können, sofern Sie die anderen drei kennen:

$$gh_1 + \frac{1}{2}v_1^2 = gh_2 + \frac{1}{2}v_2^2.$$

Indem Sie die Gleichung nach der entsprechenden Größe auflösen, können Sie auch die Werte einzelner Variablen berechnen, etwa einer Höhe oder einer Geschwindigkeit.

Wie im freien Fall

»So ein Job als Achterbahn-Testfahrer ist schon eine heikle Angelegenheit«, sagen Sie, während Sie sich in einem Wagen der neuen Höllenexpress-Bahn im Physik-Vergnügungspark festschnallen, »aber irgendjemand muss es ja machen.« Die Helfer schließen Ihre Kabine und los geht's – auf der völlig reibungsfreien Spur 400 Meter in die Tiefe! Leider gibt Ihr Tachometer auf halber Strecke den Geist auf. Woher sollen Sie jetzt wissen, wie schnell Sie unten angekommen sind? Kein Problem – die Erhaltung der mechanischen Energie hilft Ihnen. Da die mechanische Energie eines Gegenstands unverändert bleibt, solange keine nicht-konservativen Kräfte wirken (und die Bahn reibungsfrei ist), gilt

$$mgh_1 + \frac{1}{2}mv_1^2 = mgh_2 + \frac{1}{2}mv_2^2.$$

Diese Gleichung können Sie noch vereinfachen. Die Anfangsgeschwindigkeit Ihres Wagens war null, die Höhe am Ende ist ebenfalls null, und Sie können beide Seiten der Gleichung durch m dividieren. Das gibt

$$gh_1 = \frac{1}{2}v_2^2.$$

Das sieht doch schon viel besser aus. Auflösen nach v_2 ergibt

$$v_2 = \sqrt{2gh_1} = \sqrt{2 \cdot 9{,}8 \ \text{m/s}^2 \cdot 400\,\text{m}} = 89\,\text{m/s}.$$

Der Wagen kommt also mit 89 Metern pro Sekunde oder etwa 320 Kilometern pro Stunde unten an – das sollte selbst für Adrenalinjunkies reichen!

Hoch hinaus

Außer der Endgeschwindigkeit eines Gegenstands können Sie über die Erhaltung der mechanischen Energie auch die Endhöhe einer Bewegung ausrechnen. Zum Beispiel schwingt sich gerade jetzt Tarzan an einer Liane mit einer Geschwindigkeit von 13 Metern pro Sekunde über einen Fluss. Er muss das gegenüberliegende Ufer neun Meter über seiner jetzigen Position erreichen – kann er das schaffen? Die Erhaltung der mechanischen Energie gibt die Antwort:

$$mgh_1 + \frac{1}{2}mv_1^2 = mgh_2 + \frac{1}{2}mv_2^2.$$

Am Ende seines Schwungs ist seine Geschwindigkeit v_2 gleich null. Wenn Sie nun einfach $h_1 = 0$ m setzen, so bekommen Sie einen Zusammenhang zwischen v_1 und h_2:

$$\frac{1}{2}v_1^2 = gh_2.$$

Das heißt also,

$$h_2 = \frac{v_1^2}{2g} = \frac{(13\ \text{m/s})^2}{2 \cdot 9{,}8\,\text{m/s}^2} = 8{,}6\ \text{m}.$$

Tarzan werden also 0,4 Meter fehlen, um das gegenüberliegende Ufer zu erreichen. Pech für ihn!

Arbeite schneller, die Leistung zählt!

Manchmal ist es nicht nur wichtig, dass eine Arbeit getan wird, sondern auch, *wie schnell* sie getan wird. (Fragen Sie mal Ihren Chef!) Die Geschwindigkeit, mit der eine Arbeit verrichtet wird, wird durch die Leistung ausgedrückt. In der Physik ist Leistung einfach die verrichtete Arbeit geteilt durch die dafür benötigte Zeit. Als Gleichung sieht das so aus:

$$P = \frac{W}{t}.$$

Stellen Sie sich vor, Sie hätten zwei Rennboote und wollten wissen, mit welchem Sie schneller eine Geschwindigkeit von 120 Kilometern pro Stunde erreichen. Wenn Sie lästige Details wie Reibung oder Spritpreise ignorieren, brauchen Sie bei beiden Booten dieselbe Arbeit, um diese Geschwindigkeit zu erreichen. Die Frage ist nur, wie lange das dauert. Wenn das eine Boot dafür drei Wochen braucht, wollen Sie dieses Modell wohl kaum beim nächsten Rennen einsetzen. Mit anderen Worten, es macht einen großen Unterschied, in welcher Zeit die Arbeit verrichtet wird.

Wenn die zu einem bestimmten Zeitpunkt verrichtete Arbeit sich laufend ändert, interessieren Sie sich vor allem für die mittlere Leistung über eine gewisse Zeit t. In der Physik schreibt man Mittelwerte häufig mit einem Querstrich über dem entsprechenden Symbol, so wie hier für die mittlere Leistung:

$$\overline{P} = \frac{W}{t}.$$

Bevor Sie gleich ins Boot steigen, sollten Sie sich aber noch kurz mit den Einheiten vertraut machen, mit denen Sie es zu tun haben werden.

Leistung messen

Leistung ist Arbeit geteilt durch Zeit, folglich ist die Einheit der Leistung Joule pro Sekunde. Diese Einheit hat einen eigenen Namen – Watt –, der Ihnen vermutlich sehr vertraut vorkommt: Er steht bei jedem Elektrogerät auf einem Schildchen. Die Abkürzung für Watt ist W. Eine 10-Watt-LED hat also eine Leistung von 10 Watt, das heißt, sie leistet jede Sekunde eine Arbeit von 1 Joule.

Gelegentlich stößt man in der Physik auf Konflikte bei Bezeichnungen, wie bei W für Arbeit oder W als Symbol für die Einheit Watt. Oft lassen sich diese Probleme lösen, indem man konsequent kursive Symbole für Variablen wie W verwendet und immer aufrechte Symbole für Einheiten. In der Regel hilft aber auch der Kontext, Zweideutigkeiten zu vermeiden.

Da die Arbeit ebenso wie die Zeit eine skalare Größe ist (siehe Kapitel 4), ist auch die Leistung ein Skalar. Eine andere, früher oft verwendete Einheit für die Leistung (vor allem bei Autos und Motorrädern) ist die *Pferdestärke* (PS). Eine Pferdestärke entspricht 735,5 Watt (1.000 W = 1,36 PS).

So, nun lassen Sie uns aber wieder etwas berechnen! Sie sind in einem Pferdeschlitten auf dem Weg zum Haus Ihrer Großmutter. An einer Stelle beschleunigt das Pferd den 500 Kilogramm schweren Schlitten innerhalb von zwei Sekunden von einer Geschwindigkeit von einem Meter pro Sekunde auf eine Geschwindigkeit von zwei Metern pro Sekunde. Welche Leistung erbringt es dabei? Sie vernachlässigen die Reibung auf dem Schnee (glatt genug ist es ja) und erhalten für die verrichtete Arbeit

$$W = \frac{1}{2}mv_2^2 - \frac{1}{2}mv_1^2.$$

Einsetzen der Zahlenwerte gibt

$$W = \frac{1}{2} \cdot 500\,\text{kg} \cdot (2\,\text{m/s})^2 - \frac{1}{2} \cdot 500\,\text{kg} \cdot (1\,\text{m/s})^2$$
$$= 1.000\,\text{J} - 250\,\text{J} = 750\,\text{J}.$$

Diese Arbeit verrichtet das Pferd in einer Sekunden; dabei erbringt es eine Leistung von

$$P = \frac{750\,\text{J}}{1\,\text{s}} = 750\,\text{W}.$$

Das Pferd leistet also ungefähr eine Pferdestärke – was für eine Überraschung!

Was Leistung sonst noch bedeutet

Da Arbeit gleich Kraft mal Weg ist, können Sie die Gleichung für die Leistung auch auf eine andere Weise schreiben (unter der Annahme, dass die Kraft in Bewegungsrichtung wirkt):

$$P = \frac{W}{t} = \frac{Fs}{t}.$$

Hier ist s wieder der zurückgelegte Weg. Die Geschwindigkeit eines Gegenstands ist aber gerade gleich dem zurückgelegten Weg geteilt durch die dafür benötigte Zeit, also wird aus der Gleichung

$$P = \frac{W}{t} = \frac{Fs}{t} = Fv.$$

Das ist interessant – Leistung soll gleich Kraft mal Geschwindigkeit sein? Genau so ist es. Da in der Praxis aber meist auch Beschleunigungen im Spiel sind, sollte diese Gleichung lieber mithilfe der mittleren Leistung und der mittleren Geschwindigkeit formuliert werden:

$$\overline{P} = F\overline{v}.$$

Aufgabe 8.1

Wie groß ist die Geschwindigkeit eines ursprünglich stehenden Autos mit einer Masse von 1.250 kg, wenn Sie bei einer gleichmäßigen Beschleunigung eine Arbeit von 270 kJ verrichten?

Aufgabe 8.2

Angenommen, Sie wollen einen Stein, der 120 kg wiegt, in einer Sekunde auf eine Höhe von 1,5 m anheben. Welche Leistung müssen Sie aufwenden?

Aufgabe 8.3

Ein Fußballer mit einem Gewicht von 70 kg beschleunigt in 3 Sekunden von 4 m/s auf 7 m/s. Welche Leistung ist erforderlich?

Kapitel 9

Schwungvoll: Impuls und Kraftstoß

I n diesem Kapitel geht es um etwas, das Ihnen im Straßenverkehr ständig über den Weg läuft: Impuls und Kraftstoß. Beide sind wichtige Größen in der *Kinematik*, der Untersuchung von bewegten Gegenständen. Wenn Sie mit diesen Begriffen vertraut sind, können Sie physikalisch beschreiben, wie ein Blechschaden entsteht (und wie er sich vermeiden lässt). Manchmal prallen zwei Stoßpartner bei einer Kollision voneinander ab (ein Tennisball von einem Tennisschläger), während sie in anderen Fällen zusammenbleiben (ein Dartpfeil auf der Scheibe). Mit dem Wissen über Impuls und Kraftstoß aus diesem Kapitel können Sie all diese Fälle verstehen und beschreiben.

Rempelei: Der Kraftstoß

Stellen Sie sich vor, Sie spielen Poolbillard. Sie wissen instinktiv, wie stark Sie eine Kugel spielen müssen, damit sie das macht, was Sie von ihr wollen. Die 9 in das Loch rechts hinten? Kein Problem; ein kleiner Stoß und schon verschwindet sie im Loch. Die 3 über zwei Banden in die andere Ecke? Auch kein Problem – wieder ein kleiner Stoß, diesmal etwas stärker, und weg ist die Kugel …

Die Stöße, die Sie den Kugeln geben, nennt man in der Physik *Kraftstöße*. Betrachten Sie die Vorgänge bei einem solchen Stoß einmal auf einer Zeitskala von einigen Millisekunden. In Abbildung 9.1 sehen Sie die Kraft, die Sie mit dem Queue auf die Kugel ausüben; da die Spitze des Queues etwas gepolstert ist, verteilt sich der Stoß über ein paar Millisekunden.

Insgesamt dauert der Stoß von dem Moment t_A, an dem das Queue die Kugel zum ersten Mal berührt, bis zu dem Moment t_E, an dem der Kontakt zwischen Queue und Kugel endet. Wie Sie aus Abbildung 9.1 erkennen, ändert sich die Kraft auf die Kugel während dieses Zeitraums – bisweilen sogar dramatisch. Wenn Sie herausfinden wollten, wie groß die Kraft zu einem bestimmten Zeitpunkt während des Stoßes genau ist, dann hätten Sie eine ziemlich harte Nuss zu knacken.

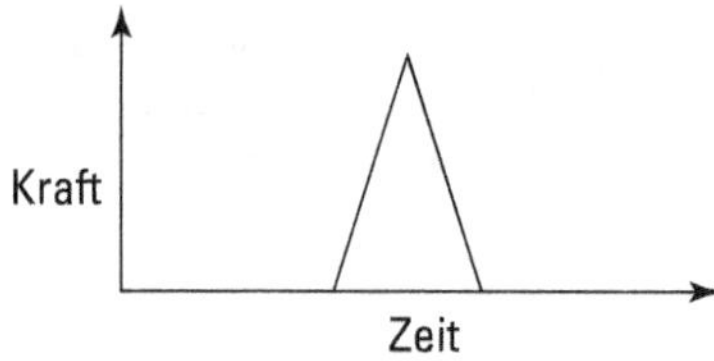

Abbildung 9.1: Aus dem zeitlichen Verlauf der Kraft während eines Stoßes erhält man den Kraftstoß.

Da Sie heute weder Lust noch Zeit für derartig harte Nüsse haben, tun Sie das, was Physiker in solchen Situationen immer tun: Sie beschreiben das Geschehen mithilfe der mittleren Kraft während des Zeitintervalls $\Delta t = t_E - t_A$. In Abbildung 9.2 ist die mittlere Kraft während dieses Intervalls eingezeichnet. Den Stoß, den Sie als Billardspieler der Kugel verpassen, können Sie jetzt physikalisch beschreiben, indem Sie sagen, dass der Kraftstoß durch das Queue gleich der mittleren ausgeübten Kraft mal der Zeit ist, in der diese mittlere Kraft wirkt, also

$$\text{Kraftstoß} = \overline{F}\,\Delta t.$$

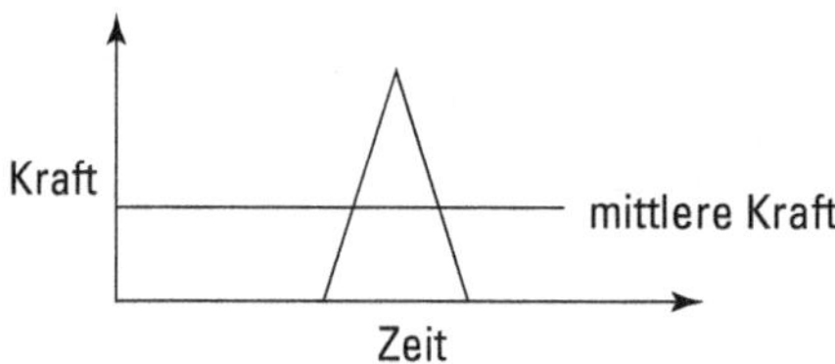

Abbildung 9.2: Die mittlere Kraft hängt von der Dauer ab, für die Sie die Kraft ausüben.

Obwohl die Symbole hier nicht fett geschrieben sind, ist das eine Vektorgleichung (siehe Kapitel 4). Der Kraftstoß ist ein Vektor, der in dieselbe Richtung zeigt wie die mittlere Kraft (die wiederum eine Vektorsumme aus verschiedenen einzelnen Kräften sein kann).

Bei der Berechnung des Kraftstoßes werden Newtons mit Sekunden multipliziert, also ist die Einheit des Kraftstoßes im MKS-System Newtonsekunden; sie besitzt keinen eigenen Namen.

Impulse geben

Wenn Sie auf einen Gegenstand einen Kraftstoß ausüben, verändern Sie unter Umständen seinen Bewegungszustand. Aber was bedeutet das genau? Es bedeutet, dass Sie den *Impuls* des Gegenstands ändern. Sie haben den Begriff Impuls sicher schon gehört – in der Physik ist der Impuls proportional zur Geschwindigkeit und zur Masse eines Gegenstands. Genauer gesagt ist der Impuls genau das Produkt aus Masse und Geschwindigkeit. Der Impuls ist ein außerordentlich wichtiges Konzept. Er spielt in den Anfängervorlesungen eine ebenso große Rolle wie in sehr speziellen Gebieten wie der Teilchenphysik (wo Teilchen mit sehr großen Geschwindigkeiten zusammenstoßen und neue Teilchen entstehen). Ohne den Impuls geht gar nichts.

Auch wenn Sie mit der Physik von Impulsen noch nicht recht vertraut sind, ist Ihnen der grundlegende Gedanke sicher bekannt. Es ist verdammt schwierig, ein Auto zu stoppen, das einen steilen Berg hinunterrollt; der Grund ist, dass das Auto einen großen Impuls besitzt. Wenn das Auto ungebremst auf Sie zufährt, ist es sicher keine gute Idee, einfach stehen zu bleiben und es mit der Hand anhalten zu wollen – es sei denn, Sie sind entweder Superman oder ein Blauwal. Da das Auto einen großen Impuls besitzt, ist eine sehr große Kraft nötig, um es schnell anzuhalten.

Das Gleiche gilt für einen Öltanker. So ein Tanker enthält gewaltige Mengen an Öl und ist daher ungeheuer schwer. Entsprechend reicht die Kraft, die seine Schiffsschrauben ausüben können, nicht aus, um ihn zügig anzuhalten. Der Bremsweg bei einer »Vollbremsung« kann bei einem voll beladenen Tanker daher schon einmal 30 Kilometer lang sein. Auch hieran ist der Impuls schuld.

 Je größer die bewegte Masse (Öltanker!), desto größer ist der Impuls. Und je schneller eine Masse sich bewegt, desto größer ist ihr Impuls. (Stellen Sie sich einen ganz schnellen Öltanker vor ...) Meist verwendet man p als Symbol für den Impuls; also ist

$$p = mv.$$

Der Impuls ist ein Vektor. Das heißt, er besitzt einen Betrag und eine Richtung (siehe Kapitel 4). Da der Impulsvektor immer in dieselbe Richtung wie die Geschwindigkeit zeigt, müssen Sie nur die Geschwindigkeit mit der (skalaren) Masse eines Gegenstands multiplizieren, um dessen Impuls zu berechnen. Die Einheit des Impulses ist folglich Kilogramm mal Meter pro Sekunde.

Warum steht p für den Impuls?

Warum verwenden Physiker ausgerechnet ein p für den Impuls? Etwa, weil in dem Wort ein »p« vorkommt? Irgendwie ist das nicht ganz logisch. Es scheint keinen besonderen Grund dafür zu geben, und auch keiner der Physiker, die ich gefragt habe, konnte mir je eine Erklärung dafür geben. Alle haben sich daran gewöhnt, wie an die Sommerzeit, ohne groß nach einer Begründung zu fragen. Vielleicht ist die beste Erklärung, dass alle anderen infrage kommenden Buchstaben schon vergeben waren; das I zum Beispiel wird schon für den elektrischen Strom verwendet.

Der Zusammenhang zwischen Impuls und Kraftstoß

Der Kraftstoß, den Sie auf einen Gegenstand ausüben – beispielsweise indem Sie eine Billardkugel mit dem Queue anstoßen –, hängt direkt mit der Änderung des Impulses dieses Gegenstands zusammen. Die Verbindung ist leicht herzustellen, wenn Sie die Gleichungen für Impuls und Kraftstoß jeweils etwas umformen und vereinfachen. Welche Gleichungen aus der Werkzeugkiste der Physik könnten Ihnen helfen, diesen Zusammenhang herzustellen? Die Beziehung zwischen Kraft und Geschwindigkeit ist ein guter Anfang. Bekanntlich ist Kraft gleich Masse mal Beschleunigung (siehe Kapitel 5), und die Definition der mittleren Beschleunigung ist

$$a = \frac{\Delta v}{\Delta t} = \frac{v_{\mathrm{E}} - v_{\mathrm{A}}}{t_{\mathrm{E}} - t_{\mathrm{A}}},$$

wobei v für die Geschwindigkeit und t für die Zeit steht. Nun multiplizieren Sie mit der Masse, um die Kraft zu erhalten; damit sind Sie Ihrem Ziel schon ein gutes Stück näher gekommen:

$$F = ma = m\frac{\Delta v}{\Delta t} = m\frac{v_{\mathrm{E}} - v_{\mathrm{A}}}{t_{\mathrm{E}} - t_{\mathrm{A}}}.$$

Jetzt haben Sie die Kraft in der Gleichung stehen. Um den Kraftstoß zu bekommen, multiplizieren Sie noch mit dem Zeitintervall Δt, in dem diese Kraft wirkt:

$$F \cdot \Delta t = ma\,\Delta t = m\,\Delta v\frac{\Delta t}{\Delta t} = m(v_{\mathrm{E}} - v_{\mathrm{A}}).$$

Nun lehnen Sie sich zurück und betrachten den Ausdruck $m(v_{\mathrm{E}} - v_{\mathrm{A}})$ genauer. Der Impuls ist – wie gesagt – gleich mv, daher ist dieser Ausdruck gerade der Unterschied zwischen dem anfänglichen Impuls p_{A} und dem Endimpuls p_{E} vor und nach dem Stoß: $p_{\mathrm{E}} - p_{\mathrm{A}} = \Delta p$. Also lautet die vorige Gleichung vollständig

$$F \cdot \Delta t = p_{\mathrm{E}} - p_{\mathrm{A}} = \Delta p.$$

Der Ausdruck $F \cdot \Delta t$ auf der linken Seite ist aber gerade der Kraftstoß (siehe den Abschnitt »Rempelei: Der Kraftstoß« weiter vorn in diesem Kapitel), das heißt die Kraft, die auf den Gegenstand ausgeübt wurde, multipliziert mit der Zeitspanne, in der die Kraft ausgeübt wurde. Also können Sie für diese Gleichung auch ausführlich schreiben:

$$\text{Kraftstoß} = F \cdot \Delta t = ma\,\Delta t = m\,\Delta v = m(v_{\mathrm{E}} - v_{\mathrm{A}}) = \Delta p.$$

Wenn Sie nun noch die Details in der Mitte dieser Gleichung weglassen, steht da einfach

$$\text{Kraftstoß} = \Delta \boldsymbol{p}.$$

Der Kraftstoß ist gleich der Änderung des Impulses.

Die beiden folgenden Abschnitte zeigen Ihnen einige Beispiele für die Anwendung dieser Gleichung.

Noch einmal Poolbillard: Kraftstoß und Impuls

Die Gleichung Kraftstoß $= \Delta \boldsymbol{p}$ (siehe den vorigen Abschnitt) liefert Ihnen einen Zusammenhang zwischen dem Kraftstoß, den Sie auf einen Gegenstand ausüben, und der daraus resultierenden Änderung seines Impulses. Das können Sie gleich bei Ihrem nächsten Billardabend in der Praxis anwenden ... Der nächste Stoß wird über das Spiel entscheiden. Sie schätzen, dass das Ende des Queues für etwa fünf Millisekunden (eine Millisekunde ist eine Tausendstelsekunde) im Kontakt mit der Kugel sein wird. Welchen Impuls muss die Kugel haben, damit sie sauber von der Bande abprallt und im Eckloch landet?

Sie wiegen schnell nach: Die Masse der Kugel ist 200 Gramm (0,2 Kilogramm). Die Prüfung der Bande ist etwas aufwendiger; nach ausführlichen Untersuchungen mit Pinzette, Schieblehre und Taschenspektroskop stellen Sie aber fest, dass der Ball die Bande mit einer Geschwindigkeit von 20 Metern pro Sekunde treffen muss. Mit welcher mittleren Kraft müssen Sie nun den Ball treffen? Dazu rechnen Sie aus, welchen Kraftstoß Sie dem Ball versetzen müssen. Den Kraftstoß bekommen Sie wiederum aus der Impulsänderung des Balls:

$$\text{Kraftstoß} = \Delta p = p_{\text{E}} - p_{\text{A}}.$$

Wie groß ist die Impulsänderung? Sie wollen dem Ball eine Geschwindigkeit von 20 Metern pro Sekunde geben. Da er in Ruhe startet, ist die Änderung seines Impulses

$$\Delta p = p_{\text{E}} - p_{\text{A}} = m(v_{\text{E}} - v_{\text{A}}) = m v_{\text{E}}.$$

Einsetzen der Zahlenwerte ergibt

$$\Delta p = m v_{\text{E}} = 0,2 \,\text{kg} \cdot 20 \,\text{m/s} = 4 \,\text{kg} \cdot \text{m/s}.$$

Für den Kraftstoß $= F \cdot \Delta t$ (siehe den Abschnitt »Rempelei: Der Kraftstoß« weiter vorn in diesem Kapitel) heißt das

$$F \cdot \Delta t = p_E - p_A = m(v_{\text{E}} - v_{\text{A}}) = 0,2 \,\text{kg} \cdot (20 - 0) \,\text{m/s} = 4 \,\text{kg} \cdot \text{m/s}.$$

Also gilt für die Kraft, die Sie ausüben müssen,

$$F = \frac{4 \,\text{kg} \cdot \text{m/s}}{\Delta t}.$$

Die Zeit Δt in dieser Gleichung ist die Zeit, für die das Queue mit der Kugel in Kontakt ist, also fünf Millisekunden oder $5 \cdot 10^{-3}$ Sekunden. Wenn Sie das einsetzen, bekommen Sie das Ergebnis

$$F = \frac{4\,\text{kg} \cdot \text{m/s}}{5 \cdot 10^{-3}\,\text{s}} = 800\ \text{N}.$$

Sie müssen also mit einer Kraft von 800 Newton stoßen – das sieht auf den ersten Blick eher nach »Hau den Lukas« als nach Billard aus. Allerdings üben Sie diese Kraft nur für eine Zeit von fünf Millisekunden aus; es ist also nicht so schlimm, wie es scheint.

Kraftvoll durch den Regen

Nach Ihrem grandiosen Sieg im Billard-Café wollen Sie nach Hause gehen. Dabei bemerken Sie, dass es regnet. Also holen Sie Ihren Schirm aus dem Auto und spannen ihn auf. Der ungeheuer praktische digitale Regenmesser an dem Schirm zeigt an, dass pro Sekunde 100 Gramm Wasser mit einer durchschnittlichen Geschwindigkeit von zehn Metern pro Sekunde auf den Schirm auftreffen. Sie fragen sich, welche Kraft Sie brauchen, um den Schirm (der selbst eine Masse von einem Kilogramm hat – solide Konstruktion!) nach oben in den Regen zu halten.

Bei trockenem Wetter ist das kein Problem für Sie – Sie multiplizieren einfach die Masse des Schirms mit der Erdbeschleunigung, also $1\,\text{kg} \cdot 9{,}8\,\text{m/s}^2 = 9{,}8\,\text{N}$. Aber was ist mit dem Regen, der jetzt auf Ihren Schirm prasselt? Selbst wenn Sie davon ausgehen, dass das Wasser sofort von dem Schirm abläuft, können Sie nicht einfach das Gewicht des Wassers zu dem des Schirms addieren, da der Regen ja mit einer Geschwindigkeit von zehn Metern pro Sekunde auf dem Schirm ankommt; das Wasser besitzt also einen *Impuls*. Was können Sie nun machen? Sie wissen, dass in jeder Sekunde 100 Gramm oder 0,1 Kilogramm Wasser mit einer vertikalen Geschwindigkeit von zehn Metern pro Sekunde auf dem Schirm landen. Beim Auftreffen auf den Schirm werden die Regentropfen auf eine vertikale Geschwindigkeit von null abgebremst, also ist die gesamte Impulsänderung pro Sekunde

$$\Delta p = m\,\Delta v.$$

Sie setzen die Zahlenwerte ein und erhalten

$$\Delta p = m\,\Delta v = 0{,}1\ \text{kg} \cdot 10\ \text{m/s} = 1\ \text{kg} \cdot \text{m/s}.$$

Die Impulsänderung des Regens bei Auftreffen auf den Regenschirm beträgt also $1\,\text{kg·m/s}$. Daraus können Sie ohne Weiteres die zugehörige Kraft berechnen. Sie wissen, dass

$$\text{Kraftstoß} = F \cdot \Delta t = \Delta p$$

ist. Wenn Sie nun beide Seiten der Gleichung durch Δt teilen, bekommen Sie für die Kraft

$$F = \frac{\Delta p}{\Delta t}.$$

Sie wissen bereits, dass $\Delta p = 1\,\text{kg·m/s}$ ist, folglich müssen Sie das nur noch einsetzen:

$$F = \frac{\Delta p}{\Delta t} = \frac{1\ \text{kg} \cdot \text{m/s}}{1\ \text{s}} = 1\,\text{kg} \cdot \text{m/s}^2 = 1\,\text{N}.$$

Zusätzlich zu den 9,8 Newton für das Gewicht des Schirms müssen Sie ein weiteres Newton aufbringen, um den auf den Schirm prasselnden Regen abzubremsen. Insgesamt brauchen Sie also eine Kraft von etwa 11 Newton.

Der schwierige Teil bei der Bestimmung der Kraft ist das Messen der sehr kurzen Zeit eines Stoßes, zum Beispiel wenn Sie die Billardkugel mit dem Queue anstoßen. Sie können die Zeit Δt aber aus den Gleichungen eliminieren und bekommen so eine praktischere Form, die Sie im nächsten Abschnitt kennenlernen.

Impulserhaltung

Das Prinzip der *Impulserhaltung* besagt, dass in einem von der Umwelt abgeschlossenen System ohne äußere Kräfte der anfängliche Impuls aller Gegenstände vor einer Kollision gleich dem Endimpuls aller Gegenstände nach der Kollision ist: $p_E = p_A$. Das ist wahrscheinlich die wichtigste und nützlichste Aussage in diesem Kapitel.

Die Physik der Kraftstöße ist ein schwieriges Thema, weil dabei so kurze Zeiten vorkommen und die Kräfte während des Stoßes auch noch variieren. Erst die Einschränkung, dass keine äußeren Kräfte wirken, führt zu einem praktisch anwendbaren Prinzip. Dadurch verschwinden zwei schwer messbare Störenfriede – die Kraft und die Dauer des Kraftstoßes – komplett aus der Gleichung. Stellen Sie sich zum Beispiel vor, Sie treffen sich mit einem Freund, um sich im Autoscooter zu vergnügen. Natürlich nehmen Sie ihn gleich aufs Korn und prallen frontal auf seinen Wagen. Während des Zusammenstoßes ist F_{12} die mittlere Kraft, die sein Wagen (Wagen 2) auf Ihren Wagen (Wagen 1) ausübt. Also gilt für Ihren Wagen

$$F_{12} \cdot \Delta t = \Delta p_1 = m_1 \cdot \Delta v_1 = m_1(v_{E1} - v_{A1}).$$

Wenn die Kraft, die Ihr Wagen auf seinen Wagen ausübt, gleich F_{21} ist, gilt außerdem

$$F_{21} \cdot \Delta t = \Delta p_2 = m_2 \cdot \Delta v_2 = m_2(v_{E2} - v_{A2}).$$

Diese beiden Gleichungen addieren Sie jetzt und bekommen so

$$F_{12} \cdot \Delta t + F_{21} \cdot \Delta t = \Delta p_1 + \Delta p_2 = m_1(v_{E1} - v_{A1}) + m_2(v_{E2} - v_{A2}).$$

Das ordnen Sie noch etwas um; das Ergebnis ist dann

$$F_{12} \cdot \Delta t + F_{21} \cdot \Delta t = (m_1 v_{E1} + m_2 v_{E2}) - (m_1 v_{A1} + m_2 v_{A2}).$$

Das ist interessant, da $m_1 v_{A1} + m_2 v_{A2}$ der anfängliche Gesamtimpuls der beiden Autos vor dem Stoß ist, also $p_{1A} + p_{2A}$. Dagegen ist $m_1 v_{E1} + m_2 v_{E2}$ der Gesamtimpuls der beiden Autos nach dem Stoß. Also können Sie diese Gleichung auch in der Form

$$F_{12} \cdot \Delta t + F_{21} \cdot \Delta t = (p_{E1} + p_{E2}) - (p_{A1} + p_{A2})$$

schreiben. Wenn Sie den anfänglichen Gesamtimpuls als p_A und den Gesamtimpuls am Ende als p_E schreiben, wird daraus

$$F_{12} \cdot \Delta t + F_{21} \cdot \Delta t = p_E - p_A.$$

Wie geht es nun weiter? Sie addieren die beiden Kräfte $F_{12} + F_{21}$ zur resultierenden Kraft $\sum F$:

$$\Sigma F \cdot \Delta t = p_\mathrm{E} - p_\mathrm{A}.$$

Wenn Sie ein sogenanntes *abgeschlossenes* System betrachten, müssen Sie sich nicht mit äußeren Kräften herumschlagen. Das gilt zum Beispiel im Weltraum. Wenn zwei Raumschiffe im Weltraum zusammenstoßen, existieren keine relevanten äußeren Kräfte, sodass aus dem dritten newtonschen Gesetz (siehe Kapitel 5) $F_{12} = -F_{21}$ folgt. Mit anderen Worten, in abgeschlossenen Systemen ist

$$0 = \Sigma F \cdot \Delta t = p_\mathrm{E} - p_\mathrm{A}$$

oder

$$p_\mathrm{E} = p_\mathrm{A}.$$

Die Gleichung $p_\mathrm{E} = p_\mathrm{A}$ sagt aus, dass in einem abgeschlossenen System ohne äußere Kräfte der Gesamtimpuls vor einem Stoß gleich dem Gesamtimpuls nach einem Stoß ist. Das ist das Prinzip der Impulserhaltung.

Geschwindigkeit im Griff: Impulserhaltung in der Praxis

Sie können die Impulserhaltung beispielsweise verwenden, um Geschwindigkeiten zu bestimmen. Stellen Sie sich dazu vor, dass Sie bei einem Spaziergang an einem zugefrorenen See vorbeikommen, auf dem gerade ein Eishockeyspiel ausgetragen wird. Sie sehen, wie ein Spieler mit einer Geschwindigkeit von 11 Metern pro Sekunde auf einen anderen Spieler prallt, der sich zu dem Zeitpunkt nicht bewegt hatte. Gebannt beobachten Sie, wie das Spielerknäuel über das Eis rutscht, und fragen sich, wie schnell die beiden jetzt wohl sind. Von Zuschauern erfahren Sie, dass beide Spieler je 100 Kilogramm wiegen.

Die beiden Spieler bilden ein abgeschlossenes System (siehe vorigen Abschnitt), sofern Reibungskräfte vernachlässigt werden. Die Spieler üben zwar eine nach unten gerichtete Kraft auf das Eis aus, die aber durch die nach oben gerichtete Normalkraft (siehe Kapitel 6) ausgeglichen wird, sodass die Vektorsumme dieser Kräfte null ist.

Wegen der Impulserhaltung wissen Sie, dass

$$p_\mathrm{E} = p_\mathrm{A}$$

sein muss. Da sich das Opfer der Aktion anfänglich nicht bewegt, erhalten Sie den Anfangsimpuls aus der Geschwindigkeit und der Masse des angreifenden Spielers:

$$p_\mathrm{A} = m_1 v_{\mathrm{A}1}.$$

Am Ende ist der Impuls durch die Geschwindigkeit beider Spieler und der Summe ihrer Massen gegeben, also

$$p_E = (m_1 + m_2)v_E.$$

Diese beiden Formeln dürfen Sie wegen der Impulserhaltung gleichsetzen. Wenn Sie das Ergebnis nach der Endgeschwindigkeit auflösen, erhalten Sie

$$v_E = \frac{m_1 v_{A1}}{m_1 + m_2}.$$

Durch Einsetzen der Zahlenwerte bekommen Sie

$$v_E = \frac{m_1 v_{A1}}{m_1 + m_2} = \frac{100 \text{ kg} \cdot 11 \text{ m/s}}{(100 + 100) \text{ kg}} = 5{,}5 \text{ m/s}.$$

Die Geschwindigkeit der beiden Spieler ist also halb so groß wie die des Angreifers zu Beginn. Das überrascht Sie vermutlich nicht, da am Ende gerade die doppelte Masse in Bewegung ist, und da der Impuls dabei erhalten bleibt, muss die Geschwindigkeit gerade halb so groß sein. Sehr schön – das halten Sie gleich in Ihrem Notizbuch fest.

Impulserhaltung und Schussgeschwindigkeit

Die Impulserhaltung ist auch eine praktische Sache, wenn Sie Geschwindigkeiten bestimmen wollen, die so hoch sind, dass eine normale Stoppuhr überfordert ist. Eines Tages kommt zum Beispiel der Chef eines großen Herstellers von Jagdgewehren zu Ihnen und fragt Sie um Rat, weil er die Schussgeschwindigkeit der Kugeln ermitteln will, die aus seinen Gewehren abgefeuert werden. Seine Leute schaffen es einfach nicht, die Geschwindigkeit mithilfe von Stoppuhren zu messen. Sie denken sich, dass da sicher ein fettes Honorar winkt … Was können Sie tun? Sie entscheiden sich für eine Anordnung, wie sie in Abbildung 9.3 gezeigt ist. Dabei schießen Sie eine Kugel der Masse m auf einen Holzblock der Masse M.

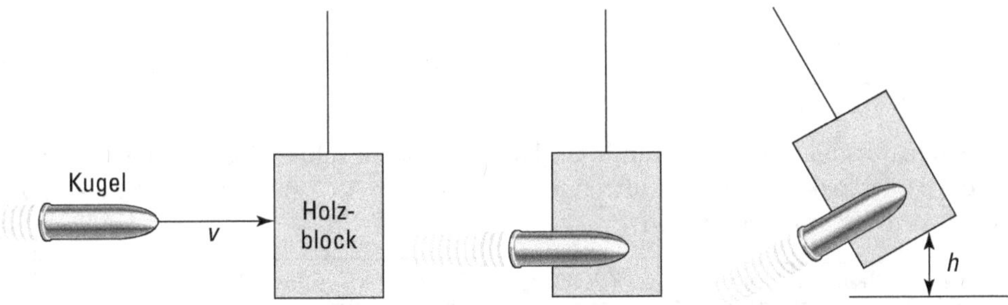

Abbildung 9.3: Um die Geschwindigkeit eines Geschosses zu bestimmen, können Sie es auf einen großen, an einer Schnur aufgehängten Holzblock abfeuern. Vorsicht – probieren Sie das lieber nicht zu Hause!

Die Manager der Firma schauen erstaunt – was soll das denn? Immer wenn Sie eine Kugel auf den Holzblock abfeuern, schwingt dieser ein Stückchen zur Seite und wird dabei in eine Höhe h angehoben. »Prima«, sagen die Manager, »aber was bringt uns das?« Offensichtlich brauchen sie zuerst eine kleine Nachhilfestunde über Impulserhaltung. Also erklären Sie, dass der anfängliche Impuls des Systems aus Holzblock und Kugel gleich dem Impuls der Kugel ist:

$$p_A = mv_A.$$

Da die Kugel in dem Holzblock stecken bleibt, ist der Impuls am Ende gleich dem Produkt aus der Gesamtmasse $m + M$ und der Endgeschwindigkeit der Kombination aus Kugel und Holz:

$$p_E = (m + M)v_E.$$

Aufgrund der Impulserhaltung ist (unter Vernachlässigung von Reibung und anderen nicht-konservativen Kräften)

$$p_E = p_A.$$

Also ist

$$v_E = \frac{mv_A}{(m + M)}.$$

Die Manager werden langsam schläfrig, während Sie weiter erklären, wie die kinetische Energie der Kombination aus Holz und Kugel im Laufe der Schwingungsbewegung in potenzielle Energie umgewandelt wird (siehe Kapitel 8). Daraus folgt

$$\frac{1}{2}(m + M)v_E^2 = (m + M)gh.$$

Diese Gleichungen führen Sie nun zusammen; das ergibt

$$\frac{1}{2}(m + M)\frac{m^2 v_A^2}{(m + M)^2} = (m + M)gh.$$

Begleitet von einem dramatischen Trommelwirbel lösen Sie nun nach der Anfangsgeschwindigkeit v_A auf:

$$v_A = \sqrt{\frac{2(m + M)^2 gh}{m^2}}.$$

Sie wissen, dass die Kugel 50 Gramm und der Holzblock zehn Kilogramm wiegen und dass sich der Holzblock nach dem Auftreffen der Kugel um 50 Zentimeter hebt. Sie setzen die Zahlenwerte ein und bekommen

$$v_A = \sqrt{\frac{2(m + M)^2 gh}{m^2}} = \sqrt{\frac{2 \cdot (0{,}05\,\text{kg} + 10\,\text{kg})^2 \cdot 9{,}8\,\text{m/s}^2 \cdot 0{,}5\,\text{m}}{(0{,}05\,\text{kg})^2}} = 630\,\text{m/s}.$$

Die Geschwindigkeit der Kugel ist also 630 Meter pro Sekunde. »Klasse!«, rufen die Manager und überreichen Ihnen einen großzügigen Scheck.

Auto gegen Auto: Elastische und inelastische Stöße

Im wahren Leben finden Sie Verkehrsunfälle wahrscheinlich nicht lustig, aber physikalisch betrachtet sind sie sehr lehrreich und unterhaltsam – und außerdem recht einfach zu beschreiben, weil die Impulserhaltung Ihnen das Leben leicht macht (siehe den Abschnitt »Impulserhaltung« weiter vorn in diesem Kapitel). Bei Zusammenstößen gibt es viel mehr zu entdecken als nur etwas über Kraftstöße und Impulse. Häufig bleibt auch die kinetische Energie erhalten, was Ihnen ein weiteres Werkzeug gibt, mit dem Sie Stöße untersuchen können.

Stöße spielen in vielen unterschiedlichen physikalischen Aufgabenstellungen eine Rolle. Vielleicht wollen Sie wissen, mit welcher Geschwindigkeit zwei Autos nach einem Zusammenstoß weiterrutschen. Oder auch zwei Eisenbahnwaggons, die mit unterschiedlichen Geschwindigkeiten aufeinander zurollen und beim Zusammenstoß angekoppelt werden. Und dann gibt es natürlich noch den allgemeineren Fall, dass die beiden Objekte nach dem Stoß wieder auseinanderfliegen beziehungsweise -fahren. Betrachten Sie zum Beispiel zwei Billardkugeln, die sich mit verschiedenen Geschwindigkeiten treffen und dann in irgendeinem Winkel voneinander abprallen. Kann man auch diese Situation physikalisch beschreiben? Ja, kann man; allerdings brauchen Sie dazu etwas mehr als nur die Impulserhaltung.

Gummibälle: Elastische Stöße

Wenn im wirklichen Leben Gegenstände zusammenstoßen, nimmt die kinetische Energie normalerweise ab, da ein Teil der Stoßenergie in Wärme und Verformung umgewandelt wird. Wenn diese Verluste sehr viel kleiner sind als die anderen an dem Prozess beteiligten Energien, kann man näherungsweise davon ausgehen, dass die kinetische Energie erhalten bleibt. Ein Beispiel dafür ist der Stoß zweier Billardkugeln auf einem fast reibungsfreien Billardtisch oder der Fall eines Gummiballs auf einen harten Fußboden. Die Physiker haben für solche Stöße einen besonderen Namen: Es sind *elastische Stöße*. Bei einem elastischen Stoß in einem abgeschlossenen System (auf das keine resultierende äußere Kraft wirkt) ist die kinetische Energie vor und nach dem Stoß gleich groß.

Knetklumpen: Inelastische Stöße

Wenn bei einem Stoß merkliche Verluste an kinetischer Energie auftreten, die durch nichtkonservative Kräfte (zum Beispiel Reibung) verursacht werden, bleibt die kinetische Energie offensichtlich nicht erhalten. Die verschwundene kinetische Energie wird in Wärme, Verformung oder andere Formen von Energie umgewandelt. Physiker sprechen in solchen Fällen von *inelastischen Stößen*. Die gesamte kinetische Energie in einem System ist hier nach dem Stoß eine andere als vor dem Stoß. Typische Beispiele für inelastische Stöße sind alle Stöße, bei denen die Partner nach dem Stoß zusammenhaften – etwa zwei Autos, die zusammenstoßen und sich ineinander verkeilen, oder ein Stück Hefeteig, das Sie gegen die Wand werfen.

Die Stoßpartner bei einem inelastischen Stoß müssen nach dem Stoß nicht unbedingt aneinander kleben bleiben; es muss nur ein Verlust an kinetischer Energie eintreten. Wenn Sie auf ein anderes Auto auffahren und dieses (und Ihr eigenes) dabei zerknautschen, war der Zusammenstoß inelastisch, auch wenn Sie beide danach unauffällig vor sich hin pfeifend weiterfahren ...

Stöße in einer Dimension

Bei einem elastischen Stoß bleibt die kinetische Energie erhalten. Am einfachsten können Sie elastische Stöße verstehen, wenn Sie eindimensionale Beispiele untersuchen. Wenn Sie auf einer eindimensionalen Straße mit dem Auto auf das Auto Ihres Freundes auffahren, bleibt auf jeden Fall die kinetische Energie erhalten. Was das genau bedeutet, hängt davon ab, wie groß die an dem Stoß beteiligten Massen sind.

Stöße mit einer größeren Masse

Sie sind am Wochenende mit Ihrer Familie im Vergnügungspark unterwegs, und Ihre Kinder wollen unbedingt Autoscooter fahren. Seufzend lösen Sie die Karten und verfrachten die Kinder in ein Auto und sich in ein zweites. Fröhlich winken Sie den Kindern zu, während Sie Ihren Wagen (der beladen eine Masse von 300 Kilogramm hat) auf eine Geschwindigkeit von zehn Metern pro Sekunde beschleunigen. Plötzlich knallt es. Was ist passiert? Der Kerl vor Ihnen hat mit seinem 400-Kilogramm-Wagen einfach angehalten und Sie sind ihm voll hinten draufgebrettert. Der Stoß war elastisch: Der andere Wagen wird nach vorn geschoben, und Sie prallen zurück. »Hochinteressant«, denken Sie sich, »wie groß wohl die Geschwindigkeiten der beiden Autos jetzt sind?«

Sie wissen natürlich, dass der Gesamtimpuls genauso groß wie vor dem Stoß sein muss. Weiter wissen Sie, dass der andere Wagen stand, als Sie ihn gerammt haben. Wenn Sie Ihren Wagen als Wagen 1 und den anderen als Wagen 2 bezeichnen, dann gibt

$$m_1 v_{E1} + m_2 v_{E2} = m_1 v_{A1}.$$

Das reicht aber nicht aus, um v_{E1} und v_{E2} zu bestimmen, da Sie zwei Unbekannte und nur eine Gleichung haben. Sie können aus dieser Gleichung daher v_{E1} und v_{E2} nur in Abhängigkeit der anderen Endgeschwindigkeit bestimmen, obwohl Sie die Massen und v_{A1} kennen. Was Sie jetzt brauchen, ist eine zweite Gleichung. Wie wäre es mit der Erhaltung der kinetischen Energie? Der Stoß war elastisch, das heißt, die kinetische Energie bleibt erhalten; sie muss vor und nach dem Stoß gleich groß sein, also ist

$$\frac{1}{2}m_1 v_{E1}^2 + \frac{1}{2}m_2 v_{E2}^2 = \frac{1}{2}m_1 v_{A1}^2.$$

Nun haben Sie zwei Gleichungen für zwei Unbekannte v_{E1} und v_{E2}. Sie können daher nach diesen Unbekannten auflösen. Mit den ganzen Quadraten in der zweiten Gleichung ist das eine ziemliche Rechnerei, aber am Ende bekommen Sie

$$v_{E1} = \frac{(m_1 - m_2)v_{A1}}{m_1 + m_2}$$

und

$$v_{E2} = \frac{2m_1 v_{A1}}{m_1 + m_2}.$$

Nun haben Sie v_{E1} und v_{E2} als Funktion der Massen und v_{A1}. Wenn Sie die Zahlenwerte einsetzen, erhalten Sie

$$v_{E1} = \frac{(m_1 - m_2)v_{A1}}{m_1 + m_2} = \frac{(300\ \text{kg} - 400\ \text{kg}) \cdot 10\ \text{m/s}}{300\ \text{kg} + 400\ \text{kg}} = -1{,}43\ \text{m/s}$$

und

$$v_{E2} = \frac{2m_1 v_{A1}}{m_1 + m_2} = \frac{2 \cdot 300\ \text{kg} \cdot 10\ \text{m/s}}{300\ \text{kg} + 400\ \text{kg}} = 8{,}57\ \text{m/s}.$$

Die beiden Geschwindigkeiten sagen alles. Sie sind mit zehn Metern pro Sekunde in einem Wagen mit einer Masse von 300 Kilogramm auf einen stehenden Wagen mit einer Masse von 400 Kilogramm aufgefahren. Dabei werden Sie mit einer Geschwindigkeit von 1,43 Metern pro Sekunde *zurückgeworfen* – zurück, weil Sie eine *negative* Geschwindigkeit für Ihren Wagen ausgerechnet haben und weil der andere Wagen schwerer war –, während der andere Wagen mit einer Geschwindigkeit von 8,57 Metern pro Sekunde nach vorn beschleunigt wird.

Stöße mit einer kleineren Masse

Nach dieser schlechten Erfahrung suchen Sie sich für die nächste Runde einen schwereren Wagen. Jetzt hat Ihr (beladener) Wagen eine Masse von 400 Kilogramm, und mit einem hinterhältigen Grinsen beschleunigen Sie wieder auf zehn Meter pro Sekunde, während Sie auf einen stehenden 300-Kilogramm-Wagen zusteuern. Es gelten dieselben Gleichungen wie im vorigen Abschnitt. Für Ihre Geschwindigkeit nach dem Stoß erhalten Sie jetzt

$$v_{E1} = \frac{(m_1 - m_2)v_{A1}}{m_1 + m_2} = \frac{(400\ \text{kg} - 300\ \text{kg}) \cdot 10\ \text{m/s}}{400\ \text{kg} + 300\ \text{kg}} = 1{,}43\ \text{m/s}.$$

Die Geschwindigkeit des anderen Wagens ist

$$v_{E2} = \frac{2m_1 v_{A1}}{m_1 + m_2} = \frac{2 \cdot 400\ \text{kg} \cdot 10\ \text{m/s}}{400\ \text{kg} + 300\ \text{kg}} = 11{,}4\ \text{m/s}.$$

Dieses Mal prallen Sie nicht zurück. Der stehende Wagen wird wieder nach vorn beschleunigt, aber jetzt wird nicht Ihr ganzer Impuls übertragen, sondern Sie haben nach dem Stoß noch einen verbleibenden Impuls nach vorn. Ist auch hier der Impuls erhalten? Es gilt

$$p_A = m_1 v_{A1}$$

und

$$p_E = m_1 v_{E1} + m_2 v_{E2}.$$

Durch Einsetzen der Zahlenwerte erhalten Sie

$$p_A = m_1 v_{A1} = 400\,\text{kg} \cdot 10\ \text{m/s} = 4.000\ \text{kg} \cdot \text{m/s}$$

und

$$p_E = m_1 v_{E1} + m_2 v_{E2} = 400\,\text{kg} \cdot 1{,}43\,\text{m/s} + 300\,\text{kg} \cdot 11{,}4\,\text{m/s} = 4.000\,\text{kg} \cdot \text{m/s}.$$

Der Impuls ist also auch bei diesem Stoß erhalten, genau wie im umgekehrten Fall.

Stöße in zwei Dimensionen

Stöße kommen nicht nur in eindimensionalen Systemen vor – genau genommen ist das sogar eher selten. Die Kugeln auf einem Billardtisch haben beispielsweise zwei Dimensionen zur Verfügung, x und y. Bei Stößen in zwei Dimensionen kommen Unbekannte wie Richtungen und Winkel ins Spiel. Um das zu untersuchen, unternehmen Sie eine physikalische Exkursion auf einen Golfplatz. Gerade als Sie dazukommen, stellen sich zwei Spieler an Loch 18 zum letzten Put auf. Es steht unentschieden, also kommt alles auf diesen Schlag an. Leider hält sich der Spieler, der schon näher am Loch ist, nicht an die Spielregeln, sodass beide zur selben Zeit schlagen. Natürlich stoßen ihre Golfbälle (die jeweils 45 Gramm wiegen) zusammen! In Abbildung 9.4 sehen Sie diese Situation.

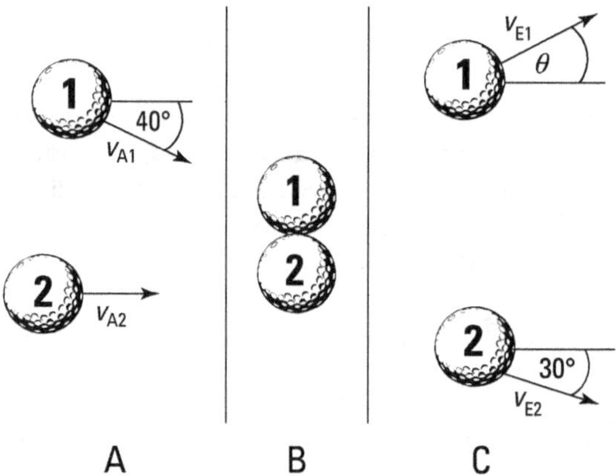

Abbildung 9.4: Die Situation vor, während und nach dem Stoß zweier Bälle in zwei Dimensionen

Schnell messen Sie alle Winkel und Geschwindigkeiten, die hier vorkommen: Sie finden $v_{A1} = 1{,}0$ m/s, $v_{A2} = 2{,}0$ m/s und $v_{E2} = 1{,}2$ m/s. Auch die meisten Winkel können Sie feststellen (siehe Abbildung 9.4). Was Ihnen fehlt, sind der Flugwinkel und die Geschwindigkeit des ersten Balls nach dem Zusammenstoß.

Da der Stoß der beiden Bälle elastisch erfolgt, sind sowohl Impuls als auch kinetische Energie erhalten. Die Impulserhaltung gilt sogar getrennt für die x- und die y-Richtung. Eine vollständige Anwendung dieser Gleichungen in zwei Dimensionen kann aber sehr schnell sehr kompliziert werden. Aber hier ist eine komplette Berechnung nicht nötig, da Sie nur an dem Betrag und an der Richtung von Ball 1 interessiert sind. Dazu benötigen Sie zum Glück nur die Impulserhaltung in zwei Dimensionen. Da sowohl der Impuls in x- als auch der in y-Richtung erhalten bleibt, gilt

$$p_{E,x} = p_{A,x}$$

und

$$p_{E,y} = p_{A,y}.$$

Der Impuls in x-Richtung ist zu Beginn

$$p_{A,x} = m_1 v_{A1} \cos 40° + m_2 v_{A2}.$$

Das können Sie gleich dem Endimpuls in x-Richtung setzen; dann bekommen Sie

$$m_1 v_{A1} \cos 40° + m_2 v_{A2} = m_1 v_{E1,x} + m_2 v_{E2} \cos 30°.$$

Daraus folgt

$$m_1 v_{E1,x} = m_1 v_{A1} \cos 40° + m_2 v_{A2} - m_2 v_{E2} \cos 30°.$$

Nun teilen Sie durch m_1; das gibt

$$v_{E1,x} = v_{A1} \cos 40° + (m_2 v_{A2} - m_2 v_{E2} \cos 30°)/m_1.$$

Da die beiden Massen gleich groß sind, $m_1 = m_2$, vereinfacht sich die Gleichung sogar noch weiter:

$$v_{E1,x} = v_{A1} \cos 40° + v_{A2} - v_{E2} \cos 30°.$$

Nun setzen Sie die Zahlenwerte ein und erhalten

$$v_{E1,x} = v_{A1} \cos 40° + v_{A2} - v_{E2} \cos 30°$$
$$= 1{,}0 \text{ m/s} \cdot 0{,}77 + 2 \text{ m/s} - 1{,}2 \text{ m/s} \cdot 0{,}87 = 1{,}7 \text{ m/s}.$$

Die Geschwindigkeit von Ball 1 nach dem Stoß in x-Richtung beträgt also 1,7 Meter pro Sekunde.

Aufgabe 9.1

Angenommen, Sie schieben eine Kiste voller Bücher mit einer Geschwindigkeit von 7,7 m/s über den Boden Ihres Arbeitszimmers. Wie groß ist der Impuls, wenn die Kiste eine Masse von 13,8 kg hat?

Aufgabe 9.2

Bei einem Poolbillardspiel liegen zu Beginn 15 Kugeln dreiecksförmig angeordnet auf dem Tisch. Die weiße Kugel hat eine Masse von 170 g und wird mit einer Geschwindigkeit von 5 m/s auf diese Anordnung gespielt.

✔ Wie groß ist der Impuls der weißen Kugel vor dem Auftreffen?

✔ Wie groß ist der Gesamtimpuls aller Kugeln nach dem Stoß?

Aufgabe 9.3

Angenommen, Sie rudern auf einem Fluss und wollen anlegen. Sie und Ihr Boot haben eine Gesamtmasse von 85 kg. Sie springen mit einer Geschwindigkeit von 7,5 m/s aus dem Boot ans Ufer. Aufgrund des Impulserhaltungssatzes bewegt sich das Boot mit einer Geschwindigkeit von 12 m/s vom Ufer weg. Wie groß ist Ihre Masse und die des Bootes?

Kapitel 10

Wie man's dreht und wendet: Rotationsbewegungen

Dies ist das erste von zwei Kapiteln (Kapitel 11 ist das andere) über rotierende Objekte – von Murmeln bis zu Raumstationen. Drehbewegungen sind das Salz in der Suppe der Physik. Ohne Rotationen gäbe es auf der Erde weder Jahreszeiten noch den Wechsel von Tag und Nacht. Wenn Sie sich mit linearen Bewegungen auskennen und die newtonschen Gesetze verstanden haben, sind Rotationsbewegungen ein Klacks für Sie. Und selbst wenn Sie sich mit den linearen Bewegungen noch nicht sicher fühlen, brauchen Sie sich keine Sorgen zu machen. Sie können auch zuerst die Rotationsbewegungen meistern und danach zu den linearen Fragestellungen zurückkehren. Sie lernen in diesem Kapitel alle möglichen Konzepte im Zusammenhang mit Rotationsbewegungen kennen: Winkelbeschleunigung, Tangentialgeschwindigkeit und -beschleunigung, Drehmomente und noch weitere. Genug der Worte; jetzt geht's rund …

Von der geradlinigen Bewegung zur Rotation

Beim Schritt von linearen zu Rotationsbewegungen müssen Sie neue Gleichungen verwenden, vor allem wenn Winkel ins Spiel kommen. In Kapitel 7 haben Sie die Rotationsentsprechungen der folgenden Gleichungen für lineare Bewegungen kennengelernt:

✔ $v = \Delta s/\Delta t$, wobei v die Geschwindigkeit ist, Δs die zurückgelegte Strecke und Δt die benötigte Zeit

✔ $a = \Delta v / \Delta t$, wobei a die Beschleunigung ist und Δv die Änderung der Geschwindigkeit

✔ $s = v_A \, \Delta t + \frac{1}{2} \, a(\Delta t)^2$, wobei s die zurückgelegte Strecke ist, v_A die Anfangsgeschwindigkeit und Δt die benötigte Zeit

✔ $v_E{}^2 - v_A{}^2 = 2as$, wobei v_E die Endgeschwindigkeit ist

Für Rotationsbewegungen lauten diese Gleichungen als Funktion des Drehwinkels θ (in Radiant gemessen; 2π rad sind ein Vollkreis), der Winkelgeschwindigkeit ω und der Winkelbeschleunigung α:

$$\omega = \frac{\Delta \theta}{\Delta t};$$

$$\alpha = \frac{\Delta \omega}{\Delta t};$$

$$\theta = \omega_A \, \Delta t + \frac{1}{2} \alpha (\Delta t)^2;$$

$$\omega_E^2 - \omega_A^2 = 2\alpha\theta.$$

Die Tangentialbewegung

Die Tangentialbewegung ist eine Bewegung senkrecht zur Radialbewegung, das heißt zur Bewegung entlang eines Radiusvektors. Sie können Winkelgrößen wie den Drehwinkel, die Winkelgeschwindigkeit oder die Winkelbeschleunigung einfach in die entsprechenden Tangentialgrößen umrechnen, indem Sie sie mit dem Radius r multiplizieren:

$$s = r\theta,$$

$$v = r\omega,$$

$$a = r\alpha.$$

Stellen Sie sich vor, Sie fahren auf Ihrem Motorrad und die Winkelgeschwindigkeit der Räder ist $\omega = 21{,}5 \, \pi$ rad/s (Details hierzu finden Sie im vorigen Abschnitt). Was heißt das für die Geschwindigkeit des Motorrads? Um sie zu bestimmen, brauchen Sie eine Beziehung zwischen der Winkelgeschwindigkeit ω und der linearen Geschwindigkeit v. Die folgenden Abschnitte zeigen Ihnen, wie Sie so einen Zusammenhang erhalten können.

Die Tangentialgeschwindigkeit

Die ganz gewöhnliche lineare Geschwindigkeit hat im Zusammenhang mit Rotationsbewegungen einen besonderen Namen: Tangentialgeschwindigkeit. Die Tangentialgeschwindigkeit ist die Geschwindigkeit eines Punkts in einem Radius r. Der in Abbildung 10.1 eingezeichnete Vektor v ist ein tangentialer Vektor, das heißt, er steht senkrecht auf dem Radius der Bewegung (und besitzt natürlich einen Betrag und eine Richtung; siehe Kapitel 4).

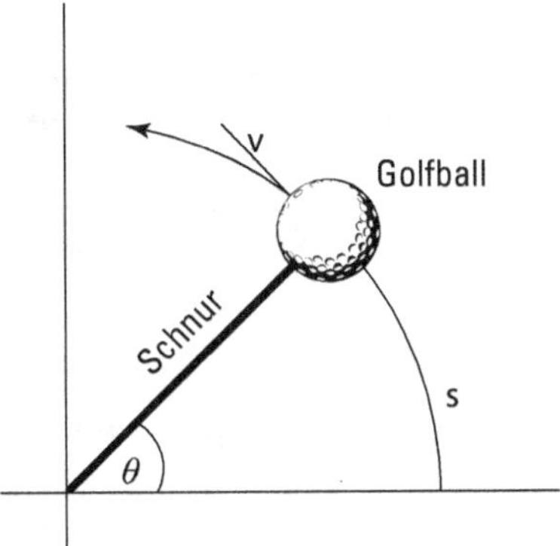

Abbildung 10.1: Ein Ball an einer Schnur auf einer Kreisbahn

Die Tangentialgeschwindigkeit bei einem Radius r hat den Betrag $r\omega$, wenn ω die Winkelgeschwindigkeit ist. Das ist folgerichtig, denn auf einem rotierenden Rad bewegen sich weit außen liegende Punkte offensichtlich schneller als Punkte in der Nähe der Nabe.

Betrachten Sie nochmals Abbildung 10.1, in der sich ein Golfball an einer Schnur mit einer Winkelgeschwindigkeit ω im Kreis bewegt. Den Betrag der Geschwindigkeit v des Balls können Sie leicht ausrechnen, wenn Sie den Winkel in Radiant messen. Ein voller Kreis ergibt einen Winkel von 2π rad; die Wegstrecke um den Kreis herum – sein Umfang – ist $2\pi r$, wobei r der Radius des Kreises ist. Wenn Sie nur einen Halbkreis verwenden, ist die Strecke πr und der Winkel ist π rad. Also hängen der Winkel und die zurückgelegte Strecke entlang des Kreises allgemein gemäß

$$s = r\theta$$

zusammen, wenn r der Radius des Kreises ist. Sie kennen bereits die Beziehung

$$v = \frac{s}{t},$$

wobei v die Geschwindigkeit bedeutet, s die zurückgelegte Wegstrecke und t die dafür benötigte Zeit. Wenn Sie den obigen Ausdruck für s einsetzen, bekommen Sie

$$v = \frac{s}{t} = \frac{r\theta}{t}.$$

Außerdem ist $\omega = \theta/t$, also folgt

$$v = \frac{s}{t} = \frac{r\theta}{t} = r\omega.$$

Mit anderen Worten,

$$v = r\omega.$$

Damit können Sie den weiter oben gesuchten Betrag der Geschwindigkeit berechnen. Die Räder Ihres Motorrads drehen sich mit einer Winkelgeschwindigkeit von 21,5π rad/s. Wenn Sie die Tangentialgeschwindigkeit eines beliebigen Punkts auf der Lauffläche des Reifens kennen, kennen Sie auch die Geschwindigkeit des Motorrads. Nehmen Sie an, dass der Radius Ihrer Reifen 40 Zentimeter beträgt. Wenn Sie die Zahlen in die obige Gleichung einsetzen, erhalten Sie:

$$v = r\omega = 0{,}40 \text{ m} \cdot 21{,}5\pi \text{ rad/s} = 27{,}0 \text{ m/s}.$$

Wenn Sie die 27 Meter pro Sekunde noch in Kilometer pro Stunde umrechnen, erhalten Sie knapp 100 Kilometer pro Stunde.

Die Tangentialbeschleunigung

Die Tangentialbeschleunigung ist ein Maß dafür, wie schnell sich die Geschwindigkeit eines Punkts in einem bestimmten Radius mit der Zeit ändert. Sie ähnelt der linearen Beschleunigung (siehe Kapitel 3), nur dass die Tangentialbeschleunigung in Rotationsbewegungen in Erscheinung tritt. Wenn Sie beispielsweise Ihren Rasenmäher einschalten, wird ein Punkt an der Spitze des Messers in kurzer Zeit von null auf eine sehr hohe Tangentialgeschwindigkeit beschleunigt. Wie können Sie die Tangentialbeschleunigung dieses Punkts bestimmen? Anders gefragt: Wie können Sie die Gleichung

$$a = \frac{\Delta v}{\Delta t}$$

für die lineare Beschleunigung aus Kapitel 3 (in der Δv die Geschwindigkeitsänderung und Δt die verstrichene Zeit bedeuten) auf Winkelgrößen wie zum Beispiel die Winkelgeschwindigkeit umschreiben? Im vorigen Abschnitt haben Sie herausgefunden, dass Sie die Tangentialgeschwindigkeit v als $r\omega$ schreiben können. Das können Sie jetzt einsetzen:

$$a = \frac{\Delta v}{\Delta t} = \frac{\Delta(r\omega)}{\Delta t}.$$

Da der Radius aber konstant ist, heißt das

$$a = \frac{\Delta v}{\Delta t} = \frac{\Delta(r\omega)}{\Delta t} = \frac{r\Delta\omega}{\Delta t}.$$

Andererseits ist $\Delta\omega/\Delta t = \alpha$ die Winkelbeschleunigung. Damit erhalten Sie

$$a = \frac{\Delta v}{\Delta t} = \frac{r\Delta\omega}{\Delta t} = r\alpha,$$

also

$$a = r\alpha,$$

oder in Worten: Tangentialbeschleunigung ist gleich Winkelbeschleunigung mal Radius.

Die Zentripetalbeschleunigung

Bei Kreisbewegungen taucht noch eine andere Art von Beschleunigung auf – die Zentripetalbeschleunigung. Das ist die Beschleunigung, die ein Gegenstand braucht, um sich auf einer Kreisbahn halten zu können. Gibt es eine Beziehung zwischen Winkelgrößen wie der Winkelgeschwindigkeit und der Zentripetalbeschleunigung? Aber sicher! Die Zentripetalbeschleunigung ist durch folgende Gleichung gegeben (siehe Kapitel 7):

$$a_Z = \frac{v^2}{r},$$

wobei v^2 das Quadrat der Geschwindigkeit ist und r der Radius. Damit ist es nicht schwer, einen Zusammenhang mit der Winkelgeschwindigkeit zu finden, da $v = r\omega$ ist (siehe den Abschnitt »Die Tangentialgeschwindigkeit« weiter vorn in diesem Kapitel); daraus folgt

$$a_Z = \frac{v^2}{r} = \frac{(r\omega)^2}{r}.$$

Durch Kürzen von r wird daraus

$$a_Z = r\omega^2.$$

Das war doch wirklich einfach, oder nicht? Mit dieser Gleichung können Sie die Zentripetalbeschleunigung berechnen, die nötig ist, um einen Gegenstand auf einer Kreisbahn zu halten, wenn Sie den Radius der Bahn und die Winkelgeschwindigkeit des Gegenstands kennen. Stellen Sie sich vor, Sie wollten die Zentripetalbeschleunigung berechnen, die den Mond auf seiner Bahn um die Erde hält. Dazu verwenden Sie zuerst die bekannte Gleichung

$$a_Z = \frac{v^2}{r}.$$

Sie müssen als Erstes die Tangentialgeschwindigkeit oder die Winkelgeschwindigkeit des Mondes auf seiner Bahn berechnen. Es ist etwas einfacher, wenn Sie die neue Form der Gleichung verwenden, $a_Z = r\omega^2$, da der Mond die Erde in 28 Tagen umkreist und Sie daher seine Winkelgeschwindigkeit sehr schnell ausrechnen können.

Da der Mond in 28 Tagen einmal um die Erde wandert, legt er in dieser Zeit einen Winkel von 2π rad zurück; seine Winkelgeschwindigkeit ist demzufolge

$$\omega = \Delta\theta/\Delta t = 2\pi/28 \text{ rad/Tag}.$$

Wenn Sie einen Tag in Sekunden umrechnen, erhalten Sie (24 Stunden pro Tag) · (3.600 Sekunden pro Stunde) = $8{,}64 \cdot 10^4$ Sekunden und damit für die Winkelgeschwindigkeit

$$\omega = 2\pi/28 \text{ rad/Tag} = 2\pi/28 \cdot \frac{1 \text{ Tag}}{8{,}64 \cdot 10^4 \text{ s}} = 2{,}60 \cdot 10^{-6} \text{ rad/s}.$$

Jetzt haben Sie die Winkelgeschwindigkeit des Mondes. Der mittlere Radius der Mondbahn ist $3{,}85 \cdot 10^8$ Meter, also ist die auf den Mond wirkende Zentripetalbeschleunigung

$$a_Z = r\omega^2 = 3{,}85 \cdot 10^8 \cdot (2{,}60 \cdot 10^{-6})^2 = 2{,}6 \cdot 10^{-3}\,\text{m/s}^2.$$

Jetzt können Sie spaßeshalber noch ausrechnen, welche Kraft den Mond auf seiner Bahn hält. Kraft ist Masse mal Beschleunigung (siehe Kapitel 5), also müssen Sie noch mit der Masse des Mondes (schlappe $7{,}35 \cdot 10^{22}$ Kilogramm) multiplizieren:

$$F_Z = ma_Z = 7{,}35 \cdot 10^{22} \cdot 2{,}6 \cdot 10^{-3} = 1{,}9 \cdot 10^{20}\,\text{N}.$$

Die Erde muss somit eine Kraft von $1{,}9 \cdot 10^{20}$ Newton auf den Mond ausüben, damit dieser auf seiner Bahn bleibt.

Vektoren und Rotationsbewegungen

In den bisherigen Abschnitten dieses Kapitels haben Sie die Winkelgeschwindigkeit und die Winkelbeschleunigung behandelt, als seien sie Skalare. In Wirklichkeit sind beide aber Vektoren, das heißt, sie haben einen Betrag und eine Richtung (siehe Kapitel 4). Ebenso wie bei linearen Bewegungen sind auch in Rotationsbewegungen alle entscheidenden Größen Vektoren. Die Richtungen von Winkelgeschwindigkeit und Winkelbeschleunigung stehen beide senkrecht auf der Ebene der Rotation.

Der Vektor der Winkelgeschwindigkeit

Stellen Sie sich ein Rad vor, das sich mit der konstanten Winkelgeschwindigkeit ω dreht – in welche Richtung zeigt dann der Vektor ω der Winkelgeschwindigkeit? Er kann nicht wie der Vektor der Tangentialgeschwindigkeit entlang der Lauffläche des Rads zeigen, da sich seine Richtung dann andauernd ändern müsste. Die einzig plausible Richtung für den Vektor ω ist senkrecht auf dem Rad, parallel zu dessen Achse.

Das überrascht Sie vielleicht: Die Winkelgeschwindigkeit ω zeigt in die Richtung der Achse eines Rads (siehe zum Beispiel Abbildung 10.2). Das bedeutet, der Vektor der Winkelgeschwindigkeit besitzt keine Komponente in Laufrichtung des Rads. Da sich das Rad dreht, ändert die Geschwindigkeit jedes Punkts auf dem Rad permanent ihre Richtung – außer direkt in der Mitte des Rads (auf der Achse). Genau dort setzt der Vektor der Winkelgeschwindigkeit an; seine Spitze zeigt nach oben oder nach unten vom Rad weg, je nachdem, ob sich das Rad rechts- oder linksherum dreht.

Sie können die *Rechte-Hand-Regel* verwenden, um die Richtung festzulegen, in die der Vektor der Winkelgeschwindigkeit zeigt. Um diese Regel auf das Rad aus Abbildung 10.2 anzuwenden, legen Sie Ihre rechte Hand so um das Rad, dass die Finger in Drehrichtung zeigen. Dann zeigt Ihr Daumen die Richtung an, in die der Vektor der Winkelgeschwindigkeit zeigt.

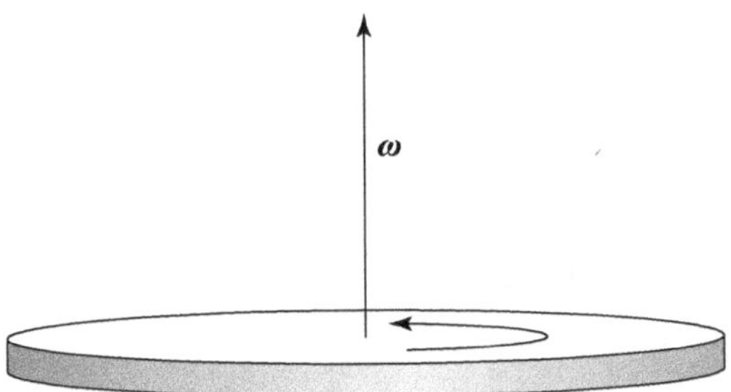

Abbildung 10.2: Der Vektor der Winkelgeschwindigkeit steht senkrecht auf der Bahnebene einer Rotationsbewegung.

Jetzt haben Sie die Winkelgeschwindigkeit fest im Griff. Sie wissen, dass ihr Betrag ω ist, und Sie können auch ihre Richtung festlegen. Die Tatsache, dass der Vektor der Winkelgeschwindigkeit senkrecht auf der Bahnebene der Rotation steht (der Fläche des Rads), ist vielleicht etwas gewöhnungsbedürftig. Aber wie Sie gesehen haben, gibt es auf einem mit konstanter Winkelgeschwindigkeit rotierenden Rad keine andere Richtung, die während der Rotation unverändert bleibt.

Der Vektor der Winkelbeschleunigung

Wenn der Vektor der Winkelgeschwindigkeit aus der Ebene der Rotation herauszeigt (siehe vorigen Abschnitt) – was passiert dann, wenn sich die Winkelgeschwindigkeit ändert, wenn das Rad sich also schneller oder langsamer dreht? Eine Änderung der Geschwindigkeit bedeutet, dass eine entsprechende Beschleunigung vorhanden sein muss. Ebenso wie die Winkelgeschwindigkeit ω ist auch die Winkelbeschleunigung α ein Vektor, sie besitzt also einen Betrag und eine Richtung. Die Winkelbeschleunigung beschreibt die zeitliche Änderung der Winkelgeschwindigkeit:

$$\alpha = \frac{\Delta\omega}{\Delta t}.$$

Betrachten Sie zum Beispiel Abbildung 10.3, die Ihnen zeigt, was die Winkelbeschleunigung mit der Winkelgeschwindigkeit anstellt.

In Abbildung 10.3a zeigt α in dieselbe Richtung wie ω. Wenn der Vektor α der Winkelbeschleunigung in dieselbe Richtung zeigt wie der Vektor ω der Winkelgeschwindigkeit, wird der Betrag von ω im Verlauf der Zeit zunehmen, wie in Abbildung 10.3b dargestellt.

Sie haben eben festgestellt, dass der Vektor der Winkelbeschleunigung einfach die zeitliche Änderung des Vektors der Winkelgeschwindigkeit beschreibt, ganz analog zur Beziehung zwischen der linearen Geschwindigkeit und der zugehörigen Beschleunigung. Allerdings muss die Winkelbeschleunigung nicht unbedingt in dieselbe Richtung zeigen wie die Winkelgeschwindigkeit. Zeigt die Winkelbeschleunigung entgegengesetzt zur Winkelgeschwindigkeit, ist sie negativ; diese Situation sehen Sie in Abbildung 10.4a. Wie zu erwarten, nimmt in diesem Fall die Winkelgeschwindigkeit im Lauf der Zeit ab (siehe Abbildung 10.4b).

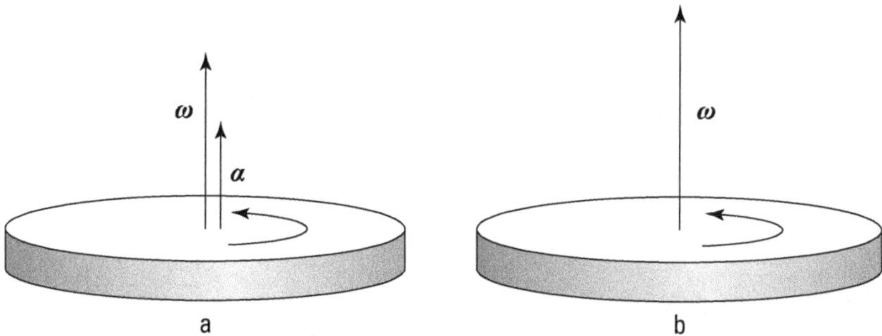

Abbildung 10.3: Der Vektor der Winkelbeschleunigung beschreibt, wie sich der Vektor der Winkelgeschwindigkeit zeitlich ändert.

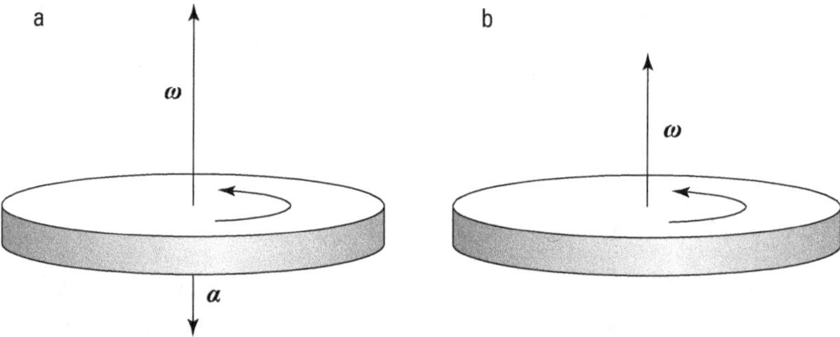

Abbildung 10.4: Wenn die Winkelbeschleunigung der Winkelgeschwindigkeit entgegengesetzt ist, nimmt der Betrag der Winkelgeschwindigkeit ab.

Drehen und Wenden: Das Drehmoment

Wenn Sie eine Kraft auf einen Gegenstand ausüben, kommt es nicht nur auf den Betrag und die Richtung der Kraft an, sondern auch auf die Stelle, an der sie ansetzt. Willkommen im Land der Drehmomente! Das *Drehmoment* ist ein Maß dafür, inwieweit eine Kraft, die auf einen Gegenstand ausgeübt wird, eine Rotation dieses Gegenstands hervorruft. Physikalisch gesprochen hängt das von einer Kraft erzeugte Drehmoment davon ab, an welcher Position die Kraft ausgeübt wird. Sie verlassen damit das streng lineare Konzept der Kraft, die wie beim Anschieben eines Autos in einer geraden Linie wirkt, und gelangen zum Gegenstück bei Rotationsbewegungen: dem Drehmoment.

Das Drehmoment ist das Analogon der Kraft im Reich der Rotationen. Im wahren Leben haben Sie es selten mit punktförmigen Massen zu tun; wenn Sie eine Kraft auf einen Gegenstand ausüben, wird er in der Regel nicht nur verschoben, sondern kann sich auch drehen. Wenn Sie auf ein Karussell eine tangentiale Kraft ausüben, *verschieben* Sie das Karussell überhaupt nicht, sondern Sie versetzen es in *Rotation*. Das ist genau die Art von Bewegung, mit der Sie sich in diesem (und im nächsten) Kapitel beschäftigen.

Betrachten Sie dazu Abbildung 10.5, die eine Wippe mit einer Masse m zeigt. Um die Wippe auszubalancieren, können Sie nicht einfach eine größere Masse M irgendwo auf die andere Seite der Wippe setzen. Das Ergebnis hängt vielmehr davon ab, an welchen Punkt Sie die Masse M platzieren. Wie Sie in Abbildung 10.5a sehen, ist die Wippe sicher nicht im Gleichgewicht, wenn Sie die Masse M auf die Mitte der Wippe legen. Die größere Masse übt hier zwar eine Kraft auf die Wippe aus, aber Sie können so kein Gleichgewicht erreichen.

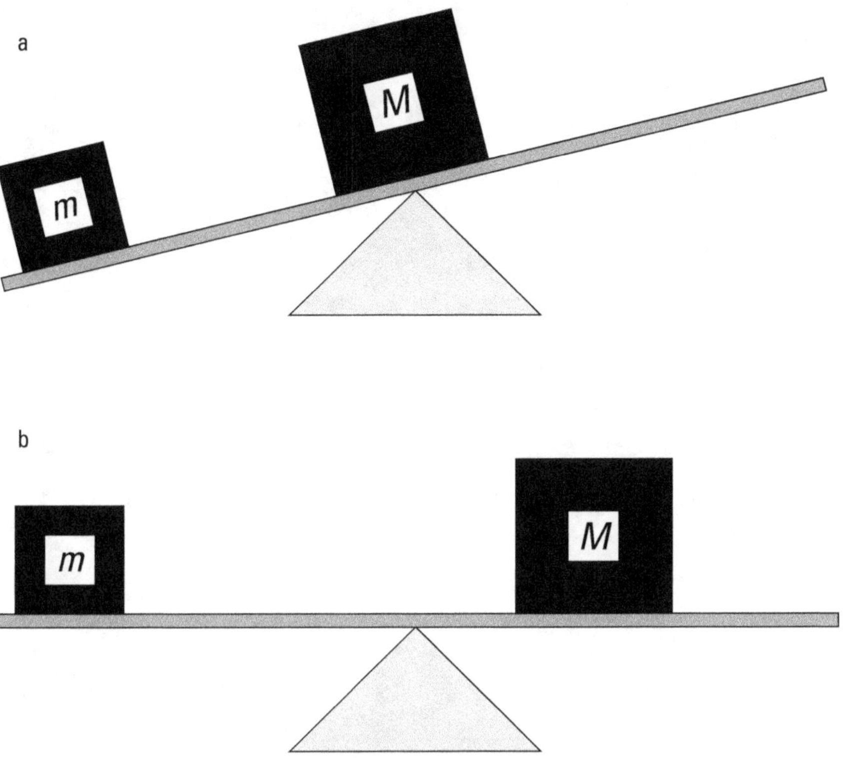

Abbildung 10.5: Da die Massen m und M jeweils Drehmomente auf die Wippe ausüben, hängt das Gleichgewicht stark von der Entfernung der Massen vom Auflagepunkt der Wippe ab.

Wie Sie in Abbildung 10.5b sehen, kommen Sie dem Gleichgewicht näher, wenn Sie die größere Masse immer weiter vom Auflagepunkt der Wippe entfernen. Für den Fall $M = 2m$ muss die Masse M genau halb so weit vom Auflagepunkt entfernt sein wie die Masse m, damit die Wippe im Gleichgewicht ist.

Die Drehmomentgleichung

Welches Drehmoment Sie auf einen Gegenstand ausüben, hängt davon ab, wo Sie Ihre Kraft ansetzen. Es ist zwar wichtig, welche Kraft F Sie ausüben, aber der *Hebelarm* ist ebenfalls wichtig. Der Hebelarm l ist der Abstand zwischen dem Drehpunkt und dem Punkt, an dem Sie die Kraft ansetzen. Stellen Sie sich vor, Sie versuchen, eine Tür zu öffnen wie in den verschiedenen Grafiken in Abbildung 10.6. Sie wissen natürlich, dass es sehr schwer ist, die Tür zu öffnen, wenn Sie direkt an den Scharnieren drücken wie in Abbildung 10.6a. Wenn Sie wie in Abbildung 10.6b in der Mitte der Tür drücken, öffnet sie sich langsam; wenn Sie dagegen wie in Abbildung 10.6c ganz am Rand drücken, öffnet sich die Tür leicht und schnell.

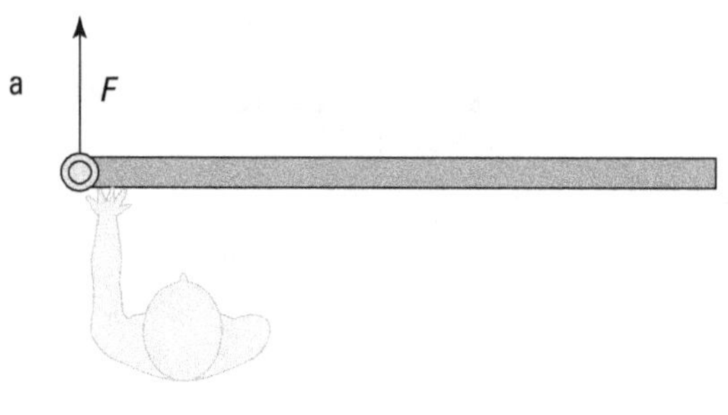

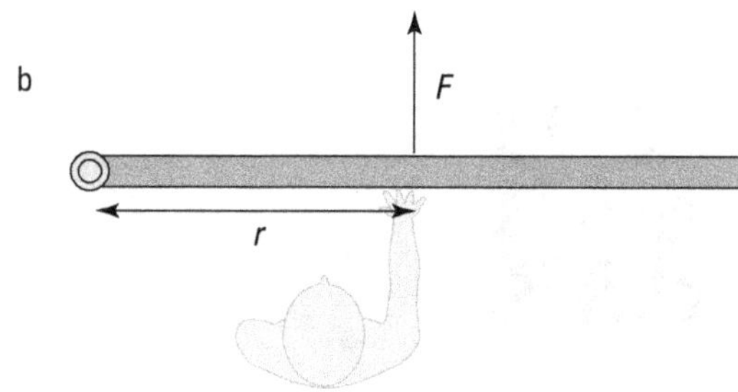

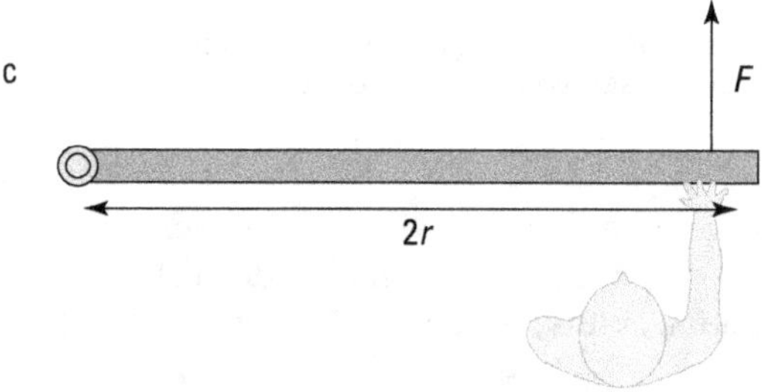

Abbildung 10.6: Das Drehmoment auf eine Tür hängt davon ab, an welcher Stelle Sie drücken.

In Abbildung 10.6 ist der Hebelarm der Abstand r vom Scharnier bis zu dem Punkt, an dem Sie gegen die Tür drücken. Das Drehmoment ist das Produkt aus der Kraft und dem Hebelarm. Man verwendet dafür ein besonderes Symbol, den griechischen Buchstaben τ (tau):

$$\tau = Fl.$$

Die Einheit des Drehmoments ist Kraft mal Länge (des Hebelarms), im MKS-System also Newton mal Meter.

Nehmen Sie an, dass der Hebelarm in Abbildung 10.6 gleich dem Abstand r ist, also $\tau = Fr$. Wenn Sie mit einer Kraft von 200 Newton drücken und $r = 0,5$ m ist, wie groß ist dann das Drehmoment? In Abbildung 10.6a drücken Sie direkt am Scharnier; der Abstand der Kraft vom Drehpunkt ist daher null. Damit ist aber auch das Drehmoment null. In Abbildung 10.6b drücken Sie mit einer Kraft von 200 Newton in einem Abstand von 0,5 Metern vom Scharnier, folglich ist

$$\tau = F \cdot r = 200\,\text{N} \cdot 0,5\,\text{m} = 100\,\text{Nm}.$$

Das Drehmoment ist hier 100 Newtonmeter. Betrachten Sie nun aber noch Abbildung 10.6c. Hier drücken Sie mit derselben Kraft von 200 Newton in einem Abstand von $2r$ vom Scharnier; der Hebelarm ist daher $2r = 1$ m. Das heißt für das Drehmoment

$$\tau = Fl = 200\,\text{N} \cdot 1\,\text{m} = 200\,\text{Nm}.$$

Jetzt ist das Drehmoment doppelt so groß, 200 Newtonmeter statt 100 Newtonmeter, nur weil Sie die Kraft doppelt so weit vom Scharnier entfernt angesetzt haben. Aber wie sieht es aus, wenn die Tür schon halb geöffnet ist, wenn Sie zu drücken beginnen? Sobald Sie die Sache mit dem Hebelarm durchschaut haben, ist das für Sie eine Kleinigkeit!

Hebelarme verstehen

Wenn Sie gegen eine halb geöffnete Tür in derselben Richtung drücken wie zuvor gegen die geschlossene Tür, erzeugen Sie ein anderes Drehmoment, da der Winkel zwischen Ihrer Kraft und der Tür nun kein rechter Winkel mehr ist.

Betrachten Sie dazu Abbildung 10.7a: Eine Person versucht, eine Tür zu öffnen, indem sie in Richtung des Scharniers drückt. Dank Ihrer Kenntnisse in Physik wissen Sie, dass das nicht funktionieren kann; der Hebelarm ist hier null, sodass die ausgeübte Kraft kein Drehmoment erzeugt. »Lass mich«, sagt der sture Kerl nur – manche Menschen denken eben, es ginge auch ohne Physik. In dieser Situation ist der Hebelarm null, obwohl die Kraft in einem Abstand vom Drehpunkt ausgeübt wurde.

Offensichtlich kommt es nicht nur auf den Abstand vom Drehpunkt an, sondern auch auf die Richtung, in die Sie drücken. Das wissen Sie aber – schließlich haben Sie gelegentlich schon eine Tür aufgemacht.

Drehmomente bestimmen

Wenn Sie eine Tür öffnen, üben Sie ein Drehmoment aus, ob Sie nun schnell eine Autotür aufreißen oder mühsam die tonnenschwere Tresortür einer Bank aufwuchten. Wie können Sie herausfinden, wie groß das von Ihnen erzeugte Drehmoment ist? Dazu bestimmen Sie zuerst den Hebelarm und multiplizieren ihn dann mit der Kraft.

Betrachten Sie nun Abbildung 10.7b. Hier üben Sie eine Kraft in einem Winkel θ zur Tür aus. Das reicht möglicherweise aus, um die Tür zu öffnen – aber sicher ist das nicht, denn wie Sie

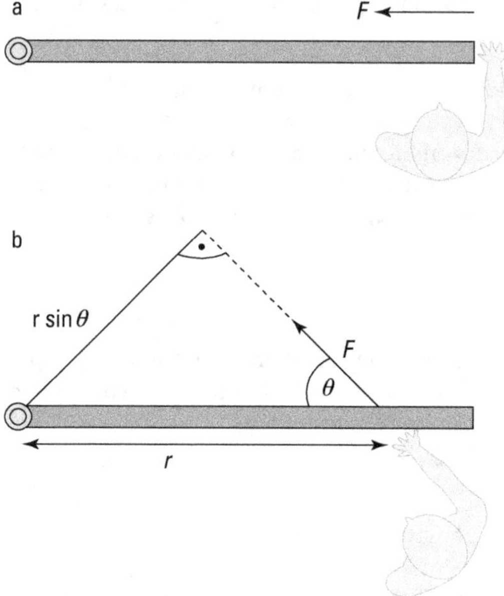

Abbildung 10.7: Einen sinnvollen Winkel des Hebelarms erreichen Sie, indem Sie in der richtigen Richtung drücken.

aus der Abbildung sehen, drücken Sie in einer ungünstigen Richtung. Zuerst müssen Sie den Hebelarm bestimmen. Wie Sie in Abbildung 10.7 erkennen, wirkt die Kraft im Abstand r von den Scharnieren. Wenn Sie dort senkrecht auf die Tür drücken würden, wäre der Hebelarm einfach r, und das Drehmoment wäre folglich

$$\tau = Fr.$$

Das gilt hier allerdings nicht, da Sie nicht senkrecht zur Tür drücken.

Der Hebelarm ist der *effektive* Abstand vom Drehpunkt, an dem die Kraft senkrecht auf den Hebelarm wirkt.

Um das zu verstehen, betrachten Sie Abbildung 10.7b genauer. Hier ist ein Hebelarm vom Scharnier bis zu dem Punkt eingezeichnet, an dem die Kraft senkrecht auf den Hebelarm wirkt. Um diesen Punkt zu finden, verlängern Sie den Vektor der Kraft einfach so weit, bis Sie von ihm eine senkrechte Linie durch den Drehpunkt der Bewegung ziehen können. Dabei erzeugen Sie ein Dreieck. Der Hebelarm schließt mit der Kraft einen rechten Winkel ein (so hatten Sie das Dreieck ja konstruiert); es ist also ein rechtwinkliges Dreieck. Der Winkel zwischen der Kraft und der Tür ist θ, und der Abstand vom Scharnier bis zu dem Punkt, an dem Sie die Kraft ausüben, ist r (die Hypotenuse des rechtwinkligen Dreiecks). Der Hebelarm ist folglich

$$l = r \cdot \sin \theta.$$

Kurzer Plausibilitätscheck: Wenn θ null wird, wird auch der Hebelarm null und es gibt kein Drehmoment (siehe Abbildung 10.7a). Sie wissen, dass

$$\tau = Fl$$

ist, also gilt

$$\tau = Fr \cdot \sin \theta,$$

wobei θ der Winkel zwischen der Kraft und der Tür ist.

Diese Gleichung gilt allgemein: Wenn Sie eine Kraft F in einem Abstand r von einem Drehpunkt ausüben und der Winkel zwischen der Verbindung zum Drehpunkt und dem Ansatzpunkt der Kraft θ ist, dann erzeugen Sie ein Drehmoment von $\tau = Fr \cdot \sin \theta$. Wenn Sie zum Beispiel $\theta = 45°$, $F = 200\,\text{N}$ und $r = 1\,\text{m}$ setzen, dann erhalten Sie

$$\tau = Fr \cdot \sin \theta = 200\,\text{N} \cdot 1\,\text{m} \cdot 0{,}7 = 140\,\text{N}.$$

Das ist weniger, als wenn Sie in demselben Abstand senkrecht gegen die Tür drücken würden. (In diesem Fall wären es 200 Newtonmeter.)

Das Drehmoment als Vektor

Wenn Sie sich Gedanken über Winkel zwischen Hebelarmen und Drehmomenten machen, kommen Sie vielleicht auf die Idee, dass das Drehmoment ein Vektor sein könnte. Genau so ist es! Das Drehmoment wird positiv gezählt, wenn es eine Drehung im Gegenuhrzeigersinn bewirkt (also zu größeren positiven Winkeln), und negativ, wenn es eine Drehung im Uhrzeigersinn erzeugt (also zu größeren negativen Winkeln).

Betrachten Sie zum Beispiel Abbildung 10.8, in der eine Kraft $\boldsymbol{F}$ auf einen Hebelarm $\boldsymbol{l}$ ein Drehmoment $\boldsymbol{\tau}$ erzeugt. Die so erzeugte Drehbewegung geht in Richtung größerer (positiverer) Winkel, daher ist $\boldsymbol{\tau}$ positiv.

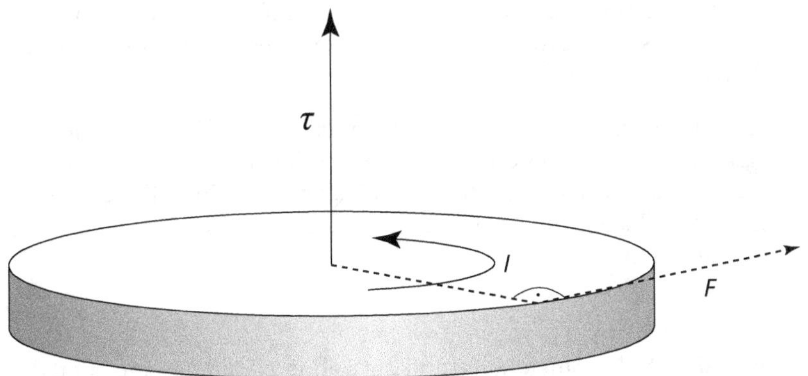

Abbildung 10.8: Eine Drehung in Richtung größerer positiver Winkel bedeutet ein positives Drehmoment.

Nicht wackeln: Rotationsgleichgewicht

Gleichgewicht ist, ganz klar, ein Zustand, in dem nichts passiert. Aber was heißt das physikalisch? Wenn ein Gegenstand sich im Gleichgewicht befindet, bedeutet das, dass sich sein Bewegungszustand nicht ändert; mit anderen Worten, der Gegenstand wird nicht beschleunigt (kann sich aber mit konstanter linearer oder Winkelgeschwindigkeit bewegen). Für lineare Bewegungen heißt das, dass die Summe aller Kräfte auf den Gegenstand null sein muss:

$$\Sigma F = 0.$$

Anders gesagt, die resultierende Kraft auf den Gegenstand muss null sein.

Gleichgewicht gibt es auch bei Rotationsbewegungen; hier sprechen Physiker vom *Rotationsgleichgewicht*. Im Rotationsgleichgewicht spürt ein Gegenstand keine Winkelbeschleunigung – er kann zwar rotieren, aber er wird nicht schneller oder langsamer, seine Winkelgeschwindigkeit ist also konstant. Im Rotationsgleichgewicht ist das resultierende Drehmoment auf einen Gegenstand null:

$$\Sigma \tau = 0.$$

Diese Gleichung entspricht der des linearen Gleichgewichts. Das Rotationsgleichgewicht ist ein nützliches Konzept, weil Sie damit ausrechnen können, welches Drehmoment Sie auf einen Gegenstand ausüben müssen, um ihn im Gleichgewicht zu halten – vorausgesetzt, Sie kennen die Drehmomente, die ansonsten auf ihn wirken.

Flagge zeigen: Immer schön im Gleichgewicht

Der Chef des Ladens, in dem Sie arbeiten, bittet Sie, eine Fahne über dem Eingang des Ladens zu montieren. Er ist besonders stolz auf seine tolle Flagge, weil sie so riesig ist (siehe Abbildung 10.9). Das Dumme ist nur, dass die Schraube, die den Mast halten soll, immer wieder bricht, sodass die Fahne samt Mast direkt vor dem Ladeneingang auf den Boden knallt – keine gute Werbung!

Um herauszufinden, welche Kraft die Schraube aushalten muss, fangen Sie an zu messen: Die Fahne wiegt 50 Kilogramm, viel mehr als die Fahnenstange (die Sie deshalb ignorieren), Ihr Chef hatte sie in einem Abstand von drei Metern vom Lager aufgehängt. Die Schraube sitzt zehn Zentimeter hinter dem Lager. Um das Ganze ins Gleichgewicht zu bringen, muss das resultierende Drehmoment null sein:

$$\Sigma \tau = 0.$$

Mit anderen Worten, wenn das Drehmoment aufgrund der Fahne τ_1 und das aufgrund der Schraube τ_2 ist, dann muss

$$\tau_1 + \tau_2 = 0$$

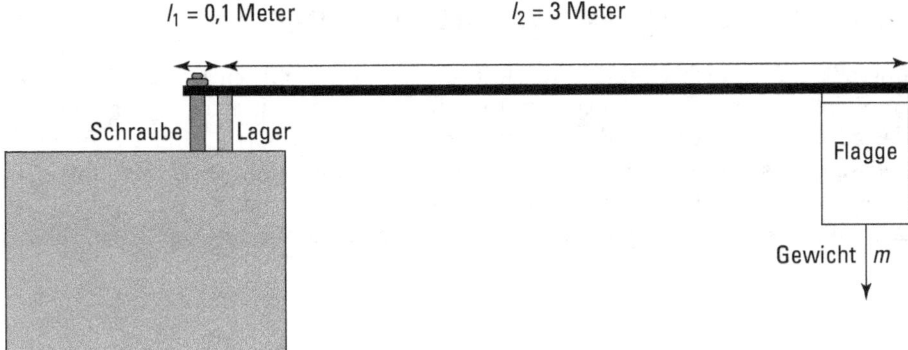

Abbildung 10.9: Beim Aufhängen einer Flagge können große Drehmomente auftreten.

sein. Wie groß sind nun die Drehmomente? Das Gewicht der Fahne erzeugt ein Drehmoment τ_1 um das Lager, also

$$\tau_1 = mgl_1,$$

wobei m die Masse der Fahne ist, g die Erdbeschleunigung und l_1 der Hebelarm für die Fahne. Einsetzen der Zahlenwerte ergibt

$$\tau_1 = mgl_1 = 50 \text{ kg} \cdot (-9{,}8 \text{ m/s}^2) \cdot 3{,}0 \text{ m} = -1.470 \text{ Nm}.$$

Das Drehmoment ist hier negativ, da die Erdbeschleunigung nach unten zeigt. Welches Drehmoment muss die Schraube aufbringen? Da Sie insgesamt Gleichgewicht erreichen wollen, muss

$$\tau_1 + \tau_2 = 0$$

sein, mit anderen Worten,

$$\tau_2 = -\tau_1 = 1.470 \text{ Nm}.$$

Andererseits können Sie das Drehmoment als Produkt aus Hebelarm und Kraft schreiben,

$$\tau_2 = F_2 l_2.$$

Es muss also gelten

$$\tau_2 = F_2 l_2 = F_2 \cdot 0{,}10 \text{ m} = 1.470 \text{ Nm}.$$

Nun lösen Sie die Gleichung nach F_2 auf und bekommen

$$F_2 = \frac{1.470 \text{ Nm}}{0{,}10 \text{ m}} = 14.700 \text{ N}.$$

Ihre Schraube muss also mindestens 14.700 Newton tragen können – dies ist die Gewichtskraft eines (nicht zu kleinen) Mittelklassewagens!

Ein Rotationsgleichgewicht mit Reibung

Ihr Chef braucht gleich noch einmal Ihre Hilfe. Einer Ihrer Kollegen ist auf eine Leiter gestiegen, um ein Werbeschild anzubringen. Ihr Chef hat Angst, dass die Leiter umfallen könnte – das gibt immer Ärger mit der Berufsgenossenschaft, erklärt er Ihnen –, und will von Ihnen wissen, ob sie wegrutschen kann. Sie sehen diese Situation in Abbildung 10.10. Die große Frage ist: Reicht die Reibungskraft aus, um die Leiter zu halten, wenn $\theta = 45°$ ist und der Haftreibungskoeffizient (siehe Kapitel 6) zwischen Leiter und Boden 0,7 beträgt?

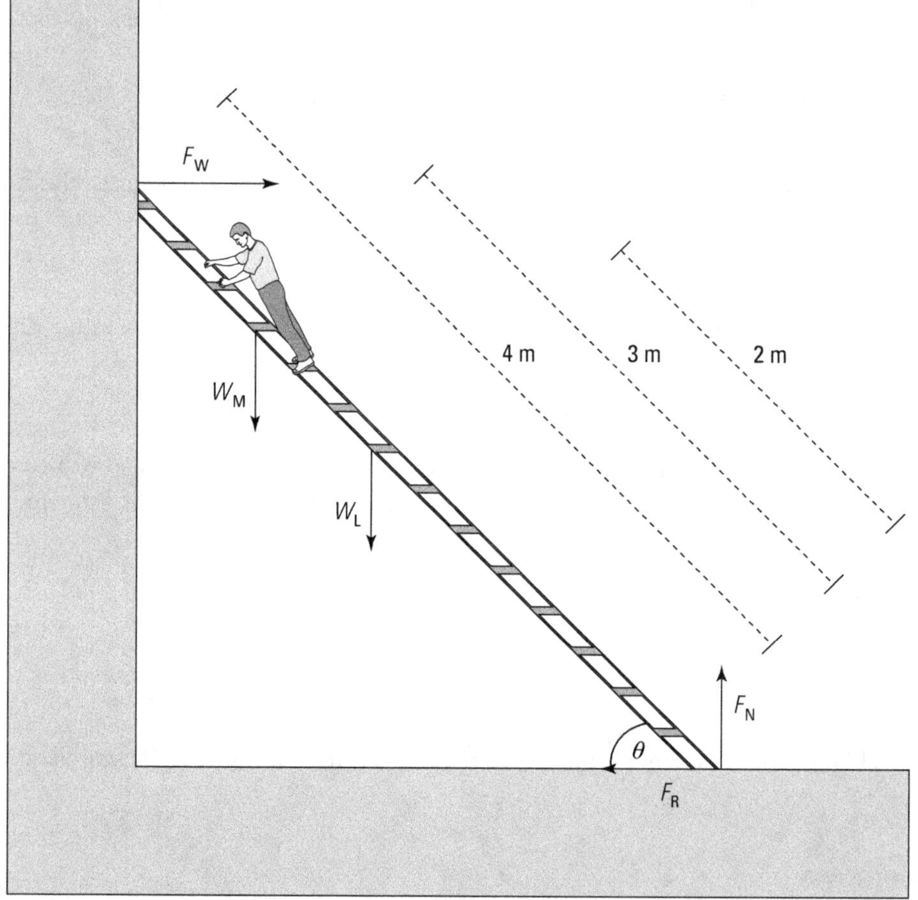

Abbildung 10.10: Um eine Leiter stabil aufzustellen, brauchen Sie Reibung und ein Rotationsgleichgewicht.

Sie müssen zuerst die resultierenden Kräfte und dann das resultierende Drehmoment berechnen. Zuerst schreiben Sie auf, was Sie wissen (dabei nehmen Sie an, dass das Gewicht der Leiter in ihrer Mitte konzentriert ist):

✔ F_W = die Kraft, die die Wand auf die Leiter ausübt

✔ W_M = die Gewichtskraft des Mannes = 650 Newton

✔ W_L = die Gewichtskraft der Leiter = 200 Newton

✔ F_R = Reibungskraft zwischen Leiter und Boden

✔ F_N = Normalkraft des Bodens auf die Leiter (siehe Kapitel 6)

 Sie müssen die Reibungskraft zwischen Boden und Leiter berechnen und Sie wollen erreichen, dass die Leiter im Gleichgewicht ist. Lineares Gleichgewicht haben Sie, wenn die Kraft F_W, die die Wand auf die Leiter ausübt, genauso groß ist wie die Reibungskraft F_R, aber entgegengesetzt gerichtet, da dies die beiden einzigen horizontal wirkenden Kräfte sind. Wenn Sie F_W bestimmen können, kennen Sie daher auch die Reibungskraft, die mindestens vorhanden sein muss. Genau die suchen Sie.

Sie wissen, dass sich die Leiter im Rotationsgleichgewicht befindet; das bedeutet

$$\Sigma\tau = 0.$$

Um F_W zu bestimmen, betrachten Sie die Drehmomente, die bezüglich des Aufstellpunkts der Leiter wirken – Sie verwenden diesen Punkt als Drehpunkt. Alle Drehmomente bezüglich dieses Punkts müssen sich aufheben. Das Drehmoment aufgrund der Kraft der Wand auf die Leiter (siehe den Abschnitt »Drehmomente bestimmen« weiter vorn in diesem Kapitel) ist

$$-F_W \cdot 4\,\text{m} \cdot \sin 45° = -2{,}83\,\text{m} \cdot F_W.$$

F_W ist negativ, da sie eine Bewegung im Uhrzeigersinn erzeugt. Das Drehmoment aufgrund der Gewichtskraft des Mannes ist

$$W_M \cdot 3{,}0\,\text{m} \cdot \cos 45° = 650\,\text{N} \cdot 3{,}0\,\text{m} \cdot 0{,}707 = 1.380\,\text{Nm}.$$

Das Drehmoment aufgrund des Gewichts der Leiter ist

$$W_L \cdot\ 2{,}0\,\text{m} \cdot \cos 45° = 200\,\text{N} \cdot 2{,}0\,\text{m} \cdot 0{,}707 = 283\,\text{Nm}.$$

Diese Drehmomente sind beide positiv. Wegen $\Sigma\tau = 0$ muss nun gelten

$$\Sigma\tau = 1.380\,\text{Nm} + 283\,\text{Nm} - 2{,}83\,\text{m} \cdot F_W = 0.$$

Nun addieren Sie $2{,}83\,\text{m} \cdot F_W$ auf beiden Seiten und teilen durch 2,83; das gibt

$$F_W = (1.380\,\text{Nm} + 283\,\text{Nm})/2{,}83\,\text{m} \approx 590\,\text{N}.$$

Die Wand übt also eine Kraft von rund 590 Newton auf die Leiter aus, und genau diese Kraft muss die Reibung zwischen Leiter und Boden ausgleichen, da F_W und die Reibungskraft die beiden einzigen horizontalen Kräfte in dieser Situation sind. Also muss

$$F_R = 590\,\text{N}$$

sein. Schön und gut – jetzt kennen Sie die benötigte Reibungskraft. Aber wie groß ist die Reibung tatsächlich? Die grundlegende Gleichung für die Reibungskraft (siehe Kapitel 6) ergibt

$$F_{\mathrm{R,real}} = \mu_{\mathrm{H}} F_{\mathrm{N}},$$

wobei μ_{H} der Haftreibungskoeffizient ist und F_{N} die Normalkraft, mit der der Boden gegen die Leiter drückt. Diese muss natürlich alle nach unten gerichteten Kräfte im System ausgleichen, wenn die Leiter nicht mitsamt dem Mann im Boden versinken soll. Also ist

$$F_{\mathrm{N}} = W_{\mathrm{M}} + W_{\mathrm{L}} = 650\,\mathrm{N} + 200\,\mathrm{N} = 850\,\mathrm{N}.$$

Das setzen Sie nun in die Gleichung für $F_{\mathrm{R,real}}$ ein; mit dem Haftreibungskoeffizienten $\mu_{\mathrm{H}} = 0{,}7$ erhalten Sie dann

$$F_{\mathrm{R,real}} = \mu_{\mathrm{H}} F_{\mathrm{N}} = 0{,}7 \cdot 850\,\mathrm{N} \approx 590\,\mathrm{N}.$$

Sie brauchen eine Reibungskraft von 590 Newton und Sie haben 590 Newton. Glück gehabt – die Leiter bleibt vermutlich stehen. (Aber die Berufsgenossenschaft hätte sicher nichts gegen eine etwas größere Sicherheitsreserve.)

Aufgabe 10.1

Stellen Sie sich vor, Sie schieben ein Karussell am Rand an, und zwar senkrecht zum Radius. Wie groß ist das wirkende Drehmoment, wenn das Karussell einen Durchmesser von 4,5 m hat und Sie mit einer Kraft von 235 N schieben?

Aufgabe 10.2

Der Deckel auf einem Gefäß ist festgefroren. Sie haben einen Schraubenschlüssel mit einer Länge von 0,5 m. Wie viel Kraft müssen Sie aufbringen, wenn ein Drehmoment von 500 N nötig ist, um den Deckel zu lösen?

Kapitel 11

Immer rundherum: Dynamik von Rotationsbewegungen

Auch dieses Kapitel beschäftigt sich mit Kräften und deren Auswirkungen im Reich der Rotationsbewegungen. Sie lernen die Entsprechung des zweiten newtonschen Gesetzes (Kraft gleich Masse mal Beschleunigung, siehe Kapitel 5) für Rotationsbewegungen kennen, untersuchen die Rolle der Trägheit und rechnen die kinetische Energie, die Arbeit und den Drehimpuls aus. Lesen Sie schnell weiter – bevor sich alles in Ihrem Kopf zu drehen beginnt ...

Das zweite newtonsche Gesetz in Rotation

Das zweite newtonsche Gesetz, Kraft gleich Masse mal Beschleunigung ($F = ma$, siehe Kapitel 5), ist für lineare Bewegungen unschlagbar, weil es die Vektoren Kraft und Beschleunigung miteinander verknüpft (in Kapitel 4 finden Sie weitere Informationen zu Vektoren). Wie sieht es aber aus, wenn Sie sich nicht mit linearen Bewegungen, sondern mit Rotationen herumschlagen? Können Sie Newton in Rotation versetzen?

In Kapitel 10 haben Sie erfahren, dass es Entsprechungen zwischen den Gleichungen der linearen und der Kreisbewegung gibt. Gibt es auch eine Entsprechung zu $F = ma$? Und wenn ja, wie lautet sie? Nach allem, was Sie in Kapitel 10 über Drehmomente gelernt haben, können Sie sicher schon sagen, dass an die Stelle der Kraft F das Drehmoment τ tritt. Vielleicht erraten Sie auch, dass aus der linearen Beschleunigung a die Winkelbeschleunigung α wird. Richtig! Aber was ist mit m? Was könnte das Analogon zur Masse bei Rotationsbewegungen sein? Die Antwort lautet (etwas verkürzt): das Trägheitsmoment I. Diese physikalische Größe können Sie beispielsweise aus der Beziehung zwischen Tangentialbeschleunigung und Winkelbeschleunigung erhalten. Die gesuchte Beziehung für die Rotationsform des zweiten newtonschen Gesetzes lautet dann $\sum \tau = I\alpha$. Aber das war jetzt schon viel zu viel auf einmal!

Sie können sich den Schritt von linearen zu Rotationsbewegungen an einem ganz einfachen Beispiel klarmachen. Stellen Sie sich vor, dass Sie, wie in Abbildung 11.1 gezeigt, einen Ball an einer Schnur herumwirbeln. Nehmen Sie weiter an, dass Sie eine tangentiale Kraft (entlang der Richtung des Kreises) auf den Ball ausüben, sodass dieser beschleunigt. (Beachten Sie dabei, dass es sich hier um eine tangentiale Kraft handelt, keine Zentripetalkraft, die zum Zentrum des Kreises gerichtet ist; siehe Kapitel 10.)

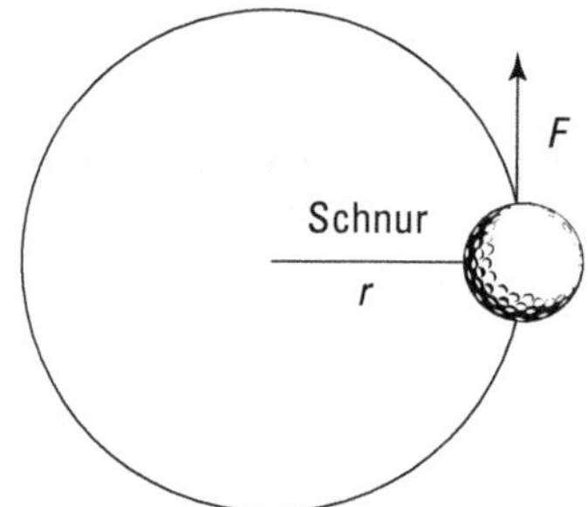

Abbildung 11.1: Eine tangentiale Kraft wirkt auf einen Ball, der an einer Schnur im Kreis herumfliegt.

Sie beginnen mit der Feststellung

$$F = ma.$$

(Der Einfachheit halber rechnen wir hier mit den Beträgen und nicht mit Vektoren. Für Vektoren würden Sie aber dasselbe Ergebnis erhalten!) Um diese Gleichung in das Reich der Rotationen zu übertragen, multiplizieren Sie zunächst beide Seiten mit r, dem Radius der Bahn:

$$Fr = mra.$$

Da Sie in diesem Fall eine tangentiale Kraft anwenden, steht die Kraft senkrecht auf dem Radius des Kreises (siehe Abbildung 11.1), sodass Fr gleich dem Drehmoment ist:

$$Fr = \tau = mra.$$

Die Hälfte haben Sie damit schon geschafft: Anstelle der linearen Kraft haben Sie jetzt das Drehmoment in der Gleichung stehen, also die entsprechende Größe für Rotationsbewegungen.

Tangentialbeschleunigung und Winkelbeschleunigung

Um den Übergang von der linearen zur Rotationsbewegung zu vollziehen, müssen Sie noch die tangentiale Beschleunigung a in die Winkelbeschleunigung α umwandeln. Schön und gut; aber wie sollen Sie das anstellen? Wenn Sie Kapitel 10 aufmerksam gelesen haben (haben Sie doch, oder?), dann wissen Sie, dass die Winkelbeschleunigung eine Größe ist, die Sie mit dem Radius multiplizieren können, um ihre Entsprechung in linearen Bewegungen zu erhalten. In diesem Fall ist das die Tangentialbeschleunigung:

$$a = r\alpha.$$

Wenn Sie das in die Gleichung $\tau = mra$ aus dem letzten Abschnitt einsetzen, bekommen Sie

$$\tau = mr(r\alpha) = mr^2\alpha.$$

Nun haben Sie eine Beziehung zwischen dem Drehmoment und der Winkelbeschleunigung. Damit können Sie Ihr Wissen über lineare Bewegungen auf Rotationsbewegungen übertragen. Aber was bedeutet der Ausdruck mr^2 in dieser Gleichung? Er ist die Entsprechung der Masse, das *Trägheitsmoment*.

Das Trägheitsmoment

Um von der linearen Kraft $F = ma$ zum Drehmoment zu gelangen, brauchen Sie die Entsprechungen für Beschleunigung und Masse. Die Winkelbeschleunigung haben Sie bereits im letzten Abschnitt gefunden. Nun werden Sie die Entsprechung der Masse kennenlernen, das Trägheitsmoment. In der obigen Gleichung hat es die Form mr^2. Physiker verwenden dafür meist das Symbol I; damit können Sie die Gleichung für die Winkelbeschleunigung in der Form

$$\Sigma\tau = \Sigma mr^2\alpha = I\alpha$$

schreiben. (Das Symbol Σ bedeutet »Summe«; $\Sigma\tau$ ist somit das resultierende Drehmoment.) Die Einheit des Trägheitsmoments ist $\mathrm{kg} \cdot \mathrm{m}^2$. Die so hergeleitete Gleichung ist ganz analog zu der für die resultierende lineare Kraft,

$$\Sigma F = ma.$$

$\Sigma\tau = I\alpha$ ist das zweite newtonsche Gesetz für Rotationsbewegungen: Das resultierende Drehmoment ist gleich Trägheitsmoment mal Winkelbeschleunigung.

Jetzt können Sie mit der Gleichung arbeiten. Nehmen Sie an, dass Sie den 45-Gramm-Ball aus Abbildung 11.1 in einem Radius von einem Meter im Kreis herumwirbeln und ihn mit einer Beschleunigung von 2π rad/s^2 beschleunigen wollen. Welches Drehmoment brauchen Sie dafür? Sie wissen bereits, dass gilt:

$$\Sigma\tau = I\alpha.$$

Sie können das Symbol Σ auch weglassen, wenn Sie es nur mit einem einzigen Drehmoment zu tun haben. In diesem Fall ist die Summe der Drehmomente gleich diesem einen Drehmoment.

Das Trägheitsmoment ist (hier) gleich mr^2, also ist

$$\tau = I\alpha = mr^2\alpha.$$

Jetzt setzen Sie die Zahlenwerte im MKS-System ein und bekommen so

$$\tau = mr^2\alpha = 0{,}045\,\text{kg} \cdot (1\,\text{m})^2 \cdot 2\pi\,\text{rad/s}^2 = 0{,}28\,\text{Nm}.$$

Die Bestimmung des Drehmoments bei Rotationsbewegungen funktioniert also ganz analog zur Bestimmung der Kraft aus Masse und Beschleunigung bei linearen Bewegungen.

Das Trägheitsmoment unter der Lupe

Die Berechnung von Trägheitsmomenten ist sehr einfach, solange Sie es mit Gegenständen zu tun haben, die klein sind im Vergleich zum Radius der Bahn, auf der sie kreisen. In diesem Fall gilt für das Trägheitsmoment die bereits angegebene Gleichung

$$I = mr^2.$$

Dabei ist r der Radius zu demjenigen Punkt, wo die gesamte Masse des Balls konzentriert ist; solange der Ball klein ist gegen r, ist es im Grunde egal, ob Sie dieses Massenzentrum genau in die Mitte des Balls legen oder ein wenig davon entfernt. Die Rechnerei kann aber schnell lästig werden, wenn der Gegenstand nicht mehr klein gegenüber dem Radius seiner Bahn ist, oder wenn der Gegenstand vielleicht um eine Achse rotiert, die durch ihn selbst verläuft. Welcher Wert ist dann für r einzusetzen?

Stellen Sie sich vor, Sie schwingen einen langen Stab im Kreis. Seine Masse ist sicher nicht an einem einzigen Punkt konzentriert. Das Problem ist nun, dass jeder Punkt in dem Stab in einem anderen Radius r kreist. Was sollen Sie jetzt für r nehmen? Dafür gibt es keine einfache Lösung; es kommt auf den jeweiligen Fall an. Im Prinzip müssen Sie die Beiträge von allen Punkten in dem Stab an unterschiedlichen Radien r summieren:

$$I = \sum_r mr^2.$$

Wenn Sie also an derselben Schnur einen Golfball in einem Kreis mit Radius r_1 und einen zweiten Ball derselben Masse in einem Radius r_2 herumschwenken, ist das gesamte Trägheitsmoment

$$I = \sum_r mr^2 = m(r_1^2 + r_2^2).$$

Aber wie finden Sie beispielsweise das Trägheitsmoment einer Scheibe, die um die Achse durch ihren Mittelpunkt rotiert? Nun, Sie zerbrechen die Scheibe (nur in Gedanken bitte) in winzige kleine Bälle und addieren alle Beiträge, die diese Bälle zum Trägheitsmoment liefern.

Zum Glück haben absolut vertrauenswürdige Physiker das schon für viele häufig vorkommende Fälle gemacht; in Tabelle 11.1 finden Sie eine Zusammenstellung einiger typischer Gegenstände und deren Trägheitsmomente.

Körper	Trägheitsmoment
Scheibe mit Radius r, die um den Mittelpunkt rotiert (zum Beispiel ein Rad)	$I = \dfrac{1}{2}\,mr^2$
Hohlzylinder mit Radius r, der um seine Mittelachse rotiert (zum Beispiel eine Walze)	$I = mr^2$
Hohlkugel mit Radius r, die um eine Achse durch ihren Mittelpunkt rotiert	$I = \dfrac{2}{3}\,mr^2$
Reifen mit Radius r, der um seine Mittelachse rotiert	$I = mr^2$
Punktförmige Masse im Radius r	$I = mr^2$
Rechteck mit den Seiten r_1 und r_2, das um seine Mittelachse rotiert	$I = \dfrac{1}{12}m(r_1^2 + r_2^2)$
Stab der Länge r, der um eine senkrecht zum Stab stehende Achse durch seinen Mittelpunkt rotiert	$I = \dfrac{1}{12}mr^2$
Stab der Länge r, der senkrecht zur Körperachse um eines seiner Enden rotiert	$I = \dfrac{1}{3}mr^2$
Homogener Zylinder mit Radius r, der um seine Zylinderachse rotiert	$I = \dfrac{1}{2}mr^2$
Homogene Kugel mit Radius r, die um eine Achse durch ihren Mittelpunkt rotiert	$I = \dfrac{2}{5}mr^2$

Tabelle 11.1: Trägheitsmomente für Fortgeschrittene

In den folgenden Beispielen stelle ich Ihnen einige fortgeschrittene Anwendungen von Trägheitsmomenten aus dem Alltag vor.

Angewandte Trägheit: Drehmomente im CD-Player

Wussten Sie, dass sich eine CD im CD-Player unterschiedlich schnell dreht, je nachdem, an welcher Stelle sie gerade abgetastet wird? Die Winkelgeschwindigkeit wird so gewählt, dass sich die auszulesende Stelle auf der CD immer mit konstanter Tangentialgeschwindigkeit unter dem Lesekopf hindurchbewegt. Nehmen Sie an, dass eine CD eine Masse von 30 Gramm und einen Durchmesser von 12 Zentimetern hat und dass sie zunächst mit einer Winkelgeschwindigkeit von 700 Umdrehungen pro Minute rotiert, wenn Sie die Wiedergabe starten. 50 Minuten später, am Ende der CD, soll sie sich nur noch mit 200 Umdrehungen pro Minute drehen. Wie groß ist das mittlere Drehmoment, das nötig ist, um diese Verzögerung zu bewirken? Sie gehen von der Drehmomentgleichung aus:

$$\tau = I\alpha.$$

Aus Tabelle 11.1 entnehmen Sie das Trägheitsmoment

$$I = \frac{1}{2}\,mr^2,$$

da die CD eine Scheibe ist, die um ihren Mittelpunkt rotiert. Ihr Durchmesser ist 12 Zentimeter, also ist der Radius sechs Zentimeter. Einsetzen der Zahlenwerte ergibt

$$I = \frac{1}{2}mr^2 = \frac{1}{2}\,0,03\,\text{kg}\cdot(0,06\,\text{m})^2 = 5,4\cdot10^{-5}\text{kg}\cdot\text{m}^2.$$

Wie sieht es mit der Winkelbeschleunigung α aus? In Kapitel 10 haben Sie folgende Beziehung für die Winkelbeschleunigung kennengelernt:

$$\alpha = \frac{\Delta\omega}{\Delta t}.$$

In diesem Fall müssen Sie die Winkelgeschwindigkeit am Ende von der Winkelgeschwindigkeit am Anfang abziehen, um die Winkelbeschleunigung zu berechnen:

$$\alpha = \frac{\omega_E - \omega_A}{\Delta t}.$$

Für die Zeit setzen Sie ein

$$\Delta t = 50\ \text{Minuten} = 3.000\ \text{Sekunden}.$$

Was ist mit den Winkelgeschwindigkeiten ω_A und ω_E? Sie wissen, dass die anfängliche Winkelgeschwindigkeit 700 Umdrehungen pro Minute beträgt; in Radiant pro Sekunde heißt das

$$\omega_A = (700\ \text{Umdrehungen/min})\cdot(2\pi\ \text{Radiant pro Umdrehung})$$

$$= 1.400\cdot\pi\ \text{rad/min} = \frac{1.400\cdot\pi\ \text{rad}}{60\,\text{s}} = 23,3\cdot\pi\ \text{rad/s}.$$

Genauso bekommen Sie die Geschwindigkeit am Ende:

$$\omega_E = (200\ \text{Umdrehungen/min})\cdot(2\pi\ \text{Radiant pro Umdrehung})$$

$$= 400\cdot\pi\ \text{rad/min} = \frac{400\cdot\pi\ \text{rad}}{60\,\text{s}} = 6,67\cdot\pi\ \text{rad/s}.$$

Jetzt können Sie die Zahlenwerte einsetzen:

$$\alpha = \frac{\omega_E - \omega_A}{\Delta t} = \frac{6,67\cdot\pi\,\text{rad/s} - 23,3\cdot\pi\ \text{rad/s}}{3.000\ \text{s}}$$

$$= \frac{-16,6\cdot\pi\ \text{rad/s}}{3.000\ \text{s}} = -1,7\cdot10^{-2}\ \text{rad/s}^2.$$

Jetzt haben Sie das Trägheitsmoment und die Winkelbeschleunigung, also können Sie das Drehmoment ausrechnen:

$$\tau = I\alpha = (5,4\cdot10^{-5}\ \text{kg}\cdot\text{m}^2)\cdot(-1,7\cdot10^{-2}\ \text{rad/s}^2) = -9,2\cdot10^{-7}\ \text{Nm}.$$

Das mittlere Drehmoment muss also etwa -10^{-6} Newtonmeter betragen. Welche Kraft muss der CD-Player dazu auf den Rand der CD ausüben (also bei einem Radius von sechs Zentimetern)? Ganz einfach; Drehmoment ist gleich Kraft mal Radius, also

$$F = \frac{\tau}{r} = \frac{-9,2\cdot10^{-7}\text{Nm}}{0,06\ \text{m}} = -1,53\cdot10^{-5}\ \text{N}.$$

Gar nicht so schwierig, eine CD abzubremsen, oder?

Winkelbeschleunigung und Drehmoment: Noch ein Beispiel

Nicht immer ist die Rotation in einem Bewegungsablauf so offensichtlich wie in unserem Beispiel mit der CD. Stellen Sie sich zum Beispiel eine Person vor, die eine Last mit einem Seil über eine Seilrolle nach oben hebt. Das Seil und die Last daran bewegen sich zwar geradlinig, aber an der Seilrolle kommt eine Rotationsbewegung ins Spiel. Hier geht es darum, wie schnell sich die Last nach oben oder unten bewegt, wenn Sie ein bestimmtes Drehmoment ausüben. Nehmen Sie an, dass Sie eine Masse von 16 Kilogramm vertikal anheben und dazu, wie in Abbildung 11.2 gezeigt, eine Seilrolle mit einer Masse von einem Kilogramm und einem Radius von zehn Zentimetern verwenden. Sie ziehen mit einer Kraft von 200 Newton; wie groß ist die Winkelbeschleunigung der Seilrolle?

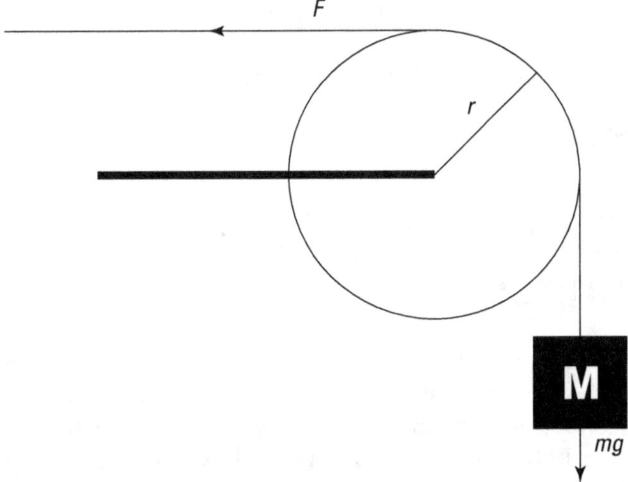

Abbildung 11.2: Das auf die Rolle ausgeübte Drehmoment und die dadurch bewirkte Rotationsbewegung der Seilrolle heben die Last an.

Hier brauchen Sie die Gleichung für das Drehmoment inklusive des Summenzeichens Σ, da Sie es mit mehr als einem Drehmoment zu tun haben. (Sie müssen in Aufgaben immer mit dem resultierenden Drehmoment rechnen; aber wenn nur ein einzelnes Drehmoment existiert, können Sie sich das Summenzeichen sparen.) Es gilt also

$$\Sigma \tau = I\alpha.$$

In diesem Fall existieren zwei Drehmomente τ_1 und τ_2. Also ist

$$\alpha = \frac{\Sigma \tau}{I} = (\tau_1 + \tau_2)/I.$$

Die beiden Kräfte wirken in einem Abstand von zehn Zentimetern; für die beiden Drehmomente gilt allgemein:

$\tau_1 = Fr$, wobei F die Kraft ist und r der Radius,

$\tau_2 = -mgr$, wobei m die Masse ist und g die Erdbeschleunigung.

Die Aufhängung der Seilrolle geht durch die Drehachse des Rades; sie kann daher kein Drehmoment ausüben. Einsetzen der Zahlenwerte liefert

$$\tau_1 = Fr = 200\,\text{N} \cdot 0,1\,\text{m} = 20\,\text{Nm},$$

$$\tau_2 = -mgr = -16\,\text{kg} \cdot 9,8\,\text{m/s}^2 \cdot 0,1\,\text{m} = -16\,\text{Nm}.$$

Das resultierende Drehmoment ist somit $20\,\text{Nm} + (-16)\,\text{Nm} = 4\,\text{Nm}$. Das Ergebnis ist positiv, das heißt, die Seilrolle wird sich entgegen dem Uhrzeigersinn drehen, zu größeren Winkeln hin. Mit anderen Worten: Die Masse wird angehoben.

Um die Winkelbeschleunigung der Seilrolle zu berechnen, brauchen Sie deren Trägheitsmoment. Eine Seilrolle ist in sehr guter Näherung eine Scheibe; damit entnehmen Sie aus Tabelle 11.1 für das entsprechende Trägheitsmoment

$$I = \frac{1}{2}mr^2 = \frac{1}{2} \cdot 1\,\text{kg} \cdot (0,1\,\text{m})^2 = 5 \cdot 10^{-3}\,\text{kg} \cdot \text{m}^2.$$

Nun haben Sie alles, was Sie zur Berechnung der Winkelbeschleunigung brauchen:

$$\alpha = \frac{\Sigma \tau}{I} = \frac{4\,\text{Nm}}{5 \cdot 10^{-3}\,\text{kg} \cdot \text{m}^2} = 800\,\text{rad/s}^2.$$

Arbeit und kinetische Energie bei Rotationsbewegungen

Eine der wichtigsten Größen bei der Betrachtung linearer Bewegungen ist die Arbeit (siehe Kapitel 8); die Gleichung dafür ist Arbeit gleich Kraft mal Weg. Auch die Arbeit hat eine Entsprechung in Rotationsbewegungen – aber wie kann in diesem Fall der Zusammenhang zwischen der linearen Version und der Rotationsbewegung hergestellt werden? Ganz einfach: Sie wandeln die Kraft wieder in ein Drehmoment um und den Weg (die zurückgelegte Strecke) in einen Winkel. Den genauen Weg lernen Sie in den folgenden Abschnitten kennen. Und Sie sehen dabei, was passiert, wenn Sie Arbeit leisten, indem Sie einen Gegenstand in Rotation versetzen – nämlich genau das, was auch passiert, wenn Sie ihn in lineare Bewegung versetzen: Sie geben ihm kinetische Energie.

In der Tretmühle: Arbeit bei Rotationen

Stellen Sie sich einen Ingenieur bei einer großen Autofirma vor, der in seinem stillen Kämmerchen sitzt und etwas ganz Großes ausbrütet. Er will den Autobau mit einer ebenso umweltfreundlichen wie überraschenden Idee revolutionieren – einer Idee, wie es sie in der Automobilindustrie noch nie gab.

Plötzlich ein Geistesblitz – die Antwort nicht nur auf seine Träume, sondern auch auf die Frage, wie die Arbeit in linearen Bewegungen und in Rotationsbewegungen zusammenhängt Betrachten Sie dazu Abbildung 11.3, die die Lösung schematisch zeigt. Die Idee besteht einfach darin, ein Seil um das Rad zu wickeln, sodass der Fahrer das Auto durch Ziehen an dem Seil beschleunigen kann! So erfährt der Fahrer auch ganz direkt, wie viel Arbeit er leistet.

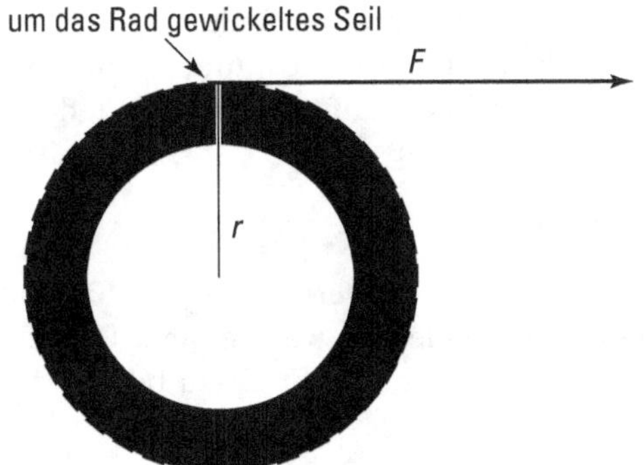

Abbildung 11.3: Durch Zug an dem Seil wird eine Kraft auf das Rad ausgeübt.

Arbeit ergibt sich aus der auf einen Gegenstand ausgeübten Kraft multipliziert mit der Wegstrecke, über die die Kraft wirkt. In diesem Fall übt der Fahrer eine Kraft F auf das Seil aus. Das ist es – das Seil ist die Verbindung zwischen der Arbeit bei linearen und bei der Rotationsbewegung. Wie viel Arbeit leistet der Fahrer? Sie verwenden die Gleichung

$$W = Fs,$$

wobei s die Wegstrecke ist, über die die Kraft F wirkt. In diesem Fall ist die Strecke s gleich dem Radius r des Rades multipliziert mit dem Winkel θ, um den sich das Rad dreht, $s = r\theta$. Also ist

$$W = Fs = Fr\theta.$$

Das Drehmoment τ ist aber in diesem Fall gleich Fr, da das Seil in einem rechten Winkel zum Radius an der Seilrolle zieht (siehe Kapitel 10). Also bekommen Sie

$$W = \tau\theta.$$

Die Arbeit W, die Sie verrichten, indem Sie die Rolle mithilfe des Seils durch Anwendung eines konstanten Drehmoments τ um einen Winkel θ drehen, ist $\tau\theta$. Das ergibt auch einen Sinn, denn im linearen Fall ist die Arbeit gleich Fs und bei dem Wechsel in die Welt der Rotationen ersetzen Sie die Kraft durch das Drehmoment und die Strecke durch den Winkel. Die Einheit, die Sie dabei erhalten, ist die übliche Einheit der Energie; im MKS-System also Joule.

Damit der Wechsel von linearen Bewegungen ins Reich der Rotationen für die Energie problemlos vonstattengeht, müssen Sie die Winkel immer in Radiant angeben.

Wenn Sie gut aufgepasst haben, haben Sie sicher bemerkt, dass die Einheit des Drehmoments Newton mal Meter ist und folglich die Einheit der Arbeit nach der angegebenen Gleichung Newton mal Meter mal Radiant ist – also Joule mal

Radiant. Das ist aber trotzdem gleich Joule, denn Radiant ist eine »Pseudoeinheit« – Winkel sind in Wirklichkeit dimensionslos, und die »Einheit« Radiant wird nur als Erinnerung dazugeschrieben, damit deutlich wird, dass es sich um einen Winkel handelt und in welchem Maßsystem er angegeben ist (siehe auch Kapitel 7).

Auf zum nächsten Beispiel! Stellen Sie sich mal ein Propellerflugzeug vor. Sie wollen herausfinden, welche Arbeit der Motor an einem Propeller leistet, wenn er über 100 Umdrehungen ein konstantes Drehmoment von 600 Newtonmetern ausübt. Dazu beginnen Sie mit der Gleichung für die Arbeit,

$$W = \tau\theta.$$

Eine volle Umdrehung sind 2π Radiant. Einsetzen der Zahlenwerte liefert daher direkt

$$W = \tau\theta = 600\,\text{Nm} \cdot 100 \cdot 2\pi\,\text{rad} = 3,8 \cdot 10^5\,\text{J}.$$

Der Motor des Flugzeugs verrichtet also eine Arbeit von $3,8 \cdot 10^5$ Joule. Was passiert mit dieser Arbeit? Der Propeller dreht sich; er erhält durch die Arbeit also kinetische Energie.

Kinetische Energie bei Rotationsbewegungen

Wenn ein Gegenstand rotiert, bewegen sich alle seine Bestandteile – also muss kinetische Energie im Spiel sein. Auch hier können Sie die Gleichungen aus der linearen Welt in die Welt der Rotation übertragen. Die kinetische Energie eines Gegenstands in linearer Bewegung können Sie mit folgender Gleichung berechnen (siehe Kapitel 8):

$$E_{\text{kin}} = \frac{1}{2}mv^2,$$

wobei m die Masse des Gegenstands ist und v^2 das Quadrat seiner Geschwindigkeit. Diese Gleichung gilt für jedes noch so kleine Stück des rotierenden Gegenstands; jedes kleine Element besitzt seine eigene kinetische Energie gemäß dieser Gleichung.

 Um die Gleichung von der linearen Version in die Variante für Rotationsbewegungen zu übertragen, müssen Sie die Masse durch das Trägheitsmoment I und die lineare Geschwindigkeit durch die Winkelgeschwindigkeit ω ersetzen.

Der Zusammenhang zwischen Tangentialgeschwindigkeit und Winkelgeschwindigkeit eines Gegenstands ist (siehe Kapitel 10)

$$v = r\omega,$$

mit r als Radius und ω als Winkelgeschwindigkeit. Wenn Sie das in die vorherige Gleichung einsetzen, erhalten Sie

$$E_{\text{kin}} = \frac{1}{2}mv^2 = \frac{1}{2}m(r^2\omega^2).$$

Das sieht so weit gut aus; allerdings gilt diese Gleichung in dieser Form nur für einen Massenpunkt. Und jeder einzelne Massenpunkt in einem ausgedehnten Gegenstand besitzt seinen eigenen Radius! Sie sind also noch nicht fertig. Vielmehr müssen Sie die Beiträge zur kinetischen Energie über alle Massenpunkte in dem Gegenstand summieren:

$$E_{\text{kin}} = \frac{1}{2}\Sigma(mr^2\omega^2).$$

Jetzt fragen Sie sich sicher, ob Sie das noch irgendwie vereinfachen können. Klar, das können Sie. Zuerst stellen Sie fest, dass zwar jeder Massenpunkt seinen eigenen Radius hat, dass aber alle mit derselben Winkelgeschwindigkeit rotieren müssen (denn alle Massenpunkte rotieren in einem gegebenen Zeitintervall um denselben Winkel). Daher können Sie ω vor die Summe ziehen:

$$E_{\text{kin}} = \frac{1}{2}\omega^2\Sigma(mr^2).$$

Das macht die Gleichung schon viel einfacher, vor allem wenn Sie jetzt noch beachten, dass $\Sigma(mr^2)$ gerade das früher eingeführte Trägheitsmoment I ist (siehe den Abschnitt »Das zweite newtonsche Gesetz in Rotation« am Anfang dieses Kapitels). Wenn Sie das einsetzen, verschwinden die ganzen Abhängigkeiten von den Radien der einzelnen Massenpunkte aus der Gleichung. Sie erhalten so

$$E_{\text{kin}} = \frac{1}{2}\omega^2\Sigma(mr^2) = \frac{1}{2}I\omega^2.$$

Damit haben Sie eine einfache Gleichung für die kinetische Energie der Rotation. Sie ist sehr nützlich, weil diese Art von Energie allgegenwärtig ist. Beispielsweise besitzt ein Satellit, der im Weltraum rotiert, eine kinetische Rotationsenergie. Oder ein Bierfass, das eine Rampe herunterrollt, besitzt kinetische Rotationsenergie. Beispiele dieser Art finden sich in Physikaufgaben immer wieder (wenn auch nicht unbedingt mit Bierfässern).

Die kinetische Energie der Rotation auf einer Rampe

Gegenstände können gleichzeitig kinetische Energie aus einer linearen und aus einer Rotationsbewegung besitzen. Das ist eine sehr wichtige Tatsache, denn wenn ein Gegenstand eine Rampe hinunter*rollt*, können Sie alles vergessen, was Sie bisher über Rampen (oder schiefe Ebenen) gelernt haben. Warum? Nun, wenn ein Gegenstand eine Rampe hinunterrollt, statt nur zu rutschen, wird ein Teil seiner potenziellen Energie (siehe Kapitel 8) in kinetische Energie der geradlinigen Bewegung umgewandelt und ein anderer Teil in kinetische Rotationsenergie.

Betrachten Sie dazu Abbildung 11.4, die einen Vollzylinder auf einer schiefen Ebene im Wettrennen gegen einen Hohlzylinder zeigt. Beide Gegenstände haben dieselbe Masse. Welcher Zylinder ist schneller unten?

Die Frage können Sie umformulieren: Welcher Zylinder wird am Fuß der Rampe die höhere Geschwindigkeit besitzen? Die Beschleunigung beider Zylinder ist konstant, daher ist derjenige, der am Ende schneller ist, auch derjenige, der am schnellsten unten ankommt. Wenn Sie nur die Linearbewegung betrachten, setzen Sie zur Lösung dieser Aufgabe einfach die

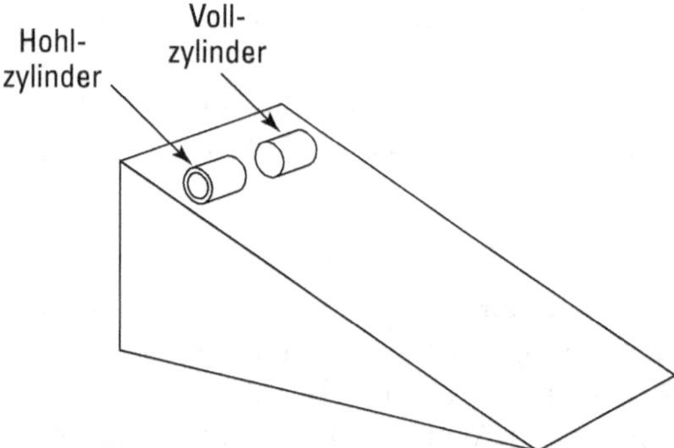

Abbildung 11.4: Ein Voll- und ein Hohlzylinder am Start des großen Rennens

kinetische Energie am Ende gleich der potenziellen Energie am Anfang (unter Vernachlässigung von Reibung):

$$E_{\text{kin}} = E_{\text{pot}} \iff \frac{1}{2}mv^2 = mgh,$$

wobei m die Masse des Gegenstands ist, g die Erdbeschleunigung und h die vertikale Höhe der Rampe. Dann lösen Sie nach der Endgeschwindigkeit auf – fertig. Hier ist die Situation jedoch eine andere. Da die Zylinder rollen, wird die anfängliche potenzielle Energie zum Teil in kinetische Energie der Linearbewegung umgewandelt und zum Teil in kinetische Energie der Rotationsbewegung. Sie können die Gleichung jetzt in der Form

$$mgh = \frac{1}{2}mv^2 + \frac{1}{2}I\omega^2$$

schreiben und v und ω durch die Beziehung $v = r\omega$ verknüpfen. Daraus folgt $\omega = v/r$, also ist

$$mgh = \frac{1}{2}mv^2 + \frac{1}{2}I(v^2/r^2).$$

Sie wollen v aus der Gleichung entfernen, also versuchen Sie zunächst, die verschiedenen Terme mit v zusammenzufassen:

$$mgh = \frac{1}{2}mv^2 + \frac{1}{2}I(v^2/r^2) = \frac{1}{2}(m + I/r^2)v^2.$$

Jetzt lösen Sie nach v auf; das ergibt

$$v = \sqrt{\frac{2mgh}{m + I/r^2}}.$$

Was bedeutet das, wenn Sie die beiden unterschiedlichen Trägheitsmomente einsetzen? Für einen Hohlzylinder ist das Trägheitsmoment gleich mr^2, wie Sie Tabelle 11.1 entnehmen können. Für einen Vollzylinder ist das Trägheitsmoment dagegen nur halb so groß, nämlich $mr^2/2$. Wenn Sie das Trägheitsmoment des Hohlzylinders einsetzen, erhalten Sie

$$v = \sqrt{gh}.$$

Wenn Sie das Trägheitsmoment des Vollzylinders einsetzen, erhalten Sie dagegen

$$v = \sqrt{\frac{4gh}{3}}.$$

Jetzt sehen Sie, wohin die Reise geht. Der Vollzylinder ist am Ende der Rampe um den Faktor

$$\sqrt{\frac{4}{3}}$$

oder etwa 1,15-mal so schnell wie der Hohlzylinder; der Vollzylinder gewinnt also das Rennen.

Stimmt es mit Ihrer physikalischen Intuition überein, dass der Vollzylinder gewinnt? Ja. In dem Hohlzylinder ist die gesamte Masse ganz außen, das heißt bei seinem maximalen Radius konzentriert. Beim Vollzylinder hingegen ist dieselbe Masse über den ganzen Bereich vom Zentrum bis ganz außen verteilt. Der Hohlzylinder erreicht daher eine bestimmte kinetische Energie schon bei einer viel geringeren Geschwindigkeit.

Nicht zu bremsen: Der Drehimpuls

Stellen Sie sich einen 40-Tonnen-Satelliten vor, der in einer Umlaufbahn um die Erde kreist. Sie sollen Reparaturarbeiten an ihm ausführen und planen deshalb, ihn zu stoppen, sobald er an Ihrem Zubringerschiff vorbeifliegt. Während er sich allmählich nähert, überlegen Sie sich die Sache aber noch einmal. Es ist gar nicht so einfach, einen kreisenden Satelliten anzuhalten. Warum? Weil er einen *Drehimpuls* besitzt.

In Kapitel 9 haben Sie den linearen Impuls **p** kennengelernt, der gleich dem Produkt aus Masse und Geschwindigkeit ist:

$$\boldsymbol{p} = m\boldsymbol{v}.$$

Außer diesem Impuls gibt es noch den Drehimpuls **L**. Er ist durch die Gleichung

$$\boldsymbol{L} = I\boldsymbol{\omega}$$

definiert, wobei I das Trägheitsmoment ist und $\boldsymbol{\omega}$ die Winkelgeschwindigkeit.

Der Drehimpuls ist ein Vektor, das heißt, er besitzt einen Betrag und eine Richtung. Er zeigt in dieselbe Richtung wie der Vektor $\boldsymbol{\omega}$ (das heißt in Richtung Ihres Daumens, wenn Sie den rotierenden Gegenstand mit Ihrer rechten Hand so umfassen, dass die Finger in Drehrichtung zeigen). Die Einheit des Drehimpulses ist Kilogramm mal Quadratmeter pro Sekunde ($kg\ m^2/s$).

Die entscheidende Eigenschaft des Drehimpulses ist, dass er genau wie der lineare Impuls erhalten bleibt.

Die Drehimpulserhaltung

Das *Prinzip der Drehimpulserhaltung* sagt aus, dass der Drehimpuls eines Systems konstant bleibt, solange keine äußeren Drehmomente wirken. Dieses Prinzip ist bei sehr vielen praktischen Problemen hilfreich, oftmals gerade dann, wenn man es am wenigsten erwartet. Ein anschauliches Beispiel etwa sind Paarläufer beim Eiskunstlauf, die zunächst eng umschlungen rotieren und sich dann auf Armlänge voneinander entfernen. Wenn Sie die anfängliche Rotationsgeschwindigkeit kennen, ist es einfach, die Rotationsgeschwindigkeit am Ende zu berechnen, da der Drehimpuls erhalten bleiben muss:

$$I_1 \omega_1 = I_2 \omega_2.$$

Wenn Sie also das Trägheitsmoment zu Beginn und am Ende herausfinden können, dann haben Sie schon gewonnen!

Es gibt aber auch weniger offensichtliche Fälle, in denen die Drehimpulserhaltung die Situation rettet. So müssen Satelliten beispielsweise nicht auf Kreisbahnen umlaufen, sondern können auch Ellipsenbahnen beschreiben. Leider wird die nötige Mathematik dann gleich sehr viel schwieriger. Zum Glück eilt Ihnen die Drehimpulserhaltung auch hier zu Hilfe und macht die Aufgabe geradezu lächerlich einfach.

Satellitenbahnen:
Die Drehimpulserhaltung in der Praxis

Stellen Sie sich vor, dass die NASA vorhat, einen Satelliten zu Forschungszwecken auf eine Kreisbahn um den Pluto zu bringen. Leider geht dabei wieder mal einiges schief, sodass der Satellit in einer elliptischen Bahn landet. An demjenigen Punkt der Bahn, an dem er dem Zwergplaneten am nächsten kommt, hat er eine Entfernung von $6 \cdot 10^6$ Metern und eine Geschwindigkeit von 9.000 Metern pro Sekunde.

Die größte Entfernung des Satelliten vom Pluto beträgt $2 \cdot 10^7$ Meter. Wie schnell ist er an diesem Punkt? Die Antwort darauf wäre ziemlich kompliziert, wenn Sie nicht einen besonderen Trumpf aus dem Ärmel zaubern könnten – zum Beispiel den Drehimpuls. Der Drehimpuls ist in dieser Situation erhalten, da keine äußeren Drehmomente vorliegen. (Denn die Gravitation wirkt stets in Richtung des Bahnradius und bewirkt daher kein Drehmoment.) Daher ist

$$I_1 \omega_1 = I_2 \omega_2.$$

Für eine Punktmasse wie den Satelliten (im Vergleich zum Radius seiner Bahn ist er wirklich eine Punktmasse) auf einer Bahn mit Radius r ist das Trägheitsmoment $I = mr^2$ (siehe Tabelle 11.1). Seine Winkelgeschwindigkeit ist v/r, also wird aus der Gleichung

$$m r_1 v_1 = m r_2 v_2.$$

Jetzt lösen Sie nach v_2 auf, indem Sie durch $m r_2$ teilen:

$$v_2 = \frac{r_1 v_1}{r_2}.$$

Das ist schon die Lösung: Keine verzwickte Mathematik, sondern eine simple Anwendung der Drehimpulserhaltung hat ausgereicht, um diese schwierig erscheinende Aufgabenstellung zu knacken! Jetzt müssen Sie nur noch ein paar Zahlenwerte einsetzen:

$$v_2 = \frac{r_1 v_1}{r_2} = \frac{6 \cdot 10^6\,\text{m} \cdot 9.000\,\text{m/s}}{2 \cdot 10^7\,\text{m}} = 2.700\,\text{m/s}.$$

Am Pluto-nächsten Punkt seiner Bahn bewegt sich der Satellit also mit einer Geschwindigkeit von 9.000 Metern pro Sekunde, am weitesten Punkt der Bahn fliegt er nur noch mit 2.700 Metern pro Sekunde. Eine einfache Rechnung – wenn Sie sich mit der Drehimpulserhaltung auskennen!

Aufgabe 11.1

Ein Zylinder, der eine Länge von 12 cm und einen Durchmesser von 6 cm hat, rotiert zweimal pro Sekunde um seine Längsachse. Wie groß ist sein Trägheitsmoment, wenn seine Masse 400 g beträgt? Wie groß ist die Rotationsenergie?

Aufgabe 11.2

Betrachten Sie eine Vollkugel mit einer Masse von 140 kg und einem Radius von 1,7 m. Wie groß ist ihre kinetische Rotationsenergie, wenn sie sich mit einer Winkelgeschwindigkeit von $14\,\text{s}^{-1}$ bewegt?

Aufgabe 11.3

Ein Hohlzylinder befindet sich am oberen Ende einer 5,3 m hohen Rampe. Wie groß ist seine Geschwindigkeit, wenn er das untere Ende der Schräge erreicht?

Kapitel 12

Hin und her, hin und her: Harmonische Bewegungen

In diesem Kapitel lernen Sie eine weitere grundlegende Form von Bewegung kennen: die periodische (regelmäßig wiederkehrende) Bewegung. Periodische Bewegungen begegnen Ihnen im Alltag andauernd: Ob ein Gummiball auf dem Boden auf und ab springt, Ihre Kinder sich mit dem Springseil oder auf der Schaukel vergnügen oder das Pendel in Ihrer alten Wanduhr gemächlich hin und her schwingt, überall spielen periodische Bewegungen eine Rolle. In diesem Kapitel lernen Sie alles über periodische Bewegungen. Am Ende können Sie nicht nur die Bewegung selbst ganz genau beschreiben, sondern verstehen auch, welche Energie eine gespannte Feder hat und wie lange ein Pendel braucht, um einmal hin und zurück zu schwingen.

Federkraft: Das hookesche Gesetz

Gegenstände, die man wie Federn dehnen oder zusammendrücken kann und die danach wieder in ihre alte Form zurückkehren, nennt man *elastisch*. Elastizität ist in vielen Fällen eine wichtige Eigenschaft; Federn werden daher in zahllosen Geräten praktisch eingesetzt, zum Beispiel als Stoßdämpfer im Auto, als Antrieb in Uhren oder Spielzeugautos oder als Messinstrument in Federwaagen.

Im 17. Jahrhundert untersuchte Robert Hooke, ein Physiker aus England, die Eigenschaften elastischer Materialien. Er fand dabei eine Gesetzmäßigkeit, die heute – welche Überraschung! – als *hookesches Gesetz* bekannt ist: Die Kraft, die erforderlich ist, um einen elastischen Gegenstand zu verformen, ist proportional zum Ausmaß der Verformung. Wenn Sie also eine Feder um eine Strecke x dehnen, ist die erforderliche Kraft zu x proportional:

$$F = kx.$$

Die Konstante k wird als *Federkonstante* oder allgemeiner als *Kraftkonstante* bezeichnet. Genau genommen wirkt die Kraft der Feder der Kraft entgegen, mit der Sie an der Feder ziehen; daher ist k eigentlich negativ. Stattdessen wählt man aber meistens $k > 0$ und schreibt:

$$F = -kx.$$

Das hookesche Gesetz gilt nur, solange der betrachtete Gegenstand elastisch ist. Wenn Sie eine Feder zu sehr dehnen, verlassen Sie den elastischen Bereich und die Feder verliert ihre Fähigkeit, sich wieder zusammenzuziehen. Mit anderen Worten, nur im elastischen Bereich eines Materials gilt $F = -kx$ mit k als Federkonstante. Die Einheit der Federkonstante ist Newton pro Meter. Wenn eine Feder in ihrem elastischen Bereich das hookesche Gesetz exakt befolgt, nennt man sie eine *ideale Feder*.

Immer schön nachfedern

Stellen Sie sich vor, dass ein paar Automobilingenieure bei Ihnen anrufen und Sie um Ihre Hilfe bei der Entwicklung neuer Stoßdämpfer bitten. Sie wittern sofort ein fettes Honorar und sagen zu. Das Auto soll eine Masse von 1.000 Kilogramm haben, und Sie haben vier Stoßdämpfer mit einer Länge von 0,5 Metern zur Verfügung, die einfache Federn enthalten sollen. Wie stark müssen die Federn sein? Jede von ihnen muss mindestens 250 Kilogramm tragen können, also

$$F = mg = 250\ \text{kg} \cdot 9{,}8\ \text{m/s}^2 = 2.450\ \text{N},$$

wobei F die Kraft ist, m die Masse des Autos (Anteil pro Stoßdämpfer) und g die Erdbeschleunigung (9,8 Meter pro Sekunde^2). Die Feder in dem Stoßdämpfer muss also eine Kraft von 2.450 Newton ausüben, wenn sie maximal (um 0,5 Meter) komprimiert wird. Wie groß muss dann die Federkonstante sein? Das hookesche Gesetz lautet

$$F = -kx.$$

Wenn Sie im Hinterkopf behalten, dass die Kräfte einander entgegengesetzt wirken, können Sie das Minuszeichen kurz mal übersehen. Nach k auflösen ergibt dann

$$k = \frac{F}{x}.$$

Jetzt können Sie die Zahlenwerte einsetzen:

$$k = \frac{F}{x} = \frac{2.450\ \text{N}}{0{,}5\ \text{m}} = 4.900\ \text{N/m}.$$

Die Federkonstante der Federn in den Stoßdämpfern muss also mindestens 4.900 Newton pro Meter betragen. Die Entwickler rennen schon begeistert nach draußen, als Sie ihnen noch nachrufen: »Denken Sie aber daran: Wenn Ihr Wagen auch Schlaglöcher heil überstehen soll, brauchen Sie mindestens das Doppelte!« Hoffentlich haben sie das noch gehört.

Das hookesche Gesetz und die Richtung der Kraft

Das negative Vorzeichen im hookeschen Gesetz ist wichtig:

$$F = -kx.$$

Das Vorzeichen besagt, dass die Kraft der Auslenkung entgegenwirkt, wie in Abbildung 12.1, die einen an einer Feder befestigten Ball zeigt.

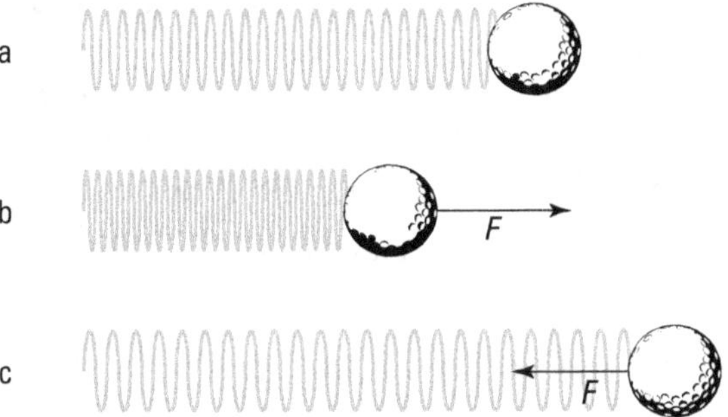

Abbildung 12.1: Die Richtung der Kraft einer Feder

Anhand von Abbildung 12.1 erkennen Sie, dass die Feder keine Kraft auf den Ball ausübt, solange sie nicht gedehnt oder gestaucht ist (a). Wenn sie gestaucht wird, drückt sie gegen die äußere Kraft (b); wenn sie gedehnt wird, versucht sie, sich wieder zusammenzuziehen (c).

Die von der Feder ausgeübte Kraft ist eine *rücktreibende* Kraft. Sie versucht stets, die Feder wieder in ihre Ruhelage zu bringen, und wirkt somit der äußeren Kraft auf die Feder entgegen.

Die einfache harmonische Bewegung

Eine *einfache harmonische Bewegung* findet immer dann statt, wenn die Kraft, die einen Gegenstand in seine Ruhelage zurückzutreiben versucht, proportional zu dessen Auslenkung aus der Ruhelage ist. *Einfach* wird die Bewegung deshalb genannt, weil nur konservative elastische Kräfte beteiligt sind, sodass Sie die Reibung vernachlässigen können. Ein Kennzeichen elastischer Kräfte ist, dass die Bewegung sich einfach immer wieder wiederholt.

Natürlich stimmt das in der Praxis nicht ganz – selbst Gegenstände an Federn kommen nach einiger Zeit zur Ruhe, weil ihre Energie nach und nach durch Reibung und Wärmeverluste aufgezehrt ist.

Die Bezeichnung *harmonisch* steht für eine bestimmte Form der Bewegung, die eng mit der Form der Schallwellen verwandt ist. Diese Form sorgt unter anderem dafür, dass man die Harmonien in der Musik wahrnehmen kann.

Senkrecht und waagerecht

Betrachten Sie nochmals den Ball in Abbildung 12.1. Nehmen Sie an, dass Sie den Ball zur Seite schieben, die Feder zusammendrücken und dann wieder loslassen: Der Ball schießt dann wieder in Richtung seiner Ruheposition zurück. Er fliegt aber noch weiter und dehnt die Feder dabei. Nach einiger Zeit kehrt er wieder um: Die Feder zieht ihn zurück. Wieder passiert er seine Ruhelage (an der die Feder keine Kraft auf ihn ausübt), fliegt darüber hinaus und staucht die Feder zusammen. Der Grund dafür, dass der Ball immer wieder über seine (kräftefreie) Ruhelage hinausschießt, ist seine Trägheit (siehe Kapitel 11). Wenn er in Bewegung ist, ist eine bestimmte Kraft erforderlich, um ihn abzubremsen. Die verschiedenen Phasen in der Bewegung des Balls sind (siehe Abbildung 12.1):

- ✔ **a:** Der Ball befindet sich in Ruhe, es wirken keine Kräfte auf ihn; die Feder ist hier weder gedehnt noch gestaucht.

- ✔ **b:** Sie drücken den Ball gegen die Feder, die mit einer Gegenkraft F reagiert.

- ✔ **c:** Sie lassen los. Die Feder dehnt sich wieder aus; der Ball fliegt dadurch ebenso weit auf die rechte Seite der Ruhelage wie er zuvor links war. Hier steht er für einen kurzen Moment still, bevor die Kraft der Feder ihn wieder beschleunigt und er zurückfliegt.

Auf dem Rückweg zu Punkt b passiert der Ball wieder seine Ruhelage. Dort übt die Feder keine Kraft auf den Ball aus, er hat hier aber eine hohe Geschwindigkeit – die größte Geschwindigkeit auf seiner Reise von b nach c. Diese Abfolge wiederholt sich immer wieder: Der Ball fliegt von b über a nach c, dann wieder zurück von c über a nach b und so weiter: b–a–c–a–b–a–c–a …

Was geschieht, wenn der Ball nicht auf einer reibungsfreien horizontalen Fläche gleitet, sondern an einer Feder in der Luft hängt wie in Abbildung 12.2?

In diesem Fall schwingt der Ball auf und ab. Genau wie der Ball in Abbildung 12.1 schwingt er um die Ruhelage hin und her, allerdings ist die Ruhelage nun nicht mehr die Position, in der die Feder nicht gedehnt ist.

Die Ruhelage ist als diejenige Stelle definiert, in der keine resultierende Kraft auf den Ball wirkt, an der er folglich in Ruhe verweilen kann. Bei einer senkrechten Feder muss die Gewichtskraft des Balls durch eine nach oben gerichtete Federkraft ausgeglichen werden. Für die y-Koordinate y_0 der Ruhelage gilt, dass die Gewichtskraft mg des Balls gerade gleich der Kraft $F = ky_0$ der Feder sein muss:

$$mg = ky_0.$$

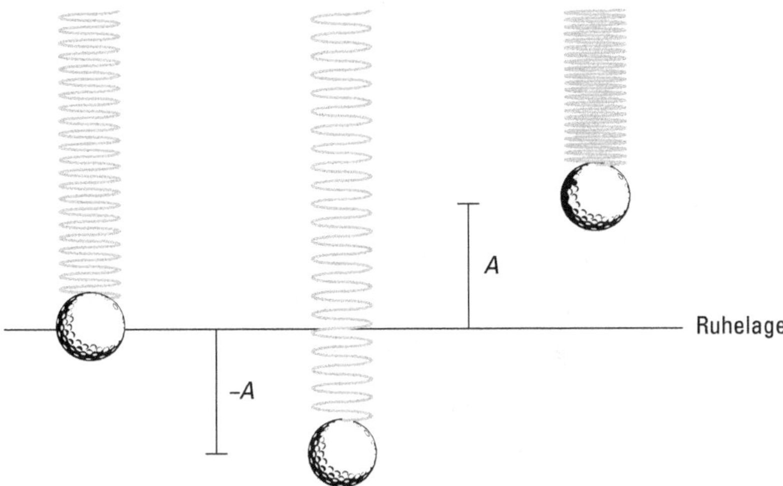

Abbildung 12.2: Ein Ball an einer Feder unter dem Einfluss der Schwerkraft

Das können Sie nach y_0 auflösen:

$$y_0 = \frac{mg}{k}.$$

Um diesen Betrag ist die Feder in der Ruhelage gedehnt, weil der Ball an ihr hängt. Wenn Sie an dem Ball ziehen (oder ihn ein Stück anheben) und wieder loslassen, schwingt er ebenso wie im horizontalen Fall (siehe Abbildung 12.1) um diese Ruhelage (siehe Abbildung 12.2). Wenn die Feder vollständig elastisch ist, führt er eine einfache harmonische Bewegung in der Vertikalen aus; der Ball schwingt aus der Ruhelage immer eine Strecke A nach oben und dieselbe Strecke A nach unten. (In der Realität kommt er wegen des Luftwiderstands und anderer Reibungskräfte irgendwann zur Ruhe.)

Der Abstand A, die maximale Dehnung oder Stauchung der Feder, ist eine wichtige Größe bei harmonischen Schwingungen; er heißt *Amplitude*.

Harmonische Bewegungen sind mathematisch recht einfach zu beschreiben. Die Amplitude ist dabei ein wesentliches Element.

Ein genauerer Blick auf die harmonische Bewegung

Die Behandlung von einfachen harmonischen Bewegungen kann recht mühsam und zeitaufwendig werden, wenn man die genaue Bahn eines Gegenstands als Funktion der Zeit berechnen will. Aber eines Tages haben Sie eine geniale Idee für eine experimentelle Anordnung! Sie bauen nämlich einen Apparat, in dem eine Taschenlampe einen schwingenden Ball beleuchtet und dessen Schatten auf einen bewegten lichtempfindlichen Film wirft, wie in Abbildung 12.3 gezeigt. Da der Film sich kontinuierlich bewegt, zeichnet er die Position des Balls als Funktion der Zeit auf.

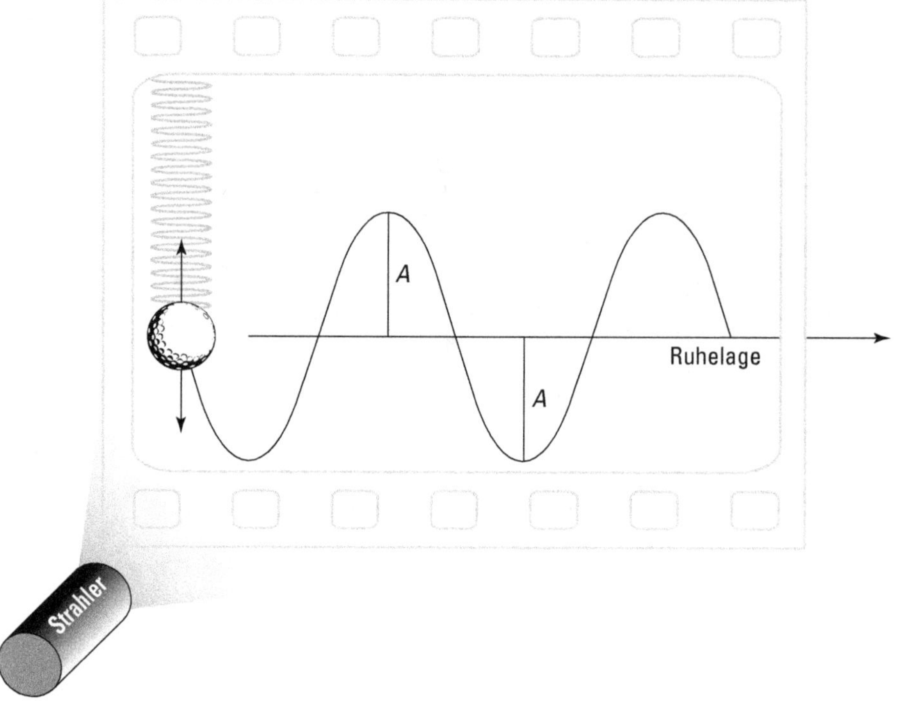

Abbildung 12.3: Die einfache harmonische Bewegung eines Balls als Funktion der Zeit

Sie schalten das Gerät ein und lassen den Ball ein Weilchen schwingen. Das Ergebnis sehen Sie in Abbildung 12.3 – der Ball schwingt periodisch um die Ruhelage auf und ab, wobei die Amplitude A den höchsten und tiefsten Punkt seiner Bahn beschreibt. Die Geschwindigkeit des Balls zeigt sich in Abbildung 12.3 als Steigung der Kurve: In der Nähe der Ruhelage ist er am schnellsten; am höchsten und am tiefsten Punkt wird er dagegen langsam, bleibt sogar für einen kurzen Moment stehen und kehrt dann seine Bewegungsrichtung um.

Erkennen Sie, dass der Ball eine sinusförmige Bewegung ausführt? Seine Bahn ist eine Sinuskurve mit der Amplitude A.

Sie können genauso gut eine Kosinuskurve verwenden, da sie dieselbe Form hat. Der Unterschied ist nur, dass die Kosinuskurve dort null ist, wo die Sinuskurve ein Maximum oder Minimum hat und umgekehrt. Sinus- und Kosinuskurve sind also in x-Richtung um eine Viertelperiode (siehe unten) gegeneinander verschoben.

Hoch und runter: Sinuskurven

Die beste Vorstellung von einer Sinuskurve bekommen Sie, wenn Sie sie in einem x-y-Diagramm darstellen:

$$y = \sin(x).$$

Dabei entsteht die Kurve aus Abbildung 12.3. Sie kennen sie vielleicht schon aus der Mathematik oder aus anderen Zusammenhängen. Sie können die Sinuskurve auch als Darstellung einer Kreisbewegung betrachten: Wenn der Ball aus Abbildung 12.3 wie in Abbildung 12.4 auf einer rotierenden Scheibe befestigt ist und Sie ihn mit einer Taschenlampe beleuchten, bekommen Sie genau dieselbe Kurve wie in Abbildung 12.3, also eine (Ko-)Sinuskurve.

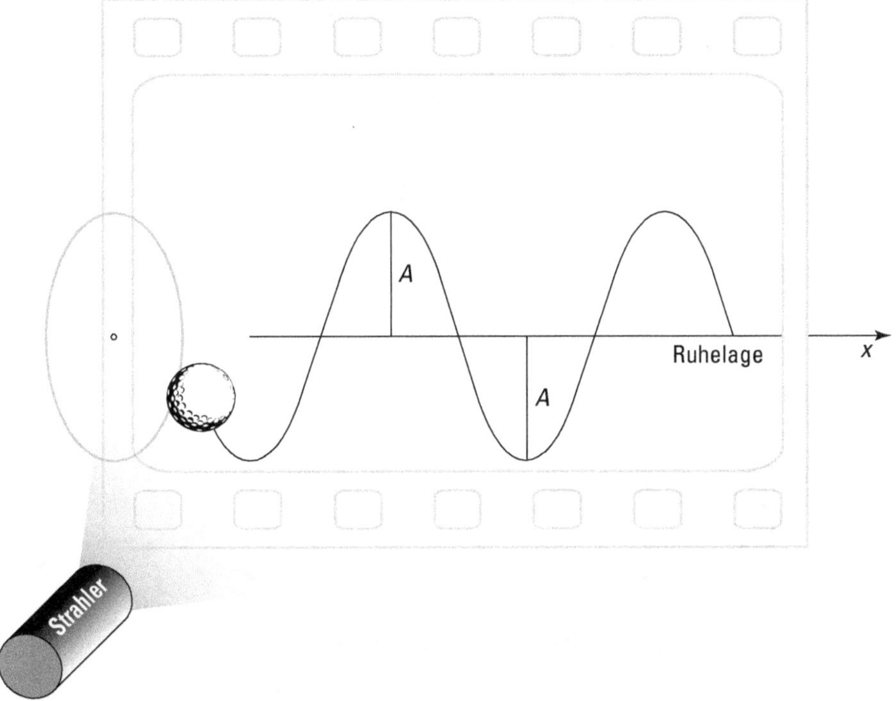

Abbildung 12.4: Ein Gegenstand auf einer Kreisbahn erzeugt eine Sinuskurve.

Die rotierende Scheibe wird oft *Referenzkreis* genannt, siehe Abbildung 12.5. Hier ist die Scheibe, auf der der Ball festgeklebt ist, von oben gezeigt. Aus Referenzkreisen können Sie eine Menge über harmonische Bewegungen lernen. Wenn sich die Scheibe dreht, nimmt der Winkel θ mit der Zeit zu. Wie wird die Spur des Balls auf dem Film aussehen, wenn der Filmstreifen nach oben bewegt wird? Alles, was Sie zur Beschreibung brauchen, ist die x-Komponente der Bewegung des Balls. Seine x-Koordinate zur Zeit t ist

$$x = A \cos \theta.$$

Dieser Ausdruck variiert zwischen $+A$ und $-A$. Sie wissen auch schon, wie sich θ zeitlich entwickelt, da $\theta = \omega t$ gilt (wobei ω die Winkelgeschwindigkeit und t die Zeit ist). Also ist

$$x = A \cos \theta = A \cos \omega t.$$

Damit haben Sie die Spur des Balls auf dem Film im Verlauf der Zeit, sofern die Scheibe mit einer Winkelgeschwindigkeit ω rotiert.

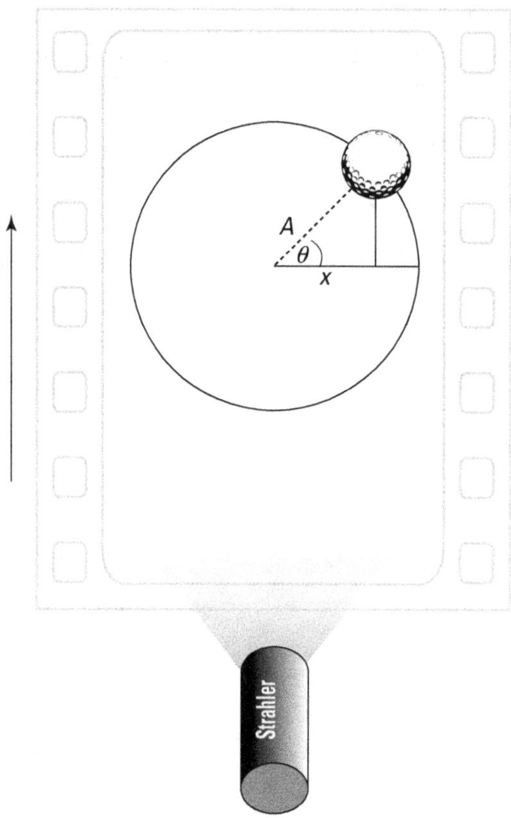

Abbildung 12.5: Ein Referenzkreis hilft bei der Analyse harmonischer Bewegungen.

Periodizität

Ein vollständiger Bahnumlauf des rotierenden Gegenstands ist ein *Zyklus*. Die dafür benötigte Zeit heißt *Periode* der Bewegung. Meist wird für die Periode der Buchstabe T verwendet. Sie wird in Sekunden gemessen. Aus Abbildung 12.5 können Sie sehen, dass der Ball sich während eines Zyklus von $x = +A$ bis $x = -A$ und wieder zurück zu $x = +A$ bewegt.

Genau genommen kann ein Zyklus von einem beliebigen Punkt auf der Sinuskurve bis zu dem entsprechenden Punkt auf der Kurve zu einem späteren Zeitpunkt gemessen werden. Die Zeit, die der Ball braucht, um wieder mit derselben Bewegungsrichtung an derselben Stelle anzukommen, ist die Periode der Bewegung.

Wie ist die Periode einer Bewegung mit den Ihnen schon bekannten Größen verknüpft? Wenn ein Gegenstand sich einmal im Kreis bewegt, legt er einen Winkel von 2π rad zurück. Das ist der Winkel, den er in T Sekunden zurücklegt, also beträgt seine Winkelgeschwindigkeit (siehe Kapitel 10)

$$\omega = 2\pi/T.$$

Jetzt multiplizieren Sie beide Seiten mit T und teilen durch ω, dann erhalten Sie die Periode als Funktion der Winkelgeschwindigkeit:

$$T = 2\pi\omega.$$

Oft wird anstelle der Periode auch die *Frequenz* einer periodischen Bewegung angegeben. Die Frequenz gibt die Zahl der pro Sekunde absolvierten Zyklen an. Wenn die Scheibe aus Abbildung 12.4 beispielsweise 1.000 volle Umdrehungen pro Sekunde schafft, ist ihre Frequenz f 1.000 Zyklen pro Sekunde. Die Einheit Zyklen pro Sekunde heißt Hertz (abgekürzt Hz) nach Heinrich Hertz, dem Entdecker der elektromagnetischen Wellen. 1.000 Zyklen pro Sekunde entsprechen also 1.000 Hz = 1 kHz.

Wie hängt nun die Frequenz f mit der Periode T zusammen? Die Periode T ist die Zeit für einen kompletten Zyklus, also ist

$$f = 1/T.$$

Sie haben bereits festgestellt, dass $\omega = 2\pi/T$ ist, also können Sie für diese Gleichung auch schreiben:

$$\omega = \frac{2\pi}{T} \cdot Tf = 2\pi f.$$

Bis jetzt haben Sie ω als Winkelgeschwindigkeit kennengelernt. Bei harmonischen Bewegungen ist die Bezeichnung *Kreisfrequenz* aber üblicher.

Die Geschwindigkeit in harmonischen Bewegungen

Betrachten Sie nochmals Abbildung 12.5, die einen auf einer Scheibe rotierenden Ball zeigt. Sie haben zuvor schon hergeleitet, dass für seine x-Koordinate

$$x = A \cos \omega t$$

gilt, wobei x für die x-Koordinate steht und A die Amplitude der Bewegung ist. Dabei haben Sie sich aber nicht um die anderen Größen gekümmert. So besitzt der Ball an jedem Punkt x eine bestimmte Geschwindigkeit, die ebenfalls zeitlich variiert. Wie können Sie die Geschwindigkeit mathematisch beschreiben? Der Zusammenhang zwischen der Tangentialgeschwindigkeit und der Winkelgeschwindigkeit ist (siehe Kapitel 10)

$$v = r\omega,$$

wobei r der Radius ist. Wegen $r = A$ folgt daraus

$$v = r\omega = A\omega.$$

Bringt diese Gleichung Sie irgendwie weiter? Natürlich, denn der Schatten des Balls auf dem Film beschreibt eine harmonische Bewegung. Der Geschwindigkeitsvektor zeigt immer in tangentialer Richtung, senkrecht zum Radius. Damit folgt für die x-Komponente der Geschwindigkeit zu einem beliebigen Zeitpunkt:

$$v_x = -A\omega \cdot \sin\theta.$$

Das negative Vorzeichen ist dabei wichtig: Die x-Komponente der Geschwindigkeit des Balls in Abbildung 12.5 zeigt nach links, in die negative x-Richtung. Und weil der Ball auf einer rotierenden Scheibe befestigt ist, wissen Sie auch, dass $\theta = \omega t$ ist, also folgt

$$v_x = -A\omega \cdot \sin\omega t.$$

Diese Gleichung beschreibt die Geschwindigkeit eines Balls in einer einfachen harmonischen Bewegung. Die Geschwindigkeit ist nicht konstant; sie ändert sich von $-A\omega$ auf 0, dann auf $+A\omega$ und schließlich wieder zurück. Die Maximalgeschwindigkeit, die beim Durchlaufen der früheren Ruhelage erreicht wird, beträgt also $A\omega$. Daraus folgt unter anderem, dass die Maximalgeschwindigkeit direkt proportional zur Amplitude der Bewegung ist. Wenn die Amplitude zunimmt, nimmt auch die Maximalgeschwindigkeit zu und umgekehrt.

Stellen Sie sich vor, Sie sind wieder mal auf einer Physik-Exkursion und beobachten eine wagemutige Gruppe von Leuten beim Bungee-Jumping. Ihnen fällt auf, dass alle Springer zuerst ihre Ruheposition mit ihren neuen Seilen bestimmen; Sie merken sich diesen Punkt.

Die Gruppe lässt dann ihren Anführer in einer Höhe von einigen Metern über seiner Ruheposition los, und Sie beobachten, wie er mit einer Geschwindigkeit von vier Metern pro Sekunde an der Ruheposition vorbeisaust. Alle Vorsicht beiseite lassend hebt die Gruppe ihren Anführer dann auf eine zehnmal so große Höhe über der Ruheposition an und lässt wieder los. Von unten hört man einen schrillen Schrei, während der Springer auf und ab schwingt. Wie groß ist seine maximale Geschwindigkeit?

Ganz einfach: Sie wissen, dass der Anführer bei seinem ersten Versuch an der Ruheposition (wo er seine maximale Geschwindigkeit besitzt) eine Geschwindigkeit von vier Metern pro Sekunde erreicht hat und dass er dieses Mal mit einer zehnmal so großen Amplitude gestartet ist. Außerdem wissen Sie, dass die Maximalgeschwindigkeit proportional zur Amplitude ist. Unter der Annahme, dass die Frequenz der Bewegung gleich groß ist wie zuvor, erreicht er nun also eine Geschwindigkeit von 40 Metern pro Sekunde oder 144 Kilometern pro Stunde. Ganz schön schnell!

Und die Beschleunigung?

Die x-Koordinate eines Gegenstands in einer einfachen harmonischen Bewegung ist

$$x = A\cos\omega t.$$

Seine Geschwindigkeit ist entsprechend

$$v_x = -A\omega \cdot \sin\omega t.$$

Es gibt aber noch eine weitere wichtige Größe, wenn Sie eine harmonische Bewegung beschreiben wollen: die Beschleunigung des Gegenstands. Wie können Sie die herausfinden? Kein Grund zur Panik! Wenn der Gegenstand sich auf einer Kreisbahn bewegt, ist seine Beschleunigung einfach die Zentripetalbeschleunigung (siehe Kapitel 10)

$$a = r\omega^2,$$

wobei r der Radius der Bahn ist und ω die Kreisfrequenz. Und da r gleich der Amplitude A ist, wird daraus

$$a = r\omega^2 = A\omega^2.$$

Diese Gleichung liefert Ihnen den Betrag der Zentripetalbeschleunigung. Um den Schritt vom Referenzkreis zur einfachen harmonischen Bewegung zu tun, betrachten Sie die x-Komponente der Beschleunigung:

$$a_x = -A\omega^2 \cdot \cos\theta.$$

Das negative Vorzeichen in dieser Gleichung besagt, dass die x-Komponente der Beschleunigung nach links zeigt, in die negative x-Richtung. Und wegen $\theta = \omega t$ erhalten Sie

$$a_x = -A\omega^2 \cdot \cos\omega t.$$

Glückwunsch, damit haben Sie eine Gleichung für die Beschleunigung eines Gegenstands an einem beliebigen Punkt seiner Bahn bei einer einfachen harmonischen Bewegung!

Stellen Sie sich vor, Ihr Telefon klingelt und Sie nehmen den Hörer ab. Sie hören ein freundliches »Hallo?«. »Hmm«, denken Sie sich, »welche Beschleunigung erfährt wohl die Membran in so einem Lautsprecher?« Die Membran in Ihrem Telefonhörer ist eine dünne Metallplatte, die die Schallwellen aufnimmt beziehungsweise erzeugt. Sie führt im Wesentlichen eine einfache harmonische Bewegung aus; es ist daher kein Problem für Sie, die Beschleunigung auszurechnen. Sie zücken Ihren Taschenrechner und überlegen sich schon einmal, dass die Amplitude der Membran etwa $1,0 \cdot 10^{-4}$ Meter beträgt. So weit, so gut. Sprache spielt sich vor allem im Frequenzbereich um ein Kilohertz (1 Kilohertz $=$ 1.000 Hertz) ab, damit haben Sie die Frequenz f. Außerdem wissen Sie, dass

$$a_{\mathrm{max}} = A\omega^2$$

und $\omega = 2\pi f$ die Kreisfrequenz sind. Einsetzen der Zahlenwerte ergibt dann

$$a_{\mathrm{max}} = A\omega^2 = 1,0 \cdot 10^{-4}\mathrm{m} \cdot (2\pi \cdot 1.000\,\mathrm{s}^{-1})^2 = 3.900\,\mathrm{m/s}^2.$$

Die Beschleunigung der Membran ist also 3.900 Meter pro Sekunde^2, das entspricht ungefähr der 400-fachen Erdbeschleunigung. »Wahnsinn«, entfährt es Ihnen, »das ist ja eine irrsinnige Beschleunigung für so ein kleines Stück Metall!« »Wie jetzt?«, hören Sie die ungeduldige Stimme am anderen Ende. »Machst du schon wieder Physik?«

Die Kreisfrequenz einer Masse an einer Feder

Wenn Sie die Informationen verwenden, die Sie aus dem hookeschen Gesetz für Federn erhalten haben, und sie auf die einfache harmonische Bewegung anwenden, können Sie die

Kreisfrequenzen von Massen an Federn ausrechnen (und noch dazu die Frequenzen und Perioden ihrer Schwingungen). Aus der Beziehung zwischen Kreisfrequenz und Masse können Sie die Auslenkungen, Geschwindigkeiten und Beschleunigungen der Massen erhalten.

Das hookesche Gesetz besagt

$$F = -kx,$$

wobei F die Kraft ist, k die Federkonstante und x die Auslenkung aus der Ruhelage. Sie wissen außerdem (siehe Kapitel 5), dass Kraft gleich Masse mal Beschleunigung ist, also gilt

$$F = ma = -kx.$$

Diese Gleichung verknüpft die Auslenkung und die Beschleunigung, die in den Gleichungen der harmonischen Bewegung in der Form

$$x = A \cos \omega t,$$

$$a = -A\omega^2 \cdot \cos \omega t$$

vorkommen. Wenn Sie diese beiden Gleichungen in die vorherige einsetzen, erhalten Sie

$$-mA\omega^2 \cdot \cos \omega t = -kA \cdot \cos \omega t.$$

Daraus wird

$$m\omega^2 = k.$$

Nun formen Sie um und lösen nach ω auf; das gibt

$$\omega = \sqrt{\frac{k}{m}}.$$

Daraus können Sie nun die Kreisfrequenz einer Masse an einer Feder bestimmen; sie hängt von der Federkonstante und der Masse ab. Außerdem können Sie mithilfe der folgenden Gleichung die Frequenz und die Periode der Schwingung ausrechnen. Aus

$$\omega = \frac{2\pi}{T} = 2\pi f$$

erhalten Sie nämlich

$$f = \frac{1}{2\pi}\sqrt{\frac{k}{m}}$$

und

$$T = 2\pi\sqrt{\frac{m}{k}}.$$

Nehmen Sie an, dass die Feder in Abbildung 12.1 eine Federkonstante von $1{,}0 \cdot 10^{-2}$ Newton pro Meter hat und Sie einen Ball mit einer Masse von 45 Gramm daran befestigen. Welche

Periode hat die Schwingung? Sie müssen nur die Zahlenwerte einsetzen:

$$T = 2\pi\sqrt{\frac{m}{k}} = 2\pi\sqrt{\frac{0{,}045\ \text{kg}}{1{,}0 \cdot 10^{-2}\ \text{N/m}}} = 13{,}33\ \text{s}.$$

Die Periode der Schwingung ist 13,33 Sekunden. Wie groß ist die Frequenz? Das ist nun wirklich einfach – wieder setzen Sie die Zahlenwerte ein:

$$f = 1/T = 0{,}075\ \text{Hz}.$$

Da die Kreisfrequenz ω mit der Federkonstante und der an der Feder befestigten Masse zusammenhängt, können Sie mithilfe der folgenden Gleichungen für einfache harmonische Bewegungen die Auslenkung, Geschwindigkeit und Beschleunigung der Masse ausrechnen:

$$x = A \cos \omega t,$$

$$v_x = -A\omega \cdot \sin \omega t,$$

$$a_x = -A\omega^2 \cdot \cos \omega t.$$

Für das angegebene Beispiel des Balls an der Feder aus Abbildung 12.1 bekommen Sie

$$\omega = \sqrt{\frac{k}{m}} = \sqrt{\frac{0{,}045\ \text{kg}}{1{,}0 \cdot 10^{-2}\ \text{N/m}}} = 2{,}12\,\text{s}^{-1}.$$

Wenn Sie den Ball vor dem Loslassen um zehn Zentimeter auslenken (ihm also eine Amplitude A von zehn Zentimetern beziehungsweise 0,1 Metern geben), dann ist

$$x = 0{,}1\ \text{m} \cdot \cos (2{,}12 \cdot t),$$

$$v_x = -0{,}1\ \text{m} \cdot 2{,}12\ \text{s}^{-1} \cdot \sin(2{,}12 \cdot t),$$

$$a_x = -0{,}1\ \text{m} \cdot (2{,}12)^2\ \text{s}^{-2} \cdot \cos (2{,}12 \cdot t).$$

Die Energie in einfachen harmonischen Bewegungen

Was ist eigentlich mit der Energie bei einfachen harmonischen Bewegungen? Wie viel Energie wird beispielsweise in einer Feder gespeichert, wenn diese gedehnt oder gestaucht wird? Die Arbeit, die Sie verrichten, um die Feder zu dehnen oder zu stauchen, muss als Energie in der Feder gespeichert werden. Man nennt sie *elastische potenzielle Energie*; sie ist gleich der Kraft F multipliziert mit der Strecke s:

$$W = Fs.$$

Während Sie eine Feder dehnen oder stauchen, verändert sich die Kraft, die Sie dafür aufbringen müssen. Da dieser Vorgang zum Glück linear ist, können Sie in den Gleichungen die mittlere Kraft $\overline{F}$ verwenden:

$$W = \overline{F}s.$$

Die Strecke (oder Auslenkung) s ist einfach die Differenz $x_E - x_A$ der Auslenkungen, und die mittlere Kraft ist $\frac{1}{2}(F_E + F_A)$, also ist

$$W = \overline{F}s = \frac{1}{2}(F_E + F_A) \cdot (x_E - x_A).$$

Wenn Sie nun das hookesche Gesetz $F = -kx$ einsetzen, erhalten Sie

$$W = \overline{F}s = \frac{1}{2}(F_E + F_A) \cdot (x_E - x_A) = -\frac{1}{2}(kx_E + kx_A) \cdot (x_E - x_A).$$

Das können Sie noch vereinfachen; das Ergebnis ist

$$W = \frac{1}{2}kx_A^2 - \frac{1}{2}kx_E^2.$$

Die Arbeit, die Sie an der Feder verrichten, wird als potenzielle Energie in der Feder gespeichert. Der folgende Ausdruck beschreibt die (elastische) potenzielle Energie in der Feder als Funktion der Auslenkung aus ihrer Ruheposition:

$$E_{\mathrm{pot}} = \frac{1}{2}kx^2.$$

Wenn eine Feder elastisch ist, eine Federkonstante von $1{,}0 \cdot 10^{-2}$ Newton pro Meter besitzt und Sie sie um zehn Zentimeter stauchen, speichern Sie in ihr die (nicht sehr große) Energie

$$E_{\mathrm{pot}} = \frac{1}{2}kx^2 = \frac{1}{2} \cdot 1{,}0 \cdot 10^{-2}\,\mathrm{N/m} \cdot (0{,}1\,\mathrm{m})^2 = 5{,}0 \cdot 10^{-5}\,\mathrm{J}.$$

Wenn eine Masse an einer Feder schwingt, bleibt die mechanische Energie (die Summe von potenzieller und kinetischer Energie) erhalten:

$$E_{\mathrm{pot},1} + E_{\mathrm{kin},1} = E_{\mathrm{pot},2} + E_{\mathrm{kin},2}.$$

Wenn Sie die Feder um zehn Zentimeter stauchen, speichern Sie eine Energie von $5{,}0 \cdot 10^{-5}$ Joule in ihr. Wenn die schwingende Masse durch die Ruheposition fliegt, wirkt keine Kraft von der Feder auf sie. Das bedeutet, sie besitzt ihre maximale Geschwindigkeit und daher maximale kinetische Energie: Die kinetische Energie beträgt in diesem Moment wegen der Erhaltung der mechanischen Energie also ebenfalls $5{,}0 \cdot 10^{-5}$ Joule.

Schwingende Pendel

Auch andere Systeme als Federn führen einfache harmonische Bewegungen aus, beispielsweise das Pendel aus Abbildung 12.6. Dort sehen Sie einen Ball, der an einer Schnur hin und her schwingt.

Können Sie die Bewegung des Pendels ebenso wie die der schwingenden Feder analysieren? Klar doch, kein Problem. Betrachten Sie dazu Abbildung 12.6. Das Drehmoment τ (siehe Kapitel 10) aufgrund der Gravitation ist gleich der Gewichtskraft $-mg$ des Balls multipliziert mit dem Hebelarm s (mehr zu Hebelarmen in Kapitel 10):

$$\tau = -mgs.$$

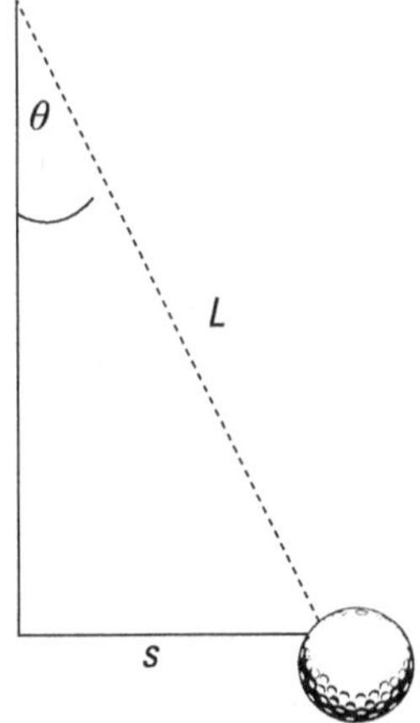

Abbildung 12.6: Wie eine schwingende Feder führt auch ein Pendel eine einfache harmonische Schwingung aus.

Jetzt kommt eine raffinierte Näherung. Für kleine Werte des Winkels θ ist die Strecke s gleich $L\theta$, wobei L die Länge der Pendelschnur ist:

$$\tau = -mgs = -mgL\theta.$$

Diese Gleichung erinnert an das hookesche Gesetz $F = -kx$, wenn Sie mgL als eine Art Federkonstante ansehen. Sie können nun das Trägheitsmoment I der Rotation (siehe Kapitel 11) anstelle der Masse des Balls verwenden, um die Kreisfrequenz des Pendels analog zu der einer Feder zu bestimmen (siehe den Abschnitt »Die Kreisfrequenz einer Masse an einer Feder« weiter vorn in diesem Kapitel):

$$\omega = \sqrt{\frac{mgL}{I}}.$$

Für eine Punktmasse m auf einer Bahn mit Radius r ist das Trägheitsmoment gleich mr^2, also hier mL^2 (siehe Kapitel 11); diese Gleichung können Sie hier verwenden, sofern der Ball klein ist im Vergleich zur Länge des Pendels. Das ergibt

$$\omega = \sqrt{\frac{g}{L}}.$$

Das setzen Sie jetzt in die Bewegungsgleichungen für eine einfache harmonische Bewegung ein. Analog erhalten Sie die Periode des Pendels aus der Gleichung

$$\omega = \frac{2\pi}{T} = 2\pi \cdot f,$$

wobei T die Periode und f die Frequenz ist. So bekommen Sie für die Periode:

$$T = 2\pi\sqrt{\frac{L}{g}}.$$

Interessanterweise ist die Periode des Pendels unabhängig von der Masse, die an ihm hängt!

Aufgabe 12.1

Wie groß ist die Rückstellkraft einer Feder mit einer Federkonstante von $k = 13\,\text{N/m}$ bei einer Auslenkung von

✔ 0 m,

✔ 0,2 m,

✔ 0,9 m?

Aufgabe 12.2

Man benötigt 283 N, um eine Feder um 4,73 m zu dehnen. Wie groß ist die Federkonstante k?

Aufgabe 12.3

Wie groß ist die potenzielle Energie einer Feder mit einer Federkonstante von 170 N/m, die um 5,6 m ausgelenkt wird?

Alles über Wärme

Wie viel kochendes Wasser müssen Sie auf einen 200 Kilogramm schweren Eisblock gießen, damit er schmilzt? Warum erfriert man im Weltall? Warum fühlt sich ein Metalllöffel kühler an als ein Holzlöffel? Antworten auf diese Fragen – in Form nützlicher Gleichungen und einleuchtender Zusammenhänge – gibt die Thermodynamik, die Lehre von der Wärme und deren Transport beziehungsweise Austausch.

Kapitel 13
Heiß auf Thermodynamik

Notfalleinsatz im Garten: Ein unerwarteter geothermischer Zwischenfall droht die Party zu ruinieren. »Ein Geysir«, beschweren sich die unglücklichen Eltern des Geburtstagskinds und zeigen auf einen dampfenden Tümpel mitten auf der Wiese. »Ja, eindeutig«, sagen Sie, »haben Sie mal ein Metermaß?« »Beeilen Sie sich doch«, fleht die Mutter und gibt Ihnen ein Metermaß. »Die Eisbombe schmilzt …!« Schnell messen Sie das mit kochendem Wasser gefüllte Loch aus: 225 Meter tief, rund einen halben Meter im Durchmesser. »Gar kein Problem«, verkünden Sie dann, »die Lösung heißt Physik – und 719 Beutel Eis.« »Siebenhundertneunzehn Beutel … Eis?«, wiederholen die gestressten Eltern ungläubig. »Ganz genau«, antworten Sie lächelnd, »das Eis kühlt den Geysir gerade so lange, wie die Party noch dauert – genauer gesagt, höchstens 120 Minuten.« »Siebenhundertneunzehn?« Die Eltern sehen sich an, nun völlig verdattert. »Exakt«, antworten Sie, »ich besorge jetzt schnell das Eis und schicke Ihnen dann die Rechnung.«

Anhand der Geysir-Geschichte können Sie es fast schon erraten: In diesem Kapitel reden wir über Wärme, Kälte und Temperaturen. Dazu hat die Physik eine Menge zu sagen – und Sie üben sich im Vorhersagen. Ich erkläre verschiedene Arten der Temperaturmessung, Längen- und Volumenausdehnung und was passiert, wenn man zwei Körper verschiedener Temperatur miteinander in Kontakt bringt.

Der Sprung ins warme Wasser

Jede physikalische Untersuchung beginnt mit einer Messung. Da wir gerade über Wärme sprechen, messen wir Temperaturen. Dazu stehen uns verschiedene Skalen zur Verfügung, nämlich Grad Celsius (°C), Kelvin (K) oder – wenn man sich zum Beispiel in den USA aufhält – Grad Fahrenheit (°F).

Das Thermometer sagt Celsius

Die vertraute Celsiusskala ist so festgelegt, dass der Gefrierpunkt von reinem Wasser bei null Grad Celsius und der Siedepunkt bei 100 Grad Celsius liegt (beides genau genommen nur, wenn Sie sich auf Höhe des Meeresspiegels befinden). Der Zwischenraum zwischen beiden Punkten wurde recht willkürlich in 100 Teile (»Grade«) geteilt. Messungen auf der Celsiusskala sind leicht zu reproduzieren, denn (halbwegs) sauberes Wasser gibt es überall.

US-Thermometer sagen Fahrenheit

In den USA ist die Fahrenheitskala noch immer die am weitesten verbreitete Temperaturskala. Daher kann es nicht schaden, auch diese zu kennen. Wasser gefriert bei 32 Grad Fahrenheit und kocht bei 212 Grad Fahrenheit. Interessiert es Sie, wie Sie beide Skalen ineinander umrechnen können? Die Formeln sind ganz einfach:

$$°C = \frac{5}{9}(°F - 32),$$

$$°F = \frac{9}{5}°C + 32.$$

Der seltsame Faktor 5/9 kommt dadurch zustande, dass der Abstand zwischen Gefrier- und Siedepunkt auf der Celsiusskala 100 Teile beträgt, auf der Fahrenheitskala dagegen 180 Teile, und das Verhältnis 100/180 ist eben genau 5/9.

Das Thermometer sagt Kelvin

Im 19. Jahrhundert führte William Thompson, später zu Lord Kelvin geadelt, ein drittes Temperaturmesssystem ein, das Physiker heute allgemein verwenden. In der Tat spielt die Kelvinskala eine so zentrale Rolle, dass die beiden anderen Skalen inzwischen auf Basis der Kelvinskala neu definiert wurden. Die Grundlage des Kelvinsystems ist der absolute Nullpunkt der Temperatur.

Eine absolute Null?

Die Temperatur ist eigentlich ein Maß für die zufällige Bewegung der Moleküle, also dafür, wie lebhaft sich die Teilchen des Körpers bewegen, den Sie untersuchen. Je niedriger die Temperatur eines Gegenstands ist, desto langsamer bewegen sich seine Teilchen. Am *absoluten Nullpunkt* stehen die Moleküle still. Deshalb kann man den Körper nicht weiter abkühlen – nicht einmal mit dem besten Kühlschrank des ganzen Universums.

Der absolute Nullpunkt ist auch der Nullpunkt der Kelvinskala – sehr einleuchtend. Ein bisschen gewöhnungsbedürftig ist, dass man Kelvintemperaturen nicht in Grad angibt, sondern schlicht in »Kelvin«. (Wahrscheinlich wollte der Lord dafür sorgen, dass sein Name nicht in Vergessenheit gerät.) Während man also auf der Celsiusskala von »100 Grad Celsius« spricht, heißt es im Kelvinsystem »100 Kelvin«.

 Obwohl die Celsiusskala im Alltag und auch in Physikgrundkursen die gebräuchlichere ist, wurde das Kelvin als Temperatureinheit des MKS-Systems ausgewählt.

Von Kelvin zu Grad Celsius und zurück

Die Umrechnung zwischen der Kelvin- und der Celsiusskala ist einfach, weil ein Grad Celsius einem Skalenteil im Kelvinsystem entspricht. Der absolute Nullpunkt liegt bei −273,15 Grad Celsius oder 0 Kelvin (wie gesagt: bitte *nicht* null Grad Kelvin).

 Um Kelvin in Grad Celsius (oder umgekehrt) umzuwandeln, müssen Sie nur eine der folgenden Formeln anwenden:

$$T(\text{K}) = T(°\text{C}) + 273,15$$

$$T(°\text{C}) = T(\text{K}) - 273,15$$

 Da Kelvin und Grad Celsius sich nur um eine additive Konstante unterscheiden, ist es bei Temperatur*differenzen* egal, welche der beiden Skalen beziehungsweise Einheiten Sie verwenden!

Bei welcher Kelvintemperatur kocht Wasser? Der Siedepunkt von reinem Wasser liegt bekanntlich bei 100 Grad Celsius, also

$$T(\text{K}) = 100 + 273,15 = 373,15.$$

Und siehe da: Ihr Wasserkocher schaltet bei 373,15 Kelvin ab.

Ein weiteres Beispiel: Helium wird bei 4,2 Kelvin flüssig. Wie viel Grad Celsius sind das? Ganz einfach:

$$T(°\text{C}) = 4,2 - 273,15 = -268,95.$$

Helium verflüssigt sich bei −268,95 Grad Celsius. Cool!

Es wird warm: Längenausdehnung

Die Änderung der Abmessung eines festen Körpers in einer beliebigen Raumrichtung bei Einwirkung von Wärme bezeichnet man als (thermische) Längenausdehnung. Ein Beispiel aus dem Alltag: Manche Schraubdeckelgläser lassen sich sehr schwer öffnen und bringen Sie genau dann zur Verzweiflung, wenn Sie ganz dringend eine saure Gurke essen müssen. Wie war doch gleich der bewährte Trick Ihrer Mutter? Genau: Sie hielt solche Deckel immer kurz unter heißes Wasser. Durch die Hitze dehnt sich der Deckel aus, sodass sich das Glas leichter öffnen lässt. Für dieses Phänomen interessieren sich auch Physiker − und Zeichner, die kleine Bildchen dazu malen wie Abbildung 13.1.

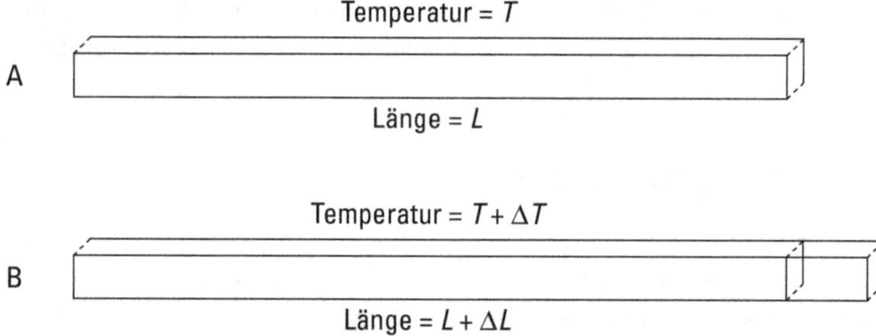

Abbildung 13.1: Die meisten festen Körper dehnen sich bei Wärmeeinwirkung aus.

Wenn Sie einen Gegenstand ein kleines bisschen erwärmen, ist

$$T_\text{E} = T_\text{A} + \Delta T,$$

mit T_A als Anfangstemperatur, T_E als Endtemperatur und ΔT als Temperaturunterschied. Die Längenänderung ist dann

$$L_\text{E} = L_\text{A} + \Delta L,$$

entsprechend mit L_A und L_E als Länge vor beziehungsweise nach der Wärmezufuhr und ΔL als Längenänderung. Natürlich kann die Temperatur auch abnehmen. Ist

$$T_\text{E} = T_\text{A} - \Delta T,$$

so dehnt sich der Körper nicht aus, sondern zieht sich zusammen:

$$L_\text{E} = L_\text{A} - \Delta L$$

Mit anderen Worten: Die Längenänderung ΔL ist proportional zum Temperaturunterschied ΔT.

Diese Proportionalität gilt für die meisten festen Körper, aber nicht für alle. Manche Stoffe ziehen sich beim Erwärmen zusammen, beispielsweise Eis (aus Wasser), wenn die Temperatur von null Grad Celsius auf vier Grad Celsius steigt. Diese Kuriosität der Natur hängt damit zusammen, dass die Anordnung der Moleküle im Eiskristall zusammenbricht.

Noch ein Koeffizient

Die Ursache für die Längenausdehnung auf molekularer Ebene ist folgende: Mit zunehmender Temperatur bewegen sich die Moleküle des Gegenstands immer schneller, sie benötigen also mehr Platz. Bei der Erwärmung dehnt sich der Körper um ein paar Prozent aus – und dieser Prozentsatz ist der Temperaturänderung proportional:

$$\Delta L / L_\text{A} \text{(relative Ausdehnung)} \propto \Delta T \text{ (Temperaturunterschied)}.$$

Der Proportionalitätsfaktor hängt von dem Material ab, das Sie betrachten. In der Praxis messen Sie also diesen Faktor (ähnlich dem Reibungskoeffizienten, der in Kapitel 6 genauer erklärt wird). Wir bezeichnen ihn als linearen *Ausdehnungskoeffizienten* α (nicht zu verwechseln mit dem Symbol für die Winkelbeschleunigung) und schreiben für den Zusammenhang eine Gleichung auf:

$$\Delta L / L_A = \alpha \, \Delta T.$$

Für den praktischen Gebrauch ordnet man die Gleichung meist anders an, nämlich

$$\Delta L = \alpha L_A \, \Delta T.$$

Der lineare Ausdehnungskoeffizient a wird in 1/K oder (oder 1/°C) angegeben.

Ein Beispiel für Gleisarbeiter

Nehmen wir an, Sie sollen eine neue Eisenbahnstrecke prüfen. Gegeben sind die Leistung der Lok, die Steilheit des Anstiegs und die Masse der Fracht. Sie rechnen aus, dass der Zug es schaffen wird, mit einem Meter pro Sekunde bergauf zu fahren. Kein Problem! »Logisch«, meint der Chefkonstrukteur, »ich habe doch gleich gesagt, dass das in Ordnung geht. Keine Ahnung, wozu die so einen teuren Physiker holen mussten.« Das ganze Team lacht.

In der Zwischenzeit sehen Sie sich die zehn Meter langen Schienen genauer an. Dazwischen ist ja nur jeweils ein Millimeter Platz! »Wie heiß werden die Teile im Sommer?« »Heiß?«, fragt der Konstrukteur lachend zurück. »Sie denken wohl, die Schienen schmelzen?« Alle kichern, aber Sie blättern unbeirrt in Ihren Tabellen. Aha, ein Temperaturanstieg um 50 Grad Celsius ist durchaus zu erwarten. Der lineare Ausdehnungskoeffizient α für den Stahl, aus dem die Schienen bestehen, ist schnell gefunden: rund $1{,}2 \cdot 10^{-5}\,°C^{-1}$. (Keine Sorge, die Koeffizienten finden Sie immer irgendwo, wenn Sie sie brauchen.) Wie sehr dehnt sich also ein Schienenteil im Hochsommer aus? Wie Sie jetzt wissen, ist

$$\Delta L = \alpha L_A \, \Delta T.$$

Sie setzen die Zahlen ein und bekommen

$$\Delta L = a L_A \, \Delta T = 1{,}2 \cdot 10^{-5}\,°C^{-1} \cdot 10\,m \cdot 50\,°C = 6 \cdot 10^{-3}\,m.$$

Das bedeutet: Im Sommer sind die Schienen ungefähr sechs Millimeter länger als im Winter. Aber der Zwischenraum zwischen den Teilen beträgt ja nur einen Millimeter! Das Eisenbahnunternehmen hat offenbar ein Problem. Sie sehen dem Chefkonstrukteur in die Augen: »Wir beide sollten uns mal in aller Ruhe über Physik unterhalten.«

Bei vielen großen Konstruktionen können Sie entdecken, dass die Längenausdehnung eingeplant wurde. Bei Brücken kann man zum Beispiel oft sogenannte *Dehnungsfugen* zwischen den Brückenenden und der Straße sehen.

Es bleibt warm: Volumenausdehnung

Wie der Name schon sagt, findet die Längenausdehnung in einer Dimension statt. Nun ist die Welt selten eindimensional; die meisten Dinge sind mit drei Dimensionen ausgestattet. Ändert sich die Temperatur eines Gegenstands, so ändert sich sein Volumen proportional zum Temperaturunterschied, vorausgesetzt, dieser ist nicht besonders groß: $\Delta V/V_A$ (die prozentuale Ausdehnung) ist proportional zu ΔT (dem Temperaturunterschied).

ΔV ist die Volumenänderung und V_A das Volumen vor der Erwärmung. Auch hier gibt es wieder einen Proportionalitätsfaktor, er heißt *Volumenausdehnungskoeffizient*, hat das Symbol β und wird (wie α) in K^{-1} oder $°C^{-1}$ angegeben. Damit haben wir folgende Gleichung für die Volumenausdehnung:

$$\Delta V/V_A = \beta\, \Delta T,$$

die wir jetzt noch analog zum Ausdruck für die Längenausdehnung ($\Delta L = \alpha L_A\, \Delta T$, siehe oben) umformen, indem wir beide Seiten mit V_A durchmultiplizieren:

$$\Delta V = \beta V_A\, \Delta T.$$

Wenn der Temperaturunterschied gering und die Längenänderungen entsprechend klein sind, gilt in der Regel $\beta = 3\alpha$. Das spart Zeit und leuchtet sofort ein – schließlich gehen Sie von einer zu drei Dimensionen über. Für Stahl etwa ist $\alpha = 1{,}2 \cdot 10^{-5}\,°C^{-1}$ und $\beta = 3{,}6 \cdot 10^{-5}\,°C^{-1}$.

Stellen Sie sich vor, Sie beobachten in einer Raffinerie, wie die Arbeiter an einem heißen Sommertag einen 20.000-Liter-Tanker bis zum Rand mit Benzin füllen.

»Ob das wohl gut geht?« Besorgt zücken Sie Ihren Taschenrechner. Für Benzin ist $\beta = 9{,}5 \cdot 10^{-4}\,1/°C$ und ein Blick aufs Thermometer zeigt Ihnen, dass es draußen zehn Grad Celsius wärmer ist als in der Abfüllhalle. Das bedeutet:

$$\Delta V = \beta V_A\, \Delta T = 9{,}5 \cdot 10^{-4}\,°C^{-1} \cdot 20.000\,1 \cdot 10\,°C = 190\,1.$$

Pech für die Raffinerie – in der Sonne nimmt das Benzin im 20.000-Liter-Tank ein Volumen von 20.190 Litern ein! Natürlich dehnt sich der Behälter selbst auch ein bisschen aus, aber längst nicht so stark wie die Flüssigkeit (da β von Stahl deutlich kleiner ist als β von Benzin). Vermutlich sollten Sie die Arbeiter warnen. Vielleicht könnten Sie aber auch erst eine Gehaltserhöhung fordern.

Mit dem (Wärme-)Strom schwimmen

Was ist Wärme nun wirklich? Wenn Sie einen warmen Gegenstand anfassen, fließt Wärme zu Ihnen; die Nerven an Ihren Fingerspitzen senden einen Impuls ans Gehirn. Berühren Sie einen kalten Gegenstand, fließt die Wärme von Ihnen weg, und auch das registrieren die

Nervenzellen. Kurz gesagt: Die Nerven stellen die Richtung der Wärmeströmung fest, und auf dieser Grundlage entscheidet das Gehirn, ob Sie den Gegenstand als warm oder als kalt empfinden.

Und was versteht der Physiker unter Wärme? Als *Wärme* bezeichnet er die Energie, die von einem Objekt höherer Temperatur zu einem Objekt niedrigerer Temperatur fließt. Die Einheit auch dieser Energie im MKS-System ist Joule (J).

Warm zugedeckt

Warum bleibt es unter einer Bettdecke schön warm? Geht Ihre Körperwärme denn nicht durch die Decke hindurch an die Umgebung verloren?

Doch, natürlich – aber die in der Decke eingeschlossene Luft transportiert Wärme nur sehr schlecht, außerdem leitet sie die von Ihnen in alle Richtungen abgegebene Wärme teilweise wieder zu Ihnen zurück. Also keine Sorge im Winter: Es wird Ihnen aller Voraussicht nach nicht zu kalt werden – der Physik sei Dank!

Woher kommt diese Energie? Betrachten wir die Angelegenheit unter dem Mikroskop: Wärme ist ein Maß für die Energie der zufälligen Molekülbewegungen in einem Gegenstand. Sie bleibt dort, bis sie in irgendeiner Weise in die Umgebung abfließen kann.

Verschiedene Materialien können unterschiedlich viel Wärme aufnehmen. Eine heiße Kartoffel bleibt zum Beispiel länger heiß als ein leichterer Stoff wie etwa Zuckerwatte. (Verbrennen Sie sich bloß nicht die Zunge, wenn Sie das nachprüfen!) Ein Maß für die Wärmespeicherfähigkeit ist die *spezifische Wärmekapazität*.

Physikerinnen und Physiker wollen bekanntlich alles und jedes messen. Deshalb ist Ihre Nachbarin, die Sie auf eine Tasse Kaffee eingeladen hat, nicht sonderlich überrascht, als Sie beim Kaffeekochen Ihr Thermometer zücken. Die Kanne enthält, wie Sie feststellen, genau ein Kilogramm Kaffee. Jetzt kommen die wirklich wichtigen Messungen: Um den Kaffee um ein Kelvin zu erwärmen, brauchen Sie 4.186 Joule Wärmeenergie; um ein Kilogramm Glas um ein Kelvin zu erwärmen, genügen bereits 840 Joule. Und wo bleibt die Energie? In dem erwärmten Objekt; dort wird sie als innere Energie gespeichert, bis sie wieder abfließen kann.

Wenn 4.186 Joule erforderlich sind, um ein Kilogramm Kaffee um ein Kelvin zu erwärmen, dann sind 8.372 Joule – also das Doppelte – nötig, um zwei Kilogramm Kaffee um ein Kelvin zu erwärmen.

Die Wärmemenge Q (keine Ahnung, warum das Symbol so gewählt wurde), die zum Erhitzen eines Objekts benötigt wird, hängt mit dem gewünschten Temperaturunterschied und der Masse des Gegenstands zusammen:

$$Q = cm\,\Delta T.$$

Hier ist Q die Wärmemenge in Joule, m die Masse Ihres Objekts, ΔT die Temperaturänderung und die Konstante c die spezifische Wärmekapazität, angegeben in J/(kg·K).

Eine *Kalorie* (cal) ist die Wärmemenge, deren Zufuhr die Temperatur von einem Gramm Wasser um ein Grad Celsius anhebt. Also: 1 cal = 4,186 J. Der Energiegehalt von Nahrungsmitteln wird öfters noch in Kilokalorien (1 kcal = 1.000 cal) angegeben. Umgangssprachlich spricht man oft auch dann von »Kalorien«, wenn eigentlich Kilokalorien gemeint sind.

Über all diesen Erwägungen ist Ihr Kaffee (45 Gramm in der Tasse) natürlich kalt geworden. »Er hat nur noch 45 Grad Celsius, aber ich trinke ihn lieber bei 65 Grad Celsius«, erklären Sie Ihrer Gastgeberin, die sofort aufsteht, um die Kanne zu holen. »Einen Moment«, halten Sie sie auf, als sie gerade nachgießen will. »Der Kaffee in der Kanne ist 95 Grad Celsius heiß. Ich will nur noch schnell ausrechnen, wie viel Sie einschenken müssen.«

Wie das geht? Ganz einfach! Folgende Wärmemenge geht dem zugegossenen heißen Kaffee mit der Masse m_1 in der Tasse verloren:

$$\Delta Q_1 = cm_1(T_E - T_{1A}).$$

Und diese Wärme nimmt der kalte Rest (Masse m_2) in der Tasse auf:

$$\Delta Q_2 = cm_2(T_E - T_{2A}).$$

Angenommen, Ihre Kaffeetasse ist hervorragend isoliert; dann nimmt der kalte Kaffee genau die Wärmemenge auf, die der heiße Kaffee abgibt:

$$-\Delta Q_1 = \Delta Q_2$$

oder

$$-cm_1(T_E - T_{1A}) = cm_2(T_E - T_{2A}).$$

Jetzt müssen Sie nur noch beide Seiten durch die spezifische Wärmekapazität teilen, nach m_1 auflösen und alle Zahlen einsetzen:

$$m_1 = -m_2 \cdot \frac{T_E - T_{2A}}{T_E - T_{1A}} = -0{,}045 \text{ kg} \cdot \frac{(65 - 45)\,°\text{C}}{(65 - 95)\,°\text{C}} = 0{,}045 \text{ kg} \cdot \frac{2}{3} = 0{,}03 \text{ kg}.$$

Damit ergibt sich:

$$m_1 = 0{,}03 \text{ kg} = 30 \text{ g}.$$

Zufrieden stecken Sie Ihren Taschenrechner ein: »Gießen Sie mir bitte exakt 30 Gramm Kaffee nach.«

Die Phase ändert sich, die Temperatur nicht

Wir haben uns gerade über die Gleichung $Q = cm \, \Delta T$ unterhalten, mit deren Hilfe man ausrechnen kann, welche Temperaturänderung die Zufuhr einer bestimmten Wärmemenge bewirkt. Es gibt aber auch Fälle, in denen sich die Temperatur überhaupt nicht ändert, obwohl Wärmeenergie zu- oder abgeführt wird. Denken Sie zum Beispiel an eine Gartenparty an einem heißen Sommertag. Um Ihre Cola kühl zu halten, werfen Sie ein paar Eiswürfel hinein, bis die Mischung in Ihrem Glas schließlich je zur Hälfte aus Eis und Cola besteht und exakt null Grad Celsius warm ist. (Cola hat ungefähr die gleiche spezifische Wärmekapazität wie Wasser; diese Größe wird im vorigen Abschnitt erklärt.)

Mit dem Glas in der Hand sehen Sie sich ein bisschen um. Dabei schmilzt das Eis allmählich, aber die Cola wird nicht wärmer. Warum? Die Umgebungswärme schmilzt das Eis, ohne dass die Temperatur der Mischung steigt. Ist unsere Gleichung für Wärme und Temperatur also sinnlos? Keineswegs – aber für Phasenübergänge gilt sie nicht.

Bei einem *Phasenübergang* ändert sich der Aggregatzustand des betrachteten Stoffs: von flüssig zu fest (Wasser gefriert zu Eis), von fest zu flüssig (Gestein schmilzt zu Lava), von flüssig zu gasförmig (Wasser kocht) und so weiter. Das Erreichen des neuen Zustands (fest, flüssig, gasförmig) erfordert Wärme oder setzt Wärme frei. (Genau genommen gibt es noch einen vierten Aggregatzustand: das Plasma, eine Art überhitztes Gas.)

Es kommt sogar vor, dass sich ein fester Stoff direkt in ein Gas umwandelt. Ein Beispiel für solch eine *Sublimation* ist die Umwandlung von Trockeneis (gefrorenem Kohlendioxid) in Kohlendioxidgas.

Phasenumwandlung: Das Eis ist gebrochen!

Stellen Sie sich vor, jemand legt einen Beutel Eiswürfel gedankenlos auf einem Heizkörper ab. Vorher hatte das Eis eine Temperatur unterhalb des Gefrierpunkts (–5 Grad Celsius). Das wird sich wohl bald ändern. Was genau passiert, sehen Sie in Abbildung 13.2.

Solange das Eis nicht zu schmelzen beginnt, können wir unsere Gleichung $Q = cm \, \Delta T$ anwenden. Die spezifische Wärmekapazität von Eis beträgt ungefähr $2{,}0 \cdot 10^3$ J/(kg·K). Das bedeutet: Wird Wärme zugeführt, so steigt die Temperatur linear an (siehe Abbildung 13.2, Abschnitt A).

Jetzt erreicht die Temperatur null Grad Celsius und Sie werden langsam nervös. Das Eis wird so warm, dass es nicht mehr fest bleiben kann, und schmilzt. Ein erster Phasenübergang findet statt. Wenn wir den Prozess unter einem (sehr starken) Mikroskop betrachten würden, so würden wir feststellen, dass die Kristallstruktur des Eises zerbricht. Dieses Aufbrechen der Struktur erfordert Energie, die als Wärme zugeführt werden muss. So entsteht der waagerechte Abschnitt B in Abbildung 13.2: Das Eis nimmt Wärme auf, diese wird aber nicht zur Temperaturerhöhung, sondern zur Phasenänderung verbraucht.

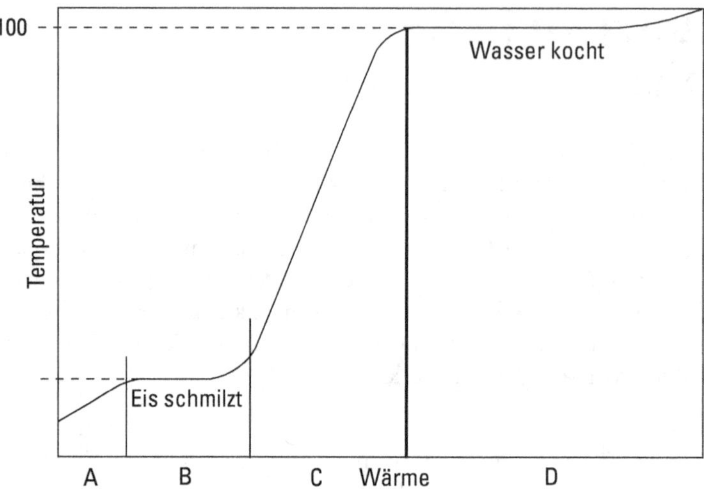

Abbildung 13.2: Wasser ändert seine Phase.

Wenn Sie den Beutel auf der Heizung noch ein bisschen länger beobachten, dann stellen Sie fest, dass er nach einer Weile nur noch Wasser enthält. Das Wasser wird jetzt langsam wärmer (siehe Abbildung 13.2, Abschnitt C). Hier sind wir wieder im altbekannten Bereich der Formel $Q = cm\,\Delta T$. Nach einer Weile bilden sich jedoch erste Bläschen. »Aha«, denken Sie, »gleich kommt wieder ein Phasenübergang.« In der Tat: Das Wasser kocht und verdampft. Ist der Beutel ausreichend stabil, wird er sich zwar etwas aufblähen, aber zum Glück (noch) nicht platzen. Sie können deshalb die Wassertemperatur messen. Faszinierend: Sie bleibt bei 100 Grad Celsius, solange das Wasser kocht, wie es Abschnitt D in Abbildung 13.2 nahelegt. Wieder wird die zugeführte Wärme für die Phasenänderung verbraucht.

Und was passiert, wenn der Beutel zu einem Riesenballon angeschwollen ist? Das finden Sie leider nicht mehr heraus, denn vorher explodiert er. Nachdenklich lesen Sie ein paar verstreute Beutelfetzen auf und betrachten diese genau. Wie könnte man die Gleichung für Wärme und Temperatur so ergänzen, dass sie auch Phasenübergänge beschreibt? Hier kommt die latente Wärme ins Spiel.

Gut versteckt: Latente Wärme

Als *latente* (»versteckte«) Wärme bezeichnet man diejenige Wärmemenge, die man einem Kilogramm eines Stoffs zuführen muss, damit ein Phasenübergang stattfinden kann – die aber keine messbare Temperaturerhöhung bewirkt. Im MKS-System ist die Einheit der latenten Wärme Joule pro Kilogramm (J/kg).

Physiker unterscheiden drei Arten der latenten Wärme für die drei Phasenübergänge fest/flüssig, flüssig/gasförmig und fest/gasförmig (oder umgekehrt):

✔ **Latente Schmelzwärme L_S:** die Wärme, die man braucht, um ein Kilogramm Feststoff in Flüssigkeit umzuwandeln, etwa Eis in Wasser

✔ **Latente Verdampfungswärme L_V:** die Wärme, die man braucht, um ein Kilogramm Flüssigkeit zu verdampfen, etwa Wasser in Wasserdampf

✔ **Latente Sublimationswärme L_{Sub}:** die Wärme, die man braucht, um ein Kilogramm Feststoff in Gas umzuwandeln, etwa Trockeneis in Kohlendioxidgas

Für Wasser beispielsweise ist die latente Schmelzwärme $L_S = 3{,}35 \cdot 10^5$ Joule pro Kilogramm und die latente Verdampfungswärme $L_V = 2{,}26 \cdot 10^6$ Joule pro Kilogramm. Mit anderen Worten: Um ein Kilogramm Eis mit einer Temperatur von null Grad Celsius zu schmelzen (ohne dass dabei die Temperatur steigt), benötigt man $3{,}35 \cdot 10^5$ Joule, und um ein Kilogramm Wasser bei konstant 100 Grad Celsius zu verdampfen, braucht man $2{,}26 \cdot 10^6$ Joule. Diese Energie wird jeweils nur für den Phasenübergang selbst verbraucht.

Aufgabe 13.1

Wasser friert bei 0 °C. Rechnen Sie diese Temperatur in °F und K um.

Aufgabe 13.2

Welche Wärmemenge ΔQ muss man zufügen, um einen kalten Becher Kaffee (Inhalt 300 g bei 20 °C) auf 65 °C zu erwärmen?

Aufgabe 13.3

Welche Kantenlänge muss ein Eisenwürfel haben, damit eine Wärmemenge von 4.186 J zu einer Erwärmung von 15,0 K führt? Die Wärmekapazität von Eisen beträgt 0,439 kJ/(kg·K) und seine Dichte ist 7,87 g/cm³.

Kapitel 14

Hier, nimm meine Jacke: Wärmeübertragung

Tagtäglich können Sie erleben, wie Wärme übertragen wird und chemische Veränderungen bewirkt: Sie werfen Nudeln in kochendes Wasser und sehen, wie sie von der Strömung auf und ab bewegt werden. Sie fassen den Topf ohne Topflappen an und verbrennen sich die Finger. Sie schauen an einem warmen Sommertag in den Himmel und spüren die wohlige Wärme der Sonne auf Ihrem Gesicht. Sie leihen Ihrer fröstelnden Freundin Ihre Jacke und genießen es, wenn sie sich dann (für Sie) erwärmt (natürlich nicht nur durch Wärmestrahlung!).

In diesem Kapitel erkläre ich drei grundlegende Mechanismen der Verteilung von Wärme. Zuerst lernen Sie etwas über Wärmetransport und anschließend über die Wirkung von Wärme auf Gase: Sie erleben, wie Wärme die Moleküle in Schwung bringt. Unterwegs erfahren Sie alles über eine Einheit namens Mol und darüber, wie Sie die Anzahl der Moleküle in einer Flüssigkeit oder einem Feststoff abschätzen können. Wenn Sie dieses Kapitel gelesen haben, können Sie auf der nächsten Party Ihre Freundin verblüffen, indem Sie ihr verraten, wie viele Moleküle in ihrem Glas Sekt herumschwimmen!

In Wallung versetzt: Konvektion

Konvektion ist eine der grundsätzlichen Möglichkeiten, Wärme von einem Ort zum anderen zu transportieren. Sie tritt auf, wenn eine Substanz wie Wasser oder Luft erhitzt wird: In der am intensivsten erwärmten Region der Substanz sinkt die Dichte und die warme Flüssigkeit (oder das warme Gas) steigt nach oben. Schauen wir zum Beispiel den mit Wasser gefüllten Topf auf der Herdplatte in Abbildung 14.1 an. In der Nähe der Platte wird der Topf besonders

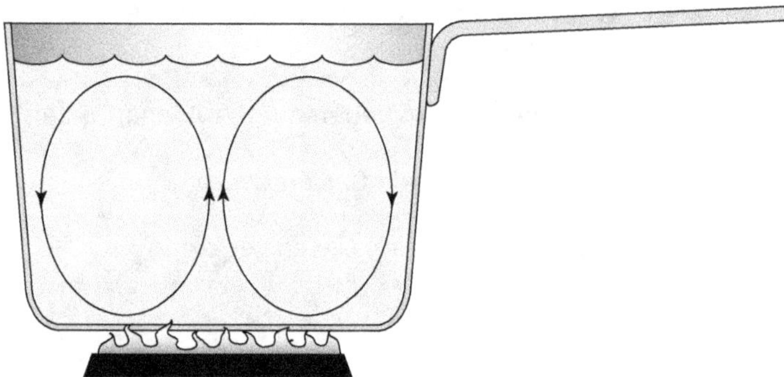

Abbildung 14.1: Konvektion in einem Topf mit Wasser auf der heißen Herdplatte

schnell warm. Das Wasser am Boden dehnt sich aus, seine Dichte nimmt ab und es steigt aufwärts. So entsteht ein Strömungskreislauf. Wenn Sie ein paar kleine Suppennudeln in den Topf werfen, können Sie diese Strömung gut beobachten. Die Wärmeübertragung geschieht also durch ein Medium, das sich ausdehnt und bewegt (in diesem Fall Wasser).

Wasser ist natürlich nicht das einzige Medium, in dem Konvektion stattfindet; Luft und viele andere Substanzen eignen sich genauso gut dafür. Vielleicht haben Sie schon einmal einen Raubvogel beobachtet, der sich auf einer *Thermik* (einer Säule aufsteigender Warmluft) in eleganten Kreisen hoch in die Luft tragen lässt. Thermiken entstehen, wenn sich die Luft am Erdboden (zum Beispiel über einer sonnenbeschienenen Asphaltstraße) stark erwärmt und nach oben steigt.

Backöfen arbeiten mit natürlicher oder auch (durch ein Umluftgebläse) erzwungener Konvektion. Man spricht darum auch von einem »Konvektionsofen« im Unterschied etwa zu einem Mikrowellenherd. (Mikrowellenstrahlung erwärmt die Speisen, indem sie die Moleküle kurzzeitig polarisiert und zu Schwingungen anregt; das bedeutet, die Wärme entsteht eigentlich durch Reibung – ob Sie's glauben oder nicht.)

Eine Faustregel, die Sie sicher auch kennen, lautet: Wärme steigt nach oben. Damit ist eigentlich schon alles über die Konvektion gesagt. Warme Luft dehnt sich aus, ihre Dichte nimmt ab und sie steigt höher als die umgebende kühlere Luft. Wenn Sie beispielsweise in einem mehrstöckigen Haus mit offenem Treppenhaus wohnen, ärgern Sie sich im Winter regelmäßig, dass die unten im Wohnzimmer mühsam geheizte Luft fröhlich ins oberste Stockwerk in Richtung Schlafzimmer strömt. Auch die Luft unmittelbar über einem Heizkörper steigt nach oben – und nimmt den Staub mit. Die Auswirkungen der Konvektion sieht man dann an der – eigentlich – weißen Wand. Und im Sommer verschafft Ihnen ein an die Decke montierter Ventilator ein kühles Plätzchen, indem er die Raumluft ständig umwälzt. Es gäbe noch zahlreiche weitere Beispiel – die Wirkung der Konvektion spüren Sie im Alltag ständig! Jetzt kennen Sie auch die Ursache. Aber es gibt noch andere Wege, Wärme zu verteilen. Lesen Sie also schnell weiter!

Autsch, das war heiß! Wärmeleitung

Wärmeleitung transportiert die Wärme unmittelbar, ohne dass die Strömung eines Mediums notwendig wäre (wie bei der Konvektion im vorangegangenen Abschnitt). Der Topf in Abbildung 14.2 hat einen Metallgriff. Seit 15 Minuten kocht darin das Wasser. Trauen Sie sich, ihn ohne Topflappen von der Herdplatte zu ziehen? Lieber nicht – es sei denn, Sie suchen den ganz besonderen Kick.

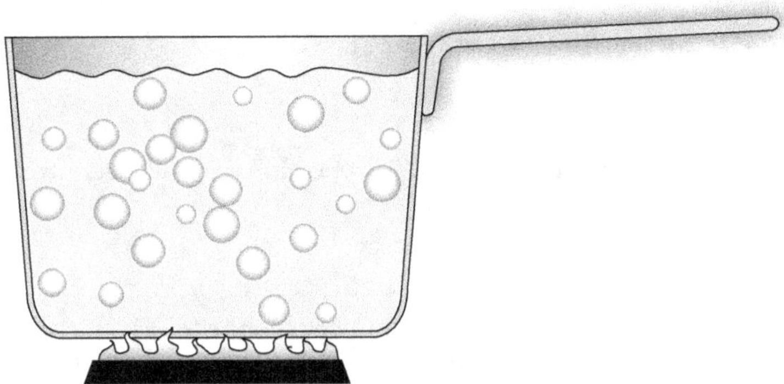

Abbildung 14.2: Der Kochtopf selbst wird durch Wärmeleitung heiß.

Der Griff ist heiß. Aber warum? Nicht durch Konvektion; Sie können keine Strömung erkennen, die hier am Werk wäre. Die Ursache heißt Wärmeleitung. Schauen wir dafür wieder durch unser starkes Mikroskop. In der Nähe der Heizplatte werden die Moleküle im Topfboden erwärmt, sie bewegen sich schneller und rempeln ihre Nachbarn an, die sich daraufhin ebenfalls verstärkt in Bewegung setzen. (An einem Billardtisch können Sie dieses Spielchen gut nachvollziehen.) Diese unablässigen Stöße bewirken die Weitergabe der Wärme – vom Topfboden zum Griff.

Nicht alle Substanzen leiten die Wärme so gut wie Metalle; das liegt am verschiedenartigen Aufbau der Molekülstruktur. Schlechte Wärmeleiter sind zum Beispiel Porzellan, Holz und Glas.

Wovon die Wärmeleitung abhängt

Verschiedene Eigenschaften eines Gegenstands oder Stoffs spielen für die Wärmeleitung eine Rolle. Bei einem Stahlblock beispielsweise müssen Sie die Länge, den Querschnitt und den Temperaturunterschied zwischen beiden Enden kennen. Betrachten Sie dazu Abbildung 14.3: Der Block wird an einem Ende erhitzt und die Wärme breitet sich durch Wärmeleitung bis zum anderen Ende aus. Kann man ausrechnen, wie schnell das geht? Klar, kein Problem!

Es gibt verschiedene Aspekte, die zur Beantwortung dieser Frage beitragen. Erstens wird, wie Sie vielleicht erwarten, umso mehr Wärme übertragen, je größer der Temperaturunterschied zwischen den beiden Enden ausfällt. Misst man nach, so stellt sich heraus, dass die

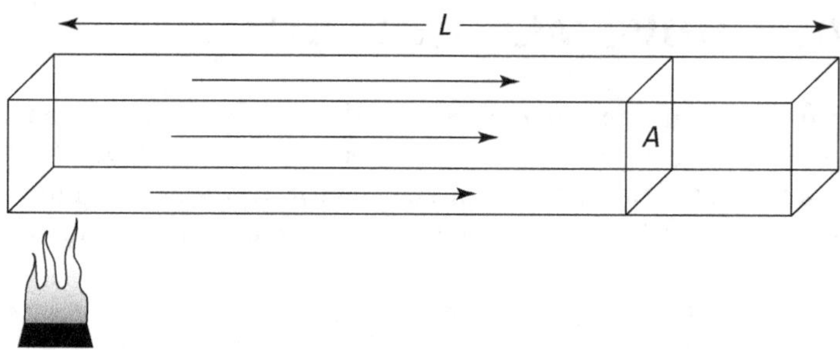

Abbildung 14.3: Wärmeleitung in einem Stahlblock mit der Länge L und der Querschnittsfläche A

übertragene Wärmemenge Q der Temperaturdifferenz ΔT proportional ist (wir benutzen dafür das Zeichen $\propto$):

$$Q \propto \Delta T.$$

Zweitens leitet, wie Sie sicher ebenfalls vermuten, ein Block mit dem doppelten Querschnitt auch doppelt so viel Wärme. Allgemein ist die transportierte Wärmemenge Q der Querschnittsfläche A proportional:

$$Q \propto A.$$

Drittens kommt umso weniger Wärme am anderen Ende an, je länger der Block ist. Die übertragene Wärmemenge ist umgekehrt proportional zur Länge L des Blocks:

$$Q \propto 1/L.$$

Schließlich hängt die transportierte Wärmemenge natürlich auch von der Zeit t ab, die man betrachtet. Doppelte Zeit – doppelter Wärmetransport. Mathematisch heißt das

$$Q \propto t.$$

Wenn Sie das alles zusammensetzen und eine Konstante k hinzufügen, die noch zu erklären ist, haben Sie folgende Gleichung für die Wärme, die durch Wärmeleitung übertragen wird:

$$Q = k\frac{A\,\Delta T\,t}{L}.$$

Das ist die Wärmemenge, die durch Wärmeleitung in einer bestimmten Zeit t entlang einer Wegstrecke (Länge des Gegenstands) L durch eine Querschnittsfläche A übertragen wird. Jetzt geben wir auch k einen Namen und nennen sie die *Wärmeleitfähigkeit* eines Stoffs, angegeben in J/(s·m·K) oder J/(s·m·°C).

Verschiedene Materialien (Glas, Stahl, Kupfer, Kaugummi) leiten Wärme unterschiedlich gut. Die Wärmeleitfähigkeit ist deshalb eine stoffspezifische Konstante. Zum Glück für Sie haben die Physiker viele solche Konstanten schon bestimmt. Ein paar davon finden Sie in Tabelle 14.1.

Material	Wärmeleitfähigkeit in J/(s·m·°C)
Glas	0,80
Stahl (je nach Legierung)	10 ... 50
Kupfer	390
Styropor	0,01
Messing	110
Silber	420

Tabelle 14.1: Wärmeleitfähigkeiten verschiedener Materialien

Die Gleichung für die Wärmeleitung anwenden

Die Wärmeleitfähigkeit des stählernen Griffs unseres Wassertopfs soll 14,0 J/(s·m·°C) betragen (siehe Tabelle 14.1). Schauen Sie sich noch einmal Abbildung 14.3 an: Wie viel Wärme kriegen Ihre Finger ab, wenn der Griff 15 Zentimeter lang ist, eine Querschnittsfläche von zwei Quadratzentimetern ($2 \cdot 10^{-4}$ m^2) hat und am anderen Ende auf 600 Grad Celsius erhitzt wird? Die Gleichung für die Wärmeleitung lautet

$$Q = k\frac{A\,\Delta T\,t}{L}.$$

Angenommen, das kühle Ende hat zu Beginn eine Temperatur von 25 Grad Celsius. Dann haben Sie

$$Q = k\frac{A\,\Delta T\,t}{L} = \frac{2 \cdot 10^{-4}\,\mathrm{m}^2 \cdot 14\,\mathrm{J/(s \cdot m \cdot °C)} \cdot (600 - 25)°\mathrm{C} \cdot t}{0{,}15\,\mathrm{m}} = 10{,}7\,\mathrm{J} \cdot t.$$

Mit Worten ausgedrückt: Pro Sekunde werden 10,7 Joule Wärme zum kühleren Ende des Griffs transportiert. Während Sekunde für Sekunde verstreicht, summiert sich die Wärme und der Griff wird ziemlich heiß.

Coole Technik

Wenn Sie wissen, welche Materialien Wärme besonders gut oder besonders schlecht leiten, können Sie auch ausrechnen, wie sich Eiswürfel kalt oder Berge von Grillfleisch heiß halten lassen. Stellen Sie sich zum Beispiel vor, Sie sollen einen Kühlbehälter bauen. Ihre erste Idee ist, Kupfer dafür zu benutzen; die Wärmeleitfähigkeit von Kupfer beträgt 390 J/(s·m·°C). Das Resultat wäre allerdings sehr enttäuschend: Kupfer leitet die Wärme hervorragend, was bedeutet, dass Wärme problemlos in den Behälter hineinfließen würde! Hier hilft ein Blick in Tabelle 14.1. Die Wärmeleitfähigkeit von Styropor ist mit 0,01 J/(s·m·°C) viel geringer. Eis, das eine Zeit t lang, ohne aufzutauen, in dem Kupferbehälter liegen könnte, würde sich in einer Styroporkiste 390/0,01 = 39.000-mal länger halten. (Das ist natürlich nur eine Schätzung. Um genau zu sein, müssten Sie auch die Wärmeleitfähigkeit der anderen eingelagerten Lebensmittel berücksichtigen.)

Warme Strahlung

Tropfnass treten Sie mitten im Winter aus der Dusche – und wohlige Wärme umgibt Sie. Wem haben Sie das zu verdanken? Der Physik natürlich, insbesondere dem Heizstrahler in Ihrem Badezimmer, den Sie (ein bisschen vereinfacht) in Abbildung 14.4 sehen. Die Lampe sendet Wärme aus, die als Strahlung bei Ihnen ankommt.

Abbildung 14.4: Eine Glühlampe strahlt Wärme in die Umgebung ab.

Wärme kann nämlich auch durch Strahlung übertragen werden. Wärmestrahlung ist uns so vertraut wie das Tageslicht – genauer gesagt: Tageslicht *ist* Wärmestrahlung. Die Sonne ist ein gigantischer Ofen, durch 150 Millionen Kilometer leeren Raum von uns getrennt. Weder durch Konvektion noch durch Wärmeleitung (beides wird weiter vorn in diesem Kapitel erklärt) könnte Energie über diese Entfernung hinweg und vor allem durch das Vakuum des Weltraums auf der Erde ankommen. Verantwortlich ist allein die Wärmestrahlung. Überzeugen Sie sich selbst – gehen Sie an einem sonnigen Tag vor die Tür und schauen Sie zum Himmel. Die Sonnenstrahlen wärmen Ihr Gesicht. Zwar sehen Sie die Wärmestrahlung selbst nicht, wohl aber später ihre Wirkung – nämlich einen Sonnenbrand auf der Nase.

Die Strahlung ist da, auch wenn man sie nicht sieht

Jedes Objekt in Ihrer Umgebung strahlt unablässig – es sei denn, es befindet sich am absoluten Nullpunkt der Temperatur, was jedoch nicht sehr wahrscheinlich ist, weil es physikalisch unmöglich ist, diesen Punkt zu erreichen. Auch eine Kugel Vanilleeis strahlt Wärme ab. Elektromagnetische Strahlung entsteht durch das Beschleunigen und Abbremsen von elektrischen Ladungen, und genau das passiert ständig, wenn ein Gegenstand warm wird: Seine Atome oder Moleküle bewegen sich schneller und stoßen miteinander zusammen.

Auch Sie selbst strahlen, selbst wenn Ihre Laune einmal nicht die beste sein sollte. Diese Strahlung kann man normalerweise nicht sehen, denn sie liegt im infraroten Spektralbereich. Mit Infrarotkameras lässt sie sich allerdings sichtbar machen. Ständig strahlen Sie in alle Richtungen, und alle Objekte in Ihrer Umgebung strahlen umgekehrt auch in Ihre Richtung. Wenn Ihre Temperatur mit der Ihrer Umgebung übereinstimmt, bedeutet das nichts anderes, als dass Sie genauso viel und genauso schnell Wärme abstrahlen, wie sie welche aus der Umgebung empfangen.

Würden Sie keine Wärmestrahlung aus der Umgebung empfangen, müssten Sie erfrieren. Deshalb empfinden wir den Weltraum als »kalt«: Es gibt dort nichts Kaltes, was man anfassen könnte, und Wärme geht weder durch Konvektion noch durch Leitung verloren. Es fehlt einfach nur die Rückstrahlung der Wärme aus der Umgebung. Sämtliche Wärme, die Sie selbst abgeben, verschwindet als Strahlung in den Tiefen des Alls. Dieser Wärmeverlust lässt Sie blitzartig erfrieren.

Bei ungefähr 1.000 Kelvin beginnt ein Gegenstand rot zu glühen. (Jetzt sehen Sie sicher auch ein, warum Sie *keine* Strahlung im sichtbaren Spektralbereich abgeben können.) Weiteres Erhitzen lässt die Farbe im Spektrum weiter aufwärts wandern, von Orange über Gelb bis zur Weißglut bei etwa 1.700 Kelvin.

Heizgeräte mit einer rot glühenden Heizwendel übertragen die Wärme einerseits durch Strahlung. Andererseits erwärmt sich die Luft direkt über dem Gerät, steigt auf (Konvektion) und verteilt sich im Raum. (Zu einer unerwünschten Wärmeleitung kann es kommen, wenn Sie den heißen Strahler versehentlich an der falschen Stelle anfassen.) Der wesentliche Mechanismus ist hier aber die Strahlung. Für Gebäude gibt es *Strahlungsheizungen:* In Wände oder Decken werden Rohre eingebaut, durch die warmes Wasser fließt, das Wärme an Verkleidungsplatten (durch Wärmeleitung) abgibt. Die Wärme wird dann in den Raum abgestrahlt. Die architektonische Idee liegt auf der Hand: Man sieht die Heizung nicht, aber man spürt sie.

Mit Effekten der Wärmestrahlung in unserer Umgebung können wir Menschen intuitiv umgehen. An einem heißen Tag zieht niemand freiwillig ein schwarzes T-Shirt an, um nicht unnötig zu schwitzen. Warum wird eine schwarze Fläche besonders warm? Ganz einfach: Weil sie Licht aus der Umgebung zu einem geringeren Teil reflektiert als etwa eine weiße Fläche, also mehr Strahlungsenergie aufnimmt. Das bedeutet: Ein weißes Hemd bleibt kühler. Und für welches Auto würden Sie sich entscheiden, wenn Sie im Hochsommer 600 Kilometer Autobahn vor sich hätten – für das mit den schwarzen Ledersitzen oder lieber doch das mit den hellen Stoffbezügen?

Sind Metalle kälter als Holz?

Warum fühlen sich Gegenstände aus Metall kühl an, auch wenn Sie sie nicht gerade aus dem Kühlschrank genommen haben (wie eine Coladose)? Es kommt Ihnen ganz selbstverständlich vor, aber was ist die Ursache?

Die Antwort lautet: Wärmeleitung! Ein Löffel aus dem guten Wärmeleiter Metall führt die Wärme Ihrer Hand schneller ab als ein Löffel aus dem schlechten Wärmeleiter Holz. Deshalb empfinden Sie den Stahllöffel als kühler, auch wenn er schon stundenlang direkt neben dem Holzlöffel lag (und Sie beim Nachmessen feststellen, dass beide genauso warm sind wie ihre Umgebung).

Schwarze Körper

Verschiedene Objekte nehmen unterschiedliche Anteile der eintreffenden Strahlung auf (man sagt, sie absorbieren Strahlung unterschiedlich gut). Ein Objekt, das *sämtliche* einfallende Strahlung restlos absorbiert, heißt *schwarzer Körper*. Schwarze Körper absorbieren 100 Prozent der ankommenden Strahlung und geben, wenn sie mit der Umgebung im Gleichgewicht sind, auch 100 Prozent wieder ab. (Das Gegenteil von absorbieren heißt *emittieren*.)

Das Verhalten der allermeisten Objekte liegt irgendwo zwischen dem eines Spiegels (der sämtliche Strahlung reflektiert) und dem eines schwarzen Körpers (der sämtliche Strahlung absorbiert). Glänzende Flächen werfen den Hauptteil des Lichts zurück; deshalb strahlen sie nicht so viel Wärme an die Umgebung ab. Dunkle Flächen werfen nur wenig Licht zurück und emittieren deshalb mehr Wärmestrahlung (in der Regel in Form von unsichtbarem Infrarotlicht).

Schwarze Körper sind geradezu eine Spielwiese der Physik. Los geht's mit folgender Frage: Wie viel Wärme gibt ein schwarzer Körper bei einer bestimmten Temperatur ab? Die Wärmemenge hängt mit der Abstrahldauer zusammen – doppelt so viel Zeit bedeutet doppelt so viel Wärme. Für diese Proportionalität schreiben wir (t ist die Zeit)

$$Q \propto t.$$

Wie Sie schon vermuten, ist die abgegebene Wärme auch proportional zur Oberfläche A des strahlenden Gegenstands:

$$Q \propto A.$$

Natürlich muss auch die Temperatur irgendwo eine Rolle spielen – je heißer der Heizstrahler ist, desto schneller wird das Badezimmer warm. Aus Experimenten weiß man, dass die Wärmemenge proportional zur vierten Potenz der Temperatur (T^4) ist. Insgesamt haben Sie dann

$$Q \propto A t T^4.$$

Die endgültige Form der Gleichung bekommen Sie, wenn Sie nun noch einen Proportionalitätsfaktor einführen, eine Konstante, die gemessen werden muss. Zur Berechnung der von einem schwarzen Körper abgestrahlten Wärme ist dies die *Stefan-Boltzmann-Konstante σ* (Sigma). Also gilt

$$Q = \sigma A t T^4.$$

Der Zahlenwert von σ ist $5{,}67 \cdot 10^{-8}$ J/(s·m²·K⁴). Denken Sie daran, dass diese Konstante nur für schwarze Körper – also ideal emittierende Objekte – gilt. Alltagsgegenstände gehören nicht dazu; normalerweise brauchen Sie deshalb eine zweite Konstante, die von dem Material abhängt, das Sie gerade betrachten. Man nennt sie das *Emissionsvermögen E*. Damit erhalten wir das vollständige *Stefan-Boltzmann-Strahlungsgesetz*,

$$Q = E \sigma A t T^4,$$

mit dem Emissionsvermögen E, der Stefan-Boltzmann-Konstante σ, der strahlenden Fläche A, der Zeit t und der Temperatur T (gemessen in Kelvin).

Das Emissionsvermögen eines Menschen liegt ungefähr bei 0,8 und die Körpertemperatur bei 37 Grad Celsius. Wie viel Wärme strahlt eine Person dann pro Sekunde ab? Zunächst müssen Sie die Fläche abschätzen. Sie können einen Menschen mathematisch näherungsweise als 1,60 Meter hohen Zylinder mit einem Radius von 0,1 Metern betrachten. Seine Oberfläche (die Zylinderfläche) ist dann

$$A = 2\pi rh + 2\pi r^2 = 2\pi \cdot 0{,}1\,\text{m} \cdot 1{,}6\,\text{m} + 2\pi \cdot (0{,}1\,\text{m})^2 = 1{,}07\,\text{m}^2$$

(r ist der Radius und h die Höhe des Zylinders). Jetzt setzen Sie alle Zahlen in die Stefan-Boltzmann-Gleichung ein:

$$Q = E\sigma A t T^4 = 0{,}8 \cdot 5{,}67 \cdot 10^{-8} \frac{\text{J}}{\text{s} \cdot \text{m}^2 \cdot \text{K}^4} \cdot 1{,}07\,\text{m}^2 \cdot (37 + 273{,}15)^4\,\text{K}^4 \cdot t = 450\,\text{J/s} \cdot t.$$

Das Ergebnis lautet 450 Joule pro Sekunde, also 450 Watt. Diese Zahl ist zwar zu hoch, da die Hauttemperatur niedriger als die Temperatur im Inneren des Körpers ist, aber immerhin von der richtigen Größenordnung: Unter normalen Bedingungen strahlt ein Erwachsener etwa 100 Watt Wärme ab.

Das Geheimnis der Avogadro-Zahl

Ein großer Teil dieses Kapitels beschäftigt sich mit der Wirkung von Wärme auf feste Stoffe und Flüssigkeiten. Physikalisch sehr ergiebig ist es aber auch, Gase bei der Erwärmung zu beobachten. Zunächst wollen wir dazu herausfinden, wie viele Moleküle in einer Gasprobe enthalten sind. Dabei hilft wieder die Physik.

Stellen Sie sich vor, Ihr Nachbar hat einen großen Diamanten gefunden und fragt Sie: »Aus wie vielen Atomen besteht mein Diamant?« »Das hängt ganz von den Molen ab«, antworten Sie. »Quatsch«, sagt er irritiert, »wir reden doch nicht von der nächsten Sturmflut!«

Ein *Mol* (Symbol mol) ist die Anzahl der Atome in 12 Gramm des Kohlenstoffisotops ^{12}C, der häufigsten in der Natur vorkommenden Form des Kohlenstoffs. Gelegentlich findet man auch Kohlenstoffatome, die mehr Neutronen enthalten (insbesondere ^{13}C) – deswegen wiegt ein Mol natürlichen Kohlenstoffs im Mittel etwa 12,011 Gramm. Wenn Sie wissen wollen, wie viele Atome eine Probe enthält, müssen Sie zunächst feststellen, wie viele Mol der Substanz Sie haben. Die Atomzahl brauchen Sie unter anderem, wenn Sie Gase bei der Erwärmung untersuchen.

Die Zahl der Atome in 12 Gramm ^{12}C wurde experimentell festgestellt: Sie beträgt $6{,}02 \cdot 10^{23}$ und heißt Avogadro-Zahl, abgekürzt N_A. Über Kohlenstoff wissen Sie nun Bescheid. Aber enthalten 12 Gramm Schwefel genauso viele Atome? Keinesfalls, denn ein einzelnes Schwefelatom hat eine andere Masse als ein Kohlenstoffatom. Deshalb können zwei Proben Schwefel und Kohlenstoff gleicher Masse nicht aus gleich vielen Atomen bestehen.

Ist ein Schwefelatom viel schwerer als ein Kohlenstoffatom? Die Antwort finden Sie im Periodensystem der Elemente, das als Poster an der Wand jedes Chemie- oder Physiklabors hängt. Die Atommasse steht meistens rechts unter dem Elementsymbol. S bedeutet Schwefel, für die Atommasse finden Sie 32,06. Aber 32,06 *was*? Die Einheit hier ist die *atomare Masseneinheit* u. Eine atomare Masseneinheit entspricht einem Zwölftel der Masse eines Atoms ^{12}C. Damit stehen uns folgende Werte zur Verfügung: Ein Mol ^{12}C wiegt 12 Gramm, die Masse des Schwefelatoms ist 32,06 u, und die Masse des Kohlenstoffatoms beträgt 12 u. Wie viel ein Mol Schwefel wiegt, rechnen wir dann durch ein einfaches Verhältnis aus:

$$12,00 \text{ g} \cdot \frac{32,06 \text{ u}}{12,00 \text{ u}} = 32,06 \text{ g}.$$

Das ist doch überaus bequem! Zu wissen, dass die Masse eines Mols eines Elements in Gramm genauso groß ist wie die Masse seiner Atome in atomaren Einheiten, erspart Ihnen eine Menge Zeit. Weil die Atommassen in jedem Periodensystem stehen, können Sie direkt ablesen, dass ein Mol Silizium 28,09 Gramm wiegt, ein Mol Natrium 22,99 Gramm und so weiter. Dabei enthält ein Mol immer $6,02 \cdot 10^{23}$ Atome des betreffenden Elements.

Die Anfrage Ihres Nachbarn ist jetzt schnell erledigt. Diamant ist fester Kohlenstoff mit einer Atommasse von 12,011 u; das bedeutet, 12,011 Gramm Kohlenstoff sind ein Mol. Sie müssen den spektakulären Fund nur noch auf die Küchenwaage legen und die Zahl der Mole dann mit $6,02 \cdot 10^{23}$ multiplizieren – fertig.

Nicht alle Gegenstände bestehen aus einer einzigen Atomsorte. Wann haben Sie das letzte Mal einen hundertprozentig reinen Schwefelklumpen in Ihrem Garten gefunden? Die meisten Materialien sind aus mehreren Elementen zusammengesetzt, Wasser zum Beispiel aus Wasserstoff- und Sauerstoffatomen im Verhältnis 2:1 (H_2O). In solchen Fällen brauchen Sie anstelle der Atommasse die *Molekülmasse*. (Verbindungen aus mehreren Atomen nennt man *Moleküle*.) Die Molekülmasse wird ebenfalls in atomaren Masseneinheiten angegeben. Die Molekülmasse von Wasser beträgt 18,0153 u, ein Mol Wasser wiegt also 18,0153 Gramm.

Das Gasgesetz wird geschmiedet

Nachdem wir die Stoffe nun Atom für Atom (oder Molekül für Molekül) betrachten können, beginnen wir unsere physikalische Diskussion der Gase. Welche Rolle spielt die Anzahl der Mole für die Beschreibung eines Gases beim Erwärmen? Man hat festgestellt, dass Temperatur, Druck, Volumen und Molzahl eines Gases in einem bestimmten Zusammenhang stehen, der zwar nicht für alle Gase exakt gilt, wohl aber für sogenannte *ideale Gase*. Das ideale Gas ist gewissermaßen die reibungsfreie schiefe Ebene der Thermodynamik. Ziemlich nahe kommen ihm sehr leichte Gase wie Helium.

Wie der Versuch zeigt, nimmt der Druck eines Gases, das in einem bestimmten Volumen eingeschlossen ist, beim Erwärmen linear zu (siehe Abbildung 14.5). Anders ausgedrückt:

Bei konstantem Volumen ist die Temperatur T (gemessen in Kelvin) proportional zum Druck p (für englisch »pressure«),

$$p \propto T.$$

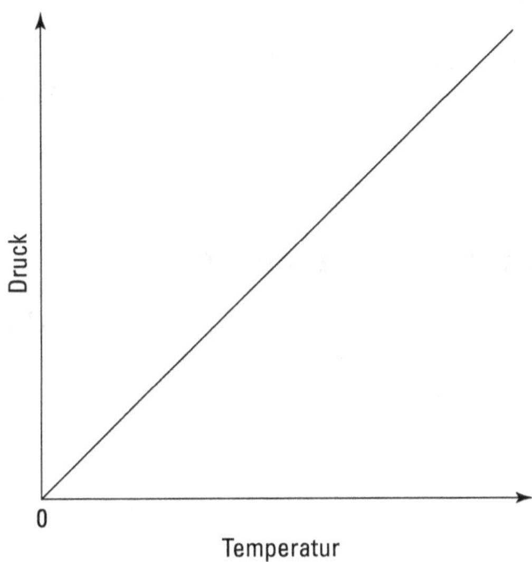

Abbildung 14.5: Der Druck des idealen Gases ist proportional zu seiner Temperatur.

Wenn sich statt der Temperatur das Volumen ändert, beobachtet man, dass der Druck dem Volumen umgekehrt proportional ist – in einem doppelt so großen Gefäß ist der Druck derselben Gasmenge nur halb so groß. Also gilt:

$$p \propto T/V.$$

Sind hingegen Volumen und Temperatur eines idealen Gases konstant, ist der Druck proportional zur Molzahl n in der Probe – die doppelte Menge bedeutet den doppelten Druck:

$$p \propto nT/V.$$

Als Proportionalitätsfaktor führen wir die *universelle Gaskonstante R* ein. Ihr Zahlenwert lautet 8,31 J/(mol·K). Damit bekommen wir die *Zustandsgleichung des idealen Gases*, salopp auch als ideales Gasgesetz bezeichnet. Sie gibt die Beziehung zwischen Druck, Volumen, Stoffmenge (Molzahl) und Temperatur an:

$$pV = nRT.$$

Ideale Gase sind diejenigen Gase, für die das ideale Gasgesetz gilt. Mithilfe des Gesetzes können Sie zum Beispiel den Druck eines idealen Gases vorhersagen, wenn Sie seine Stoffmenge, seine Temperatur und das Volumen des Gefäßes kennen.

Sie können das ideale Gasgesetz auch anders aufschreiben, wenn Sie anstelle der Molzahl n die Zahl der Moleküle N und die im vorangegangenen Abschnitt eingeführte Avogadro-Zahl verwenden:

$$pV = nRT = \frac{N}{N_A} \cdot RT.$$

Der Quotient der beiden Konstanten R und N_A ist (natürlich) wieder eine Konstante. Diese sogenannte Boltzmann-Konstante $k = R/N_A$ hat den Wert $1{,}38 \cdot 10^{-23}$ J/K. Damit lautet das ideale Gasgesetz

$$pV = NkT.$$

Ein Beispiel: Der Druck eines idealen Gases

Ein Behälter mit einem Volumen von einem Kubikmeter soll bei 27 Grad Celsius 600 Mol Helium enthalten (ein nahezu ideales Gas). Die Frage lautet: Wie groß ist dann der Druck des Gases im Behälter? Schreiben Sie das Gasgesetz auf,

$$pV = nRT,$$

und teilen Sie durch V, damit p auf der linken Seite allein steht. Dann setzen Sie die Zahlen ein:

$$p = \frac{nRT}{V} = \frac{600 \text{ mol} \cdot 8{,}31 \text{ J/(mol} \cdot \text{K)} \cdot (273{,}15 + 27) \text{ K}}{1 \text{ m}^3} = 1{,}5 \cdot 10^6 \text{ N/m}^2.$$

Der Druck auf die Behälterwände beträgt also $1{,}5 \cdot 10^6$ Newton pro Meter zum Quadrat. Die Druckeinheit N/m² kommt so häufig vor, dass man ihr einen eigenen Namen gegeben hat: Pascal (Pa). Der Atmosphärendruck (1 atm) entspricht $1{,}013 \cdot 10^5$ Pascal (oder 1.013 Hektopascal, abgekürzt 1.013 hPa). Vielleicht begegnet Ihnen gelegentlich auch die veraltete Einheit Torr (1 atm = 760 Torr). Der Druck in unserem Beispiel, $1{,}5 \cdot 10^6$ Pascal, entspricht ungefähr 15 Atmosphären.

Wenn Sie über Gase reden, stoßen Sie vielleicht auf die Abkürzung STP für einen Satz besonderer Bedingungen, die *Standardbedingungen* (englisch: »Standard Temperature and Pressure«). Es handelt sich dabei um einen Druck von einer Atmosphäre ($1{,}013 \cdot 10^5$ Pa) und eine Temperatur von null Grad Celsius. Die Anwendung des idealen Gasgesetzes für diese Bedingungen liefert ein Volumen von 22,4 Litern (1 Liter = 10^{-3} Kubikmeter) pro Mol eines idealen Gases.

Alternativen: Die Gesetze von Boyle-Mariotte und Gay-Lussac

Die von der Zustandsgleichung für ideale Gase beschriebene Gesetzmäßigkeit kann man auch auf andere Weise ausdrücken. Beispielsweise können Sie die Beziehung zwischen Druck und Volumen *bei konstanter Temperatur* vor und nach einer Änderung dieser Größen formulieren:

$$p_E V_E = p_A V_A.$$

In Worten besagt dieses *Gesetz von Boyle-Mariotte*: Das Produkt aus Druck und Volumen ist konstant, wenn sich alle anderen Faktoren (Stoffmenge, Temperatur) nicht ändern. Bei *konstantem Druck* gilt eine ähnliche Gleichung,

$$V_E / T_E = V_A / T_A,$$

das *Gesetz von Gay-Lussac*: Das Verhältnis vom Volumen zur Temperatur ist konstant, wenn sich keiner der anderen Faktoren (Druck, Stoffmenge) ändert.

Wasserdruck und Luftdruck messen

Dass Sie jetzt Experte in Sachen Druck sind, können Sie auch im Alltag beweisen. Mit einer einfachen Gleichung berechnen Sie etwa den Druck, den ein fluides Medium (ein Gas oder eine Flüssigkeit wie Wasser) ausübt:

$$p = \rho g h.$$

ρ ist die Dichte der Flüssigkeit, g die Erdbeschleunigung ($9{,}8\ \text{m/s}^2$) und h die Tiefe der Flüssigkeit (oder die Höhe der Flüssigkeitssäule). Die Dichte von Wasser beträgt etwa 1.000 Kilogramm pro Kubikmeter, also haben Sie

$$p = 9.800\ \text{Pa/m} \cdot h.$$

Jeder Meter Wassertiefe steuert 9.800 Pascal oder rund ein Zehntel des Atmosphärendrucks bei. (Der Atmosphärendruck wird weiter vorn in diesem Kapitel im Abschnitt »Ein Beispiel: Der Druck eines idealen Gases« erklärt).

Diese Gleichung gilt, solange sich die Dichte des Mediums nicht ändert. Der Luftdruck ist deshalb nicht so einfach zu berechnen, denn die Dichte der Luft hängt von der Höhe über dem Meeresspiegel ab. Wenn in einer Physikaufgabe jedoch gefragt wird, wie sich der Luftdruck an zwei Orten mit verschiedener Höhenlage unterscheidet, so nimmt man meist vereinfachend an, dass die Luftdichte an beiden Punkten gleich ist.

Gasmoleküle haben's eilig

Einige Eigenschaften der herumfliegenden Moleküle eines idealen Gases lassen sich sehr einfach beschreiben, zum Beispiel die mittlere kinetische Energie. Eine knackige Gleichung genügt:

$$E_{\text{kin,mittel}} = \frac{3}{2}\,kT,$$

mit der Boltzmann-Konstante $k = 1{,}38 \cdot 10^{-23}$ J/K und T als Temperatur. Sofern Sie wissen, um welches Gas es sich handelt (siehe dazu den Abschnitt »Das Geheimnis der Avogadro-Zahl« weiter vorn in diesem Kapitel), können Sie die Masse jedes einzelnen Moleküls ausrechnen. Auf direktem Weg gelangen Sie dann zur Geschwindigkeit der Moleküle in Abhängigkeit von der Temperatur.

Die Geschwindigkeit von Luftmolekülen

An einem sonnigen Frühsommertag treffen Sie sich mit Freunden zum Picknick im Park. Verpflegung ist reichlich vorhanden: Kartoffelsalat, Käsebrötchen und Kaffee. Und trotzdem – irgendwas fehlt. Niemand hat ein bisschen Physik mitgebracht! Leicht gelangweilt lassen Sie sich ins Gras fallen und schauen zum Himmel. Aber halt: Eigentlich ist Physik doch überall, auch wenn man ihre Wirkung nicht immer sieht...

Die Moleküle der Luft, die um Ihren Kopf schwirren, können Sie zum Beispiel nicht sehen. Ihre Geschwindigkeit jedoch lässt sich ohne Weiteres abschätzen. Sie holen ein Thermometer und Ihren Taschenrechner aus dem Rucksack und messen die Lufttemperatur – immerhin 28 Grad Celsius oder 301 Kelvin (die Umrechnung ist in Kapitel 13 beschrieben). Die Gleichung für die mittlere kinetische Energie von Gasmolekülen haben Sie im Kopf,

$$E_{\text{kin,mittel}} = \frac{3}{2} kT.$$

Sie müssen nur noch alle Zahlen einsetzen:

$$E_{\text{kin,mittel}} = \frac{3}{2} kT = \frac{3}{2} \cdot 1{,}38 \cdot 10^{-23}\,\text{J/K} \cdot 301\,\text{K} = 6{,}23 \cdot 10^{-21}\,\text{J}$$

Im Mittel hat ein Molekül eine kinetische Energie von $6{,}23 \cdot 10^{-21}$ Joule. Das ist nicht viel, aber Moleküle sind ziemlich klein. Welcher Geschwindigkeit entspricht also diese Energie? In Kapitel 8 wird der Zusammenhang zwischen kinetischer Energie, Masse m und Geschwindigkeit v formuliert:

$$E_{\text{kin}} = \frac{1}{2} m v^2,$$

oder anders geschrieben

$$v = \sqrt{\frac{2 E_{\text{kin}}}{m}}.$$

Luft besteht größtenteils aus Stickstoff. Ein Stickstoffatom hat eine Masse von etwa $4{,}65 \cdot 10^{-26}$ Kilogramm (wovon Sie sich überzeugen können, wenn Sie die Masse eines Mols Stickstoff nachschlagen und durch die Anzahl N_{A} der Atome in diesem Mol teilen). Alle Zahlen eingesetzt, liefert die Gleichung

$$v = \sqrt{\frac{2 E_{\text{kin}}}{m}} = \sqrt{\frac{2 \cdot 6{,}23 \cdot 10^{-21}\,\text{J}}{4{,}65 \cdot 10^{-26}\,\text{kg}}} = 518\,\text{m/s} = 1.865\,\text{km/h}.$$

Uff, was für eine Vorstellung: Unmengen kleiner, fast 2.000 Kilometer pro Stunde schneller Geschosse treffen Sie in jeder Sekunde! Bloß gut, dass Moleküle so klein sind. Stellen Sie sich mal vor, ein Atom würde ein paar Gramm wiegen ... was das für blaue Flecken gäbe!

Die kinetische Energie eines idealen Gases

Zwar sind Atome winzig und leicht, aber alltägliche Gasmengen enthalten viele, *wirklich* viele von ihnen – und deren kinetische Energie summiert sich rasch auf. Wie groß ist die kinetische Energie einer gegebenen Menge eines Gases? Jedes einzelne Molekül hat die mittlere kinetische Energie

$$E_{kin,mittel} = \frac{3}{2}kT.$$

Dies müssen Sie mit der Anzahl der vorhandenen Moleküle $n\,N_A$ multiplizieren (n ist die Molzahl oder Stoffmenge):

$$E_{kin,gesamt} = \frac{3}{2}nN_AkT.$$

N_A mal k ist gleich R, der weiter vorn beschriebenen universellen Gaskonstante (im Abschnitt »Das Gasgesetz wird geschmiedet«), also gilt:

$$E_{kin,gesamt} = \frac{3}{2}nRT.$$

In der Wärmebewegung der Teilchen von 600 Mol Helium bei 27 Grad Celsius steckt damit folgende innere Energie:

$$E_{kin,gesamt} = \frac{3}{2}nRT = \frac{3}{2} \cdot 600\ \text{mol} \cdot 8{,}31\ \text{J/(mol} \cdot \text{K)} \cdot (273{,}15 + 27)\,\text{K} = 2{,}24 \cdot 10^6\ \text{J}.$$

Das entspricht gut 500 Kilokalorien (die Energieeinheit, die auf Lebensmittelpackungen oder in Diätplänen angegeben ist).

Für die Aufgaben 14.1 und 14.2 benötigen Sie folgende Tabelle:

Barium	Eisen	Fluor	Sauerstoff	Schwefel
Ba	Fe	F	O	S
137,3	55,8	19,0	16,0	32,1

Aufgabe 14.1

✔ Wie viel Gramm Sauerstoff (O_2) entsprechen einem Mol?

✔ Wie viel Gramm Schwefelhexafluorid (SF_6) entsprechen einem Mol?

Aufgabe 14.2

Wie viel Mol entsprechen

✔ 100 g Eisenoxid (Fe_2O_3) und

✔ 500 g Bariumoxid (BaO)?

Aufgabe 14.3

Die Wärmeleitfähigkeit von Stahl beträgt 79 J/(s·m·K). Stellen Sie sich vor, Sie haben einen Stahlstab mit einer Länge von 70 cm und einem Querschnitt von 0,4 m². Wie lange dauert es, per Wärmeleitung 1.200 J von einem Ende des Stabs zum anderen zu transportieren, wenn die Temperaturdifferenz 80 K beträgt?

Kapitel 15

Wärme trifft Arbeit: Die Hauptsätze der Thermodynamik

Wer jemals im Sommer Gräben geschaufelt hat, weiß alles über die Beziehung zwischen Wärme und Arbeit (auch Thermodynamik genannt). Dieses Kapitel bringt die beiden heiß geliebten Themen, die einzeln und ausführlich in den Kapiteln 8 (Arbeit) und 13 (Wärme) diskutiert werden, zusammen. Ähnlich wie die newtonsche Mechanik verfügt die Thermodynamik über drei Grundgesetze (Hauptsätze), aber zusätzlich noch über einen Vorspann: den nullten Hauptsatz. In diesem Kapitel erkläre ich das thermische Gleichgewicht (nullter Hauptsatz), die Erhaltung von Wärme und Arbeit (erster Hauptsatz), den Wärmefluss (zweiter Hauptsatz) und den absoluten Nullpunkt der Temperatur (dritter Hauptsatz). Hoffentlich lässt die Thermodynamik Sie nach alledem nicht völlig kalt.

Das thermische Gleichgewicht erreichen: Nullter Hauptsatz

Das erste Grundgesetz der Thermodynamik ist das nullte. Vielleicht finden Sie diese Zählung merkwürdig; im Alltag kommt sie jedenfalls nicht häufig vor. (»Ich gratuliere zum nullten Geburtstag!«) Aber Sie wissen ja: Physiker hängen an ihren Traditionen. Der *nullte Hauptsatz der Thermodynamik* besagt: Zwei Objekte sind miteinander im thermischen Gleichgewicht, wenn keine Wärme vom einen zum anderen fließt – obwohl sie es könnte.

Wenn Sie zum Beispiel in der Badewanne sitzen und das Wasser genau Ihre Körpertemperatur hat, gibt weder Ihr Körper Wärme an das Wasser ab noch umgekehrt (obwohl beides im Prinzip möglich wäre) und es herrscht thermisches Gleichgewicht. Springen Sie dagegen im Winter in einen unbeheizten Swimmingpool, sind Sie ganz und gar nicht mit dem Wasser im thermischen Gleichgewicht (auch dann nicht, wenn die Eisdecke noch dünn genug ist, dass Sie hindurchkrachen). Und Sie werden es auch kaum sein wollen. (Dieses Experiment lassen Sie zu Hause lieber bleiben.)

Bevor Sie in einen Swimmingpool springen (insbesondere im Winter), schätzen Sie im Zweifelsfall vorher die Chance ab, das thermische Gleichgewicht mit dem Badewasser zu erreichen. Dazu benutzen Sie ein Thermometer. Messen Sie die Wassertemperatur und dann Ihre Körpertemperatur. Stimmen beide überein (das heißt, sind Sie im thermischen Gleichgewicht mit dem Thermometer und das Thermometer mit dem Wasser), sind Sie auch im thermischen Gleichgewicht mit dem Nass.

Das Thermometerexperiment zeigt Folgendes: Sind zwei Objekte, jedes für sich (Wasser und Körper), im thermischen Gleichgewicht mit einem dritten (Thermometer), so sind sie es auch miteinander. Dies ist eine andere Formulierung des nullten Hauptsatzes.

Der nullte Hauptsatz ist für vieles gut. Unter anderem liefert er uns ein Indiz für das thermische Gleichgewicht, die Vergleichsgröße Temperatur. Zwei Objekte, die sich im thermischen Gleichgewicht mit einem dritten befinden, sind alles, was wir brauchen, um eine Temperaturskala (wie die von Kelvin) aufzustellen.

Die grundsätzliche physikalische Aussage des nullten Hauptsatzes ist, dass zwischen zwei Objekten gleicher Temperatur keine Wärme ausgetauscht wird.

Wärme und Arbeit erhalten: Der erste Hauptsatz

Der *erste Hauptsatz der Thermodynamik* handelt von der Erhaltung der Energie in der Wärmelehre. Die anfängliche innere Energie U_A eines Systems nimmt einen neuen Wert U_E an, wenn das System die Wärmemenge Q aufnimmt (oder abgibt) und/oder eine Arbeit W an seiner Umgebung verrichtet (oder sie an ihm verrichtet wird):

$$U_E - U_A = \Delta U = Q - W.$$

In Kapitel 8 haben Sie eine ganze Menge über Energieerhaltung erfahren. Allerdings ist dort die Rede von mechanischer Energie. Sie können nachlesen, dass die mechanische Gesamtenergie (als Summe aus potenzieller und kinetischer Energie) konstant ist. Dabei darf jedoch kein Bruchteil der Energie in Form von Wärme abgegeben werden; deshalb darf unter anderem keine Reibung auftreten. Jetzt aber lassen wir der Wärme endlich freien Lauf! Wie wir nun sehen, setzt sich die Gesamtenergie eines Systems aus Wärme, Arbeit und innerer

Energie zusammen. Mehr müssen wir nicht betrachten. Das bedeutet, die Erhaltung gilt für die Summe aus diesen drei Größen.

Führen Sie zum Beispiel einem System die Wärmemenge Q zu, ohne dass das System Arbeit irgendeiner Art verrichtet, so nimmt seine innere Energie U um Q zu. Leistet hingegen eine Maschine eine Arbeit (hebt sie etwa eine Kiste an), so verliert sie Energie; wird in diesem Fall nicht zusätzlich Wärme abgegeben, ändert sich die innere Energie U der Maschine um W. Kurz: Auch Wärme ist eine Form von Energie. Die Summe aus den drei Größen Arbeit, Wärme und innere Energie ist konstant.

Die Bedeutung des ersten Hauptsatzes besteht darin, die Größen Arbeit, Wärme und innere Energie miteinander zu verknüpfen. Kennt man zwei davon, kann man die dritte ausrechnen.

Energieerhaltung mit Zahlen

Das Vorzeichen der Wärmemenge Q gibt die Richtung an, in die die Wärme fließt: in das System hinein (plus) oder aus dem System heraus (minus). Die Größe W ist positiv, wenn das System Arbeit an der Umgebung verrichtet, und negativ, wenn aus der Umgebung Arbeit am System verrichtet wird.

Viele Leute kommen durcheinander, wenn es um positive und negative Vorzeichen geht. Lassen Sie sich nicht durcheinanderbringen; beim Umgang mit dem ersten Hauptsatz denken Sie einfach an die Energieerhaltung. Stellen Sie sich vor, ein Motor verrichtet eine Arbeit von 2.000 Joule und setzt gleichzeitig eine Wärmemenge von 3.000 Joule frei. Um wie viel ändert sich seine innere Energie? Sie wissen, dass der Motor Arbeit an die Umgebung abgibt (also sinkt seine innere Energie um 2.000 Joule) und dabei noch Wärme verliert (die innere Energie sinkt um weitere 3.000 Joule). Insgesamt nimmt die innere Energie des Motors demnach um 5.000 Joule ab.

Wärme und Arbeit, die aus einem System herauskommen, werden negativ gezählt. In unserem Beispiel ist die Änderung der inneren Energie

$$\Delta U = -2.000\,\text{J} - 3.000\,\text{J} = -5.000\,\text{J}.$$

Was passiert aber, wenn der Motor 2.000 Joule Arbeit verrichtet und gleichzeitig 3.000 Joule Wärme *aufnimmt?* In diesem Fall gilt: 2.000 Joule kommen aus dem System heraus, 3.000 Joule fließen hinein. Die Vorzeichen machen Ihnen kein Kopfzerbrechen mehr:

$$\Delta U = -2.000\,\text{J (Arbeit raus)} + 3.000\,\text{J (Wärme rein)} = +1.000\,\text{J}.$$

Jetzt steigt die innere Energie des Motors um 1.000 Joule.

Es gibt auch negative Arbeit – dann nämlich, wenn die Umgebung Arbeit am betrachteten System verrichtet. Unser System soll nun 3.000 Joule Wärme aufnehmen, während gleichzeitig 4.000 Joule Arbeit an ihm verrichtet wird. Sowohl die Wärme als auch die Arbeit fließt in das System hinein, seine innere Energie steigt deshalb um 3.000 Joule + 4.000 Joule = 7.000 Joule. Wenn Sie es ganz genau wissen wollen:

$$\Delta U = Q - W,$$

und W ist negativ (weil Arbeit am System getan wird); also ist

$$\Delta U = Q - W = 3.000\ \text{J} - (-4.000\ \text{J}) = 7.000\ \text{J}.$$

Die Zustände ändern sich

In den letzten drei Kapiteln sind Ihnen schon jede Menge physikalische Größen über den Weg gelaufen (Volumen, Druck, Temperatur und so weiter). Wie sich diese Größen ändern (können), ist entscheidend für die Wirkung einer Arbeit. Ein Beispiel: Arbeit, die ein Gas verrichtet, das in einem Behälter eingesperrt ist (konstantes Volumen), wirkt sich anders aus als Arbeit, die das Gas bei gleichbleibendem Druck ausübt. Die Thermodynamik kennt zur Beschreibung solcher Vorgänge vier Standardbedingungen:

✔ konstanter Druck

✔ konstantes Volumen

✔ konstante Temperatur

✔ konstante Wärme

Alle Änderungen, die wir in den folgenden Prozessen betrachten, sollen *quasistatischer* Natur sein. Das bedeutet: Die jeweilige Größe ändert sich so langsam, dass Druck und Temperatur stets einheitlich im System verteilt sind.

Druck konstant: Isobar

Einen Prozess, der unter gleichbleibendem Druck verläuft, nennt man *isobar*. In Abbildung 15.1 sehen Sie einen Zylinder mit einem Kolben, unter dem sich ein Gas befindet. Der Zylinder wird von unten beheizt, das Gas dehnt sich aus und hebt den Kolben an. Auf den Kolben drückt von oben ein Massestück; das heißt, der Druck des Gases ändert sich nicht.

Was für Arbeit verrichtet das System bei der Ausdehnung des Gases? Arbeit ist gleich Kraft (F) mal Weg, entlang dem die Kraft wirkt (s); und Kraft ist Druck (p) mal Fläche, auf die gedrückt wird (A). Wir haben damit

$$W = F \cdot \Delta s = pA \cdot \Delta s.$$

Die Fläche A mal dem Wegunterschied Δs ist aber gleich der Volumenänderung ΔV:

$$W = p\,\Delta V.$$

Ein schematisches Diagramm für einen isobaren Prozess sehen Sie in Abbildung 15.2: Das Volumen ändert sich, der Druck hingegen nicht. Wegen $W = p\,\Delta V$, entspricht die Arbeit der Fläche des grau markierten Rechtecks unter dem »Pfad« von V_A nach V_E.

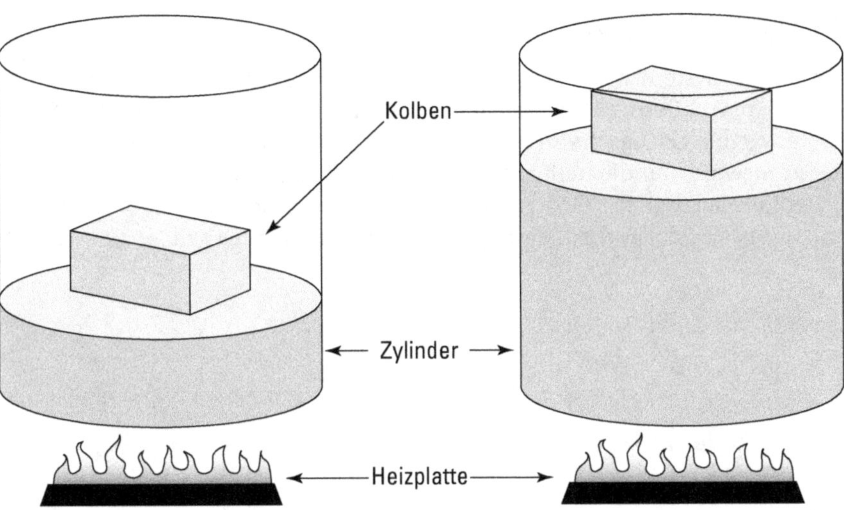

Abbildung 15.1: In einem isobaren System kann sich das Volumen ändern, aber der Druck bleibt gleich.

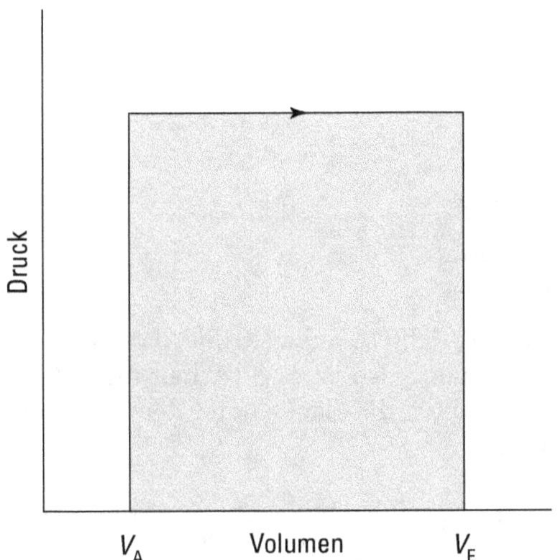

Abbildung 15.2: Diagramm für einen isobaren Prozess

Nehmen Sie an, Sie heizen 60 Kubikmeter eines idealen Gases bei 200 Pascal so lange auf, bis sein Volumen 120 Kubikmeter erreicht. Wie viel Arbeit verrichtet das Gas? Setzen Sie einfach die Zahlen ein:

$$W = p \cdot \Delta V = 200\,\text{Pa} \cdot (120{-}60)\,\text{m}^3 = 12.000\,\text{J}.$$

Das Gas verrichtet bei der Ausdehnung unter konstantem Druck eine Arbeit von 12.000 Joule beziehungsweise 12 kJ.

Volumen konstant: Isochor

Und wenn der Druck im System nicht konstant ist? Im Alltag kommen Zylinder mit beschwertem Kolben wie in Abbildung 15.1 eher selten vor. Viel wahrscheinlicher haben Sie es mit einer gut verschlossenen Gasflasche zu tun. In Abbildung 15.3 sehen Sie eine Spraydose, die jemand nachlässigerweise auf die heiße Herdplatte gestellt hat. Zweifellos ist das Volumen konstant (jedenfalls solange die Dose nicht explodiert, was sie natürlich irgendwann tun wird). Je wärmer das Gas darin wird, desto höher wird auch sein Druck.

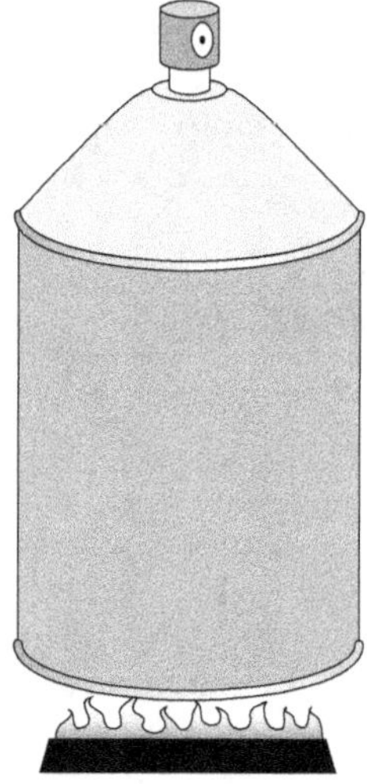

Abbildung 15.3: In einem isochoren System bleibt das Volumen gleich, während sich andere Größen ändern.

Welche Arbeit wird an der Spraydose verrichtet? Schauen Sie dazu das Diagramm in Abbildung 15.4 an. Das Volumen ist konstant, also ist $F\Delta s$ (Arbeit mal Weg) gleich null. Folglich wird überhaupt keine Arbeit verrichtet, die Fläche unter dem – diesmal senkrecht stehenden – Pfad von p_A nach p_E ist null.

Temperatur konstant: Isotherm

In einem *isothermen* System bleibt die Temperatur konstant, während sich andere Größen ändern. Einen bemerkenswerten Versuchsaufbau dazu zeigt Abbildung 15.5. Die Anlage wurde so konstruiert, dass sich die Temperatur des eingeschlossenen Gases nicht ändert, auch wenn die Heizplatte eingeschaltet ist: Bei Wärmezufuhr verschiebt sich der Kolben langsam so, dass das Produkt aus Druck und Volumen des Gases gleich bleibt. Wegen der Beziehung $pV = nRT$ (die Sie in Kapitel 14 nachschlagen können) muss dann auch die Temperatur gleich bleiben.

Wie kann man die Arbeit beschreiben, die durch die entsprechende Volumenänderung verrichtet wird? Aus $pV = nRT$ folgt

$$p = nRT/V.$$

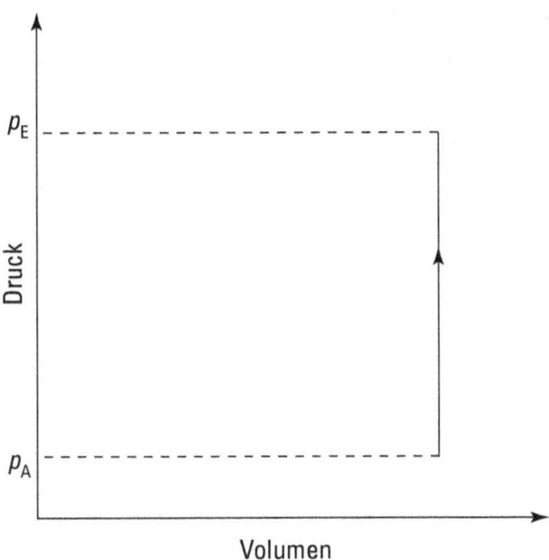

Abbildung 15.4: Diagramm für einen isochoren Prozess

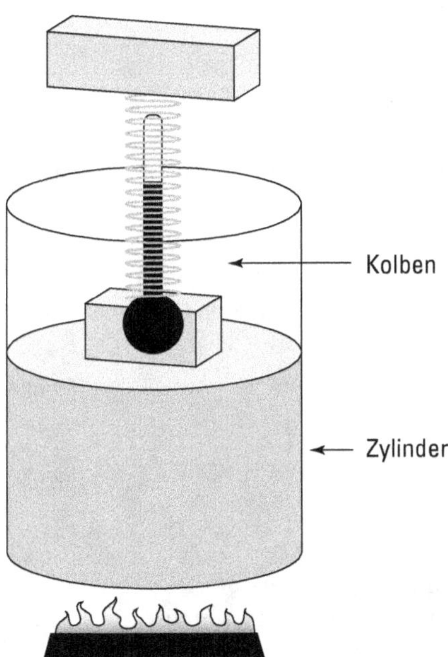

Abbildung 15.5: In einem isothermen System bleibt die Temperatur gleich, während sich andere Größen ändern.

In Abbildung 15.6 wird diese Gleichung grafisch dargestellt. Die Arbeit entspricht der Fläche unter der Kurve, die V_A mit V_E verbindet. Aber wie soll man herauskriegen, wie groß diese Fläche ist? Hilfe bringt die mathematische Beschreibung der Arbeit W durch folgende Gleichung (ln steht für den natürlichen Logarithmus, R ist die Gaskonstante mit dem Wert 8,314 J/(mol·K) und V_A und V_E sind wie gehabt das Anfangs- und Endvolumen des Gases):

$$W = nRT \cdot \ln(V_E/V_A).$$

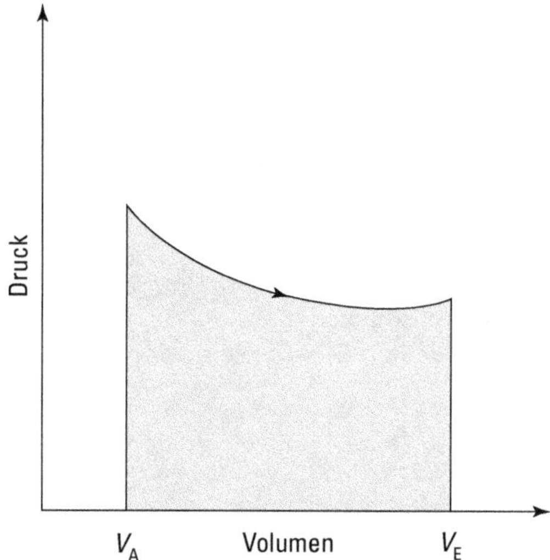

Abbildung 15.6: Diagramm für einen isothermen Prozess

Weil bei einem isothermen Prozess die Temperatur konstant und die innere Energie des Systems (wie Sie in Kapitel 14 erfahren) gleich $(3/2)\,nRT$ ist, kann sich die innere Energie nicht ändern. Es ist also

$$\Delta U = Q - W = 0$$

oder, anders ausgedrückt,

$$Q = W.$$

Was passiert also, wenn Sie den in Abbildung 15.5 gezeichneten Zylinder erwärmen? Wärme Q fließt in das System hinein; da sich die Temperatur des Gases nicht ändert, wird diese Wärme vollständig in Arbeit umgewandelt, die vom System an der Umgebung verrichtet wird. Stellen Sie sich zum Beispiel vor, Ihnen fällt an einem regnerischen Sonntag nichts Besseres ein, als mit einem Mol Helium herumzuspielen, etwa sein Volumen von $V_A = 0{,}01\ \text{m}^3$ auf $V_E = 0{,}02\ \text{m}^3$ zu verdoppeln (bei 20 Grad Celsius). Welche Arbeit verrichtet das Gas durch seine Ausdehnung? Setzen Sie die Zahlen ein:

$$W = nRT \cdot \ln \frac{V_E}{V_A} = 1\ \text{mol} \cdot 8{,}31\ \text{J/(mol} \cdot \text{K)} \cdot (273{,}15 + 20)\,\text{K} \cdot \ln \frac{0{,}02\ \text{m}^3}{0{,}01\ \text{m}^3} = 1.690\ \text{J}.$$

Das Gas verrichtet eine Arbeit von 1.690 Joule, wobei sich seine innere Energie nicht ändert, weil der Prozess isotherm verläuft. Wegen $Q = W$ wissen Sie auch sofort, dass Sie 1.690 Joule Wärme zugeführt haben, wenn sich das Volumen verdoppelt hat.

Wärme konstant: Adiabatisch

Von einem *adiabatischen* Vorgang spricht man, wenn sich die im System enthaltene Wärme nicht ändert. Abbildung 15.7 zeigt Ihnen einen isolierten Zylinder (eine Art Thermosflasche). Weil die Wärme nicht aus dem System herauskann, muss jede Änderung des Zustands adiabatisch sein.

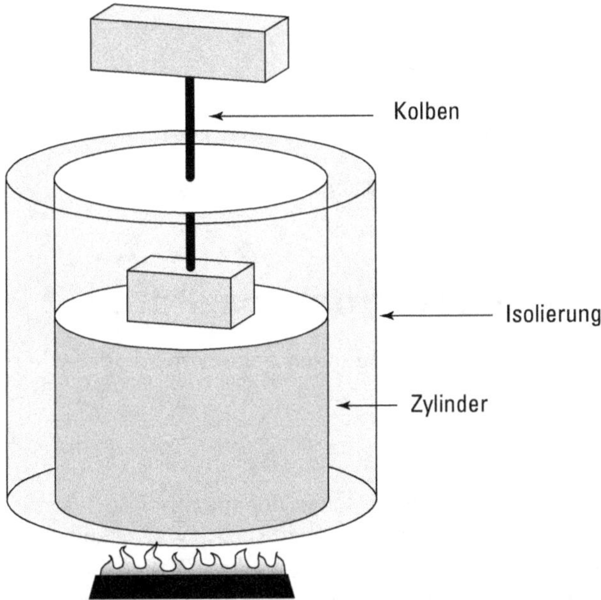

Abbildung 15.7: Die Wände eines adiabatischen Systems sind für Wärme nicht durchlässig.

Überlegen wir, welche Arbeit dann verrichtet wird. Adiabatisch bedeutet $Q = 0$, folglich ist die Änderung der inneren Energie $\Delta U = -W$. Die innere Energie eines idealen Gases ist $U = (3/2)\, nRT$ (siehe Kapitel 14), also ist die Arbeit

$$W = \frac{3}{2}nR(T_\mathrm{A} - T_\mathrm{E})$$

(T_A ist die Anfangs- und T_E die Endtemperatur). Die Arbeit, die das Gas verrichtet, kommt durch seine Temperaturänderung zustande – sinkt die Temperatur, verrichtet es Arbeit an der Umgebung (W ist positiv). Eine Druck-Volumen-Kurve für einen adiabatischen Prozess (eine *Adiabate*) zeigt Ihnen Abbildung 15.8. Zum Vergleich sind auch *Isothermen* (Kurven für einen isothermen Prozess) eingezeichnet – sehen Sie den Unterschied? Auch bei adiabatischen Prozessen gilt: Die bei konstanter Wärme verrichtete Arbeit entspricht der Fläche unter der Adiabate.

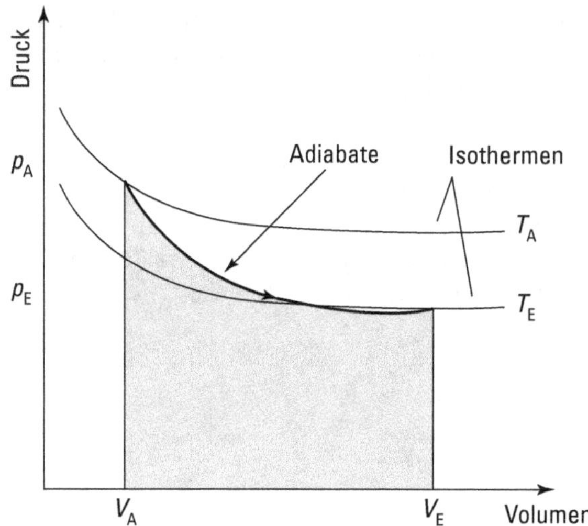

Abbildung 15.8: Diagramm (Druck-Volumen-Kurve) für einen adiabatischen Prozess

Vom Umgang mit spezifischen Wärmekapazitäten

Die Beziehung zwischen den Anfangs- und den Endbedingungen bei einem adiabatischen Prozess lautet folgendermaßen:

$$p_A V_A^{\gamma} = p_E V_E^{\gamma}.$$

Und was soll dieses γ sein? Ganz einfach: das Verhältnis zwischen der spezifischen Wärmekapazität des idealen Gases bei konstantem Druck und der spezifischen Wärmekapazität des idealen Gases bei konstantem Volumen, kurz c_p/c_V. (Die *spezifische Wärmekapazität c* ist ein Maß dafür, wie viel Wärme ein Gegenstand speichern kann. Mehr darüber erfahren Sie in Kapitel 13.) Um zu verstehen, was genau das bedeutet, kommen wir um ein paar Herleitungen nicht herum. Legen wir also los … Zunächst setzen wir Wärme und Temperatur ins Verhältnis: $Q = cm\Delta T$ (c ist die spezifische Wärmekapazität, m die Masse und ΔT die Temperaturänderung). Wir erleichtern uns die Arbeit, wenn wir hier mit *molaren spezifischen Wärmekapazitäten C*, gegeben in J/(mol·K), rechnen. Dazu ersetzen wir einfach die Masse m durch die Molzahl (Stoffmenge) n und erhalten:

$$Q = Cn\Delta T.$$

Wie können wir daraus C berechnen? Gefragt ist nach zwei verschiedenen Größen, nämlich C_V (bei konstantem Volumen) und C_p (bei konstantem Druck). Der erste Hauptsatz der Thermodynamik, weiter vorn in diesem Kapitel eingeführt, lautet $Q = \Delta U + W$. Wenn es uns also gelingt, ΔU und W in Abhängigkeit von T zu formulieren, haben wir's schon fast geschafft. Die verrichtete Arbeit ist $p \cdot \Delta V$, deshalb ist bei konstantem Volumen $W = 0$. Und die Änderung der inneren Energie eines idealen Gases ist gegeben durch $(3/2) \cdot nR\Delta T$ (siehe Kapitel 14). Dann ist Q bei konstantem Volumen gleich

$$Q_V = \frac{3}{2} nR(T_E - T_A).$$

Bei konstantem Druck hingegen ist W keinesfalls gleich null, sondern gleich $p\Delta V$. Wegen $pV = nRT$ können Sie schreiben $W = p(V_E - V_A) = nR\,(T_E - T_A)$, dann ist Q bei konstantem Druck

$$Q_p = \frac{3}{2}nR(T_E - T_A) + nR(T_E - T_A) = \frac{5}{2}nR(T_E - T_A).$$

Und wie kommen Sie nun weiter zu den molaren spezifischen Wärmekapazitäten? Oben steht $Q = Cn\Delta T$, das heißt $C = Q/(n \cdot \Delta T)$. Also teilen Sie die beiden letzten Gleichungen jeweils durch $n\,\Delta T$ und bekommen

$$C_V = \frac{3}{2}R,$$

$$C_p = \frac{5}{2}R.$$

Das also sind die spezifischen Wärmekapazitäten eines idealen Gases. Das gesuchte Verhältnis γ ist jetzt einfach

$$\gamma = \frac{C_p}{C_V} = \frac{5}{3}.$$

Fertig!

Druck und Volumen zu je zwei beliebigen Punkten 1 und 2 einer Adiabate (siehe dazu den Abschnitt »Wärme konstant: Adiabatisch« weiter vorn in diesem Kapitel) sind wie folgt miteinander verbunden:

$$p_1 V_1^{5/3} = p_2 V_2^{5/3}.$$

Angenommen, der Prozess startet bei Punkt 1 mit einem Liter Gas bei Atmosphärendruck (1 atm) und endet nach einer adiabatischen Änderung (ohne Wärmezufuhr oder -abfuhr) mit zwei Litern Gas. Wie groß wäre am Ende, also bei Punkt 2, der Druck? Lösen Sie die Gleichung nach p_2 auf:

$$p_2 = p_1 \frac{V_1^{5/3}}{V_2^{5/3}}.$$

Den Rest erledigt der Taschenrechner:

$$p_2 = p_1 \frac{V_1^{5/3}}{V_2^{5/3}} = 1\ \text{atm} \cdot \left(\frac{1\,\text{l}}{2\,\text{l}}\right)^{5/3} = 0{,}31\ \text{atm}.$$

Am Ende des Prozesses steht das Gas unter einem Druck von 0,31 Atmosphären.

Wohin die Wärme fließt: Der zweite Hauptsatz

Formal besagt der *zweite Hauptsatz der Thermodynamik* Folgendes: In der Natur fließt Wärme stets vom Objekt mit der höheren Temperatur zum Objekt mit der niedrigeren

Temperatur, niemals in Gegenrichtung (jedenfalls nicht von selbst). Das Gesetz beruht auf der Alltagserfahrung – oder wann haben Sie zuletzt erlebt, dass die Marmelade auf dem Frühstückstisch von sich aus ganz plötzlich kälter wurde als die Luft drum herum? Mit einem Kühlschrank können Sie die Marmelade natürlich zwingen, zu Eis zu gefrieren – aber das ist eine andere Geschichte, denn dabei wird Arbeit verrichtet.

Arbeit aus Wärme mit Wärmekraftmaschinen

Es gibt viele verschiedene Möglichkeiten, Wärme in Arbeit zu verwandeln, zum Beispiel eine Dampfmaschine mit Kessel und Kolben oder einen Kernreaktor, der überhitzten Dampf durch Turbinen leitet. Maschinen, die Wärme aufnehmen, um Arbeit zu verrichten, heißen ganz allgemein *Wärmekraftmaschinen*. Wie das funktioniert, sehen Sie schematisch in Abbildung 15.9. Eine Wärmequelle liefert Wärme an die Maschine, diese verrichtet Arbeit und gibt die dabei übrig gebliebene Wärme an eine *Wärmesenke* ab. Eine solche Senke kann die Umgebungsluft oder eine wassergefüllte Kühlschlange sein. Solange die Temperatur der Wärmequelle höher ist als die der Wärmesenke, kann die Maschine Arbeit verrichten – theoretisch zumindest.

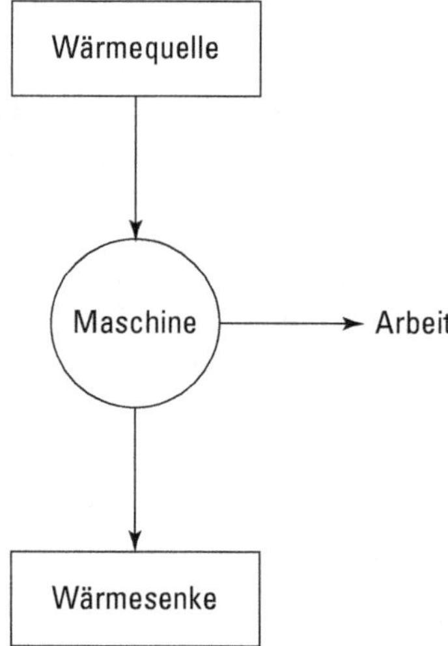

Abbildung 15.9: Eine Wärmekraftmaschine wandelt Wärme in Arbeit um.

Vom Wirkungsgrad einer Dampfmaschine

Wärme, die von einer Wärmequelle geliefert wird, bezeichnet man mit Q_w (»w« für warm); Wärme, die an eine Wärmesenke abgegeben wird, bezeichnet man mit Q_k (»k« für kalt; im vorangegangenen Abschnitt steht, dass die Temperatur der Quelle stets höher sein soll als die der Senke, weil die Maschine sonst keine Arbeit verrichten kann). Mit ein bisschen Rechnerei finden Sie heraus, wie effizient eine Wärmekraftmaschine arbeitet. Unter dem

Wirkungsgrad versteht man das Verhältnis der geleisteten Arbeit W zur dafür aufgenommenen Wärmemenge Q, also den Anteil der Wärme, den die Maschine in Arbeit umwandelt:

$$\text{Wirkungsgrad} = \frac{\text{Arbeit}}{\text{zugeführte Wärme}} = \frac{W}{Q_w}.$$

Dieser Anteil liegt naturgemäß zwischen 0 und 100 Prozent: Wird sämtliche Wärme in Arbeit umgewandelt, ist der Wirkungsgrad gleich 1; der andere Extremfall ist ein Wirkungsgrad von 0, wenn überhaupt keine Arbeit verrichtet wird. Weil die Gesamtenergie konstant bleiben muss, muss alle zugeführte Wärme entweder zu Arbeit werden oder an die Senke abgegeben werden,

$$Q_w = W + Q_k.$$

Wir können die Gleichung für den Wirkungsgrad damit so aufschreiben, dass nur noch die aufgenommene und die abgegebene Wärme darin vorkommen:

$$\text{Wirkungsgrad} = \frac{W}{Q_w} = \frac{Q_w - Q_k}{Q_w} = 1 - \frac{Q_k}{Q_w}.$$

Nehmen Sie zum Beispiel an, Sie wollen mit einer Wärmekraftmaschine, die $2{,}55 \cdot 10^7$ Joule Arbeit abgibt, Wasser aus einer Baugrube pumpen. Der Wirkungsgrad der Maschine liegt bei 78 Prozent. Wie viel Wärme müssen Sie zuführen, und wie viel Wärme gibt die Maschine ab? Mit $W = 2{,}55 \cdot 10^7$ Joule notieren Sie

$$\text{Wirkungsgrad} = \frac{W}{Q_w} = \frac{2{,}55 \cdot 10^7 \text{J}}{Q_w} = 0{,}78.$$

Das stellen Sie einfach nach Q_w um,

$$Q_w = \frac{2{,}55 \cdot 10^7 \text{J}}{0{,}78} = 3{,}27 \cdot 10^7 \text{J}$$

und schon haben Sie die zuzuführende Wärmemenge, nämlich $3{,}27 \cdot 10^7$ Joule. Und wie viel Wärme bleibt nach getaner Arbeit übrig und landet in der Senke? Wegen

$$Q_w = W + Q_k$$

(siehe oben), ist

$$Q_w - W = Q_k.$$

Hier setzen Sie noch die Zahlen ein:

$$Q_k = Q_w - W = 3{,}27 \cdot 10^7 \text{J} - 2{,}55 \cdot 10^7 \text{J} = 0{,}72 \cdot 10^7 \text{J}.$$

Es werden also $0{,}72 \cdot 10^7$ Joule Wärme an die Senke abgegeben.

Man kann nicht alles haben, sagt Carnot

Wenn der Wirkungsgrad einer Wärmekraftmaschine gegeben ist, können Sie berechnen, wie viel Wärme zugeführt werden muss, damit die Maschine eine bestimmte Arbeit leistet, und welcher Teil der zugeführten Wärme unnütz wieder abgegeben wird. (Unterstützung bekommen Sie dabei vom Energieerhaltungssatz, der die Arbeit mit der zu- und abgeführten Wärme verknüpft, wie Sie in Kapitel 8 nachlesen können.) Warum aber baut man Wärmekraftmaschinen nicht gleich verlustfrei, also mit einem Wirkungsgrad von 100 Prozent? Es wäre doch nett, wenn man für seinen Einsatz (Wärme) auch den entsprechenden Gewinn (Arbeit) zu sehen bekäme. Leider funktioniert das nicht. Behauptet ein Herr Carnot.

Den Ingenieur Sadi Carnot wurmte es schon im 19. Jahrhundert, dass beim Betrieb jeder realen Dampfmaschine Wärme ungenutzt abgegeben wird, etwa weil sie durch Reibung (zum Beispiel des Kolbens am Zylinder) verloren geht. Er kam zu dem Schluss, dass man nicht mehr tun kann, als Reibungsverluste so gut wie möglich zu vermeiden. Nach einem vollkommen verlustfreien Prozess befindet sich das System wieder dort, wo es am Anfang war. Man nennt dies auch einen *reversiblen* (umkehrbaren) Prozess. Tritt beispielsweise Reibung auf, ist der Prozess nicht reversibel.

Und wann erreicht man den maximalen Wirkungsgrad? Carnot fand heraus: Wenn die Maschine reversibel arbeitet! Physiker nennen diese Erkenntnis heute das *Carnot-Prinzip*. Es besagt Folgendes: Nicht reversibel arbeitende Wärmekraftmaschinen haben stets einen niedrigeren Wirkungsgrad als reversibel arbeitende, und alle zwischen denselben Temperaturen Q_w und Q_k reversibel arbeitenden Maschinen haben den gleichen Wirkungsgrad.

Wie man eine Carnot-Maschine baut

Carnot überlegte nun, wie eine Wärmekraftmaschine mit maximalem Wirkungsgrad aussehen müsste. Keine Maschine arbeitet in Wirklichkeit reversibel. Carnots Idee entspricht also einer Art Idealfall, den man anstreben, aber nicht erreichen kann.

Die *Carnot-Maschine* bezieht ihre Wärme aus einer Quelle mit konstanter Temperatur T_w. Nicht in Arbeit verwandelte Wärme fließt in eine Senke mit der konstanten Temperatur T_k ab. Weil sich beide Temperaturen nie ändern, können Sie feststellen, dass das Verhältnis der zugeführten und abfließenden Wärme gleich dem Verhältnis dieser Temperaturen (in Kelvin) sein muss:

$$Q_k/Q_w = T_k/T_w.$$

Den allgemeinen Wirkungsgrad einer Wärmekraftmaschine kennen Sie schon:

$$\text{Wirkungsgrad} = 1 - Q_k/Q_w.$$

Für eine Carnot-Maschine gilt dann einfach

$$\text{Wirkungsgrad} = 1 - Q_k/Q_w = 1 - T_k/T_w.$$

Diese Gleichung liefert Ihnen den *maximal möglichen Wirkungsgrad* einer Wärmekraftmaschine. Besser geht es nicht! Da nun der dritte Hauptsatz der Thermodynamik (mit dem dieses Kapitel abschließen wird) besagt, dass man den absoluten Nullpunkt der Temperatur nicht erreichen kann – dass also niemals $T_k = 0\,\text{K}$ werden kann –, müssen Sie hinnehmen, dass der Wirkungsgrad einer Wärmekraftmaschine immer kleiner ist als eins (oder 100 Prozent).

Rechnen mit Carnot

Die oben eingeführte Gleichung für den maximalen Wirkungsgrad lässt sich leicht anwenden. Stellen Sie sich vor, Sie machen eine absolut bahnbrechende Erfindung: eine Carnot-Maschine, die den Erdboden als Wärmequelle (27 Grad Celsius) mit der Luft in zehn Kilometer Höhe (−25 Grad Celsius) verbindet, und zwar mithilfe eines Spezialflugzeugs. Welchen Wirkungsgrad können Sie bestenfalls erreichen? Erst mal müssen Sie die Temperaturen in Kelvin umrechnen. Dann schreiben Sie auf:

$$\text{Carnot-Wirkungsgrad} = 1 - \frac{T_{\text{k}}}{T_{\text{W}}} = 1 - \frac{248{,}15\,\text{K}}{300{,}15\,\text{K}} = 0{,}173 \,\hat{=}\, 17{,}3\%.$$

Höher als 17,3 Prozent kann der Wirkungsgrad Ihrer Maschine also nicht werden. Das ist ziemlich mäßig, oder? Zum Glück haben Sie schon eine bessere Idee: Sie benutzen die Oberfläche der Sonne (rund 5.800 Kelvin) als Wärmequelle und den interstellaren Raum (rund 3,4 Kelvin) als Senke. (Falls Sie das technisch nicht hinkriegen, können Sie wenigstens einen Science-Fiction-Roman draus machen.) Nun sieht die Sache schon ganz anders aus:

$$\text{Carnot-Wirkungsgrad} = 1 - \frac{T_{\text{k}}}{T_{\text{W}}} = 1 - \frac{3{,}4\,\text{K}}{5.800\,\text{K}} = 0{,}9994.$$

Theoretisch hätte Ihre Maschine dann den eindrucksvollen Wirkungsgrad von 99,94 Prozent!

Kälter geht's nicht: Der dritte (und absolut letzte) Hauptsatz

Der *dritte Hauptsatz der Thermodynamik* sagt schlicht und einfach: Mit einer endlichen Anzahl von Prozessschritten ist der absolute Nullpunkt der Temperatur (null Kelvin) nicht zu erreichen. Das bedeutet im Klartext, er ist überhaupt nicht zu erreichen. Jeder Schritt eines Kühlprozesses bringt Sie ein bisschen näher an den Nullpunkt heran, aber ankommen werden Sie nie – es sei denn, Sie machen unendlich viele Schritte. Und das geht nun mal nicht.

Kälte hat seltsame Wirkungen

Zwar ist kein Prozess bekannt, mit dem sich der absolute Nullpunkt erreichen lässt, aber Physiker kommen ihm immerhin relativ nahe. Mithilfe ziemlich teurer Geräte untersuchen sie, wie sich Substanzen bei solcher Eiseskälte verhalten, und entdecken dabei merkwürdige Phänomene. Einer meiner Freunde hat sich mit flüssigem Helium bei sehr, sehr tiefen Temperaturen beschäftigt. Das Helium kriecht dann zum Beispiel von selbst eine Behälterwand nach oben und über den Rand heraus, wenn man es lässt. Für diese und einige andere Beobachtungen hat mein Freund mit ein paar Kollegen den Nobelpreis verliehen bekommen. Die Glücklichen!

Aufgabe 15.1

Betrachten Sie einen Motor, der 3.800 J Wärme aufnimmt, während er eine Arbeit von 1.600 J verrichtet. Wie groß ist die Änderung der inneren Energie?

Aufgabe 15.2

Angenommen, Sie haben 3 mol eines idealen Gases bei einer konstanten Temperatur von 28 °C. Sie erwärmen das Gas, und sein Volumen dehnt sich von 1,7 m^3 auf 3,2 m^3 aus. Welche Arbeit verrichtet das Gas dabei?

Aufgabe 15.3

Eine Wärmemaschine leistet eine Arbeit von $5{,}1 \cdot 10^7$ J, wenn man ihr eine Wärme von $9{,}3 \cdot 10^7$ J zuführt. Wie groß ist der Wirkungsgrad?

Elektrischer Strom und Magnete

Zwei der stärksten Kräfte unserer Welt sind unsichtbar: Elektrizität und Magnetismus. Im Alltag gehen wir wie selbstverständlich mit ihnen um. Sobald man aber genauer nachfragt, nicken die Leute verständnisvoll mit dem Kopf – und suchen dann schleunigst das Weite. Dieser Teil wird alle Geheimnisse rund um den elektrischen Strom und magnetische Spulen lüften. Zum Schluss lernen Sie sogar, wie sich bestimmte elektromagnetische Wellen (kurz Licht genannt) als Mischung aus Elektrizität und Magnetismus an Linsen und Spiegeln verhalten.

Kapitel 16
Wie elektrisiert

Elektrizität ist überall: Manchmal machen sich elektrische Ladungen bemerkbar, wenn Sie es gar nicht erwarten, zum Beispiel wenn Sie bei trockenem Wetter von einem Türknauf aus Metall (oder Ihrer Autotür) einen »gewischt kriegen«. Bei anderen Gelegenheiten wissen Sie genau, dass Sie es mit Ladungen zu tun haben, etwa wenn Sie eine Lampe anknipsen: Beim Druck auf den Schalter fließt Strom.

In diesem Kapitel geht es um das Elektrisieren. Das heißt, ich rede darüber, was passiert, wenn sich irgendwo ein Ladungsüberschuss ansammelt (beispielsweise in Form herrenloser Elektronen) und sich dann vielleicht schlagartig abbaut. Dabei geht es erst mal um statische Elektrizität. Dieses und das folgende Kapitel handeln aber auch von der Bewegung von Ladungen, also davon, was man sich normalerweise unter einem elektrischen Strom vorstellt. Den »Saft« in der Stromleitung erzeugen dabei Elektronen – deshalb erfahren Sie hier auch eine Menge über Elektronen. Ich rede über elektrische Ladungen, das elektrische Potenzial, elektrische Felder, Kräfte zwischen Ladungen und noch mehr – aber mit dem Elektron fängt alles an.

Plus oder minus?
Die Ladung von Elektron und Proton

Atome bestehen im Wesentlichen aus einem relativ schweren Kern und leichten Elektronen. Der Kern enthält geladene Protonen und ungeladene (neutrale) Neutronen.

Der Zahlenwert (e) der Ladung eines Elektrons und der Ladung eines Protons ist exakt gleich, nämlich

$$e = 1{,}60 \cdot 10^{-19}\ \mathrm{C}.$$

Das *Coulomb* (Symbol C) ist die Einheit der Ladung im MKS-System (das in Kapitel 2 erläutert wird). Der kleine, aber entscheidende Unterschied besteht im Vorzeichen: Die Ladung eines Protons beträgt $+1{,}6 \cdot 10^{-19}$ Coulomb, die eines Elektrons hingegen $-1{,}6 \cdot 10^{-19}$ Coulomb. (Man hat sich willkürlich darauf geeinigt, das Minuszeichen beim Elektron zu setzen.) Für die statische Elektrizität und für den Strom, der durch die Leitungen fließt, sind Elektronen verantwortlich. Aus wie vielen Elektronen setzt sich dann eine Ladung von einem ganzen Coulomb zusammen? Jedes Elektron trägt eine Ladung vom Betrag $1{,}6 \cdot 10^{-19}$ Coulomb bei, also gilt:

$$\text{Zahl der Elektronen} = 1/(1{,}6 \cdot 10^{-19}) = 6{,}25 \cdot 10^{18}\ \text{Elektronen}.$$

In Worten: Für eine Ladung von einem Coulomb brauchen Sie $6{,}25 \cdot 10^{18}$ Elektronen. Wenn Sie aber versuchen, viele Elektronen auf einem Fleck zu versammeln, geschehen seltsame Dinge, wie Sie sie sonst nur von anstrengenden Familientreffen kennen: Die Beteiligten versuchen, so viel Raum wie möglich zwischen sich selbst und ihre Nachbarn zu bringen.

Ziehen und Schieben: Elektrische Kräfte

Elektrische Ladungen üben Kräfte aufeinander aus. Sie würden staunen, wie schwierig es ist, $6{,}25 \cdot 10^{18}$ Elektronen zusammenzuhalten! Jede Substanz enthält elektrische Ladungen. Wenn aber ein Gegenstand mehr Elektronen als Protonen enthält, spricht man von einer *negativen Überschussladung*; fehlen ihm Elektronen, trägt er eine *positive Überschussladung*.

Ungleiche Ladungen ziehen einander an, gleiche stoßen einander ab. Etwas Ähnliches haben Sie schon beim Spielen mit Magneten erlebt. Abbildung 16.1 zeigt Ihnen Kugeln, die an Fäden hängen und irgendwie elektrisch aufgeladen wurden. Zwei Kugeln mit gleicher Ladung (++ oder − −) weichen einander aus, zwei mit ungleichen Ladungen (+ − oder − +) ziehen einander an.

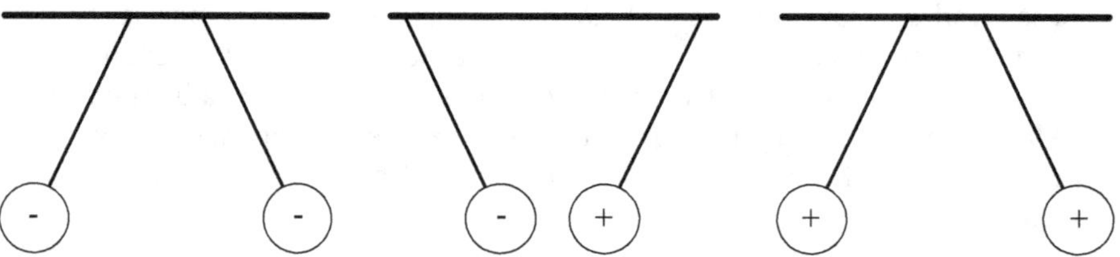

Abbildung 16.1: Anziehungs- und Abstoßungskräfte zwischen Ladungen

Das coulombsche Gesetz

Ladung ist nicht einfach nur positiv oder negativ, sie ist auch unterschiedlich stark. Wie drückt man die Kräfte zwischen geladenen Objekten in Zahlen aus? Dazu müssen Sie wissen, wie groß und wie weit voneinander entfernt die Ladungen sind. In Kapitel 5 kommt eine andere Kraft vor, die zwischen Objekten wirkt, die Gravitationskraft:

$$F = -Gm_1m_2/r^2$$

(F ist die Kraft, G die universelle Gravitationskonstante, m_1 und m_2 sind die Massen der beiden beteiligten Objekte und r ist der Abstand zwischen ihnen). Mit ein paar Versuchen im Labor finden Sie schnell heraus, dass für die elektrische Kraft etwas verblüffend Ähnliches gilt:

$$F = kq_1q_2/r^2.$$

Hier sind q_1 und q_2 die beiden Ladungen (gemessen in Coulomb) und r ist ihre Entfernung voneinander. Und was ist k? Eine Konstante mit dem Zahlenwert $8{,}99 \cdot 10^9$ N·m^2/C^2 (die Sie sich nicht merken müssen, weil Sie sie in Tabellenwerken finden).

Die Gleichung $F = kq_1q_2/r^2$ nennt man das *coulombsche Gesetz*. Es gibt an, welche Kraft zwischen zwei gegebenen Ladungen mit einem gegebenen Abstand wirkt. Sind die Vorzeichen der Ladungen gleich, ist die Kraft positiv – das heißt, die Ladungen stoßen einander ab; sind die Vorzeichen unterschiedlich, ist die Kraft negativ – das heißt, die Ladungen ziehen einander an.

In Physikbüchern findet man das coulombsche Gesetz oft in folgender Form:

$$F = \frac{1}{4\pi\varepsilon_0} \cdot \frac{q_1q_2}{r^2}.$$

Die Konstante ε_0 ist die *Dielektrizitätskonstante des Vakuums*. Sie hat etwas damit zu tun, wie leicht sich das von einer Ladung erzeugte elektrische Feld im Raum ausbreiten kann. Ihr Zahlenwert beträgt $8{,}85 \cdot 10^{-12}$ C^2/(N·m^2). Wie Sie vielleicht bemerkt haben, gilt $k = \dfrac{1}{4\pi\varepsilon_0}$.

Abstand halten

Wie Sie sich in den beiden vorangehenden Abschnitten überzeugen konnten, spielt die Distanz zwischen zwei Objekten im coulombschen Gesetz eine wichtige Rolle. Stellen Sie sich vor, Sie schaffen es, zwei einen Meter voneinander entfernte Bälle auf je ein Coulomb aufzuladen, den einen positiv und den anderen negativ. Jetzt sollen Sie verhindern, dass die Bälle zusammenstoßen. Wie groß ist die Kraft, die sie zueinander zieht? Setzen Sie die Zahlen in das coulombsche Gesetz ein:

$$F = \frac{kq_1q_2}{r^2} = \frac{8{,}99 \cdot 10^9 \,\text{Nm}^2/\text{C}^2 \cdot 1\,\text{C} \cdot 1\,\text{C}}{(1{,}0\ \text{m})^2} = 8{,}99 \cdot 10^9 \,\text{N}.$$

Das bedeutet, Sie müssten eine Kraft von $8{,}99 \cdot 10^9$ Newton aufwenden, um die Bälle festzuhalten. Diese Zahl ist überaus groß – sie entspricht der Gewichtskraft von fast einer Million Tonnen, also der Masse von zwei randvollen Öltankern. Wie Sie sehen, können die Kräfte zwischen Ladungen schnell sehr groß werden, wenn Sie nicht vorsichtig mit den Coulombs umgehen.

Die Geschwindigkeit von Elektronen

In einem ganz einfachen Modell kann man sich Atome so vorstellen, dass ein Atomkern aus Protonen und (fast immer) Neutronen sehr schnell von Elektronen umkreist wird. Wenn Sie nun die Kreisbahn eines Elektrons betrachten, übernimmt die elektrostatische Kraft den Job der Zentripetalkraft (siehe Kapitel 10). Nehmen Sie an, Sie sitzen in einer Physikvorlesung und spielen aus Langeweile mit ein paar Wasserstoffatomen. Jedes von ihnen besteht, wie Sie bereits wissen, aus einem einzigen Elektron, das ein einziges Proton umkreist. Zwar können Sie die Bewegung nicht mit dem Auge verfolgen – dass sie aber sehr schnell ist, wissen Sie ebenfalls. Jetzt kommen Sie ins Grübeln: Wie schnell bewegt sich das Elektron nun wirklich? Zwischen Elektron und Proton wirkt die elektrostatische Kraft. Wenn Sie die Elektronenbahn vereinfacht als kreisförmig annehmen, können Sie diese Kraft gleich der Zentripetalkraft aus Kapitel 10 setzen:

$$F = k\frac{q_1 q_2}{r^2} = m\frac{v^2}{r}.$$

Die Masse des Elektrons beträgt $9{,}11 \cdot 10^{-31}$ Kilogramm, der Radius seiner gedachten Kreisbahn $5{,}29 \cdot 10^{-11}$ Meter. Nun rechnen wir zunächst die elektrostatische Kraft aus; die Zahlenwerte von k und den Ladungen finden Sie oben (die Vorzeichen der Ladungen lasse ich weg, weil die Gleichung in dieser Form nur für Beträge gilt):

$$F = \frac{kq_1 q_2}{r^2} = \frac{8{,}99 \cdot 10^9\,\mathrm{Nm^2/C^2} \cdot 1{,}6 \cdot 10^{-19}\,\mathrm{C} \cdot 1{,}6 \cdot 10^{-19}\,\mathrm{C}}{(5{,}29 \cdot 10^{-11}\,\mathrm{m})^2} = 8{,}22 \cdot 10^{-8}\,\mathrm{N}.$$

Diese Kraft wirkt zwischen Elektron und Proton; die Zentripetalkraft muss vom Betrag her gleich sein:

$$8{,}22 \cdot 10^{-8}\,\mathrm{N} = m\frac{v^2}{r} \Rightarrow v = \sqrt{\frac{5{,}20 \cdot 10^{-11}\,\mathrm{m} \cdot 8{,}22 \cdot 10^{-8}\,\mathrm{N}}{9{,}11 \cdot 10^{-31}\,\mathrm{kg}}} = 2{,}17 \cdot 10^6\ \mathrm{m/s}.$$

Die Auflösung nach v ergibt eine Geschwindigkeit von $2{,}17 \cdot 10^6$ Metern pro Sekunde oder knapp *acht Millionen Kilometer pro Stunde*. Versuchen Sie mal, sich diese Geschwindigkeit vorzustellen; sie entspricht fast einem Prozent der Lichtgeschwindigkeit!

Die Vorstellung, dass die Elektronen die Atomkerne auf richtigen Kreisbahnen umschwirren, ist natürlich angenehm einfach. Leider hat sich gezeigt, dass die Atome dann nicht stabil wären und es alles um uns herum gar nicht geben dürfte – also auch nicht dieses Buch hier. Aber mit der in den ersten Jahrzehnten des 20. Jahrhunderts entwickelten Quantenmechanik (siehe Kapitel 22) lässt sich das Dilemma lösen. Nehmen Sie also die Kreisbahnen hier nicht für bare Münze. Hoffentlich hat Sie das Rechenexempel trotzdem beeindruckt, denn die Elektronengeschwindigkeiten im Atom sind wirklich ausgesprochen rasant!

Kräfte zwischen mehreren Ladungen

Nicht immer haben Sie nur zwei Ladungen, die aufeinander wirken. Sind es mehr als zwei, brauchen Sie Vektoren, um Ihr Problem zu lösen. (Mehr Informationen über Vektoren finden Sie in Kapitel 4.)

In Abbildung 16.2 sehen Sie drei Ladungen – zwei negative und eine positive. Welche Kraft wirkt insgesamt auf die positive Ladung? Auf die positive Ladung q wirken die Kräfte F_1 und F_2 der beiden negativen Ladungen q_1 und q_2 (siehe Abbildung 16.2). Die beiden Kräfte addieren sich zu einer Gesamtkraft F_{gesamt}.

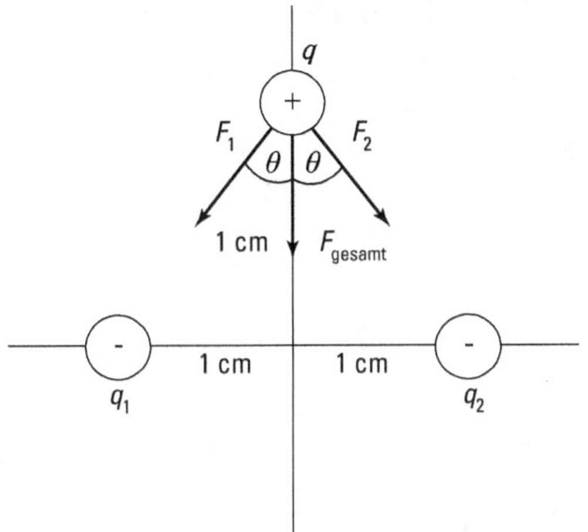

Abbildung 16.2: Die zwischen mehreren Ladungen wirkenden Kräfte werden als Vektorsummen dargestellt.

Angenommen, es gilt $q_1 = q_2 = -1 \cdot 10^{-8}$ C und $q = 1 \cdot 10^{-8}$ C und die Abstände der Ladungen vom Ursprung auf den Achsen betragen jeweils 1 Zentimeter, wie es in der Abbildung eingetragen ist. Wie groß ist dann F_{gesamt}? Ihre Schultrigonometrie (siehe Kapitel 2) sagt Ihnen, dass $\theta = 45°$ ist. Die Kräfte F_1 und F_2 haben den gleichen Betrag. Deshalb ist

$$F_{\text{gesamt}} = 2F_1 \cdot \cos 45° = \sqrt{2}\, F_1.$$

Wie groß F_1 ist, rechnen Sie schnell aus:

$$F_1 = \frac{kqq_1}{r_{12}^2} = \frac{8,99 \cdot 10^9 \ \text{Nm}^2/\text{C}^2 \cdot 1 \cdot 10^{-8}\,\text{C} \cdot 1 \cdot 10^{-8}\ \text{C}}{(\sqrt{2} \cdot 10^{-2}\,\text{m})^2} = 4,5 \cdot 10^{-3}\,\text{N}.$$

(Dabei wird der Abstand r_{12} zwischen den Ladungen q und q_1 über den Satz des Pythagoras berechnet – haben Sie das bemerkt?) Mit diesem Wert für F_1 erhalten Sie nun die Gesamtkraft:

$$F_{\text{gesamt}} = \sqrt{2}F_1 = 6,36 \cdot 10^{-3}\,\text{N}.$$

Auf die positive Ladung wirkt insgesamt eine Kraft von $6,36 \cdot 10^{-3}$ Newton, die wir als Vektorsumme der Einzelkräfte (siehe Kapitel 4) berechnet haben.

Wirkung aus der Ferne: Elektrische Felder

Die zwischen Ladungen wirkende Kraft können Sie nur berechnen, wenn Sie wissen, wie groß die Ladungen sind. Was tun Sie aber, wenn Sie eine Anordnung aus vielen verschiedenen Ladungen betrachten, zu der dann und wann jemand eine Ladung hinzufügt, deren Größe Sie nicht einmal kennen (zum Beispiel 5.320 Coulomb oder wer weiß wie viel)?

Physiker arbeiten dann mit dem Konzept des *elektrischen Feldes*. Damit kann man beschreiben, wie eine bestimmte Anordnung aus Ladungen reagiert, wenn eine weitere Ladung hinzukommt. Dazu muss nur die Stärke des elektrischen Feldes (vorausgesetzt natürlich, sie ist bekannt) an jedem Punkt mit der neuen Ladung multipliziert werden. Die elektrische Feldstärke, Symbol E, wird angegeben in Newton pro Coulomb (N/C). (Beachten Sie, dass es sich um eine vektorielle Größe mit Betrag und Richtung handelt; Näheres über Vektoren erfahren Sie in Kapitel 4.) Und so ist das elektrische Feld definiert:

$$E = \frac{F}{q}.$$

F ist die elektrostatische Kraft, q die Ladung. Das elektrische Feld entspricht also der Kraft pro Coulomb an jedem Punkt. Die Richtung des Feldes ist die Richtung der Kraft, die an der jeweiligen Stelle auf eine *positive* Ladung wirkt.

Stellen Sie sich vor, Sie führen eine niedliche kleine 1-Coulomb-Ladung an einem sonnigen Tag spazieren. Unversehens geraten Sie in ein elektrisches Feld der Größe 5 N/C, das in die Richtung zeigt, aus der Sie gekommen sind (siehe Abbildung 16.3).

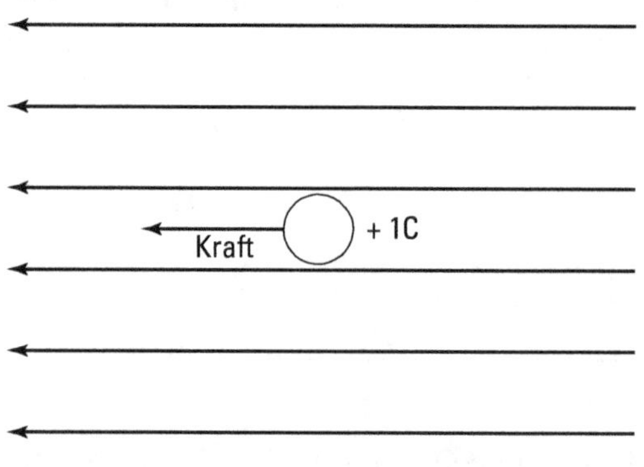

Abbildung 16.3: Auf eine »fremde« Ladung wirkt in einem elektrischen Feld eine Kraft.

Was passiert? Auf Ihre kleine Ladung wirkt plötzlich eine Kraft entgegengesetzt zu Ihrer Bewegungsrichtung:

$$F = qE = 1\,\text{C} \cdot 5{,}0\,\text{N/C} = 5\,\text{N}.$$

Wenn Sie mit Ihrer Ladung umkehren, wirkt die Kraft auf einmal in die Richtung, in die Sie jetzt laufen wollen. So geht das mit elektrischen Feldern: Sobald Sie wissen, wie stark das Feld ist, können Sie sagen, wie viel Kraft auf eine bestimmte Ladung in diesem Feld wirkt. Die Richtung der Kraft entspricht der Richtung des Feldes, wenn die Ladung positiv ist, und der Gegenrichtung, wenn die Ladung negativ ist.

Das elektrische Feld ist eine Vektorgröße mit Betrag und Richtung. Wenn mehrere Felder einander zu einem neuen Feld überlagern, müssen Sie eine Vektoraddition ausführen (mehr dazu in Kapitel 4). In Abbildung 16.4 wird es anschaulich: Zwei elektrische Felder, ein horizontales und ein vertikales, überlagern sich in einem Abschnitt des Raums zu einem neuen Feld, das sich aus der Vektorsumme der beiden Einzelfelder ergibt.

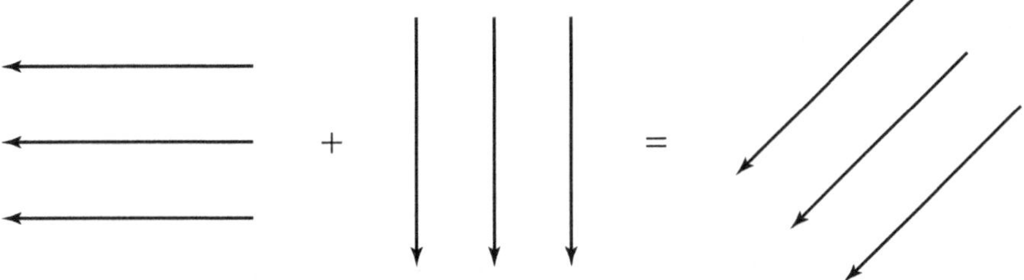

Abbildung 16.4: Durch Addition elektrischer Felder entsteht ein neues Feld.

Aus allen Richtungen: Felder von Punktladungen

Nicht alle elektrischen Felder, denen Sie begegnen, sind so schön glatt und gleichmäßig wie die in den Abbildungen 16.3 und 16.4. Wie sieht zum Beispiel das Feld einer Punktladung aus? Unter einer *Punktladung* versteht man eine unendlich kleine Ladung. Wie Sie schon wissen, erzeugt jede Ladung Q ein elektrisches Feld. Mithilfe der Gleichung $E = F/q$ finden Sie leicht heraus, wie man sich das Feld im Fall einer Punktladung vorzustellen hat. Nehmen Sie dazu eine *Probeladung* (eine Ladung q, mit der Sie Kräfte messen können), bringen Sie diese in verschiedene Entfernungen von der Punktladung Q und stellen Sie fest, welche Kraft jeweils auf sie wirkt. Mithilfe der Gleichung, die ich im Abschnitt »Das coulombsche Gesetz« weiter vorn in diesem Kapitel eingeführt habe, erhalten Sie folgende Kraft:

$$F = k\frac{qQ}{r^2}.$$

Und das elektrische Feld? Teilen Sie die Kraft durch den Betrag Ihrer Probeladung q:

$$E = \frac{F}{q} = k\frac{Q}{r^2}.$$

Eine Punktladung erzeugt also ein elektrisches Feld $E = kQ/r^2$. Da das elektrische Feld ein Vektor ist, muss es eine Richtung haben. Um diese Richtung zu ermitteln, legen wir zunächst fest, dass die Probeladung q positiv sein soll. (Erinnern Sie sich, dass ein elektrisches Feld definiert ist als die Kraft pro Coulomb auf eine positive Ladung?) In jedem Punkt des elektrischen Feldes wirkt die Kraft von Q auf q in *radialer* Richtung – also entlang einer Linie, welche die Mittelpunkte der beiden Ladungen miteinander verbindet. Ist Q positiv, so zeigt die auf q (die ebenfalls positive Probeladung) wirkende Kraft von Q weg; das elektrische Feld zeigt also auch in jedem Punkt von Q weg. Sehen Sie sich dazu Abbildung 16.5 an. Das elektrische Feld wird hier durch sogenannte *Feldlinien* dargestellt. Michael Faraday war im 19. Jahrhundert der Erste, der auf diese anschauliche Idee kam.

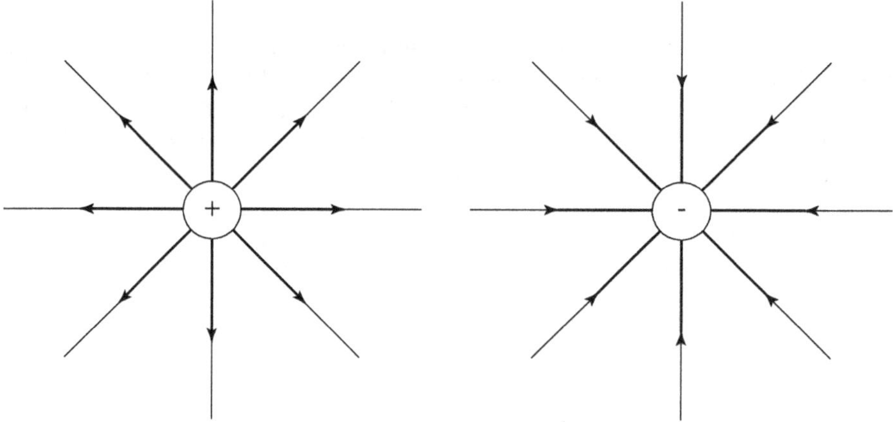

Abbildung 16.5: Ein elektrisches Feld, das von einer positiven Punktladung erzeugt wird, zeigt von der Punktladung weg.

Feldlinien vermitteln ein anschauliches Bild von der Form eines elektrischen Feldes (das heißt qualitativ, jedoch nicht in konkreten Zahlenwerten). Je dichter die Linien in einem bestimmten Punkt beieinanderliegen, desto stärker ist dort das elektrische Feld. Die Linien zeigen stets von positiven Ladungen weg und zu negativen Ladungen hin (siehe Abbildung 16.5).

Und wenn Sie nicht eine Punktladung haben, sondern mehrere? Dann müssen Sie die einzelnen Felder in jedem Punkt addieren, vektoriell natürlich. Eine positive und eine negative Ladung erzeugen ein elektrisches Feld, wie Sie es in Abbildung 16.6 sehen.

Feldlinien beginnen und enden niemals »einfach so« im leeren Raum. Sie gehen immer von einer positiven Ladung aus und kommen bei einer negativen Ladung an, wie in Abbildung 16.6 dargestellt.

Ganz schön geladen: Das elektrische Feld im Plattenkondensator

Es ist gar nicht so einfach, ein elektrisches Feld mehrerer Punktladungen vektoriell zu beschreiben. (Was Vektoren sind, erkläre ich in Kapitel 4; um Punktladungen geht es im vorangegangenen Abschnitt.) Um Ihnen das Leben zu erleichtern, haben die Physiker den *parallelen Plattenkondensator* erfunden. Ein Kondensator ist ein Gerät, das Ladung speichert, indem es sie in einer gewissen Entfernung voneinander (auf zwei parallelen

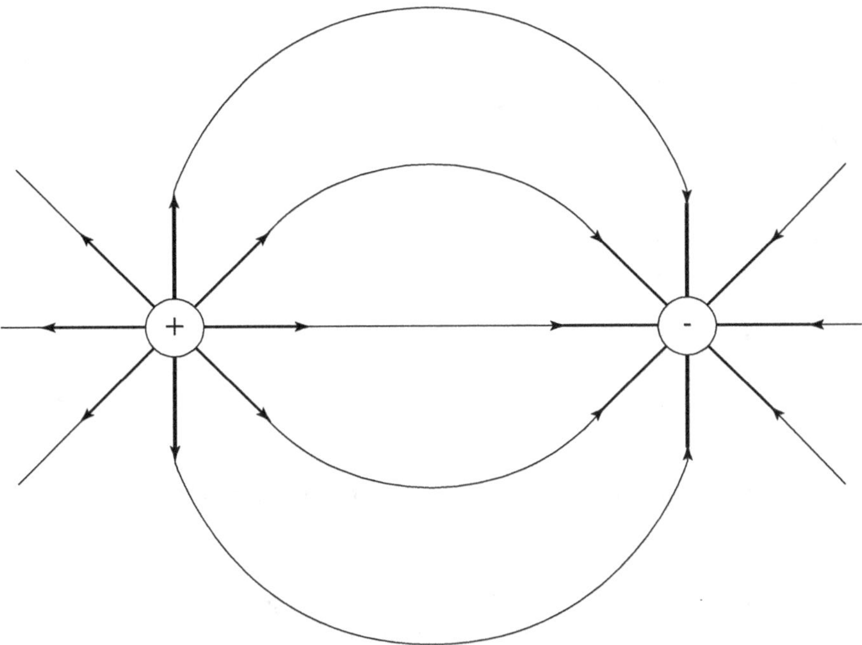

Abbildung 16.6: Die Summe der elektrischen Felder zweier Punktladungen

Platten) festhält. Die Ladungen ziehen einander zwar an, können aber nicht von selbst von einer Platte zur anderen kommen.

In Abbildung 16.7 ist eine Ladung $+q$ gleichmäßig über eine Platte und eine Ladung $-q$ über eine zweite Platte verteilt. Für unsere Zwecke ist das sehr günstig, denn alle Komponenten der elektrischen Felder der einzelnen Punktladungen heben sich dann gegenseitig auf – mit Ausnahme genau der Komponenten, die in Richtung der jeweils anderen Platte zeigen. Anders ausgedrückt: In Plattenkondensatoren haben wir es mit konstanten, jeweils in die gleiche Richtung zeigenden elektrischen Feldern zu tun. Mit solchen Feldern lässt es sich wesentlich besser umgehen als mit Feldern von Punktladungen.

Nach etwas Rechnerei findet man heraus, dass das elektrische Feld E zwischen den Platten konstant ist (vorausgesetzt, die Platten sind groß genug und nicht zu weit voneinander entfernt) und dass die Feldstärke gegeben ist durch

$$E = \frac{1}{\varepsilon_0} \cdot \frac{q}{A}.$$

Hier ist ε_0 die Dielektrizitätskonstante des Vakuums (siehe den Abschnitt »Das coulombsche Gesetz« weiter vorn in diesem Kapitel) mit dem Wert $8{,}85 \cdot 10^{-12}$ C^2/(N·m^2), q der Betrag der Ladung auf den beiden Platten (einmal $+q$ und einmal $-q$) und A die Fläche einer Platte. Sie können die Gleichung auch für die *Ladungsdichte* σ (Ladung pro Fläche in Quadratmetern) aufschreiben:

$$E = \frac{1}{\varepsilon_0} \cdot \frac{q}{A} = \frac{\sigma}{\varepsilon_0}.$$

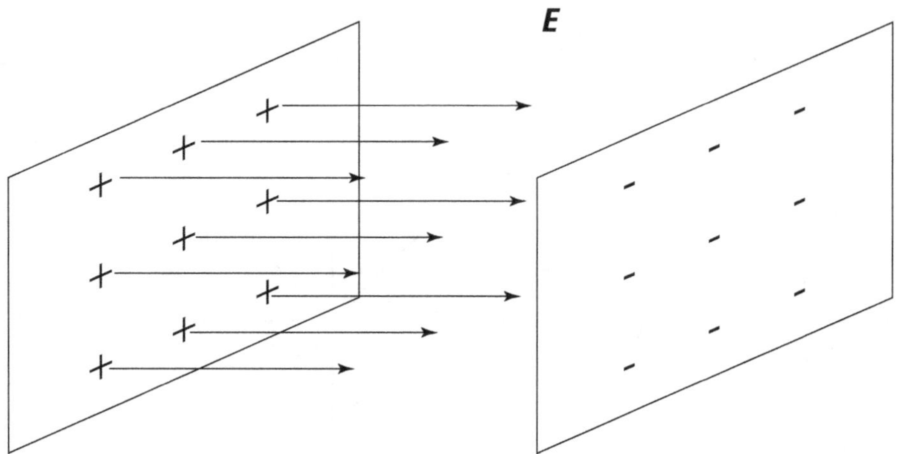

Abbildung 16.7: Ein paralleler Plattenkondensator erzeugt ein gleichmäßiges elektrisches Feld.

Das elektrische Feld zwischen den Platten hat eine konstante Feldstärke und parallele Feldlinien (es zeigt von der positiven zur negativen Platte). Damit müssen Sie sich keine Gedanken darüber machen, wo genau zwischen den Platten Sie sich befinden, wenn Sie mit dem Feld rechnen wollen.

Die Spannung hochdrehen

Elektrische Felder (siehe den letzten Abschnitt) sind bei Weitem nicht alles, was uns die Elektrizitätslehre zu bieten hat. Da wir uns mit elektrischen Kräften befassen, wird es Zeit, auch über die *potenzielle Energie* zu reden. Man versteht darunter die in einem System gespeicherte Energie. Kraft und potenzielle Energie sind von Natur aus ein vertrautes Pärchen: Wenn Sie (mit Kraft) einen Stein in einem Schwerefeld hochheben, ist aufgrund der neuen Position folgende Energie in dem Stein gespeichert:

$$E_{\text{pot}} = mgh_{\text{E}} - mgh_{\text{A}}$$

(m ist die Masse, g die Erdbeschleunigung, h_{A} und h_{E} sind die Höhen, in denen sich der Stein vor beziehungsweise nach dem Anheben befindet). Dieses Konzept findet auch in der Elektrizitätslehre seine Anwendung. In einem elektrischen Feld wirkt eine elektrische Kraft auf Ladungen. Dabei wird *elektrische potenzielle Energie* gespeichert. Durch Änderung der elektrischen potenziellen Energie entsteht eine *Spannung* – die treibende Kraft elektrischer Ströme.

Berechnung der elektrischen potenziellen Energie

Elektrische potenzielle Energie ist nichts anderes als die in einem elektrischen Feld gespeicherte elektrische Energie. Wenn wir von Energie sprechen, denken wir gleich auch an Arbeit (siehe Kapitel 8). Stellen Sie sich vor, Sie schieben die positive Ladung in Abbildung 16.8

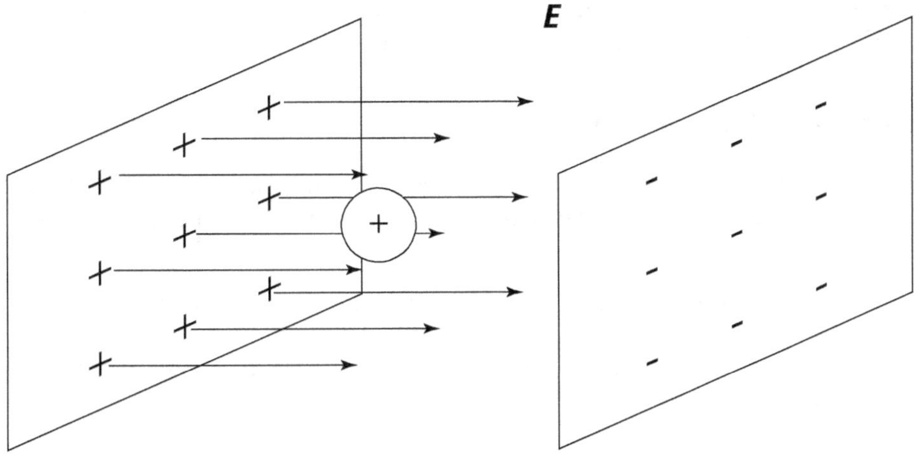

Abbildung 16.8: Eine positive Probeladung in einem parallelen Plattenkondensator

nach links in Richtung der positiv geladenen Platte. Welche Kraft wirkt dann auf die Ladung? Das elektrische Feld zeigt von der positiven zur negativen Platte. Sie schieben die positive Probeladung also in Richtung der positiven Platte, von der sie natürlich nach rechts abgestoßen (und gleichzeitig auch von der negativen Platte nach rechts angezogen) wird.

Wenn sich die Ladung trotzdem gegen alle diese Kräfte nach links bewegt, wie viel potenzielle Energie erhält sie dann? Der Energiegewinn ist gleich der an der Ladung verrichteten Arbeit. Diese wiederum ist

$$W = Fs$$

(F ist die Kraft und s der Weg, entlang dessen die Kraft wirkt). Die Kraft auf die Probeladung ist $q \cdot E$ mit q als Betrag der Ladung und E als Stärke des elektrischen Feldes, das die Ladung umgibt. Sie können also schreiben

$$W = qEs.$$

Diese Gleichung sagt Ihnen, wie viel potenzielle Energie die Ladung durch Verschiebung gegen die Kraft gewinnt. Sind Richtung und Stärke des elektrischen Feldes konstant, können Sie Arbeit und potenzielle Energie gleichsetzen, also

$$E_{\text{pot}} = qEs.$$

Wenn Sie die potenzielle Energie der Ladung an der negativen Platte gleich null setzen (wie Sie auch die potenzielle mechanische Energie des Balls gleich null setzen können, wenn dieser auf dem Boden liegt), ändert sich die potenzielle Energie bei Bewegung der Ladung in Richtung der positiven Platte um ΔE_{pot}:

$$\Delta E_{\text{pot}} = qE \cdot \Delta s.$$

Das elektrische Feld ist definiert als Kraft pro Ladung in Coulomb (nachzulesen weiter vorn in diesem Kapitel im Abschnitt »Aus allen Richtungen: Felder von Punktladungen«). Im

Zusammenhang mit der potenziellen Energie pro Coulomb haben sich die Physiker noch eine weitere Größe ausgedacht: die elektrische Spannung.

Spannung ist Potenzial

Physikalisch exakt definiert man die *Spannung* als eine Änderung des elektrischen Potenzials (kurz *Potenzial*). Gemessen wird die Spannung in der Einheit Volt mit dem Symbol V (ein Volt entspricht einem Joule pro Coulomb).

Das Potenzial ist nicht zu verwechseln mit der elektrischen potenziellen Energie, obschon die beiden in einem engen Zusammenhang stehen. Das elektrische Potenzial U in einem bestimmten Punkt ist nämlich definiert als die elektrische potenzielle Energie einer Probeladung geteilt durch die Größe dieser Probeladung:

$$U = \frac{E_{\mathrm{pot}}}{q}.$$

Kurz: Potenzial ist potenzielle Energie pro Ladung (in Coulomb) und Spannung ist Potenzialänderung. Um eine Ladung q um einen Weg s von der negativen Platte in Richtung der positiven Platte eines Plattenkondensators (siehe den Abschnitt »Ganz schön geladen: Das elektrische Feld im Plattenkondensator« weiter vorn in diesem Kapitel) zu verschieben, müssen Sie folgende Arbeit aufwenden:

$$W = qEs.$$

Diese Arbeit steckt dann in Form von potenzieller Energie in der Ladung. Das Potenzial an dieser Stelle ist also

$$U = \frac{E_{\mathrm{pot}}}{q} = Es.$$

An einem windig-kalten Herbsttag fahren Sie an einem Auto vorbei, das am Straßenrand liegen geblieben ist. Sie halten an und steigen aus. »Was ist denn los?«, fragen Sie. »Das verflixte Ding geht nicht mehr«, antwortet der Fahrer, der die Motorhaube aufgeklappt hat und verständnislos ins Innere blickt. »Genauer konnte er es wohl nicht ausdrücken«, denken Sie und zücken Ihren Spannungsmesser (in Fachkreisen auch *Voltmeter* genannt). Die Batterie zeigt noch 12 Volt – das müsste eigentlich reichen. 12 Volt ist die Änderung der potenziellen Energie pro Coulomb, wenn Sie eine Ladung von einem Pol der Batterie zum anderen transportieren. Wie viel Arbeit müssen Sie leisten, um ein Elektron über diese Strecke zu befördern? Wie Sie wissen, ist

$$U = \frac{W}{q}$$

oder

$$W = qU.$$

Den Taschenrechner haben Sie immer dabei. Interessiert und hoffnungsvoll schaut der Fahrer des Pannenautos zu, wie Sie zu rechnen beginnen. Sie erinnern sich an die Ladung eines

Elektrons (oder Sie lesen im Abschnitt »Plus oder minus? Die Ladung von Elektron und Proton« weiter vorn in diesem Kapitel nach), nämlich $1{,}60 \cdot 10^{-19}$ Coulomb, und setzen noch die Batteriespannung ein:

$$W = qU = 1{,}60 \cdot 10^{-19}\,\text{C} \cdot 12\,\text{V} = 1{,}9 \cdot 10^{-18}\,\text{J}.$$

»Man braucht«, verkünden Sie dem Fahrer stolz, »$1{,}9 \cdot 10^{-18}$ Joule, um ein Elektron von einem Pol Ihrer Batterie zum anderen zu befördern.« Leider ernten Sie statt Bewunderung nur Misstrauen – und Enttäuschung.

Das elektrische Potenzial bleibt erhalten

Wenn es um kinetische und potenzielle Energie geht (die ich ausführlich in Kapitel 8 diskutiere), können Sie sich auf eines immer verlassen – auf die Erhaltung der Gesamtenergie:

$$E_{\text{pot},1} + E_{\text{kin},1} = E_{\text{pot},2} + E_{\text{kin},2}.$$

Bestimmt wird es Sie freuen, dass die Erhaltung auch für die elektrische potenzielle Energie gilt. Betrachten wir zum Beispiel ein unglückliches Staubkorn mit einer Masse von $1{,}0 \cdot 10^{-5}$ Kilogramm, das auf die negative Platte eines Plattenkondensators knallt. Dort erhält es eine Ladung von $1{,}0 \cdot 10^{-5}$ Coulomb. Mit dieser negativen Ladung hält es das Staubkorn auf der negativen Platte nicht mehr aus, deshalb macht es sich auf den Weg zur positiven Platte. Mit welcher Geschwindigkeit wird das Körnchen dort ankommen, wenn die Spannungsdifferenz zwischen beiden Platten 30 Volt beträgt? (Den Luftwiderstand wollen wir vernachlässigen.)

Aufgrund der Energieerhaltung wird die potenzielle Energie, die das Teilchen auf der negativen Platte besitzt, auf dem Weg zur positiven Platte in kinetische Energie umgewandelt ($E_{\text{kin}} = \frac{1}{2}mv^2$). Die potenzielle Energie des Stäubchens am Start berechnen Sie mit der Gleichung

$$E_{\text{pot}} = qU.$$

Setzen Sie die Zahlen ein:

$$E_{\text{pot}} = qU = 1{,}0 \cdot 10^{-5}\,\text{C} \cdot 30\,\text{V} = 3 \cdot 10^{-4}\,\text{J}.$$

Das wird alles in kinetische Energie umgewandelt, also

$$E_{\text{kin}} = \frac{1}{2}mv^2 = 3 \cdot 10^{-4}\,\text{J}.$$

Hier setzen Sie wieder Ihre Zahlen ein:

$$E_{\text{kin}} = \frac{1}{2} \cdot 1{,}0 \cdot 10^{-5}\,\text{kg} \cdot v^2 = 3 \cdot 10^{-4}\,\text{J}.$$

Wenn Sie dies jetzt noch nach v auflösen, sind Sie am Ziel: Das Staubkorn trifft die Platte mit der Geschwindigkeit

$$v = 7{,}75\ \text{m/s}.$$

Das entspricht 27,9 Kilometern pro Stunde.

Das elektrische Potenzial von Punktladungen

Das elektrische Potenzial oder die Spannung U (siehe den vorangehenden Abschnitt) zwischen den Platten eines Kondensators hängt davon ab, wie weit die negative von der positiven Platte entfernt ist. (Über Kondensatoren rede ich im Abschnitt »Ganz schön geladen: Das elektrische Feld im Plattenkondensator« weiter vorn in diesem Kapitel.) Es gilt nämlich

$$U = Es.$$

Betrachten wir nun eine Punktladung Q (das heißt, eine Ladung ohne räumliche Ausdehnung), deren elektrisches Feld leider nicht so schön konstant ist wie das eines Plattenkondensators. Was müssen Sie tun, um das Potenzial in einem beliebigen Abstand von der Punktladung herauszufinden? Auf eine Probeladung q wirkt die Kraft

$$F = k \cdot \frac{Qq}{r^2}$$

(k ist die Coulomb-Konstante mit dem Wert $8{,}99 \cdot 10^9$ N·m^2/C^2, r steht für den Abstand). Aus dem Abschnitt »Aus allen Richtungen: Felder von Punktladungen« weiter vorn in diesem Kapitel kennen Sie das elektrische Feld in einem beliebigen Punkt um eine Punktladung Q:

$$E = k \cdot \frac{Q}{r^2}.$$

Wie ist also das elektrische Potenzial einer Punktladung? In einem unendlich großen Abstand von der Ladung ist das Potenzial definitionsgemäß null. Jetzt schieben Sie die Probeladung näher heran – bis zu einem Abstand r von der Punktladung. Rechnen Sie einfach alle Arbeit zusammen, die Sie dafür leisten müssen, und teilen Sie die Summe durch den Betrag Ihrer Probeladung. Das Ergebnis befriedigt durch seine Schlichtheit:

$$U = \frac{W}{q} = k \cdot \frac{Q}{r}.$$

 Die obige Gleichung gibt das elektrische Potenzial (in Volt) in einem Abstand r von einer Punktladung Q an, wenn Sie das Potenzial bei $r = \infty$ null setzen.

Bedenken Sie dabei, dass das Potenzial die Arbeit ist, die Sie aufwenden müssen, um eine Probeladung zu einem bestimmten Punkt zu transportieren, geteilt durch den Betrag der Ladung. Stellen Sie sich zum Beispiel das Proton ($Q = +1{,}6 \cdot 10^{-19}$ C) in der Mitte eines Wasserstoffatoms vor, umkreist von einem Elektron, dessen Bahn rund $5{,}29 \cdot 10^{-11}$ Meter von dem Proton entfernt ist. Wie groß ist die Spannung, also die Potenzialdifferenz, zwischen dem Proton und der Elektronenposition? Sie setzen die Zahlen in die Gleichung

$$U = k\frac{Q}{r}$$

ein und erhalten

$$U = \frac{kQ}{r} = \frac{8{,}99 \cdot 10^9 \, \text{Nm}^2/\text{C}^2 \cdot 1{,}60 \cdot 10^{-19} \, \text{C}}{5{,}29 \cdot 10^{-11} \, \text{m}} = 27{,}2 \, \text{V}.$$

In diesem Abstand vom Proton beträgt die Spannung 27,2 Volt. Gar nicht schlecht für eine kleine Punktladung, oder?

Elektrische Felder können Sie mithilfe von Feldlinien darstellen. Das elektrische Potenzial können Sie ebenfalls zeichnen, nämlich in Form von *Äquipotenziallinien* oder *Äquipotenzialflächen*. Das sind Flächen, auf denen das Potenzial jeweils gleich ist. Das Potenzial einer Punktladung zum Beispiel hängt vom Abstand ab. Deshalb haben die Äquipotenzialflächen die Gestalt dünner Kugelschalen um die Punktladung herum, wie es in Abbildung 16.9 angedeutet ist.

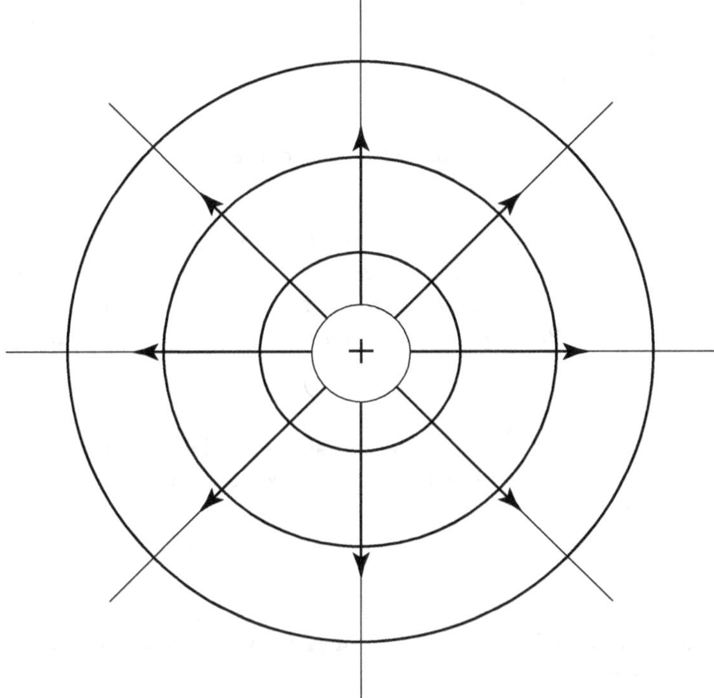

Abbildung 16.9: Die Äquipotenzialflächen um eine Punktladung sind kugelförmig.

Und wie sehen die Äquipotenzialflächen zwischen den Platten eines Kondensators aus? Starten Sie an der negativ geladenen Platte und wandern Sie ein Stückchen s in Richtung der positiven Platte, so ist bekanntlich

$$U = Es.$$

Anders gesagt: Die Äquipotenzialflächen hängen nur von der Entfernung zu den beiden Platten ab und sind eben, wie in Abbildung 16.10 gezeigt.

Aufladen, was die Kapazität hergibt

Wenn Sie dieses Kapitel bis hierhin aufmerksam studiert haben, dann wissen Sie, dass ein Kondensator Ladungen speichert, indem er sie in einer gewissen Entfernung voneinander

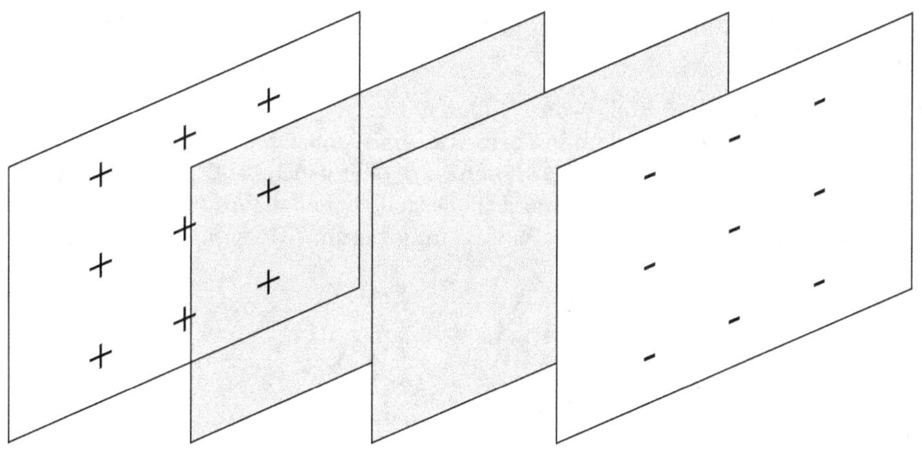

Abbildung 16.10: Äquipotenzialflächen zwischen den Platten eines Kondensators

festhält, ohne dass sie von selbst zueinanderkommen können. Doch wie viel Ladung kann ein Kondensator speichern? Das hängt von seiner *Kapazität C* ab. Die Ladungsmengen auf beiden Platten des Kondensators sind gleich (nur die Vorzeichen sind verschieden) und sie hängen von der Spannung zwischen den Platten ab, wie die folgende Gleichung besagt:

$$q = CU$$

(q ist die elektrische Ladung). Das elektrische Feld in einem parallelen Plattenkondensator (siehe den Abschnitt »Wirkung aus der Ferne: Elektrische Felder« weiter vorn in diesem Kapitel) ist

$$E = \frac{1}{\varepsilon_0} \cdot \frac{q}{A},$$

mit der Dielektrizitätskonstante ε_0 und der Plattenfläche A. Der Abstand zwischen den Platten ist s, also beträgt die Spannung zwischen den Platten

$$U = Es.$$

Folglich ist

$$U = \frac{1}{\varepsilon_0} \cdot \frac{qs}{A}.$$

Weil Sie wissen, dass $q = CU$ ist, können Sie diese Gleichung umstellen:

$$C = \frac{q}{U} = \varepsilon_0 \frac{A}{s}.$$

Mit der Gleichung $C = q/U = \varepsilon_0 A/s$ berechnen Sie die Kapazität eines Plattenkondensators mit der Plattenfläche A und dem Abstand s zwischen den Platten. Die Einheit der Kapazität im MKS-System ist Coulomb pro Volt, auch Farad (F) genannt.

So weit, so gut. Aber noch sind Sie nicht fertig. Bei den meisten Kondensatoren befindet sich nicht Luft oder gar Vakuum zwischen den Platten, sondern ein sogenanntes *Dielektrikum*. Von der Dielektrizitätskonstante κ solch eines Mediums hängt es ab, wie viel Ladung der Kondensator speichern kann. Ist die Lücke zwischen den Platten eines Kondensators mit einem Dielektrikum gefüllt, dessen Dielektrizitätskonstante κ ist, so steigt die Kapazität im Vergleich zum Vakuum zwischen den Platten auf

$$C = \kappa \varepsilon_0 \frac{A}{s}.$$

Die Dielektrizitätskonstante von Glimmer (ein Mineral, das in vielen Kondensatoren verwendet wird) beträgt zum Beispiel ungefähr 5,4. Bringt man Glimmer zwischen die Platten eines Kondensators, so nimmt dessen Kapazität gegenüber einem ansonsten identischen Kondensator mit einem Vakuum zwischen den Platten um das 5,4-Fache zu (für das Vakuum ist $\kappa = 1$).

Ein Kondensator enthält voneinander getrennte Ladungen. Deshalb besitzt er eine Energie. Beim Aufladen eines Kondensators sammelt sich eine Ladung q in einem mittleren elektrischen Potenzial U_{mittel} an. (Wir nehmen hier das mittlere Potenzial, weil das Potenzial umso größer wird, je mehr Ladung Sie in den Kondensator hineinstecken.) Die gespeicherte Energie ist also

$$E = q U_{\text{mittel}}.$$

Und was soll man sich unter U_{mittel} vorstellen? Da die Spannung proportional zur gespeicherten Ladungsmenge ist (wegen $q = CU$), entspricht U_{mittel} der Hälfte der am Ende erreichten Ladung:

$$U_{\text{mittel}} = \frac{1}{2} U.$$

Wenn Sie diesen Ausdruck und $q = CU$ in die obige Gleichung für die Energie E einsetzen, erhalten Sie schließlich

$$E = \frac{1}{2} CU^2.$$

Geschafft! Sie können jetzt die in einem x-beliebigen Kondensator gespeicherte Energie berechnen. Beim Einsetzen von Zahlen erhalten Sie die Energie in Joule (J).

Aufgabe 16.1

Zeigen Sie, dass die Einheit der Dielektrizitätskonstante ε_0 im Coulomb-Gesetz folgendermaßen lautet:

$$[\varepsilon_0] = \frac{\text{As}}{\text{Vm}}$$

Aufgabe 16.2

Welche Kraft wirkt zwischen zwei Protonen, die 3 cm voneinander entfernt sind?

Aufgabe 16.3

Angenommen, Sie haben einen Plattenkondensator mit parallelen Platten der Fläche $1,5\,\text{m}^2$, die 90 cm voneinander entfernt sind, und der Betrag der Ladung jeder Platte beträgt 0,7 C. Wie groß ist die Spannung zwischen den beiden Platten?

Kapitel 17
Ständig unter Strom

Statische Elektrizität (siehe hierzu Kapitel 16) bedeutet einen Überschuss oder Mangel an Elektronen, oder allgemeiner von negativ oder positiv geladenen Objekten. Was man sich normalerweise unter elektrischem Strom in einer Leitung vorstellt, hat mit solchen Ladungsüberschüssen aber nicht viel zu tun. Die Spannung, wie sie etwa von einer Batterie oder Steckdose zur Verfügung gestellt wird, erzeugt in leitfähigen Drähten ein elektrisches Feld, das seinerseits Elektronen in Bewegung setzt. (Mehr über elektrische Spannung lesen Sie ebenfalls in Kapitel 16.) Dieses Kapitel handelt von bewegten Elektronen in Stromkreisen – kurz gesagt, von elektrischem Strom, wie Sie ihn kennen. Den Unterschied zwischen statischer Elektrizität und Strom erkläre ich Ihnen anhand des ohmschen Gesetzes, der elektrischen Leistung und schließlich am Beispiel von Schaltungen und Stromkreisen.

Der lange Marsch der Elektronen: Strom

Wenn Elektronen sich bewegen, fließt ein Strom. Doch woher wissen die Elektronen, dass sie sich auf den Weg machen sollen? Es muss eine Kraft wirken, die sie in Bewegung setzt – und dieser Kraft liegt immer eine Potenzialdifferenz oder elektrische Spannung zugrunde.

Die Spannung wird zum Beispiel von einer Batterie oder einer Steckdose geliefert. Mehr ist nicht nötig, um in einem elektrisch leitfähigen Material (zum Beispiel einem Draht) ein elektrisches Feld zu erzeugen – und im elektrischen Feld bewegen sich die Elektronen, weil sie geladene Teilchen sind. (Wie in Kapitel 16 steht, ist das elektrische Feld gleich Kraft pro Ladung, $E = F/q$.)

Der elektrische Strom wird in der Physik durch das Symbol I gekennzeichnet. Seine Einheit ist das *Ampere*, abgekürzt A.

Strom definieren

Was ist elektrischer Strom nun wirklich? Definiert ist er als die Ladungsmenge q, die in einer bestimmten Zeit t einen Draht durchfließt. Die Gleichung dafür lautet:

$$I = \frac{q}{t}.$$

Fließt pro Sekunde eine Ladung von einem Coulomb, so beträgt die Stromstärke ein Ampere.

Strom in Batterien berechnen

Wenn Sie berechnen wollen, wie viel Strom aus einer Batterie abfließt, müssen Sie die pro Zeit bewegte Ladungsmenge kennen. In dem einfachen Stromkreis in Abbildung 17.1 sehen Sie oben das Batteriesymbol, zwei unterschiedlich lange senkrechte Linien. (Die Linien stehen für zwei Metallplatten; die ersten Batterien bestanden aus solchen Platten, die abwechselnd mit chemischen Substanzen übereinandergeschichtet waren.)

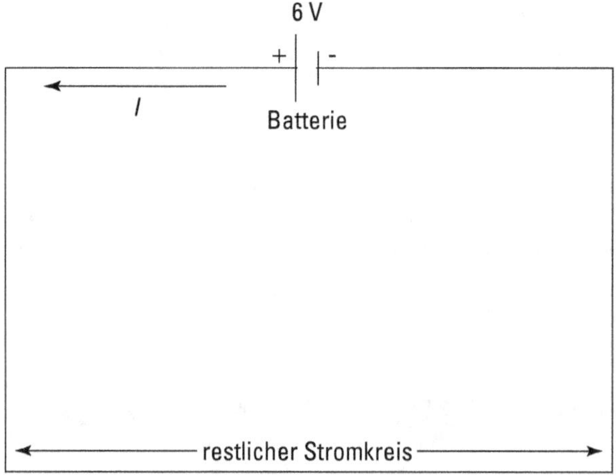

Abbildung 17.1: Eine Batterie in Aktion

Die Batterie in Abbildung 17.1 liefert eine Spannung von sechs Volt. Durch den Stromkreis fließt in 30 Sekunden eine Ladung von 19 Coulomb. Wie groß ist der Strom I?

$$I = \frac{q}{t} = \frac{19\,\text{C}}{30\,\text{s}} = 0{,}63\,\text{A}.$$

In diesem Stromkreis fließt also ein Strom von 0,63 Ampere.

Achten Sie darauf, dass der Strom an der positiven Seite der Batterie (der längeren Linie des Symbols) austritt. Wenn Ihr Stromkreis nur über eine einzige Batterie (oder ganz allgemein eine Spannungsquelle) verfügt, fließt der Strom stets vom positiven Pol (lange Linie) zum negativen Pol (kurze Linie).

Es ist hilfreich, sich eine Spannungsquelle als eine Art Stufe vorzustellen: Am negativen Pol wird der ankommende Strom quasi um sechs Volt emporgehoben und fließt dann vom positiven Pol wieder durch den Stromkreis »hinunter« zum negativen Pol.

Vereinbarungsgemäß fließt der Strom immer vom positiven zum negativen Pol. Müsste es aber nicht genau andersherum sein? Der Grund für diese etwas seltsame Definition liegt in der Geschichte. Früher dachte man, die Teilchen, die durch einen Stromkreis fließen, seien positiv geladen. Dass sich später das Gegenteil als richtig erwies, ist eigentlich kein Problem, solange sich alle konsistent an die Festlegung der Stromrichtung halten, also den Strom aus dem positiven Pol jeder Batterie austreten lassen.

Widerstandsfähig: Das ohmsche Gesetz

Der elektrische *Widerstand* bestimmt, wie stark der Strom ist, den eine bestimmte Spannung in einem elektrischen Leiter tatsächlich erzeugt. Die Gleichung dafür lautet

$$U = I \cdot R,$$

mit U als Spannung, I als Strom und R als Widerstand. Den Widerstand misst man in Ohm, Symbol ist das Ω, also der griechischer Großbuchstabe Omega. Beim Anlegen einer Spannung U an einen elektrischen Leiter mit dem Widerstand R fließt also ein Strom I. Nach seinem Entdecker, Georg Simon Ohm (1789–1854), wird dieser Zusammenhang als *ohmsches Gesetz* bezeichnet.

Der Strom durch einen Widerstand

Mit dem ohmschen Gesetz können Sie ohne Ladungs- und Zeitmessung berechnen, wie viel Strom vom positiven zum negativen Pol einer Batterie fließt. Der Stromkreis in Abbildung 17.2 enthält eine 6-Volt-Batterie und einen Widerstand (Schaltzeichen: Rechteck) mit $R = 2\,\Omega$. Das ohmsche Gesetz lässt sich leicht nach I umstellen:

$$I = \frac{U}{R}.$$

Dann setzen Sie die Zahlen ein:

$$I = \frac{6\,\text{V}}{2\,\Omega} = 3\,\text{A}.$$

Ein Strom von drei Ampere fließt entgegen dem Uhrzeigersinn durch den Stromkreis in Abbildung 17.2.

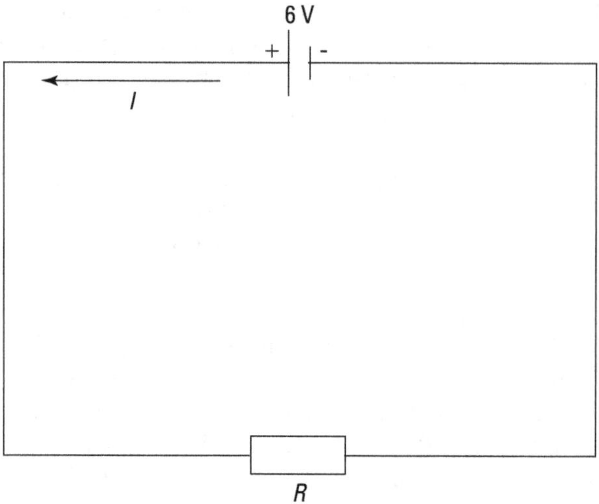

Abbildung 17.2: Aus einer Batterie fließt der Strom durch einen Widerstand.

Ganz spezifische Widerstände

Bei der Beschäftigung mit elektrischem Strom stoßen Sie früher oder später auf eine Größe namens *spezifischer Widerstand* ρ, angegeben in $\Omega \cdot$m. Jedes Material hat seinen eigenen spezifischen Widerstand. Zum Glück haben die Physiker ρ für viele Stoffe bereits bestimmt. Eine Auswahl habe ich Ihnen in Tabelle 17.1 zusammengestellt.

Material	Spezifischer Widerstand in Ωm
Kupfer	$1{,}72 \cdot 10^{-8}$
Gold	$1{,}44 \cdot 10^{-8}$
Aluminium	$2{,}82 \cdot 10^{-8}$
Kohlenstoff	$3{,}5 \cdot 10^{-5}$
Holz	bis $3 \cdot 10^{10}$
Gummi	bis $1 \cdot 10^{15}$

Tabelle 17.1: Spezifische Widerstände einiger Materialien

Um aus dem spezifischen Widerstand ρ den Widerstand R beispielsweise eines Drahts zu berechnen, müssen Sie mit der Länge L des Drahts multiplizieren (je länger der Draht, desto größer der Widerstand) und durch seinen Querschnitt A teilen (je mehr Fläche für den Durchtritt des Stroms zur Verfügung steht, desto geringer der Widerstand – denken Sie zum Vergleich an einen Gartenschlauch). Das bedeutet

$$R = \rho \frac{L}{A}.$$

Leistung lohnt sich

Auf elektrischen Haushaltsgeräten wie Kaffeemaschine, Föhn oder Glühbirne steht die *Leistung*, gemessen in Watt (deswegen manchmal auch »Wattzahl« genannt). Wie berechnet man die elektrische Leistung? Um eine Ladung q durch einen Stromkreis gegen die Spannung U zu bewegen, muss die Arbeit qU geleistet werden. Wenn Sie diese Arbeit durch die Zeit teilen, in der sie verrichtet wurde, erhalten Sie die Leistung P:

$$P = \frac{W}{t} = \frac{qU}{t}.$$

Nun ist aber die Ladung q pro Zeit t gleich dem Strom I, also

$$P = \frac{q}{t} \cdot U = I \cdot U.$$

Eine Spannungsquelle (zum Beispiel eine Batterie) gibt an einen Stromkreis die Leistung $P = IU$ ab. Angenommen, Sie betreiben eine LED mit einer 10-V-Batterie und es fließt ein Strom von 0,5 Ampere. Was für eine Leistung »zieht« das Lämpchen dann? Klar: $P = IU = 0,5\ \text{A} \cdot 10\ \text{V} = 5\ \text{W}$.

Da $I = U/R$ ist, gibt es für die Leistung auch Formeln, in denen die Spannung beziehungsweise der Strom nicht mehr auftaucht:

$$P = IU = \frac{U^2}{R} = I^2 R.$$

Schön der Reihe nach: Reihenschaltungen

Bisher kamen in diesem Kapitel nur Stromkreise mit einem einzigen Widerstand vor. Die meisten Stromkreise enthalten aber zwei (oder auch viel mehr) Widerstände, wie in Abbildung 17.3 gezeigt. Dort sind die beiden Widerstände *in Reihe* geschaltet: Der

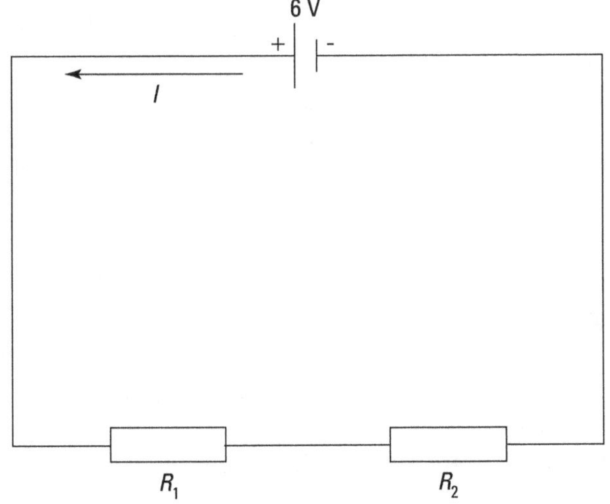

Abbildung 17.3: Strom fließt durch zwei in Reihe geschaltete Widerstände.

Strom fließt von der Batterie durch den Widerstand R_1 zum zweiten Widerstand R_2 und dann zurück zur Batterie. (Mehr über Spannungsquellen erfahren Sie weiter vorn in diesem Kapitel.) Wie berechnen Sie den Strom, der durch solche Schaltungen fließt? Der Gesamtwiderstand ist in diesem Fall die Summe der beiden einzelnen Widerstände,

$$R_{\text{gesamt}} = R_1 + R_2.$$

Zum Beispiel: Sind $R_1 = 10\ \Omega, R_2 = 20\ \Omega$ und die Batteriespannung gleich sechs Volt, wie viel Strom fließt dann durch den Stromkreis? Der Gesamtwiderstand ist $R_{\text{gesamt}} = 30\ \Omega$, also

$$I = \frac{U}{R} = \frac{6\,\text{V}}{30\,\Omega} = 0{,}2\ \text{A}.$$

Alles auf einmal: Parallelschaltungen

Widerstände in einem Stromkreis müssen nicht unbedingt in Reihe geschaltet sein, sodass sie nacheinander vom Strom durchflossen werden (siehe den vorangegangenen Abschnitt), sondern der Kreis kann sich auch teilen wie in Abbildung 17.4: Ein Teil des Stroms fließt durch den Widerstand R_1, der andere durch den Widerstand R_2. Eine solche Anordnung nennt man *Parallelschaltung*. An beiden Widerständen liegt die gleiche Spannung an, aber der hindurchfließende Strom ist verschieden.

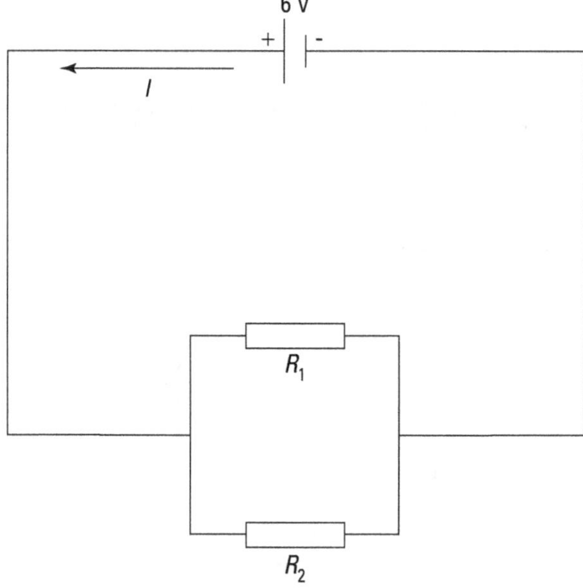

Abbildung 17.4: Durch zwei parallel geschaltete Widerstände wird der Strom geteilt.

Der entscheidende Unterschied zwischen Parallel- und Reihenschaltung ist folgender: An jedem Widerstand einer Parallelschaltung liegt die Batteriespannung an (sechs Volt in Abbildung 17.4), während durch jeden Widerstand einer Reihenschaltung der gleiche Strom fließt.

Wie ist also der Gesamtwiderstand einer Parallelschaltung von R_1 und R_2? Der Gesamtstrom I_{gesamt} wird auf die beiden Widerstände aufgeteilt, also

$$I_{\text{gesamt}} = I_1 + I_2.$$

Wegen $I = U/R$ (siehe dazu den Abschnitt »Widerstandsfähig: Das ohmsche Gesetz« weiter vorn in diesem Kapitel) können Sie stattdessen auch schreiben

$$I_{\text{gesamt}} = I_1 + I_2 = \frac{U_1}{R_1} + \frac{U_2}{R_2}.$$

 Der Trick dabei ist einzig und allein, dass die Spannung an beiden Widerständen gleich ist, also $U_1 = U_2 = U$.

Deshalb gilt

$$I_{\text{gesamt}} = \frac{U_1}{R_1} + \frac{U_2}{R_2} = U \left(\frac{1}{R_1} + \frac{1}{R_2} \right).$$

Wenn Sie dies mit dem Ausdruck $I_{\text{gesamt}} = U/R_{\text{gesamt}}$ vergleichen, stellen Sie fest, dass

$$\frac{1}{R_{\text{gesamt}}} = \frac{1}{R_1} + \frac{1}{R_2}$$

sein muss.

Jetzt wissen Sie, wie Sie den Gesamtwiderstand zweier einzelner parallel geschalteter Widerstände berechnen können. Wenn Sie diese Herleitung für viele Widerstände verallgemeinern, so finden Sie

$$\frac{1}{R_{\text{gesamt}}} = \frac{1}{R_1} + \frac{1}{R_2} + \frac{1}{R_3} + \frac{1}{R_4} \ldots$$

Zum Schluss noch ein Beispiel: In Abbildung 17.4 sollen $R_1 = 10\ \Omega$, $R_2 = 30\ \Omega$ und die Batteriespannung $U = 6\ \text{V}$ sein. Gefragt ist nach der Stromstärke. Für den Gesamtwiderstand des Stromkreises gilt

$$\frac{1}{R_{\text{gesamt}}} = \frac{1}{10\ \text{V}} + \frac{1}{30\ \text{V}} = \frac{4}{30\ \text{V}},$$

das Ergebnis lautet demnach $R_{\text{gesamt}} = 7{,}5\ \Omega$ und der Strom ist

$$I = \frac{U}{R_{\text{gesamt}}} = \frac{6\ \text{V}}{7{,}5\ \Omega} = 0{,}8\ \text{A}.$$

Maschendraht und Knoten: Die kirchhoffschen Regeln

Leider lassen sich nicht alle Stromkreise übersichtlich in Parallel- und Reihenschaltungen unterteilen. In komplizierteren Fällen kommen die kirchhoffschen Regeln ins Spiel, benannt nach ihrem Entdecker Gustav Kirchhoff. Mithilfe zweier einfacher Prinzipien lassen sich auch komplex aufgebaute Stromkreise analysieren:

- ✔ **Knotenregel:** Der in einen beliebigen Punkt eines Stromkreises hineinfließende Strom ist stets gleich dem aus diesem Punkt hinausfließenden Strom.

- ✔ **Maschenregel:** Innerhalb jeder in sich geschlossenen Schleife eines Stromkreises muss die Summe der Potenzialanstiege (Batterien, andere Spannungsquellen) gleich der Summe der Potenzialabfälle (etwa an Widerständen) sein.

Die Knotenregel leuchtet sofort ein: In einem Stromkreis »entsteht« Strom nicht irgendwo, von jedem Punkt kann deshalb nur so viel Strom abfließen, wie auch hineingeflossen ist. Wie aber ist die Maschenregel zu verstehen?

Bildlich gesprochen bedeutet die Maschenregel: Die Elektronen in einem Stromkreis müssen auf dem gleichen Niveau enden, wie sie angefangen haben; sie müssen so viele Potenzialstufen wieder »hinabsteigen«, wie sie »emporgeklettert« sind, etwa durch die Wirkung der Spannung in einer Batterie.

 Erinnert Sie dies vielleicht an etwas? Ja, genau: Dies ist nichts anderes als der Energieerhaltungssatz – wenn man im Stromkreis nach einem Umlauf beim gleichen Potenzial ankommt, ist die elektrische Energie konstant geblieben.

Anwendung der Maschenregel

Wir wollen uns die Maschenregel an einem Beispiel klarmachen. Der Stromkreis in Abbildung 17.5 enthält zwei Widerstände und zwei Spannungsquellen. Wie ist der Strom in dieser Masche zu berechnen?

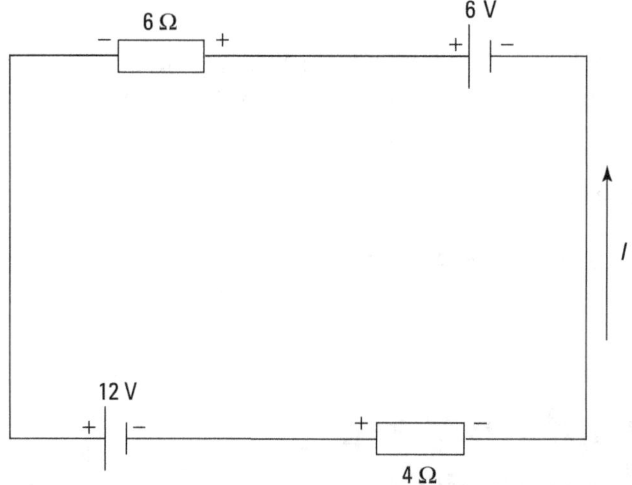

Abbildung 17.5: Geschlossener Kreis (Masche) mit zwei Widerständen und zwei Batterien

Die kirchhoffsche Regel besagt, dass die Summe der Potenzialänderungen in einer Masche gleich Null ist. In der Praxis verwendet man diese Regel folgendermaßen:

Sie legen zuerst die Stromrichtung fest, indem Sie einen Pfeil einzeichnen, wie in Abbildung 17.5 bereits geschehen. (Möglicherweise stellen Sie später fest, dass der Strom gerade andersherum fließt; das macht aber nichts! Sie merken es daran, dass der berechnete Strom ein negatives Vorzeichen besitzt. In diesem Fall entscheiden Sie, dass der Strom entgegen dem Uhrzeigersinn fließen soll.) Dann schreiben Sie an jeden Widerstand dort ein Pluszeichen, wo der Strom hineinfließt, und auf der anderen Seite ein Minuszeichen. (Das gehört zwar nicht zur kirchhoffschen Regel, aber ich finde es hilfreich.)

Sie wissen hoffentlich noch, dass der Spannungsabfall an einem Widerstand $U = I \cdot R$ ist und dass sich alle Potenzialänderungen in der Masche ausgleichen müssen. Damit ist es einfach: Sie müssen nur Schritt für Schritt den Kreis entlangwandern (gleichgültig in welcher Richtung) und immer dann, wenn Sie auf ein Plus- oder ein Minuszeichen treffen, dieses Zeichen niederschreiben, gefolgt vom jeweiligen Spannungsanstieg oder -abfall. Beginnen Sie in Abbildung 17.5 oben an der 6-V-Batterie und laufen Sie im Uhrzeigersinn, so notieren Sie:

$$+6\,\text{V} - 4\,\Omega \cdot I - 12\,\text{V} - 6\,\Omega \cdot I = 0.$$

Sie fassen passende Terme zusammen:

$$-10\,\Omega \cdot I - 6\,\text{V} = 0$$

oder

$$I = -\frac{6}{10}\,\text{A}.$$

Sie erhalten einen Strom von −0,6 Ampere.

Das Minuszeichen im Ergebnis bedeutet, dass der Strom tatsächlich entgegengesetzt zur in Abbildung 17.5 eingezeichneten Richtung fließt.

Rechnen mit vielen Maschen

Wenn es nur Stromkreise mit einer Masche gäbe, wären die kirchhoffschen Regeln wohl etwas übertrieben. Werfen Sie nun aber einen Blick auf die Herausforderung, die Sie in Abbildung 17.6 erwartet!

Können Sie die Ströme I_1, I_2 und I_3 berechnen, die in den drei Zweigen dieser Schaltung eingetragen sind? Sicherlich – wenn Sie beide kirchhoffsche Regeln verwenden. Zuerst die Knotenregel; sie besagt, dass die Summe aller Ströme, die zu einem Punkt hin- und von ihm wegfließen, null ist. Betrachten Sie zum Beispiel Punkt A in Abbildung 17.6 links: I_1 und I_2 fließen hinein, I_3 fließt heraus, also ist

$$I_1 + I_2 - I_3 = 0$$

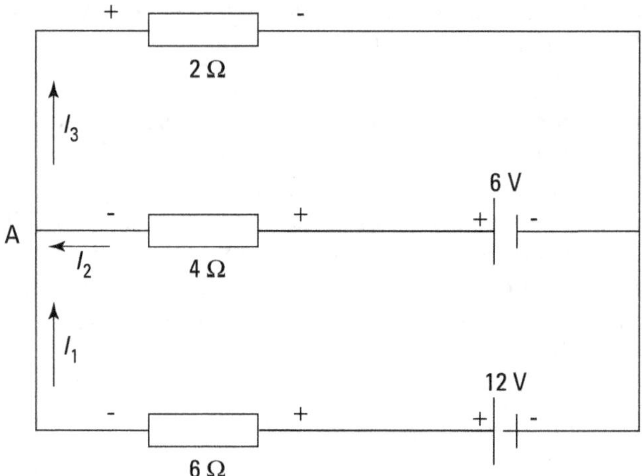

Abbildung 17.6: Stellen Sie sich der Herausforderung dieses Maschengeflechts!

oder

$$I_1 + I_2 = I_3.$$

Jetzt kommt die Maschenregel ins Spiel: Die Summe aller Potenzialänderungen in einer Masche ist ebenfalls null. In diesem Beispiel haben wir drei Maschen, zwei innere und eine äußere. Für die drei Unbekannten I_1, I_2 und I_3 brauchen Sie drei Gleichungen, von denen Sie eine schon aus der Knotenregel erhalten haben. Deswegen genügt es, wenn Sie jetzt noch die beiden inneren Maschen betrachten. Die obere liefert

$$+6\,\text{V} - 2\,\Omega \cdot I_3 - 4\,\Omega \cdot I_2 = 0,$$

die untere entsprechend

$$+12\,\text{V} - 6\,\text{V} + 4\,\Omega \cdot I_2 - 6\,\Omega \cdot I_1 = 0.$$

Und schon ist es fertig, Ihr System aus drei Gleichungen:

a. $I_1 + I_2 = I_3$,

b. $+6 - 2I_3 - 4I_2 = 0$,

c. $+12 - 6 + 4I_2 - 6I_1 = 0$

Beachten Sie bitte, dass ich die Einheiten weggelassen habe, damit die Rechnung etwas übersichtlicher wird! Setzen Sie nun I_3 aus Gleichung (a) in Gleichung (b) ein. Dann wird daraus

$$+6 - 2 \cdot (I_1 + I_2) - 4I_2 = 0$$

und daraus

$$+6 - 2I_1 - 6I_2 = 0,$$

was Sie nach I_1 auflösen können:

$$I_1 = 3 - 3I_2.$$

Setzen Sie nun dieses I_1 in Gleichung (c) ein:

$$+12 - 6 + 4I_2 - 6 \cdot (3 - 3I_2) = 0.$$

Wenn Sie die Terme mit und ohne I_2 jeweils zusammenfassen, erhalten Sie

$$22I_2 = 12$$

und folglich

$$I_2 = \frac{12}{22} = \frac{6}{11} \approx 0{,}55.$$

Damit haben Sie schon den ersten der drei gesuchten Ströme. Diesen Wert setzen Sie oben in Gleichung (b) ein und rechnen I_3 auf folgendem Weg aus:

$$+6 - 2I_3 - 4 \cdot \frac{6}{11} = 0 \quad \Rightarrow \quad +3 - I_3 - \frac{12}{11} = 0.$$

Sie erhalten

$$I_3 = \frac{21}{11} \approx 1{,}91.$$

Zum Schluss fehlt noch I_1. Dafür gibt es die Gleichung (a), aus der Sie direkt erhalten:

$$I_1 = I_3 - I_2 = \frac{21}{11} - \frac{6}{11} = \frac{15}{11} \approx 1{,}36.$$

Fertig, Kirchhoff sei Dank! Die drei gesuchten Ströme sind: $I_1 = (15/11)$ A, $I_2 = (6/11)$ A und $I_3 = (21/11)$ A, und es ist tatsächlich $I_1 + I_2 = I_3$.

Zugegeben, es macht ein bisschen Arbeit, solche Stromkreise auseinanderzunehmen. Wenn Sie aber dieses Beispiel geschafft haben, sind Sie auch für kompliziertere Fälle bestens gerüstet.

Kondensatoren im Kreis

Nicht nur Widerstände lassen sich parallel und in Reihe schalten, sondern auch anderer Elektrokram wie zum Beispiel Kondensatoren. Mehr über solche Bauteile finden Sie in Kapitel 16. Zur Erinnerung: Ein Kondensator speichert Ladung, indem er positive und negative Ladungen voneinander trennt (zum Beispiel auf zwei Platten, dann ist es ein Plattenkondensator) und verhindert, dass die Ladungen von selbst zusammenkommen können.

Kondensatoren in Parallelschaltung

Sind zwei Kondensatoren parallel geschaltet, liegt an beiden die gleiche Spannung (die Batteriespannung U) an. Schauen Sie sich dazu Abbildung 17.7 an. Was können Sie diesem

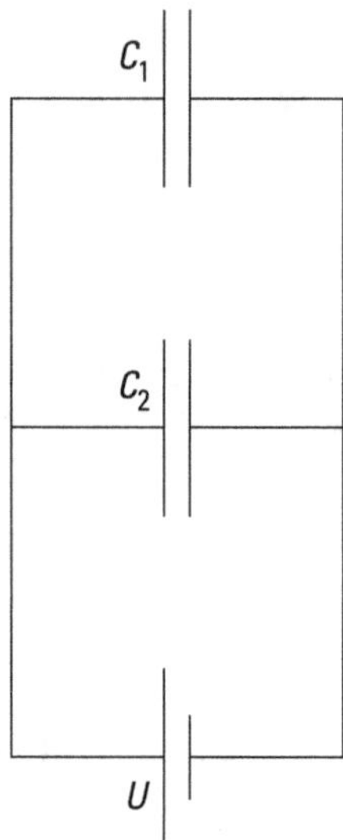

Abbildung 17.7: Kondensatoren in einem parallelen Stromkreis

Schema entnehmen? Nun, die Gesamtladung Q ist die Summe der Ladungen der beiden Kondensatoren:

$$Q = C_1 U + C_2 U.$$

Wie gesagt, ist die Spannung an beiden Kondensatoren gleich. Sie können die Gleichung deshalb so aufschreiben, als ob der Stromkreis nur einen einzigen Kondensator mit der Kapazität C_{gesamt} enthielte:

$$Q = (C_1 + C_2) \cdot U = C_{\text{gesamt}} \cdot U.$$

In parallelen Stromkreisen erhalten Sie die Gesamtkapazität mehrerer Kondensatoren durch einfaches Aufsummieren:

$$C_{\text{gesamt}} = C_1 + C_2 + C_3 \ldots$$

Kondensatoren in Reihenschaltung

An mehreren parallel geschalteten Kondensatoren liegt die gleiche Spannung an. In Reihenschaltungen von Kondensatoren stimmen dagegen deren *Ladungen* überein. Abbildung 17.8 zeigt zwei in Reihe geschaltete Kondensatoren. Was entnehmen Sie diesem Schema?

Wie Sie sehen, sind die rechte Platte von C_1 und die linke Platte von C_2 zwar miteinander, aber nicht mit dem Rest des Stromkreises verbunden. Deshalb ist dieser Abschnitt des Kreises elektrisch neutral (die Gesamtladung ist null). Jegliche negative Ladung $-q$ an der rechten Platte von C_1 muss durch eine positive Ladung q an der linken Platte von C_2 ausgeglichen

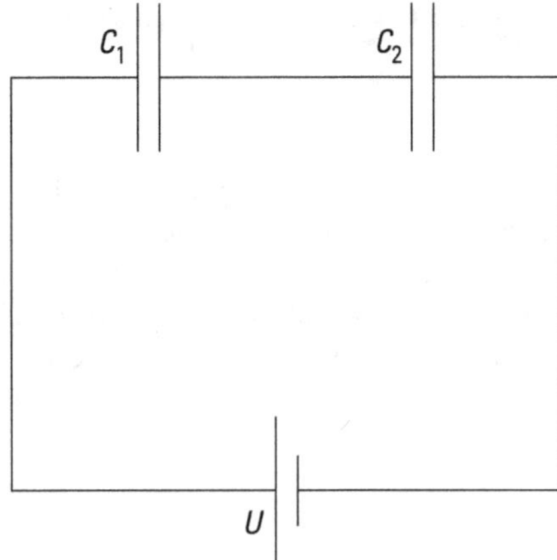

Abbildung 17.8: In Reihe geschaltete Kondensatoren haben gleiche Ladungen.

werden. Da aber auch jeder der beiden Kondensatoren in sich elektrisch neutral sein muss, trägt dann die rechte Platte von C_1 die Ladung q und die rechte Platte von C_2 die Ladung $-q$. Anders ausgedrückt: Der Betrag der Ladung (das heißt, die Ladung ohne Vorzeichen) aller vier Platten ist gleich, nämlich q.

So weit, so gut. Was haben Sie aber davon, dass alle Ladungen gleich sind? Wie Sie wissen, liegt an beiden Kondensatoren gemeinsam die Spannung

$$U = \frac{q}{C_1} + \frac{q}{C_2}$$

an; anders geschrieben

$$U = q \left(\frac{1}{C_1} + \frac{1}{C_2} \right).$$

Wenn Sie sich anstelle der beiden einzelnen Kondensatoren einen Kondensator mit der Kapazität C_{gesamt} vorstellen, lautet die Gleichung

$$U = q \left(\frac{1}{C_1} + \frac{1}{C_2} \right) = \frac{q}{C_{\text{gesamt}}}.$$

Mit anderen Worten: Kapazitäten in Reihe addieren Sie genauso wie parallele Widerstände (siehe den Abschnitt »Alles auf einmal: Parallelschaltungen« weiter vorn in diesem Kapitel), nämlich indem Sie die Kehrwerte zusammenzählen und dann den Kehrwert des Ergebnisses bilden:

$$\frac{1}{C_{\text{gesamt}}} = \frac{1}{C_1} + \frac{1}{C_2}.$$

Genauso verfahren Sie, wenn der Stromkreis noch mehr parallele Kondensatoren enthält:

$$\frac{1}{C_{\text{gesamt}}} = \frac{1}{C_1} + \frac{1}{C_2} + \frac{1}{C_3} \cdots$$

Kondensator plus Widerstand gleich RC-Schaltkreis

Bisher habe ich Widerstände (elektrische Bauelemente, die den Stromfluss hemmen) und Kondensatoren (Bauelemente, die Ladungen trennen) getrennt behandelt. Jetzt wird es Zeit, beide Bauteile zusammenzuschalten! In Abbildung 17.9 ist das bereits geschehen. Ein Elektriker hat den Kondensator freundlicherweise schon aufgeladen; die Spannung ist jetzt U_A. Wenn er den Schalter schließt, sollte schön gleichmäßig ein Strom fließen, oder?

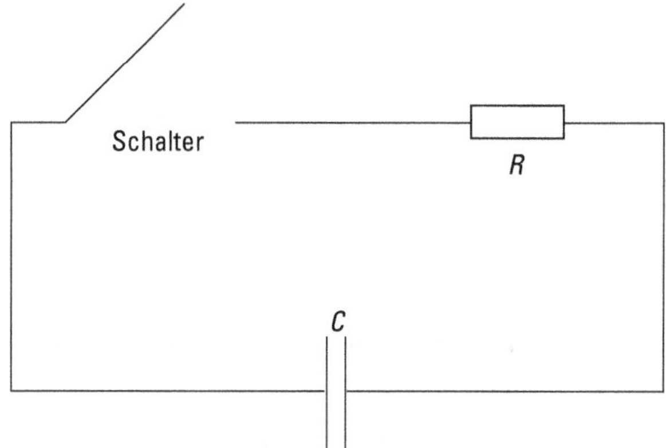

Abbildung 17.9: Ein Widerstand und ein Kondensator, mit einem Schalter in Reihe geschaltet

Was tatsächlich passiert, sehen Sie in Abbildung 17.10. Zu Beginn ist der Strom erwartungsgemäß gleich U_A/R (mit R dem Widerstand), aber dann fällt er immer weiter ab. Und warum?

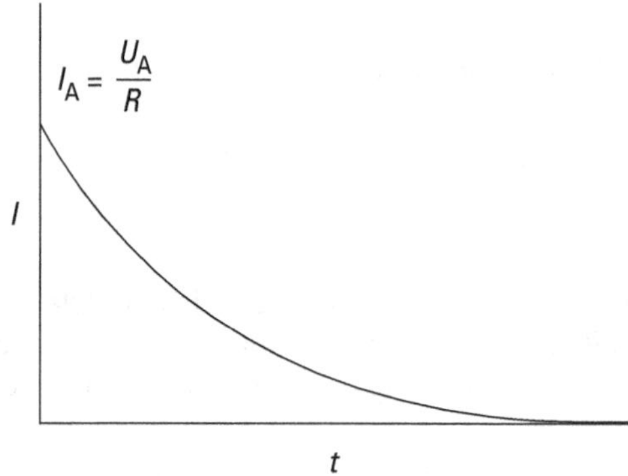

Abbildung 17.10: Die Entladung eines Kondensators

Mit der Zeit geht die im Kondensator gespeicherte Ladung zur Neige. Es fließt immer weniger Strom. Ein Kondensator ist eben keine Batterie, ob es dem Elektriker gefällt oder nicht.

Vielmehr kann der Kondensator nur so lange als Spannungsquelle wirken, wie er noch geladen ist. Kurz nach dem Schließen des Schalters ist der Kondensator noch fast vollständig aufgeladen. Deshalb ist der Strom anfänglich gleich U_A/R. Mit der Zeit fällt der Strom dann aber gemäß folgender Gleichung ab:

$$I = I_A e^{-t/RC} = \frac{U_A\, e^{-t/RC}}{R}.$$

Hierbei ist I der Strom, t die Zeit, R der Widerstand und C die Kapazität; die Zahl e ist die Basis des natürlichen Logarithmus (auf Ihrem Taschenrechner gibt es vermutlich eine Taste für e^x). Die gleiche Kurvenform ergibt sich für die allmähliche Abnahme der Ladung des Kondensators:

$$q = q_A\, e^{-t/RC}.$$

Aufgabe 17.1

Wie groß ist die Kapazität einer Parallelschaltung dreier Kondensatoren, wenn die Einzelkapazitäten 1 µF, 3 µF und 0,3 µF sind?

Aufgabe 17.2

Wie groß ist die Kapazität einer Reihenschaltung dieser drei Kondensatoren?

Aufgabe 17.3

Ein Elektron hat eine Ladung von $1,60 \cdot 10^{-19}$ C. Wie viele Elektronen müssen pro Sekunde fließen, um einen Strom von 1 Ampere zu erzeugen?

Kapitel 18

Überaus anziehend: Magnetismus

Elektrizität und Magnetismus gehören zusammen: Bewegte elektrische Ladungen erzeugen Magnetfelder (etwa in Elektromagneten und Elektromotoren), und bewegte Magneten können elektrische Ströme erzeugen (in Generatoren). Auch der unermüdliche Lauf der Elektronen um den Atomkern herum ruft ein Magnetfeld hervor. Auf diesem Gebiet gibt es viel Interessantes zu entdecken. Deshalb beschäftigt sich das ganze folgende Kapitel mit Magnetismus. Ich beginne mit dem vertrauten Permanentmagneten, erkläre Ihnen dann die Kräfte, die in Magnetfeldern wirken, und zeige Ihnen zu guter Letzt, was in Magnetfeldern mit Ladungen geschieht.

Satelliten, die auf Sterne, den Mond oder bestimmte Punkte der Erdoberfläche zeigen sollen, müssen in Echtzeit nachgeführt werden. Dazu verwendet man anstelle von Triebwerken häufig Magnetspulen, die mit dem Magnetfeld der Erde in Wechselwirkung treten. Auch im Weltraum gibt es also Magnetismus!

Anziehen und Abstoßen

Sicherlich hatten Sie schon einmal zwei Magnete in der Hand und erinnern sich an die Anziehungs- beziehungsweise Abstoßungskräfte zwischen ihnen. Die Ursache dieser Kräfte sind Magnetfelder, die auf mikroskopischer Ebene entstehen.

Jedes Atom in einem Material erzeugt ein winzig kleines, räumlich ausgerichtetes Magnetfeld. Normalerweise sind die atomaren Magnetfelder alle verschieden orientiert, sodass sich die unzähligen kleinen Felder gegenseitig aufheben. In manchen Stoffen – beispielsweise Eisen – können sich die Atome aber so anordnen, dass ihre Magnetfelder alle in die gleiche

Richtung zeigen. Einen solchen Stoff nennt man *magnetisch*. Stoffe, die von sich aus (ohne dass von außen ein elektrischer Strom anliegt) magnetisch sind, nennt man *Permanentmagnete*. Abbildung 18.1 zeigt zwei Permanentmagnete. Wie Sie unschwer erkennen können, wirken zwischen ihnen Kräfte.

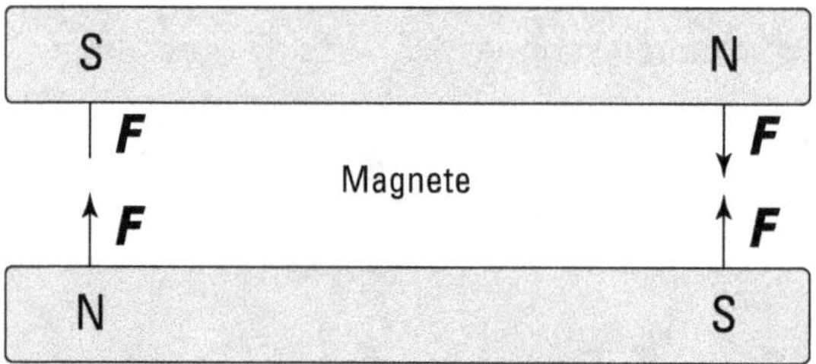

Abbildung 18.1: Kräfte zwischen zwei Permanentmagneten mit entgegengesetzter Polung

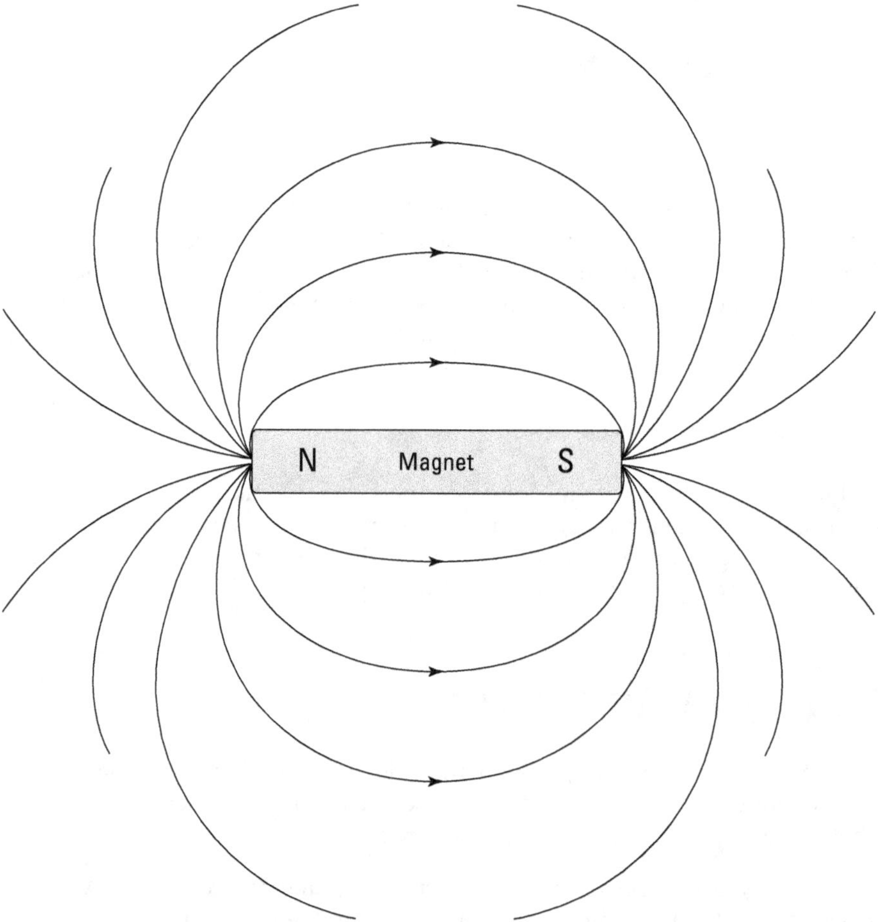

Abbildung 18.2: Das Magnetfeld eines permanenten Stabmagneten

Wie bei der Elektrizität gibt es auch beim Magnetismus zwei verschiedene Sorten. Hier allerdings spricht man nicht von positiver und negativer Ladung, sondern von *magnetischen Polen*. Während elektrische Felder von »Plus« nach »Minus« verlaufen, weisen Magnetfelder vom *Nordpol* zum *Südpol*.

Wie Sie sicher schon vermuten, stammen die Bezeichnungen »Nordpol« und »Südpol« vom magnetischen Kompass. Aber Obacht: Die Richtung, in die der Nordpol einer Kompassnadel zeigt, also in etwa zum *geografischen* Nordpol, zeigt in Wirklichkeit den Weg zum *geomagnetischen* Südpol in der kanadischen Arktis!

In Abbildung 18.2 ist das Magnetfeld eines permanenten Stabmagneten dargestellt. Die Feldlinien gehen – wie bei jedem Magnetfeld – vom Nordpol aus und weisen zum Südpol.

Die Wirkung auf bewegte Ladungen

Magneten beeinflussen elektrische Ströme – sie üben eine Kraft auf Ladungen aus, die sich bewegen. Die Betonung liegt dabei auf »bewegen«, denn unbewegte Ladungen lassen Magnetfelder völlig kalt.

Wie das funktioniert, sehen Sie in Abbildung 18.3: Eine bewegte Ladung q wird zu ihrer Überraschung von einem Magnetfeld abgelenkt, das durch den Vektor B (mehr zu Vektoren in Kapitel 4) beschrieben wird. (Warum man Magnetfelder ausgerechnet B nennt, weiß ich auch nicht. Die einzige Erklärung, die mir einfällt, ist: Alle anderen Buchstaben waren wohl schon besetzt.) Dieses Magnetfeld übt auf die Ladung eine Kraft aus. Und wohin zieht die Kraft? Die Antwort entnehmen Sie Abbildung 18.3. Merken können Sie sich das ganz einfach mit der Rechte-Hand-Regel.

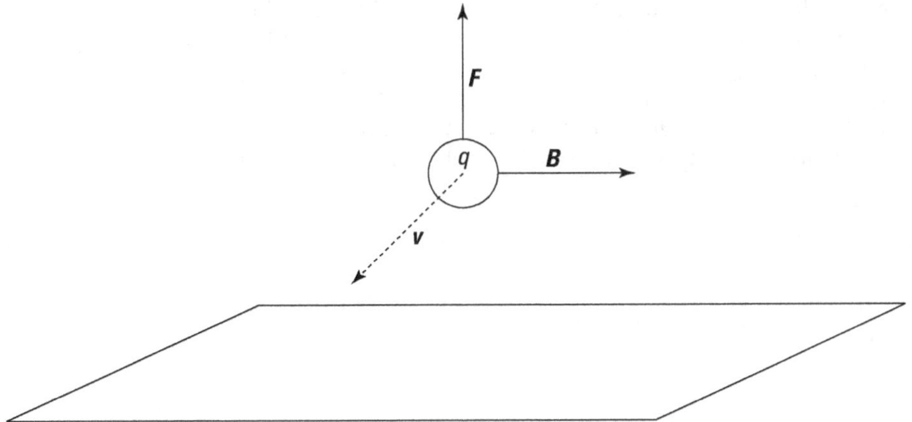

Abbildung 18.3: Die Kraft auf eine positive bewegte Ladung im Magnetfeld

Es gibt die Rechte-Hand-Regel sogar in zwei Varianten; suchen Sie sich die aus, die Ihnen besser gefällt:

- ✔ **Variante 1:** Die Finger Ihrer geöffneten rechten Hand zeigen in Richtung des Magnetfelds (Vektor **B** in Abbildung 18.3) und Ihr rechter Daumen in die Bewegungsrichtung *v* der Ladung. Dann zeigt die auf eine positive Ladung wirkende Kraft aus Ihrer Handfläche heraus und die auf eine negative Ladung wirkende Kraft in die Handfläche hinein.

- ✔ **Variante 2:** Die Finger Ihrer geöffneten rechten Hand zeigen in die Bewegungsrichtung *v* der Ladung. Schließen Sie nun die Hand, indem Sie die Finger krümmen (in der Regel geht das nur in einer Richtung …), bis die Fingerspitzen in Richtung des Magnetfelds zeigen. Der Daumen zeigt dann in Richtung der Kraft.

Ähnlich haben wir in Kapitel 10 mit Drehmomenten gearbeitet. Der Vektor **F** der Kraft steht senkrecht auf der Ebene, die von den Vektoren *v* und **B** aufgespannt wird.

Nun können Sie die Richtung der Kraft ermitteln, die auf eine bewegte Ladung wirkt. Als Nächstes überlegen wir, wie stark diese Kraft ist.

Die Stärke magnetischer Kräfte

Beim Umgang mit Magneten ist es nützlich, magnetische Kräfte berechnen zu können. Zum Beispiel können Sie herausfinden, welche Kraft (in Newton) auf ein geladenes Teilchen wirkt, das durch ein Magnetfeld fliegt. Es wird sich herausstellen, dass die Kraft sowohl zum Betrag der Ladung als auch zur Stärke des Magnetfelds proportional ist. Außerdem ist die magnetische Kraft proportional zur Geschwindigkeitskomponente *senkrecht* zur Richtung des Magnetfelds. Das bedeutet: Bewegt sich die Ladung parallel zum Magnetfeld, ist die Kraft null. Bewegt sich die Ladung senkrecht zum Magnetfeld, haben wir das andere Extrem – die Kraft ist maximal.

Aus all diesen Informationen finden wir eine Gleichung für den Betrag der Kraft, die auf eine bewegte Ladung q wirkt, wobei θ der Winkel (zwischen 0° und 180°) zwischen den Vektoren ist:

$$F = qvB \cdot \sin \theta.$$

Streng genommen zäumen wir damit das Pferd vom Schwanz her auf, denn eigentlich ist in der Physik das Magnetfeld anhand der Kraft definiert, die es auf eine positive Probeladung ausübt:

$$B = \frac{F}{qv \cdot \sin \theta},$$

mit F als der Kraft auf die positive Ladung q, die sich mit einer Geschwindigkeit v bewegt, wobei die Feldrichtung und der Vektor *v* im Winkel θ (zwischen 0° und 180°) zueinander stehen.

Die Einheit der Magnetfeldstärke im MKS-System (siehe Kapitel 2) ist das Tesla (T). Des Öfteren findet man auch noch die ältere Einheit Gauß (G). Die Beziehung zwischen den beiden Einheiten lautet:

$$1\,G = 1 \cdot 10^{-4}\,T.$$

Stellen Sie sich vor, Sie gehen mit einem kleinen Elektron spazieren und geraten in ein Magnetfeld von 12 Tesla. (Das ist schrecklich viel: Das Erdmagnetfeld in Bodennähe beträgt ungefähr 0,6 Gauß oder $6{,}0 \cdot 10^{-5}$ Tesla.) Welche Kraft wirkt auf das Elektron, wenn es mit einer Geschwindigkeit von $1{,}0 \cdot 10^6$ Metern pro Sekunde senkrecht zur Feldrichtung neben Ihnen herflitzt? Der Betrag der Kraft ist gegeben durch

$$F = qvB \cdot \sin\theta.$$

Jetzt setzen Sie die Zahlen ein:

$$F = qvB \cdot \sin\theta = 1{,}6 \cdot 10^{-19}\,C \cdot 10^6\,m/s \cdot 12\,T \cdot \sin(90°) = 1{,}92 \cdot 10^{-12}\,N.$$

Auf Ihr Elektron wirkt also eine Kraft von $1{,}92 \cdot 10^{-12}$ Newton. Das klingt nach nicht viel, oder? Bedenken Sie aber, dass ein Elektron nur ganz, ganz wenig wiegt, nämlich rund $9{,}11 \cdot 10^{-31}$ Kilogramm. Und nun berechnen Sie mal dessen Beschleunigung (mit der Formel Kraft gleich Masse mal Beschleunigung):

$$a = \frac{F}{m} = \frac{1{,}92 \cdot 10^{-12}\,N}{9{,}11 \cdot 10^{-31}\,kg} = 2{,}11 \cdot 10^{18}\,m/s^2.$$

Das entspricht immerhin rund $215.000.000.000.000.000\,g$ (g ist die Erdbeschleunigung infolge der Gravitation) – ziemlich heftig, selbst für ein Elektron! Das kleine Kerlchen sollte sich also doch lieber in Richtung des Magnetfelds bewegen – dann nämlich wäre die magnetische Kraft null.

Gebogene Bahnen: Ladungen im Magnetfeld

Zwischen den Platten eines Kondensators wird eine positive Ladung entgegengesetzt der Richtung der elektrischen Feldlinien beschleunigt. Die Feldlinien gehen von der positiven Platte aus und die positive Platte stößt positive Ladungen ab. (Mehr über Kondensatoren erfahren Sie in Kapitel 17.) In Magnetfeldern liegt die Sache anders – hier sind vor allem rechte Winkel im Spiel. Betrachten Sie dazu die Bahn einer positiven Ladung durch das Magnetfeld in Abbildung 18.4.

Sehen Sie all die Kreuze? Mit einem x ist gemeint, dass das Magnetfeld in die Buchseite hineinzeigt. Die Physiker denken dabei an die Rückansicht eines Pfeils (von hinten sieht man die gekreuzten Federn – versuchen Sie bitte mal, sich das bildlich vorzustellen). Die positive Ladung $+q$ bewegt sich auf einer geraden Linie, bis sie in das Magnetfeld gerät. Dort wirkt eine Kraft auf sie, die (wie Sie mit der Rechte-Hand-Regel nachprüfen können) immer senkrecht zu ihrer Geschwindigkeit zeigt und die Ladung letztlich auf eine Kreisbahn zwingt.

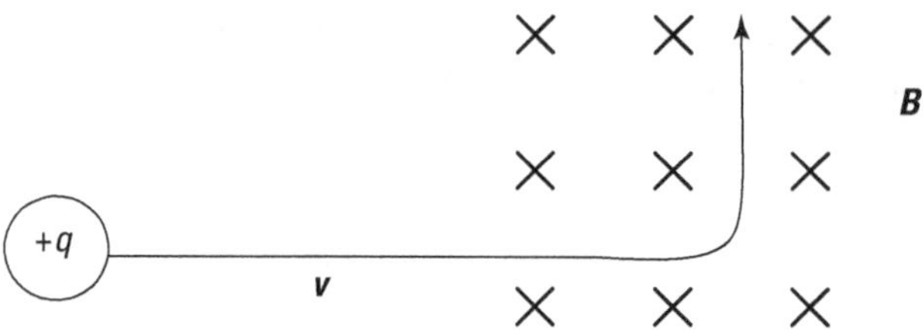

Abbildung 18.4: In einem Magnetfeld bewegt sich die positive Ladung auf einer gekrümmten Bahn.

Magnetfelder arbeiten nicht ...

Da Sie physikalisch denken, stellen Sie natürlich sofort ein paar Fragen. Auf ein geladenes Teilchen wirkt also im Magnetfeld eine Kraft. Welche *Arbeit* verrichtet das Feld dann an dieser Ladung? Gute Frage. Ein elektrisches Feld verrichtet Arbeit an einer bewegten Ladung; in Kapitel 17 haben wir diese Arbeit W durch den Betrag der Ladung q geteilt und auf diese Weise das elektrische Potenzial U eingeführt:

$$U = \frac{W}{q}.$$

Und was ist mit dem Magnetfeld? In Kapitel 6 führe ich eine andere Formel für die Arbeit ein, nämlich

$$W = Fs \cdot \cos \theta.$$

s ist der Weg, entlang dessen die Kraft wirkt, und θ ist der Winkel zwischen Kraftrichtung und Wegrichtung. Haben Sie das Problem schon erkannt? Richtig: Für Ladungen in Magnetfeldern ist θ immer 90° (prüfen Sie das bitte mit der Rechte-Hand-Regel nach), und damit $\cos(\theta) = 0$! Magnetfelder verrichten an bewegten Ladungen folglich überhaupt keine Arbeit.

Das ist ein wichtiger Unterschied zwischen elektrischem Feld und Magnetfeld: Elektrische Felder verrichten an Ladungen Arbeit; Magnetfelder hingegen verrichten an bewegten Ladungen keine Arbeit, das heißt, sie beeinflussen deren kinetische Energie nicht.

... aber sie wirken trotzdem!

Zwar weigern sich Magnetfelder standhaft, Arbeit an bewegten geladenen Teilchen zu verrichten, aber dafür ändern sie zuverlässig deren Bewegungsrichtung – sofern das grundsätzlich möglich ist. Die Kraft wirkt dabei stets senkrecht zur Bewegungsrichtung des Teilchens.

Fällt Ihnen zufällig eine andere Bewegungsform ein, deren Richtung immer senkrecht zur ausgeübten Kraft verläuft? Genau, ich meine die Kreisbewegung, die in Kapitel 7 besprochen wird. In Abbildung 18.4 sehen Sie, wie die Bahn des geladenen Teilchens im Magnetfeld gebogen wird. Weil nun in Magnetfeldern die Kraft prinzipiell senkrecht zur Bewegungsrichtung des Teilchens wirkt, bewegen sich geladene Teilchen innerhalb von Magnetfeldern auf Kreisbahnen.

Abbildung 18.5 zeigt Ihnen eine positive Ladung, die in einem Magnetfeld nach links fliegt. B zeigt aus dem Papier heraus, also auf Sie zu. (Woher ich das weiß? Die Punkte mit den Kreisen drum herum stehen für die Spitze eines Pfeils, der auf den Betrachter zufliegt, im Gegensatz zu den Kreuzen, die in Abbildung 18.4 für einen Pfeil von hinten standen.)

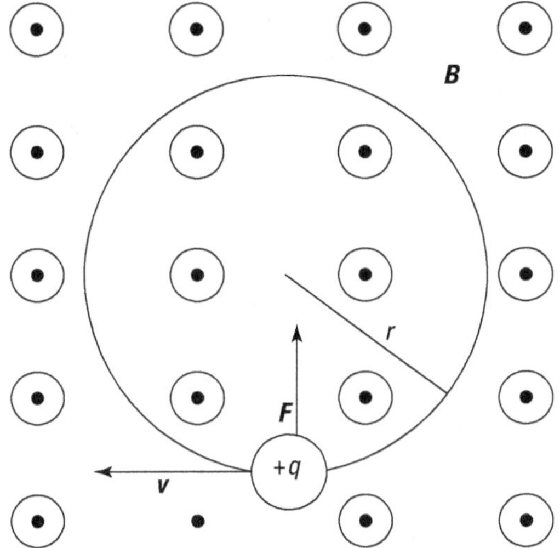

Abbildung 18.5: Kreisbahn einer positiven Ladung

Kurz: B zeigt aus dem Papier heraus und die positive Ladung bewegt sich nach links. Mithilfe Ihrer rechten Hand stellen Sie fest, dass die resultierende Kraft nach oben zeigt. (Mehr zur Rechte-Hand-Regel finden Sie im Abschnitt »Die Wirkung auf bewegte Ladungen« weiter vorn in diesem Kapitel.) Die Ladung reagiert auf die Kraft, indem sie (von ihr aus gesehen) nach rechts abbiegt. Da die Kraft im Magnetfeld aber stets senkrecht auf der Bewegungsrichtung der Ladung steht, ändert sich die Richtung der Kraft, sobald sich die Bahn des Teilchens krümmt. Der Betrag der Kraft ist

$$F = qvB \cdot \sin\ \theta.$$

Weil v senkrecht zu B steht, haben wir $\sin(\theta) = 1$, also

$$F = qvB.$$

Mit anderen Worten: Das Teilchen beschreibt einen Kreis, wobei das Magnetfeld die Zentripetalkraft liefert, die für eine Kreisbewegung nötig ist (siehe Kapitel 7),

$$F_Z = m\frac{v^2}{r},$$

mit m als Masse des Teilchens und r als Radius seiner Bahn. Das bedeutet

$$qvB = m\frac{v^2}{r},$$

und diese Gleichung lösen Sie einfach nach dem Radius der Kreisbahn auf:

$$r = \frac{mv}{qB}.$$

Mit dieser Formel können Sie den Radius der Kreisbahn eines Teilchens mit der Ladung q und der Masse m berechnen, das sich mit der Geschwindigkeit v in einem senkrecht dazu stehenden Magnetfeld B bewegt. Je stärker das Feld, desto kleiner der Kreis; je schneller und je schwerer die Ladung, desto größer der Kreis.

Ströme verbiegen

»Ist ja alles sehr interessant mit den Ladungen im Magnetfeld«, werden Sie jetzt sagen, »aber wann habe ich es schon mit einer bewegten Ladung zu tun?« Elektronen im Vakuum begegnen Sie tatsächlich eher selten, bewegten Elektronen in Drähten dagegen schon – in Form des ganz gewöhnlichen elektrischen Stroms.

Kräfte auf Ströme

Nehmen Sie sich noch einmal die Gleichung für die Kraft auf eine bewegte Ladung im Magnetfeld vor:

$$F = qvB \cdot \sin \theta,$$

q ist wieder die Ladung, v die Geschwindigkeit und B das Magnetfeld. Clever wie Sie sind, wissen Sie, dass Sie die Gleichung gleichzeitig durch die Zeit t teilen und dann wieder mit t multiplizieren können, ohne dass sich etwas ändert (schließlich multiplizieren Sie nur mit $1 = \frac{t}{t}$):

$$F = \frac{q}{t} \cdot vt \cdot B \cdot \sin \theta.$$

Hier ist q/t die Ladung, die in einer bestimmten Zeit einen bestimmten Punkt durchfließt. Dafür kennen Sie aber einen anderen Namen: elektrischer Strom I. Und vt ist nichts weiter als die Wegstrecke, die die Ladung in dieser Zeit zurücklegt. Sie können die Gleichung also auch so aufschreiben:

$$F = I\ell B \cdot \sin \theta.$$

Das ist die Kraft auf einen Draht mit der Länge ℓ, durch den ein Strom I fließt, in einem Magnetfeld mit der Feldstärke B, wobei der Draht mit der Richtung von B den Winkel θ einschließt. Abbildung 18.6 zeigt zum Beispiel einen stromdurchflossenen Draht in einem Magnetfeld B.

In der Physik behandelt man Ströme als bewegte positive Ladungen. Die Kraft auf den Draht können Sie dann ganz einfach berechnen. Gegeben sind der Strom $I = 2$ A und die Magnetfeldstärke $B = 10$ T. Wie groß ist die Kraft pro Meter Draht? Der Draht soll senkrecht zum

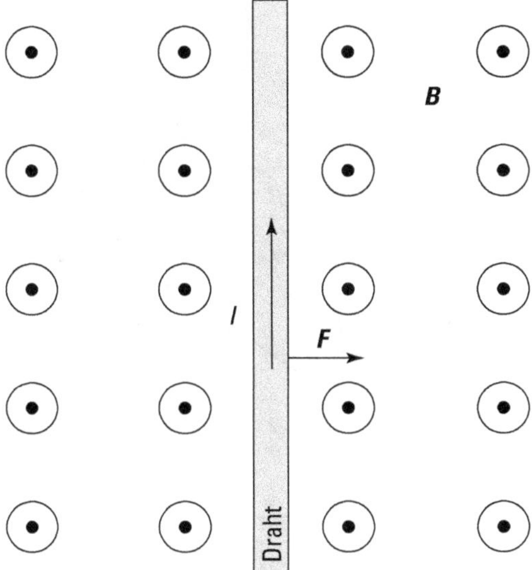

Abbildung 18.6: Die Kraft auf einen stromdurchflossenen Leiter im Magnetfeld

Magnetfeld verlaufen, also ist wegen $\sin(90°) = 1$

$$F = I\ell B.$$

Da Sie die Kraft pro Meter suchen, teilen Sie durch die Länge,

$$\frac{F}{\ell} = IB,$$

und setzen die Zahlen ein:

$$\frac{F}{\ell} = IB = 2\,\text{A} \cdot 10\,\text{T} = 20\,\text{N/m}.$$

Zwanzig Newton entsprechen der Gewichtskraft von zwei Kilogramm – pro Meter Draht ist das ein ganz schöner Happen, oder?

Rotierende Schleifen

In Elektromotoren sind normalerweise Permanentmagneten eingebaut, die Magnetfelder erzeugen, die wiederum drehbare Spulen umfließen. Dass sich diese Spulen tatsächlich drehen, liegt daran, dass die magnetische Kraft auf jede Spule ein Drehmoment ausübt (siehe Kapitel 11).

Abbildung 18.7 zeigt eine einfache Spule in Aktion. Durch eine stromdurchflossene Leiterschleife tritt ein Magnetfeld $\boldsymbol{B}$, das eine Kraft auf diejenigen Abschnitte der Schleife ausübt, die nicht parallel zum Magnetfeld verlaufen, also für $\theta \neq 0°$ beziehungsweise $\theta \neq 180°$. In der Abbildung ist der Fall $\theta = 90°$ dargestellt, also der maximale Effekt. Mithilfe der

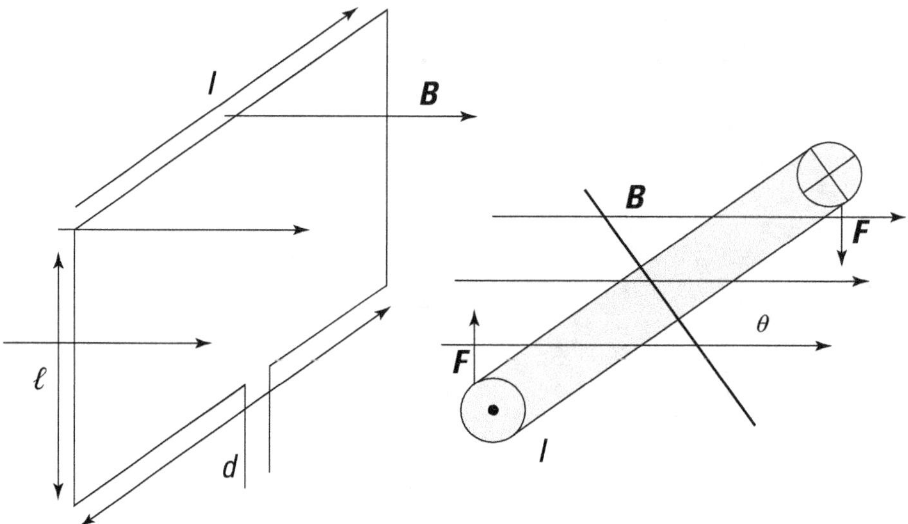

Abbildung 18.7: Die Kräfte F und $-F$ üben ein Drehmoment auf die Leiterschleife aus, wenn der Strom nicht parallel zum Magnetfeld B fließt.

Rechte-Hand-Regel überprüfen Sie leicht (auch wenn Sie Ihre Hand vielleicht etwas verrenken müssen), dass die Kraft auf den Strom auf der rechten Seite nach unten zeigt ($-F$) und auf der linken Seite nach oben (F). Ebenso klar ist, dass im vorderen und hinteren Abschnitt der Leiterschleife keine Kraft auf die sich bewegenden Ladungsträger wirkt, weil dort der Strom parallel beziehungsweise antiparallel zum Magnetfeld läuft.

Die beiden Kräfte links und rechts üben auf die Schleife Drehmomente aus, die sie um die in der Abbildung angedeutete Drehachse rotieren lassen. Die Hebelarme (mehr dazu in Kapitel 11) der beiden Drehmomente sind jeweils

$$\text{Hebelarm} = d \cdot \sin \theta$$

(d ist der Durchmesser der Schleife, in diesem Fall die Länge des oberen Drahts, und θ ist der Winkel zwischen Strom und Magnetfeld, wie in der Abbildung skizziert). Jedes Drehmoment ist gleich dem Produkt aus der Kraft F (Strom I mal Länge mal Magnetfeldstärke B) und dem Hebelarm. Auf beiden Seiten der Schleife wirkt je ein Drehmoment; das Gesamtdrehmoment τ ist dann

$$\tau = IlB \left(\frac{1}{2}d \cdot \sin \theta + \frac{1}{2}d \cdot \sin \theta \right) = IlBd \cdot \sin \theta.$$

Dieses Ergebnis ist bei näherer Betrachtung ziemlich interessant, denn das Produkt von d und l ist die Fläche A, die die Leiterschleife umschließt. Wir können deshalb für das Gesamtdrehmoment an einer Schleife mit der Querschnittsfläche A und dem Winkel θ wie in Abbildung 18.7 auch schreiben

$$\tau = IAB \cdot \sin \theta.$$

In Motoren und anderen Geräten findet man normalerweise keine einzelnen Leiterschleifen, sondern Spulen mit sehr vielen Windungen. Ist die Anzahl der Windungen zum

Beispiel N, erhalten Sie das Gesamtdrehmoment, indem Sie das letzte Ergebnis noch mit N multiplizieren:

$$\tau = NIAB \cdot \sin\theta.$$

Jetzt können Sie das Drehmoment berechnen, das auf eine Spule mit N Windungen wirkt, durch die der Strom I fließt, deren Querschnittsfläche A ist und die sich in einem Magnetfeld befindet, das im Winkel θ zur Spule orientiert ist. Nicht schlecht, oder?

In Physikaufgaben wird manchmal nach dem maximalen Drehmoment gefragt, das auf eine Spule mit N Windungen in einem Magnetfeld wirken kann. Dann müssen Sie den Fall $\theta = 90°$ betrachten (siehe oben), weil dann $\sin\theta = 1$ ist. Für diesen Spezialfall gilt für das Drehmoment:

$$\tau = NIAB.$$

Wie groß ist dieses maximale Drehmoment, wenn die Spule 2.000 Windungen und einen Querschnitt von einem Quadratmeter hat, ein Strom von fünf Ampere fließt und die Magnetfeldstärke zehn Tesla beträgt? Ganz einfach:

$$\tau = NIAB = 2.000 \cdot 5,0\,\text{A} \cdot 1\,\text{m}^2 \cdot 10\,\text{T} = 1,0 \cdot 10^5\,\text{Nm}.$$

Das maximale Drehmoment von 100 Kilonewtonmetern ist sehr hoch – kein Wunder, wenn die Spule so viele Windungen hat! Auf eine einzelne Leiterschleife würde unter sonst gleichen Bedingungen nur ein Drehmoment von 50 Newtonmetern wirken. Aus diesem Grund baut man in Motoren keine Leiterschleifen, sondern Spulen mit vielen Windungen ein.

Das Magnetfeld eines Drahts

Bewegte Ladungen spüren nicht nur die Anwesenheit eines Magnetfelds (indem sie ihre Richtung ändern – mehr dazu im Abschnitt »Gebogene Bahnen: Ladungen im Magnetfeld« weiter vorn in diesem Kapitel), sondern sie *bauen selbst ein Magnetfeld auf*. Denn bewegte Ladungen sind elektrischer Strom. Und schon haben wir eine Möglichkeit, im Alltag schnell ein Magnetfeld zu erzeugen.

Ein magnetischer Fall

Als Student habe ich unter anderem am National Magnet Lab des Massachusetts Institute of Technology gearbeitet. Im Labor lagen ziemlich viele dicke Kabel herum, die imposante Ströme führten (1.000 Ampere und mehr). Eines Tages bin ich über ein solches Kabel gestolpert und habe einen Schraubenschlüssel fallen lassen. Ich wollte ihn aufheben, aber das Magnetfeld des Kabels hielt ihn ziemlich fest! Natürlich begann ich sofort zu spielen – ich hielt den Schlüssel in verschiedene Entfernungen vom Kabel und freute mich, dass das Magnetfeld in der Tat kreisförmig um die Leitung verlief. Bis mich der Professor erwischte und zurück an die Arbeit schickte.

Um zu sehen, wie Magnetfelder entstehen, betrachten wir einen einzelnen stromführenden Draht wie in Abbildung 18.8. Wenn Sie dieses Magnetfeld beschreiben können, sind Sie schon im Geschäft, denn dann können Sie kompliziertere Gebilde in einzelne Drähte aufteilen und deren Magnetfelder zusammenzählen.

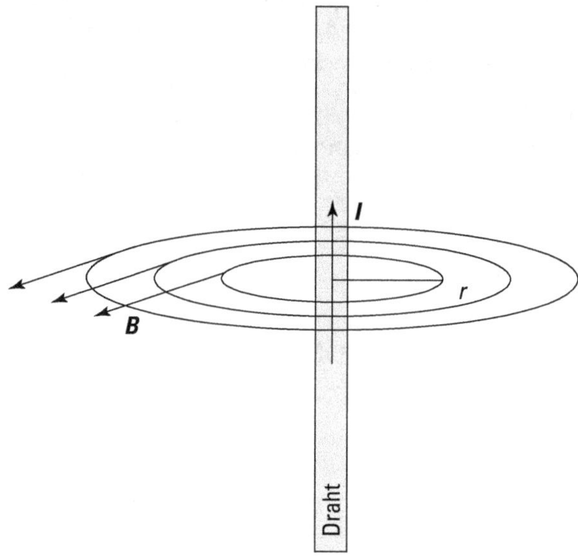

Abbildung 18.8: Ein einzelner Draht erzeugt konzentrische Magnetfeldlinien.

Je weiter Sie von Ihrem Draht entfernt sind, desto schwächer wird das Magnetfeld. Tatsächlich ist diese Abnahme umgekehrt proportional zum Abstand r vom Mittelpunkt des Drahts:

$$B \propto \frac{1}{r}.$$

Das Magnetfeld ist außerdem proportional zum Strom I: doppelter Strom = doppeltes Feld! Das heißt,

$$B \propto \frac{I}{r}.$$

Den Proportionalitätsfaktor schreibt man als $\mu_0/2\pi$ (etwas umständlich, aber so war es schon immer). Das Magnetfeld ist damit

$$B = \mu_0 \frac{I}{2\pi r}.$$

I ist der Strom, der durch den Draht fließt, und r der Abstand vom Mittelpunkt des Drahts (radial gemessen). Die Konstante μ_0 heißt *Vakuumpermeabilität* und hat den Wert $4\pi \cdot 10^{-7}$ T·m/A.

Nun fragen Sie sicher nach der Richtung des Magnetfelds. Wieder kommt die rechte Hand zum Einsatz: Wenn der Daumen Ihrer rechten Hand in Richtung des Stroms weist, krümmen sich die Finger in Richtung des Magnetfelds. Betrachten Sie dazu noch einmal Abbildung 18.8: In jedem Punkt zeigen die Fingerspitzen in Feldrichtung.

Stellen Sie sich zum Beispiel vor, in einem Draht fließt ein Strom von 1.000 Ampere und Sie sind zwei Zentimeter von der Mitte des Drahts entfernt. Wie groß ist das Magnetfeld? Sie kennen die Gleichung

$$B = \mu_0 \frac{I}{2\pi r}$$

und setzen die Zahlen ein:

$$B = \frac{\mu_0 I}{2\pi r} = \frac{4\pi \cdot 10^{-7}\ \mathrm{Tm/A} \cdot 1.000\,\mathrm{A}}{2\pi \cdot 0,02\,\mathrm{m}} = 0,01\ \mathrm{T}.$$

Die Feldstärke beträgt ein Hundertstel Tesla oder 100 Gauß.

Ein zweites Beispiel: Sie haben jetzt zwei parallele Drähte in einer Entfernung r voneinander, und durch jeden fließt der Strom I. Welche Kraft üben die Drähte aufeinander aus? Auf Draht 1 (der vom Strom I durchflossen wird) wirkt, wie Sie wissen, die Kraft

$$F = I\ell B.$$

Für das Magnetfeld B ist Draht 2 verantwortlich. Dieser erzeugt das Feld

$$B = \mu_0 \frac{I}{2\pi r},$$

also ist

$$F = \mu_0 \frac{I^2 \ell}{2\pi r}.$$

Fließt der Strom in zwei parallelen Drähten in die gleiche Richtung, so ziehen die Drähte einander an; sind die Stromrichtungen einander entgegengesetzt, wirkt die Kraft abstoßend. Prüfen Sie das bitte mithilfe der Rechte-Hand-Regel nach!

Magnetfelder in Leiterschleifen

»Heute brauche ich Ihre Hilfe«, sagt der Konstrukteur. »Sehen Sie sich mal das merkwürdige Ding in Abbildung 18.9 an. Was meinen Sie, was das ist?«

»Ist doch klar«, sagen Sie, »eine Spule.«

»Das weiß ich«, sagt der Konstrukteur. »Was ich aber nicht weiß, ist die Magnetfeldstärke genau in der Mitte der Spule.«

»Genau in der Mitte?«

»Richtig, genau in der Mitte.«

»Und ich bekomme das bezahlt?«

»Fürstlich!«, sagt der Konstrukteur.

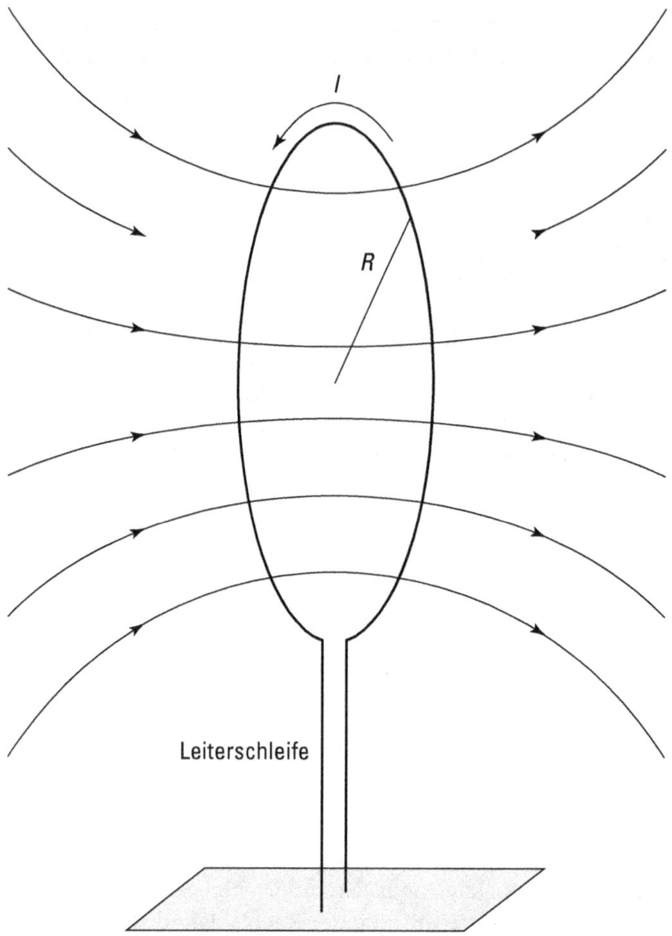

Abbildung 18.9: Magnetfeld einer Leiterschleife

»Geht in Ordnung«, bestätigen Sie und legen los. Die Magnetfeldstärke genau in der Mitte einer Spule mit N Windungen und dem Radius R beträgt, wenn ein Strom I durch die Schleife fließt,

$$B = \mu_0 N \frac{I}{2R}.$$

(Nehmen Sie diese Formel einfach mal so hin. Um sie zu erhalten, muss man ein Integral lösen, was ich Ihnen hier ersparen möchte.)

 Krümmen Sie die Finger der rechten Hand in Stromrichtung. Dann weist der Daumen in Richtung des erzeugten Magnetfelds.

Jetzt können Sie die Stärke des Magnetfelds im Innern einer Spule berechnen. Sie hat 2.000 Windungen und einen Radius von zehn Zentimetern, durch den Draht fließt ein Strom von zehn Ampere. Setzen Sie all die Zahlen in die Gleichung ein:

$$B = \frac{N\mu_0 I}{2R} = \frac{2.000 \cdot 4\pi \cdot 10^{-7}\,\text{Tm/A} \cdot 10\,\text{A}}{2 \cdot 0,1\,\text{m}} = 0,126\,\text{T}.$$

Das Magnetfeld ist also 0,126 Tesla groß – und Sie können die Rechnung stellen.

Schön gleichmäßig: Magnetfelder von Spulen

Ein paralleler Plattenkondensator erzeugt ein schönes, gleichmäßiges elektrisches Feld (mehr dazu in Kapitel 17). Was tun Sie, wenn Sie ein ebenso gleichmäßiges Magnetfeld haben möchten? Ganz einfach: Sie reihen viele Leiterschleifen zu einer Spule – also einer dicht gepackten Spirale – aneinander, wie Sie es in Abbildung 18.10 sehen.

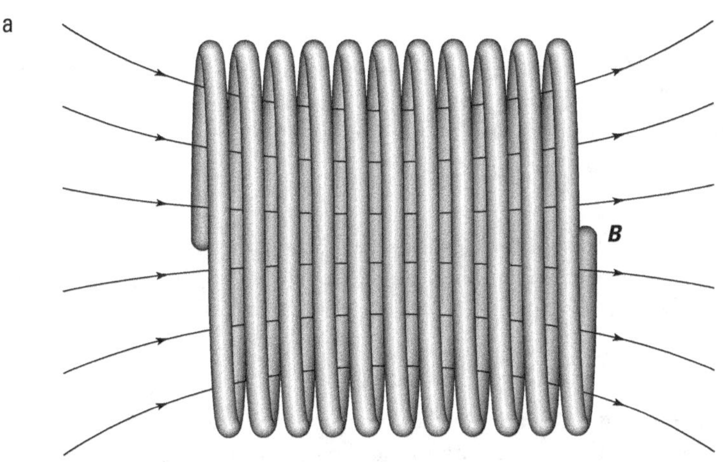

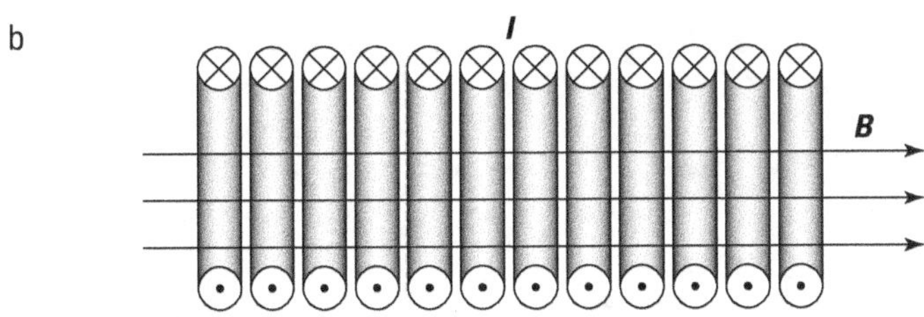

Abbildung 18.10: Magnetfeld in einer Zylinderspule

Eine Anordnung wie in Abbildung 18.10a, auch *Zylinderspule* genannt, liefert Ihnen ein gleichmäßiges (homogenes) Magnetfeld im Inneren des Tunnels. In Abbildung 18.10b ist der Tunnel aufgeschnitten dargestellt.

Wie stark ist das erzeugte Magnetfeld? Ist die Länge der Spule wesentlich größer als ihr Durchmesser, so wird das Feld durch folgende Gleichung beschrieben:

$$B = \mu_0 n I.$$

I ist der Strom, der durch jede Windung fließt, und n ist die Anzahl der Windungen pro Meter (die sogenannte *Windungsdichte*). Die Richtung des Feldes ermitteln Sie wie gewohnt mit der Rechte-Hand-Regel (siehe den vorangegangenen Abschnitt).

Stellen Sie sich vor, Sie brauchen für ein Experiment ein gleichmäßiges Magnetfeld mit einer Stärke von einem Tesla. Ihre Spule hat 100 Windungen pro Zentimeter. Wie stark müsste der Strom sein? Setzen Sie alle Zahlen ein:

$$I = \frac{B}{\mu_0 n} = \frac{1\,\text{T}}{4\pi \cdot 10^{-7}\,\text{Tm/A} \cdot 10^4\,\text{m}^{-1}} = 79{,}6\,\text{A}.$$

Sie brauchen also knapp 80 Ampere, um das gewünschte Magnetfeld zu erzeugen.

Aufgabe 18.1

Welche Spannung ist erforderlich, um ein Elektron auf eine Geschwindigkeit von 500 Kilometern pro Sekunde zu beschleunigen, wenn die Ladung eines Elektrons $1{,}60 \cdot 10^{-19}$ As und seine Masse $9{,}11 \cdot 10^{-31}$ kg beträgt?

Aufgabe 18.2

Welchen Radius hat die Kreisbahn eines Elektrons, das mit einer Geschwindigkeit von $1{,}0 \cdot 10^5$ m/s senkrecht in ein Magnetfeld von $1{,}0 \cdot 10^{-4}$ T eintritt? Ladung und Masse eines Elektrons finden Sie in Aufgabe 18.1.

Aufgabe 18.3

Was passiert, wenn man einen Strahl aus Elektronen, die alle die Geschwindigkeit v haben sollen, parallel zu den Feldlinien eines magnetischen Feldes verlaufen lässt?

Kapitel 19

Spannende Ströme

Dieses Kapitel wird abwechslungsreich, denn wir befassen uns mit Wechselstrom. Unter Wechselströmen wird der elektrische Widerstand zur *Impedanz*, die dann sogar frequenzabhängig ist. Die Impedanz ist aber nur eines von vielen interessanten Themen, die Sie hier erwarten – ich bespreche auch Induktivitäten, Kondensatoren und Spulen innerhalb von Wechselstromkreisen.

Eine Spannung wird induziert

Ändert sich der magnetische Fluss (siehe Kapitel 18) durch einen Leiter, so wird ein elektrisches Feld erzeugt; man sagt auch, dieses elektrische Feld wird *induziert*.

Der magnetische Fluss wird durch die Anzahl der Magnetfeldlinien wiedergegeben, die senkrecht durch eine Fläche verlaufen.

Betrachten wir dazu die Induktion eines elektrischen Feldes in einem leitfähigen Stab, der in einem Magnetfeld bewegt wird. Abbildung 19.1 zeigt Ihnen die Situation: Der Stab wird nach rechts gezogen und eine Spannung wird induziert – wenn man nun den Stromkreis schließt, bewegen sich die Ladungen und es fließt ein Strom. Stellen Sie sich vor, der Stab wäre einen Meter lang und würde pro Sekunde um 27 Meter verschoben. Wie groß ist die induzierte Spannung, wenn die Verschiebungsrichtung senkrecht zur Feldrichtung liegt? Ganz einfach:

$$U = vB\ell = 27 \text{ m/s} \cdot 1 \text{ T} \cdot 1 \text{ m} = 27 \text{ V}.$$

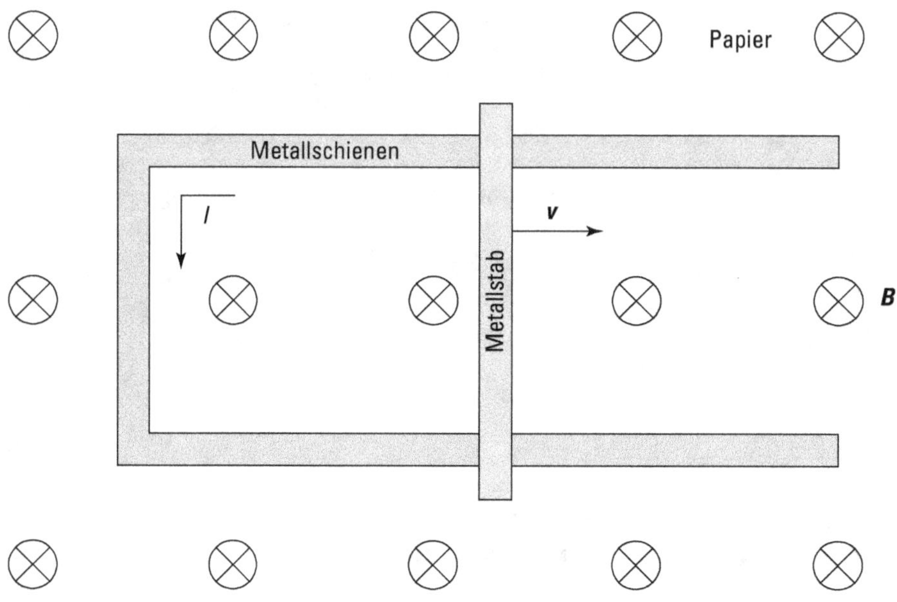

Abbildung 19.1: Eine Spannung wird induziert.

Und wie kommt die Gleichung zustande? Das führe ich Ihnen in den beiden nächsten Abschnitten Schritt für Schritt vor.

Spannende Bewegung im Magnetfeld

Schauen Sie sich noch einmal Abbildung 19.1 an. Ein leitender Stab (aus Metall) gleitet auf zwei Metallschienen nach rechts (Sie sehen links den geschlossenen Stromkreis) und die gesamte Anordnung ist von einem Magnetfeld umgeben, das in die Buchseite hineinzeigt. Was passiert jetzt?

Die Ladungen im Stab bewegen sich mit der Geschwindigkeit v durch das auf der Bewegungsrichtung senkrecht stehende Magnetfeld. Auf die Ladungen wirkt dann gemäß Kapitel 18 die Kraft

$$F = qvB,$$

wobei q die Ladung ist und B das Magnetfeld. Diese Kraft setzt die Ladungen in Bewegung, wodurch eine *Spannung* induziert wird. Mit anderen Worten, entlang des Stabs bildet sich ein elektrisches Feld E, das auf jede einzelne Ladung q die Kraft

$$F = Eq$$

ausübt. Ist die Länge des Stabs in Metern gleich ℓ und die Potenzialdifferenz zwischen den Enden gleich U, so ist das elektrische Feld gleich U/ℓ und wir können schreiben

$$F = Eq = Uq/\ell.$$

Diese Gleichung beschreibt die Kraft, die infolge der Bewegung im Magnetfeld auf die Ladungen wirkt. Dafür hatten wir oben bereits einen anderen Ausdruck notiert. Jetzt setzen wir beide gleich:

$$F = Uq/\ell = qvB.$$

Lösen Sie dies nach der Spannung auf, die zwischen dem oberen und dem unteren Ende des Stabs induziert wird, so erhalten Sie

$$U = vB\ell.$$

Fertig ist die wunderschöne Formel.

Induktionsspannung und Fläche

Die Änderung der Fläche, die ein Stromkreis umschließt, ist ein weiterer Faktor, der bei der Induktion eine Rolle spielt. Unser Metallstab bewege sich in einer Zeit t um eine Strecke x durch das Magnetfeld. Seine Geschwindigkeit ist dann $v = x/t$, was wir in unsere Gleichung für die induzierte Spannung einsetzen können:

$$U = vB\ell = \frac{x}{t} \cdot B\ell.$$

Dies sortieren wir ein bisschen um: Das Produkt $x \cdot \ell$ (der Weg, den der Stab in der vorgegebenen Zeit zurücklegt, multipliziert mit der Länge des Stabs) ist gleich der *Fläche*, die der Stab bei seiner Bewegung überstreicht. Sehen Sie sich Abbildung 19.2 an, um zu verstehen, wie das gemeint ist. Die überstrichene Fläche ist grau schattiert.

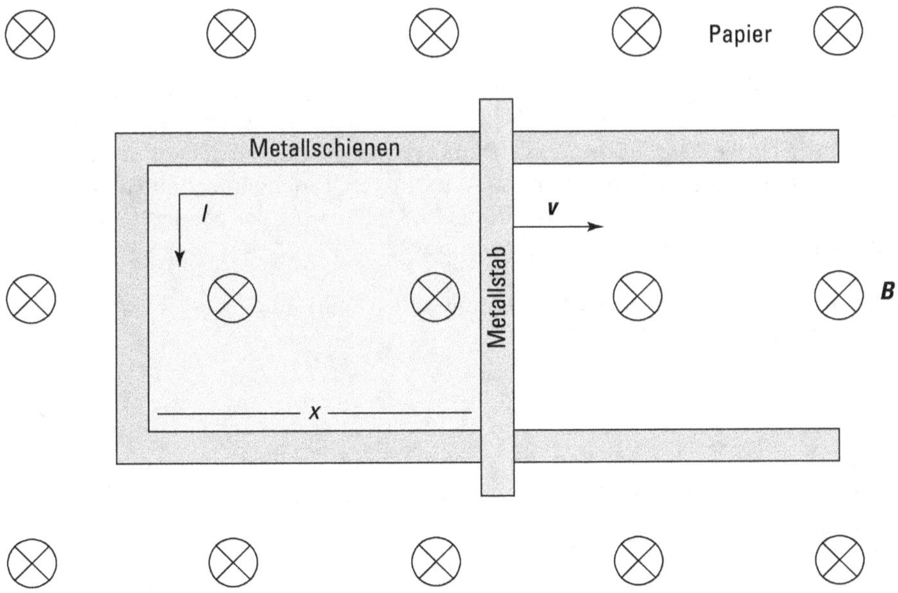

Abbildung 19.2: Der im Magnetfeld bewegte Stab überstreicht die schattierte Fläche.

Ist also die Fläche gleich A und die Entfernung, die der Stab in der Zeit Δt zurücklegt, gleich Δx, dann ist die Flächenänderung ΔA in diesem Zeitraum gleich $\Delta x / \Delta t$ und wir haben

$$U = B\frac{\Delta A}{\Delta t}.$$

Dabei haben wir natürlich angenommen, dass die Länge des Stabs konstant ist!

Faraday und der Fluss

Der *magnetische Fluss BA* gibt an, wie stark das Magnetfeld ist, das durch eine bestimmte Fläche geht: Ist bei gleichbleibender Fläche das Magnetfeld doppelt so stark, so ist der magnetische Fluss doppelt so groß. Im MKS-System hat der magnetische Fluss die Einheit $T \cdot m^2$ und sein Symbol ist Φ. Die Gleichung für die induzierte Spannung,

$$U = B\frac{\Delta A}{\Delta t},$$

können Sie damit auch so aufschreiben (unter der Annahme, dass das Magnetfeld konstant ist):

$$U = \frac{\Delta \Phi}{\Delta t}.$$

In Worten ausgedrückt: Die induzierte Spannung ist gleich der Änderung des magnetischen Flusses pro Sekunde. Damit sind wir aber noch nicht am Ende. In der Regel formuliert man die Gleichung mit einem Minuszeichen, dessen Herkunft weiter hinten in diesem Kapitel im Abschnitt »Richtige Vorzeichen: Die lenzsche Regel« erklärt wird:

$$U = -\frac{\Delta \Phi}{\Delta t}.$$

Das Minuszeichen bedeutet, dass die induzierte Spannung einen Strom bewirkt, dessen Richtung der Änderung des magnetischen Flusses entgegengesetzt ist. Man bezeichnet die Gleichung als *faradaysches Gesetz*. Normalerweise finden Sie diese Gleichung für Spulen mit N Windungen. Einen einfachen Fall (mit nur einer Windung) sehen Sie in Abbildung 19.3. Hier wird das Magnetfeld, in dem sich die Spule befindet, in Pfeilrichtung stärker.

Ändert sich der magnetische Fluss durch eine Spule mit N Windungen, wird dem faradayschen Gesetz zufolge die Spannung

$$U = -N\frac{\Delta \Phi}{\Delta t},$$

gemessen in Volt, induziert. Aber wie kann sich der magnetische Fluss durch die Spule ändern, wenn deren Geometrie gleich bleibt? Dafür gibt es zwei Möglichkeiten:

- Das Magnetfeld kann stärker oder schwächer werden, wie in Abbildung 19.3 gezeigt (hier wird es stärker).

- Die Fläche senkrecht zur Feldrichtung gesehen kann sich ändern, etwa indem man die Spule dreht. Für diesen Fall zeigt Abbildung 19.4 die Leiterschleife von oben.

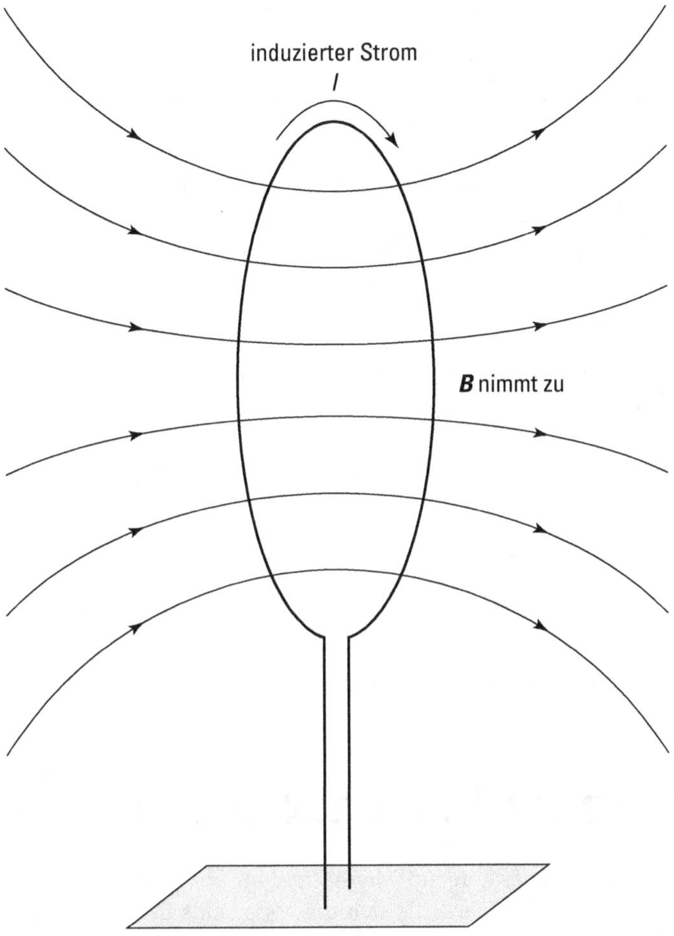

Abbildung 19.3: Eine Leiterschleife in einem veränderlichen Magnetfeld

Lassen Sie uns die zweite Möglichkeit etwas genauer betrachten: Bezeichnet man den Winkel θ zwischen der Feldrichtung und der Senkrechten auf der Fläche (der sogenannten Flächennormalen, siehe Abbildung 19.4) mit θ, so wird der magnetische Fluss beschrieben durch

$$\Phi = \Phi_{max} \cdot \cos \theta.$$

Stehen die Magnetfeldlinien senkrecht zur Fläche, also parallel zur Flächennormalen, so ist $\theta = 0°$ beziehungsweise $\cos \theta = 1$ und der magnetische Fluss ist maximal – das leuchtet sofort ein. Im Laufe dieses Kapitels werden Sie weiter mit dieser Gleichung experimentieren.

Noch einmal kurz und bündig: In einer Leiterschleife im Magnetfeld wird eine Spannung induziert, wenn sich entweder die Magnetfeldstärke oder der Winkel der umschlossenen Fläche relativ zur Richtung des Magnetfelds ändert.

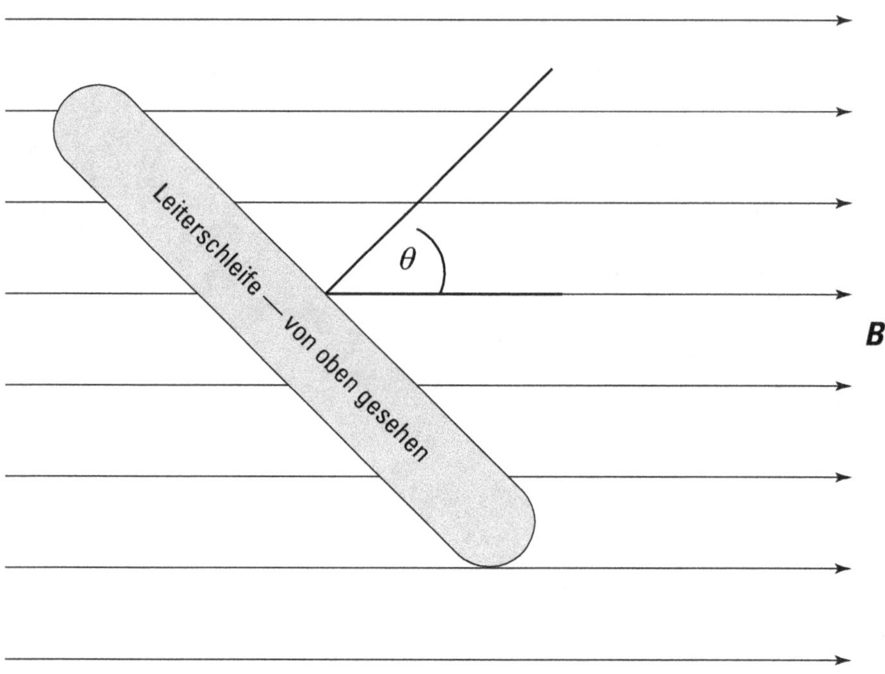

Abbildung 19.4: Eine Leiterschleife im Magnetfeld, von oben gesehen

Richtige Vorzeichen: Die lenzsche Regel

Schaltet man in der Umgebung einer Leiterschleife ein Magnetfeld ein, so wird eine Spannung induziert, solange sich das Magnetfeld ändert. Bis sich die volle Feldstärke aufgebaut hat, versucht das System, jeder Änderung seines Zustands entgegenzuwirken.

Ein konkretes Beispiel: Nehmen Sie an, Sie sitzen im Labor über Messungen an einer Spule, die von einem starken Magnetfeld umgeben ist. Auf einmal fällt der Strom aus – aber das Magnetfeld um die Spule verschwindet nur allmählich! Was geht da vor? Nun, die induzierte Spannung lässt einen Strom fließen, wenn die Leiterschleife (oder Spule) geschlossen ist. Dieser Strom induziert umgekehrt wieder ein Magnetfeld. In dem Moment, in dem der Strom ausfällt, beginnt sich das ursprüngliche Magnetfeld zu ändern und in der Spule fließt ein Strom, der ein Magnetfeld erzeugt, das der Änderung entgegenwirkt. Das bedeutet, dass das ursprüngliche Feld länger aufrechterhalten wird, als man es eigentlich erwarten würde. Genau das ist die Kernaussage der lenzschen Regel: Eine induzierte Spannung lässt einen Strom fließen, dessen Magnetfeld sich der Änderung des magnetischen Flusses entgegenstellt.

Um dies richtig zu verstehen, schauen Sie sich Abbildung 19.5 an. Das ursprüngliche Magnetfeld (mit von links nach rechts verlaufenden Feldlinien) wird mit der Zeit stärker. Der dadurch in der Leiterschleife induzierte Strom induziert seinerseits ein Magnetfeld (von rechts nach links), das dieser Verstärkung des Magnetfelds entgegenwirkt.

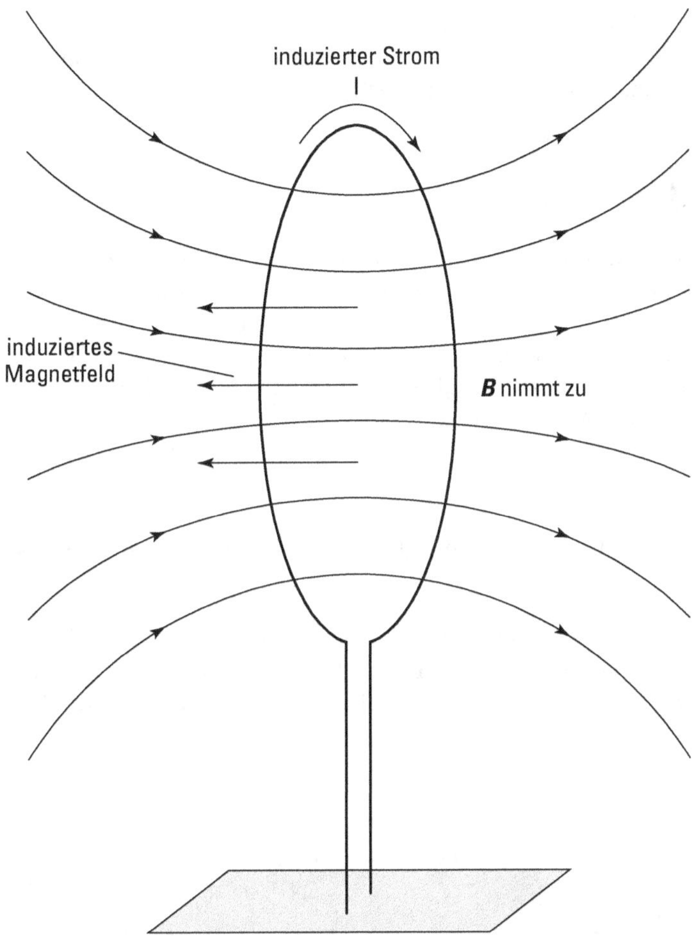

Abbildung 19.5: Das induzierte Magnetfeld wirkt der Änderung des ursprünglichen magnetischen Flusses entgegen.

Die Richtung des induzierten Magnetfelds können Sie mit einer Rechte-Hand-Regel nachprüfen: Krümmern Sie die Finger der rechten Hand in Stromrichtung um die Leiterschleife. Der ausgestreckte Daumen zeigt dann in Richtung des induzierten Magnetfelds. (In Kapitel 18 erfahren Sie mehr über Rechte-Hand-Regel.)

Mithilfe der lenzschen Regel finden Sie immer heraus, in welche Richtung ein induzierter Strom fließt: Er ist stets bestrebt, den Status quo aufrechtzuerhalten. Wird das Magnetfeld mit der Zeit stärker, »versucht« das induzierte Magnetfeld, diese Verstärkung aufzuhalten; wird das Magnetfeld schwächer, wirkt das induzierte Feld verstärkend.

Wenden Sie das erworbene Wissen gleich auf Abbildung 19.5 an. Könnten Sie die Stromrichtung vorhersagen, wenn Sie wissen, dass das ursprüngliche Magnetfeld mit der Zeit stärker wird? Denken Sie aber daran, dass der induzierte Strom nicht ewig weiterfließt!

Deshalb kann er der Änderung des magnetischen Flusses nicht auf Dauer entgegenwirken – entsprechend stellen Sie bei Ihrem Laborexperiment vom Beginn dieses Abschnitts fest, dass das Feld nach einiger Zeit ganz verschwunden ist.

Induktivitäten

Wie gut kann eine Spule einer Änderung des magnetischen Flusses entgegenwirken? Das hängt ganz von ihrer *Induktivität* ab. (Wie Sie gleich sehen werden, ist Induktivität etwas anderes als induzierte Spannung.) Um induzierte Spannungen und Magnetfelder berechnen zu können, brauchen wir nur das faradaysche Gesetz (siehe den Abschnitt »Faraday und der Fluss« weiter vorn in diesem Kapitel). Es besagt: Die in einer Spule mit N Windungen induzierte Spannung ist proportional zur Änderung des magnetischen Flusses,

$$U = -N\frac{\Delta\Phi}{\Delta t}.$$

Diese Gleichung soll nun ein bisschen abgeändert werden, indem die Induktivität L, gemessen in Henry, ins Spiel kommt.

Ändert sich die Stromstärke in einer Spule, so wird ein Magnetfeld induziert. Die Änderung des magnetischen Flusses $\Delta\Phi$ pro Zeit ist proportional zur Änderung der Stromstärke pro Zeit, ΔI. Der Proportionalitätsfaktor ist die Induktivität L der Spule:

$$\frac{\Delta\Phi}{\Delta t} = L\frac{\Delta I}{\Delta t}.$$

Das setzen Sie oben in das faradaysche Gesetz ein und erhalten

$$U = -L\frac{\Delta I}{\Delta t}.$$

Die Induktivität L der Spule ist ein Maß dafür, wie gut die Spule selbst einer Flussänderung entgegenwirken kann. Wenn Sie die Stromstärke ändern, die durch die Spule fließt, ändert sich der Fluss; die Spule erzeugt dann selbst eine Spannung, die sich dieser Änderung entgegenstellt. Das bedeutet: Bis zu einem gewissen Grad ist eine Spule durch ihre Induktivität in der Lage, Flussänderungen auszugleichen.

Elektriker nennen solche Bauelemente in Schaltkreisen ebenfalls *Induktivität* (genauso wie die Eigenschaft L – nicht verwechseln!).

Wie in Kapitel 16 erläutert, nennt man Bauelemente, die elektrische Felder zwischen zwei Platten aufbauen, (Platten-)Kondensatoren. Der Kondensator wirkt als Ladungsspeicher; deshalb kann sich die Spannung an einem Kondensator nicht abrupt ändern. An einer Spule kann sich hingegen der Strom nicht abrupt ändern – und zwar infolge der Selbstinduktion. Beide Arten von Elementen haben in Schaltkreisen spezielle Aufgaben.

Auf und ab: Wechselstromkreise

Die besonderen Eigenschaften von Spulen und Kondensatoren kommen erst in Wechselstromkreisen richtig zur Geltung. Das sind Stromkreise, in denen sich Stromstärke und Spannung zeitlich in einem bestimmten Rhythmus ändern. Die Steckdosen bei Ihnen zu Hause liefern zum Beispiel eine Wechselspannung mit einer Frequenz von 50 Hertz. In Abbildung 19.6 oben sehen Sie, wie solch eine Spannung periodisch zu- und abnimmt und dabei regelmäßig die Richtung wechselt.

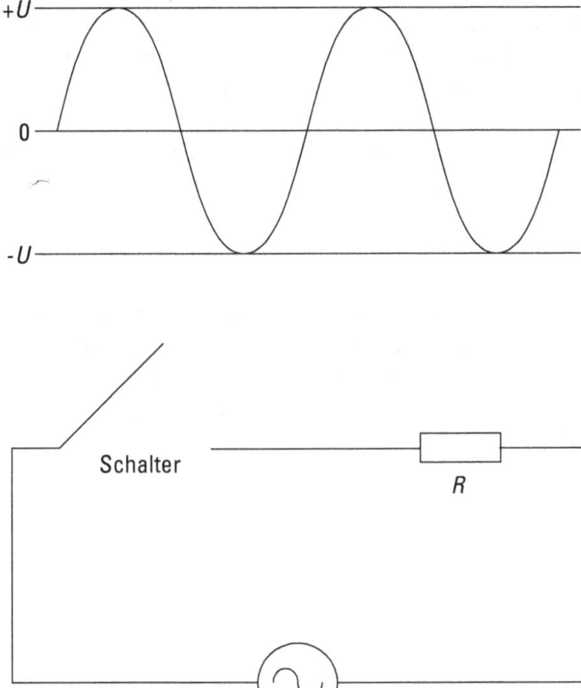

Abbildung 19.6: Ein Wechselstromkreis, in dem Spannung und Strom periodisch ihre Richtung umkehren

Die Bezeichnungen »Wechselstrom« und »Wechselspannung« sind weitgehend synonym: Wenn der Strom wechselt, tut es die Spannung auch und umgekehrt. Deswegen werde ich, wie bei Physikern und Elektrotechnikern üblich, beide Begriffe verwenden, auch wenn eigentlich dasselbe gemeint ist.

Das Schaltzeichen für eine Wechselspannungsquelle ist eine Wellenlinie im Kreis, wie in Abbildung 19.6 unten dargestellt.

Harmonische Sinusspannung

Es gibt viele verschiedene Formen von Wechselspannung. Am häufigsten (darunter auch in Ihren Steckdosen) tritt die Sinusform auf (siehe Abbildung 19.6 oben).

Um diese Funktion mathematisch zu beschreiben, mache ich eine Anleihe bei der Kreisbewegung (siehe Kapitel 7):

$$U = U_0 \cdot \sin(2\pi f t).$$

U_0 ist die maximale Spannung oder Spannungsamplitude, f die Frequenz der periodischen Änderung (50 Hertz im herkömmlichen Stromnetz) und t die Zeit. Wie groß ist der Strom, wenn Sie den Schalter in Abbildung 19.6 schließen? Der Schaltkreis enthält (außer dem Schalter, der hier nicht interessiert) nur einen Widerstand R (siehe Kapitel 17). Im Gegensatz zu Spulen oder Kondensatoren kümmern sich Widerstände nicht darum, ob Strom und Spannung gleich bleiben oder periodisch schwanken – für sie gilt immer das ohmsche Gesetz $U = IR$. Der Strom im abgebildeten Kreis ist also einfach

$$I = \frac{U_0}{R} \cdot \sin(2\pi f t).$$

Interessant ist jetzt noch die Leistung $P = IU$, die ich ebenfalls in Kapitel 17 erkläre. Welche Leistung wird in diesem Stromkreis umgesetzt (das bedeutet hier: am Widerstand in Wärme umgewandelt)? Aus $P = IU$ folgt in diesem Fall *nicht* $P = I_0 U_0$, weil sich Spannung und Strom mit der Zeit ändern. Stattdessen erhält man (nach einer mathematisch etwas komplizierteren Mittelung über die Zeit)

$$P = \frac{1}{2} I_0 U_0.$$

Meist wird diese Gleichung anders aufgeschrieben:

$$P = \frac{I_0}{\sqrt{2}} \frac{U_0}{\sqrt{2}} = I_{\text{eff}} U_{\text{eff}}.$$

Der Index »eff« bedeutet, dass wir es mit sogenannten *Effektivwerten* von Strom und Spannung zu tun haben.

Ein Effektivwert ist ein in besonderer Weise gebildeter Mittelwert, nämlich die Wurzel aus dem Mittelwert der Quadrate aller einzelnen Strom- oder Spannungswerte.

Im Gleichschritt durch den Widerstand

Welche Leistung am Widerstand aus Abbildung 19.6 umgesetzt wird, können Sie mit den vertrauten Gleichungen ausrechnen, sofern Sie anstelle von Strom und Spannung jeweils die Effektivwerte einsetzen. Also ist

$$P = I_{\text{eff}} U_{\text{eff}} = I_{\text{eff}}^2 R = \frac{U_{\text{eff}}^2}{R}.$$

Wechselstrom und Wechselspannung können einen Widerstand nicht aus der Ruhe bringen. Für ihn gilt immer $U = I \cdot R$, also ist bei einer Wechselspannung

$$U = U_0 \cdot \sin(2\pi f t).$$

Der Strom durch den Widerstand ist

$$I = \frac{U_0}{R} \cdot \sin(2\pi f t).$$

Wenn die Spannung so aussieht wie in Abbildung 19.7 oben, bleiben Strom und Spannung im Gleichtakt und der Strom folgt der Kurve in Abbildung 19.7 unten. Ganz einfach.

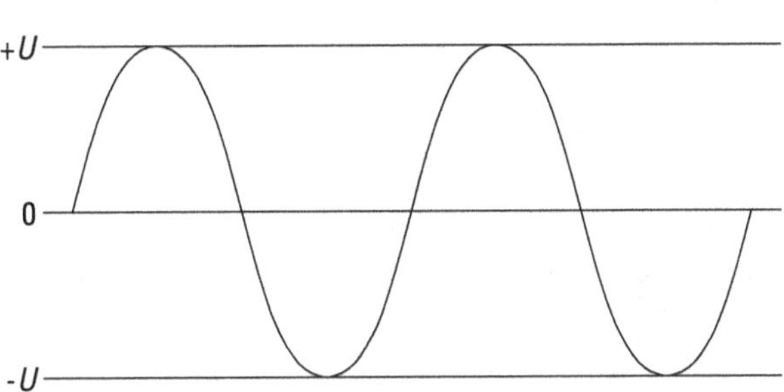

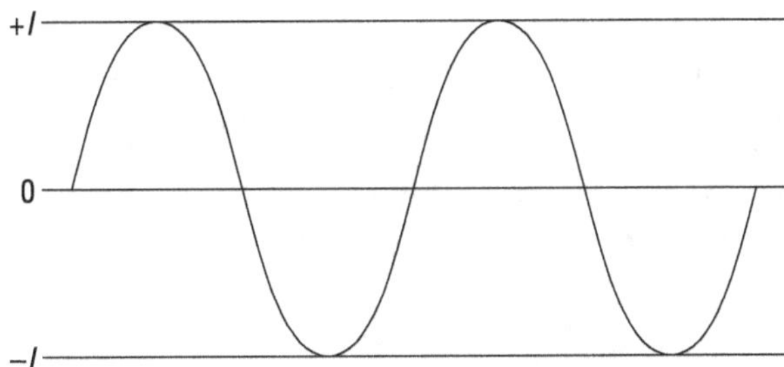

Abbildung 19.7: Strom und Spannung am Widerstand im Wechselstromkreis

Am Kondensator eilt der Strom voraus

Abbildung 19.8 zeigt Ihnen einen Wechselstromkreis mit einem Kondensator C. Wie Sie weiter vorn in diesem Kapitel nachlesen können, gilt für einen Widerstand im Wechselstromkreis $U_{\text{eff}} = I_{\text{eff}} \cdot R$. Die entsprechende Beziehung zwischen Strom und Spannung an einem Kondensator sieht fast genauso aus:

$$U_{\text{eff}} = I_{\text{eff}} \cdot X_C.$$

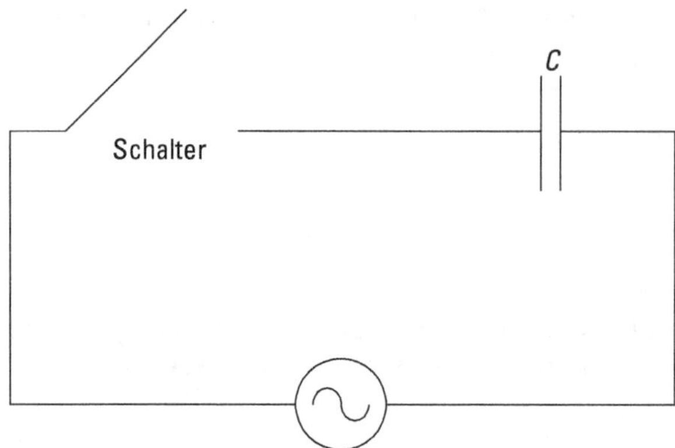

Abbildung 19.8: Ein Kondensator im Wechselstromkreis

Die Frage ist allerdings: Was ist X_C – und wie verhält es sich? Diese Größe heißt *kapazitiver Widerstand* und wird (wie R) in Ohm gemessen. Der kapazitive Widerstand gibt an, inwieweit ein Kondensator im Wechselstromkreis als Widerstand wirkt. Experimentell hat man festgestellt, dass der kapazitive Widerstand folgendermaßen mit der Kapazität C des Kondensators (siehe Kapitel 16) zusammenhängt:

$$X_C = \frac{1}{2\pi f C},$$

wenn f die Frequenz des Wechselstroms ist.

Strom am Kondensator

Wenn Sie wissen, welche Spannung an einem Kondensator anliegt, können Sie damit auch die Stromstärke ausrechnen. Nehmen wir an, der Kondensator in Abbildung 19.8 habe eine Kapazität von einem Mikrofarad ($= 1{,}0 \cdot 10^{-6}$ Farad; die Einheit Farad führe ich in Kapitel 16 ein). Die Effektivspannung im Wechselstromkreis sei gleich 12 Volt. Welcher Strom fließt, wenn die Spannungsfrequenz a) zehn Hertz und b) 10.000 Hertz beträgt? Sie haben

$$I_{\text{eff}} = \frac{U_{\text{eff}}}{X_C} = U_{\text{eff}} \cdot 2\pi f C,$$

also ist bei zehn Hertz

$$I_{\text{eff}} = U_{\text{eff}} \cdot 2\pi f C = 12\,\text{V} \cdot 2\pi \cdot 10\,\text{Hz} \cdot 1{,}0 \cdot 10^{-6}\,\text{F} = 7{,}5 \cdot 10^{-4}\,\text{A}.$$

Bei 10.000 Hertz hingegen gilt

$$I_{\text{eff}} = U_{\text{eff}} \cdot 2\pi f C = 12\,\text{V} \cdot 2\pi \cdot 10^{4}\,\text{Hz} \cdot 1{,}0 \cdot 10^{-6}\,\text{F} = 0{,}75\,\text{A}.$$

Wie Sie sehen, ist der Unterschied beträchtlich – nur weil sich die Frequenz der Wechselspannung ändert! Offenbar ist es einem Kondensator im Wechselstromkreis nicht egal, mit was für einer Spannung er es zu tun bekommt.

Strom und Spannung hier und jetzt

Die Effektivwerte nehmen wir zu Hilfe, um Spannung und Strom beschreiben zu können, obwohl sie sich unablässig ändern. Ein Kondensator wird im Wechselstromkreis abwechselnd aufgeladen und entladen. (Im Idealfall wird er dabei nicht warm, das heißt, er setzt keine Leistung um – im Gegensatz zum Widerstand.) Anstelle der wirklichen Werte von Strom und Spannung arbeiten wir mit zeitlichen Mittelwerten – oder eben Effektivwerten.

Deshalb kann man auch sagen, dass die (Wechsel-)Spannung an einer Steckdose im Haushalt gleich 220 Volt ist, obwohl sie ja eigentlich dauernd zwischen −200 Volt und +220 Volt hin und her pendelt.

Und wenn Ihnen diese Mittelwerte nun nicht genügen? Wenn Sie also wissen wollen, wie groß Strom und Spannung zu einem bestimmten Zeitpunkt (und fünf Minuten später) nun wirklich sind? Schauen Sie sich dazu Abbildung 19.9 an. Sie sehen den Verlauf einer Wechselspannung. Wie verhält sich der Strom?

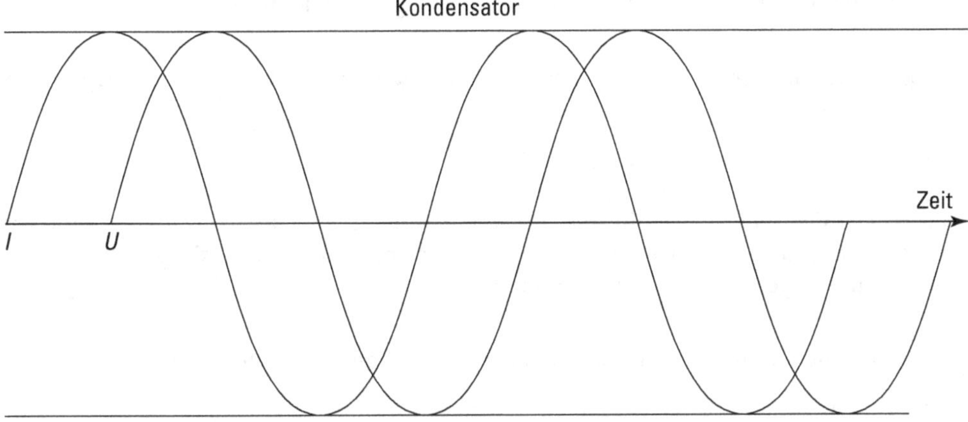

Abbildung 19.9: Am Kondensator laufen Spannung und Strom im Wechselstromkreis versetzt.

Die Kurve für den Strom hat dieselbe Form wie die Kurve für die Spannung. Allerdings fängt die Stromkurve nicht bei null, sondern beim Maximalwert an, ist also eigentlich eine Kosinuskurve. Diese Aussage gilt beim Kondensator ganz allgemein – der Strom erreicht sein Maximum immer vor der Spannung. Oder wie die Physiker sagen: Der Strom *eilt* der Spannung *voraus*. Wenn Sie nachmessen, beträgt der Vorsprung genau ein Viertel eines Schwingungszyklus (ein Viertel von 2π ist $\pi/2$), wie dies auch bei Kosinus und Sinus der Fall ist. Wenn wir die Kreisfrequenz ω anstelle von $2\pi f$ einsetzen (was ich genauer in Kapitel 7 für die Kreisbewegung erkläre), ist also

$$U = U_0 \cdot \sin(\omega t)$$

und damit

$$I = I_0 \cdot \sin(\omega t + \pi/2) = I_0 \cdot \cos(\omega t).$$

Bildlich können Sie sich diese Beziehung folgendermaßen vorstellen: Zu Beginn fließt der Strom und lädt den Kondensator. Dessen Spannung $U = q/C$ (mit q als Ladung und C als Kapazität) steigt also an, während der Strom immer schwächer wird. Wenn der Strom negativ wird (wenn also die Kurve die x-Achse schneidet), ist die Spannung am Kondensator maximal, danach wird er entladen und die Spannung beginnt zu sinken.

Das Vorauseilen des Stroms bezüglich der Spannung bedeutet physikalisch: Strom und Spannung sind *außer Phase*. An einem Widerstand werden Strom und Spannung nicht gegeneinander verschoben, sie sind also *in Phase*. Die Phasenverschiebung am Kondensator beträgt, wie Sie oben nachlesen können, einen Viertelzyklus, also $\pi/2$ oder 90°. Sie können den Zusammenhang auch umgekehrt ausdrücken: Die Spannung am Kondensator *eilt* dem Strom *hinterher*.

Die Amplituden (die Höhen der Maxima) von Strom und Spannung sind normalerweise nicht gleich – ich habe sie in Abbildung 19.8 nur gleich gezeichnet, um Ihnen das Erkennen der Phasenverschiebung zu erleichtern.

Und wie groß ist nun also der Strom zu einem beliebigen Zeitpunkt? Oben sind wir schon bis zu der Beziehung

$$I = I_0 \cdot \sin(\omega t + \pi/2) = I_0 \cdot \cos(\omega t)$$

gekommen. Damit ist die Phasenbeziehung sehr gut sichtbar: Die Spannung ist eine Sinusfunktion von ωt und der Strom eine Kosinusfunktion; Sinus- und Kosinusfunktion sind bekanntlich um 90° gegeneinander verschoben.

Natürlich können Sie den Strom auch in Abhängigkeit von U_0 aufschreiben:

$$I = \frac{U_0}{X_C} \cos(\omega t).$$

An der Spule trödelt der Strom

Sehen Sie die geheimnisvolle Spirale in Abbildung 19.10? Das ist das Schaltzeichen für eine Spule. Spulen reagieren (wie auch Kondensatoren) in Wechselstromkreisen anders als in Gleichstromkreisen.

Die Beziehung zwischen den Effektivwerten von Strom und Spannung an der Spule im Wechselstromkreis sieht fast genauso aus wie die für den Kondensator (siehe den Abschnitt »Am Kondensator eilt der Strom voraus« weiter vorn in diesem Kapitel):

$$U_{\text{eff}} = I_{\text{eff}} \cdot X_L.$$

Die Größe X_L ist der *induktive Widerstand* der Spule, ein Maß dafür, welchen »Widerstand« die Spule dem Strom entgegensetzt. X_L wird ebenfalls in Ohm angegeben. Aus Experimenten

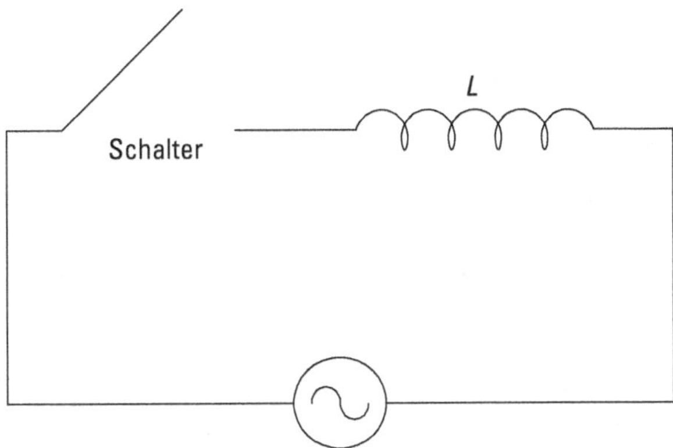

Abbildung 19.10: Ein Wechselstromkreis mit einer Spule

weiß man, dass der induktive Widerstand wie folgt mit der Induktivität L (in Henry, siehe den Abschnitt »Induktivitäten« weiter vorn in diesem Kapitel) zusammenhängt:

$$X_L = 2\pi f L.$$

Der induktive Widerstand ist also direkt proportional zur Induktivität, während der kapazitive Widerstand umgekehrt proportional zur Kapazität ist:

$$X_L \propto L,$$

$$X_C \propto \frac{1}{C}.$$

An einer (idealen) Spule wird im Wechselstromkreis keine Leistung umgesetzt, denn durch die Selbstinduktion nimmt die Spule abwechselnd Energie auf und gibt sie wieder ab. Wenn der zeitliche Verlauf der Spannung durch die Gleichung

$$U = U_0 \cdot \sin(\omega t)$$

beschrieben wird, wie sieht dann die Funktion für den Strom aus? Die Antwort habe ich Ihnen in Abbildung 19.11 aufgezeichnet. In diesem Fall eilt der Strom der Spannung *hinterher* (oder die Spannung dem Strom *voraus*), genau umgekehrt also wie beim Kondensator.

Wieder sind Spannung und Strom außer Phase – das sehen Sie sofort. Warum ist diese Phasenverschiebung aber genau entgegengesetzt zu der Verschiebung am Kondensator? Betrachten Sie dazu Abbildung 19.11. Wenn der Strom sich auf ein Maximum oder Minimum zubewegt, ändert er sich immer langsamer. Die induzierte Spannung, die jeder Änderung des Flusses entgegenwirkt, nimmt daher ab und ist genau am Maximum oder Minimum des Stroms gleich null. So kommt die Phasenverschiebung zustande. Für die Spannung

$$U = U_0 \cdot \sin(\omega t)$$

ist der Strom

$$I = I_0 \cdot \sin(\omega t - \pi/2).$$

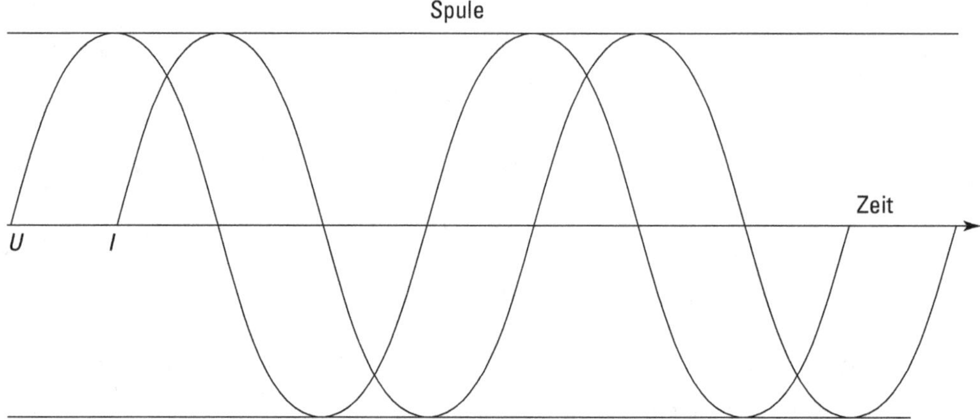

Abbildung 19.11: Spannung und Strom an der Spule im Wechselstromkreis

Im Wechselstromkreis eilt der Strom der Spannung um einen Viertelzyklus ($\pi/2$ beziehungsweise 90°) *hinterher*. Das bedeutet, der Strom erreicht seine Maxima und Minima immer erst nach der Spannung.

Sie können die Gleichung, wie beim Kondensator, auch so aufschreiben:

$$I = -I_0 \cdot \cos(\omega t).$$

Damit wird die Phasenverschiebung wieder sehr anschaulich: Die Spannung ist eine Sinusfunktion und der Strom eine Kosinusfunktion; Sinus- und Kosinusfunktion sind um $\pi/2$ oder 90° gegeneinander verschoben, diesmal allerdings in die andere Richtung.

Und wenn Sie die Gleichung in Abhängigkeit von U_0 formulieren möchten? Bitte sehr:

$$I = -\frac{U_0}{X_L} \cos(\omega t).$$

Dreifache Herausforderung: RCL-Stromkreise

Abbildung 19.12 zeigt Ihnen einen Wechselstromkreis für Fortgeschrittene: Widerstand, Kondensator und Spule sitzen einträchtig nebeneinander.

Und was machen Sie nun? In einem einzigen Kreis haben Sie jetzt einen ohmschen Widerstand R (siehe Kapitel 17), einen kapazitiven Widerstand X_C (siehe den Abschnitt »Am Kondensator eilt der Strom voraus« weiter vorn in diesem Kapitel) und einen induktiven Widerstand X_L (siehe den Abschnitt »An der Spule trödelt der Strom« weiter vorn in diesem Kapitel). Ist der Gesamtwiderstand dann einfach die Summe aus allen dreien?

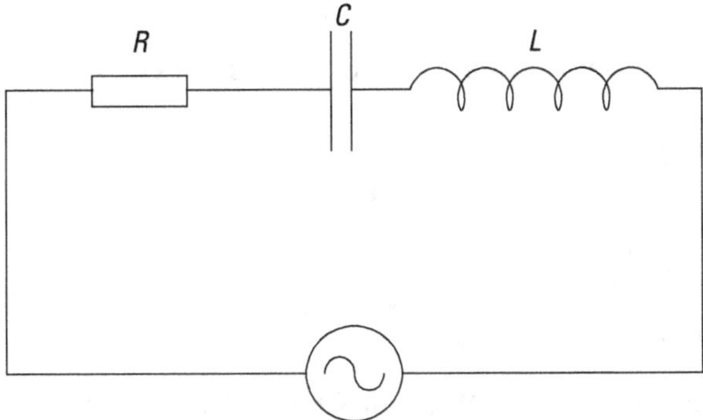

Abbildung 19.12: Ein RCL-Stromkreis

Leider nicht, denn am Kondensator und an der Spule ändert sich die Spannung nicht gleichzeitig. Stattdessen müssen wir eine neue Größe einführen, die *Impedanz Z*. Sie berechnet sich folgendermaßen aus den drei Widerständen:

$$Z = \sqrt{R^2 + (X_L - X_C)^2}.$$

(Der Zusammenhang ist also gar nicht so ganz einfach.) Dann gilt wieder die vertraute Formel

$$U_{\text{eff}} = I_{\text{eff}} \cdot Z.$$

Nehmen Sie zum Beispiel an, in dem Stromkreis oben ist bei einer gegebenen Frequenz $X_L = 16\,\Omega, X_C = 12\,\Omega, R = 3\,\Omega$ und $U_{\text{eff}} = 10$ V. Wie groß ist dann der effektive Strom? Setzen Sie zunächst die Zahlen in die Gleichung für die Impedanz ein:

$$Z = \sqrt{R^2 + (X_L - X_C)^2} = \sqrt{(3\,\Omega)^2 + (16\,\Omega - 12\,\Omega)^2} = 5\,\Omega.$$

Dieses Ergebnis setzen Sie in die Gleichung $U_{\text{eff}} = I_{\text{eff}} \cdot Z$ ein und erhalten

$$I_{\text{eff}} = \frac{U_{\text{eff}}}{Z} = \frac{10\,\text{V}}{5\,\Omega} = 2\,\text{A}.$$

Die Stromstärke beträgt also zwei Ampere.

Wenn Sie wissen möchten, ob der Strom der Spannung vorauseilt oder umgekehrt, gibt Ihnen folgende Beziehung für den Tangens des Winkels φ zwischen Strom und Spannung Auskunft:

$$\tan \varphi = \frac{X_L - X_C}{R}.$$

Mit Ihrem Taschenrechner rechnen Sie den Tangens ganz leicht in den Winkel der Phasenverschiebung um.

Aufgabe 19.1

Wie groß ist der kapazitive Widerstand X_C eines Kondensators mit einer Kapazität von 1 µF, wenn die Frequenz

✔ 77 Hz

✔ 3 kHz

beträgt?

Aufgabe 19.2

Betrachten Sie noch einmal Abbildung 19.12. Wie groß ist der effektive Strom bei einer gegebenen Frequenz, wenn folgende Werte gelten?

$$X_L = 21\ \Omega, \quad X_C = 9\ \Omega, \quad R = 5\ \Omega \quad \text{und} \quad U_{\text{eff}} = 17\ \text{V}.$$

Kapitel 20

Linsen und Spiegel im Rampenlicht

Dieses Kapitel beleuchtet, was Lichtstrahlen alles passieren kann: Im Wasser werden sie abgelenkt (was Sie vielleicht schon mal beim Angeln oder beim Tauchen beobachtet haben), an Linsen werden sie gebündelt (weshalb man mit einer Lupe Feuer machen kann) oder zerstreut (so funktioniert Ihre Brille, falls Sie kurzsichtig sind) und von Spiegeln werden sie – reflektiert.

Alles über Spiegel – legeipS rebü sellA

Spiegel werfen Licht zurück. Warum das so ist, weiß die Physik. Abbildung 20.1 zeigt Ihnen eine gar nicht so ungewöhnliche Situation: Ein Lichtstrahl von links wird am Spiegel reflektiert. Wie Sie erkennen, kommt der Strahl nicht senkrecht von oben, sondern schließt mit der Senkrechten (der *Normalen* der Spiegelfläche) einen Winkel ein, den sogenannten *Einfallswinkel* θ_E. Zurückgeworfen wird er unter dem Reflexions- oder *Ausfallswinkel* θ_R.

Das *Reflexionsgesetz* besagt: Der Einfallswinkel ist gleich dem Reflexionswinkel (Ausfallswinkel),

$$\theta_E = \theta_R.$$

Fällt der Strahl also beispielsweise unter einem Winkel von 30° ein, so wird er auch unter einem Winkel von 30° reflektiert.

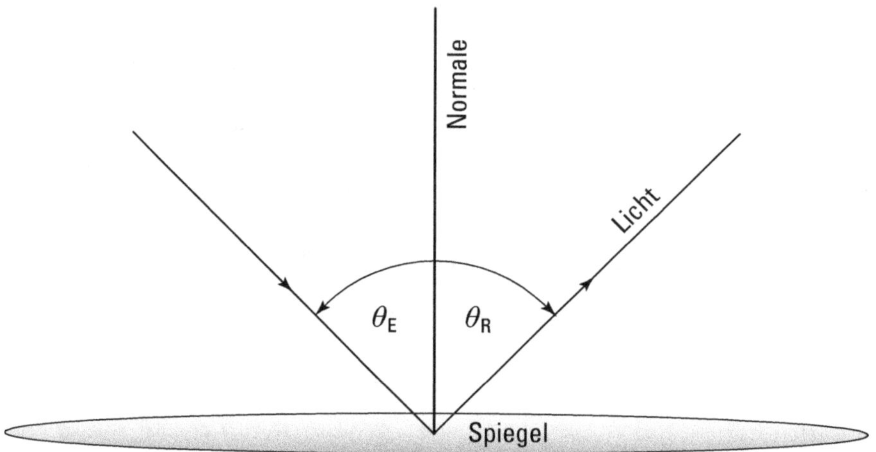

Abbildung 20.1: Unter diesen Winkeln trifft ein Lichtstrahl auf einen Spiegel und wird reflektiert.

Licht wird abgelenkt

Abbildung 20.2 zeigt einen Lichtstrahl, der unter einem Winkel θ_1 bezüglich der Flächennormalen (die im vorangegangenen Abschnitt erklärt) auf einen Glasblock fällt. Im Glas bewegt er sich unter einem anderen Winkel θ_2 bezüglich der Normalen weiter.

Licht brechen mit Snellius

Wie beschreibt man physikalisch, was ein Lichtstrahl tut, wenn er zum Beispiel in ein Stück Glas gerät? Die Winkel zwischen dem Lichtstrahl und der Normalen der Glasoberfläche (siehe den Abschnitt »Alles über Spiegel – legeipS rebü sellA« zu Beginn dieses Kapitels) vor und nach dem Eintritt in das Glas stehen wie folgt zueinander in Beziehung:

$$n_1 \cdot \sin \theta_1 = n_2 \cdot \sin \theta_2.$$

Das Ablenken des Strahls nennt man *Brechung*, und n ist der *Brechungsindex* des jeweiligen Materials. Solche Brechungsindizes finden Sie in Tabellen.

Die Gleichung für die Lichtbrechung heißt *snelliussches Gesetz*. Mit Worten besagt es: Tritt ein Lichtstrahl aus einem Material mit dem Brechungsindex n_1 unter dem Winkel θ_1 (bezüglich der Flächennormalen) in ein Material mit dem Brechungsindex n_2 ein, so pflanzt er sich dort unter demjenigen Winkel θ_2 (bezüglich der Flächennormalen) weiter fort, für den die Gleichung $n_1 \cdot \sin \theta_1 = n_2 \cdot \sin \theta_2$ erfüllt ist. Betrachten wir dazu ein Beispiel. Der Brechungsindex von Luft ist ungefähr gleich dem des Vakuums, nämlich 1. Der Brechungsindex von Glas liegt bei etwa 1,5. (Es gibt aber viele verschiedene Glassorten; vielleicht haben Sie »hochbrechende« Brillengläser?) Wenn der Eintrittswinkel in dem in Abbildung 20.2 gezeigten Fall gleich 45° ist, so notieren Sie

$$1 \cdot \sin 45° = 1,5 \cdot \sin \theta_2$$

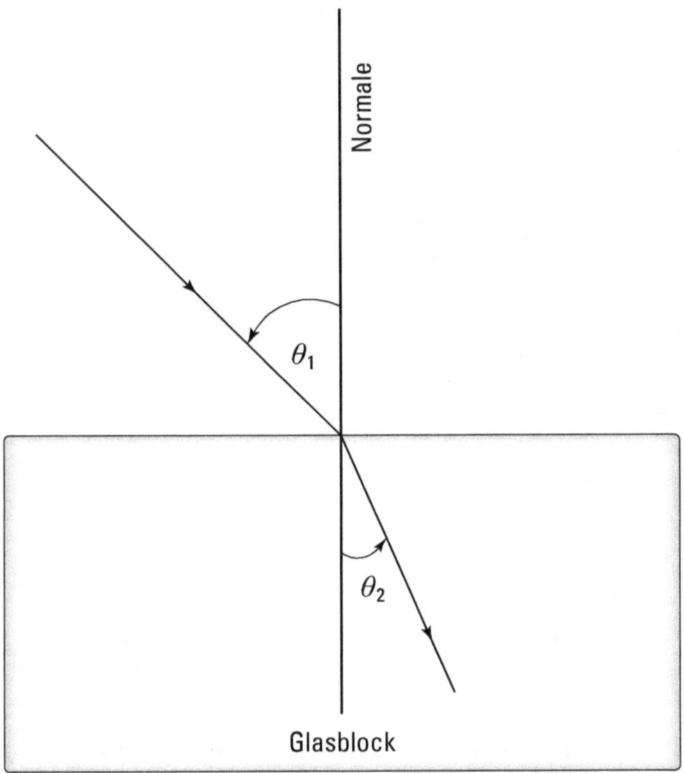

Abbildung 20.2: Beim Eintritt in ein Stück Glas wird ein Lichtstrahl gebrochen.

oder

$$\sin\theta_2 = \frac{1\cdot\sin 45°}{1,5},$$

was Sie nach θ_2 auflösen können:

$$\theta_2 = \sin^{-1}\left(\frac{\sin 45°}{1,5}\right) = 28,1°.$$

Der Lichtstrahl bewegt sich also unter einem Winkel von 28,1° weiter, das heißt, er wird *zur* Flächennormalen hin gebrochen, wie in Abbildung 20.2 dargestellt ist.

Gemessene und gefühlte Tiefe

In Abbildung 20.3 sehen Sie, wie ein Fischer, der mit einem Speer einen Fisch fangen will, seine Beute anvisiert. Ein vom Fisch reflektierter Lichtstrahl wird beim Auftreffen auf die Grenze zwischen Wasser und Luft gebrochen. Der Fischer denkt natürlich, der Lichtstrahl käme geradewegs von dem Fisch, und vermutet diesen deshalb in der scheinbaren Tiefe, die in der Abbildung angegeben ist. Es steht jedoch zu vermuten, dass er seine Beute auf diese Weise nicht erwischen wird.

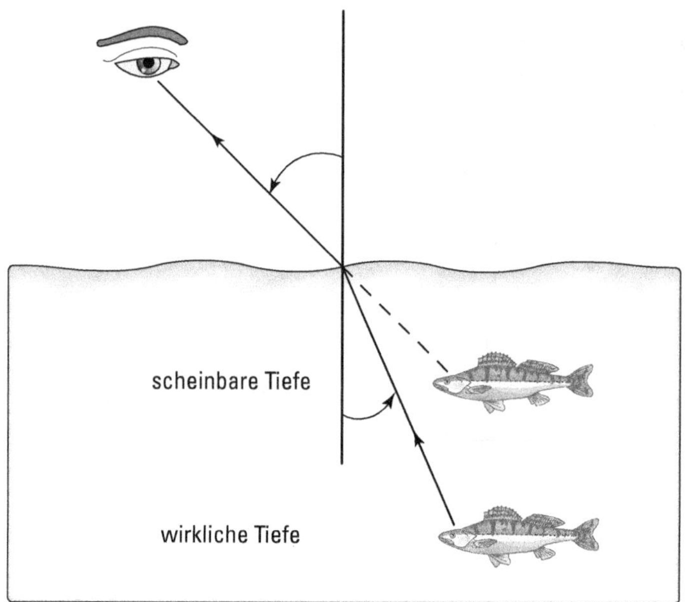

Abbildung 20.3: Durch die Brechung sieht der Fischer den Fisch in einer scheinbaren Tiefe.

Bleiben die beteiligten Winkel zur Normalen einigermaßen klein (wenn der Fischer also mehr oder weniger senkrecht auf den Fisch blickt), kann man die folgende Beziehung zwischen scheinbarer und wirklicher Tiefe notieren. Dabei ist n_1 der Brechungsindex des Materials, aus dem der Strahl kommt (hier Wasser), und n_2 der Brechungsindex des Materials, in das der Lichtstrahl eintritt (hier Luft):

$$\text{scheinbare Tiefe} = \text{tatsächliche Tiefe} \cdot \frac{n_2}{n_1}.$$

Nehmen wir an, der Fischer schätzt die Tiefe unter der Wasseroberfläche, in der der Fisch schwimmt, auf zwei Meter. Zudem nehmen wir an, dass die Winkel klein genug für unsere Näherung sind. Mit den Brechungsindizes für Wasser (rund 1,33) und Luft (rund eins) haben Sie dann

$$\text{scheinbare Tiefe} = \text{tatsächliche Tiefe} \cdot \frac{1,33}{1},$$

also

$$\text{tatsächliche Tiefe} = 2\,\text{m} \cdot \frac{1,33}{1} = 2,66\,\text{m}.$$

Der Fisch schwimmt also in Wirklichkeit nicht zwei Meter, sondern 2,66 Meter unter der Wasseroberfläche.

Lichtbrechung und Lichtgeschwindigkeit

Der Brechungsindex n eines Materials ist das Verhältnis der Lichtgeschwindigkeit im Vakuum zur Lichtgeschwindigkeit in diesem Material. Ein Brechungsindex von 1,5 für Glas bedeutet also, dass sich Licht in dieser Glassorte 1,5-mal langsamer ausbreitet als im leeren Raum.

Spieglein, Spieglein an der Wand

Im Laufe Ihres Lebens haben Sie schon in unzählige Spiegel geschaut. Aber was genau sehen Sie da? Abbildung 20.4 zeigt Ihnen einen ebenen Spiegel, vor dem ein Gegenstand steht. Lichtstrahlen, die von diesem Gegenstand ausgehen, werden von der Spiegelfläche zurück in Ihr Auge geworfen. Ihnen scheint es aber so, als stünde das Spiegelbild *hinter* dem Spiegel, und zwar in genau demselben Abstand, in dem sich der wirkliche Gegenstand *vor* dem Spiegel befindet. Wenn Sie hinter den Spiegel schauen, steht da natürlich nichts von dem, was sie im Spiegel erblickt haben. Deshalb spricht man von einem *virtuellen* (scheinbaren) Bild.

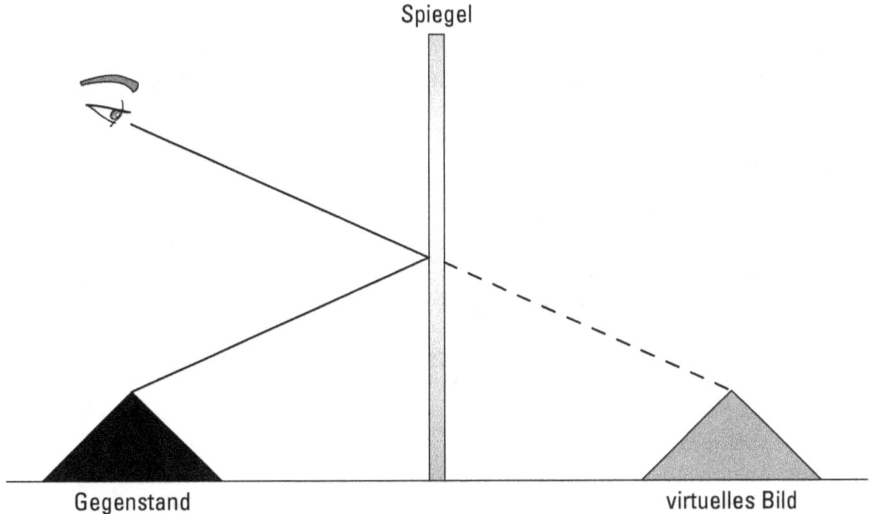

Abbildung 20.4: Ein ebener Spiegel erzeugt in Ihrem Auge ein virtuelles Bild.

Hohlspiegel wirken vergrößernd

Ist die Spiegelfläche nicht eben, sondern gekrümmt, gibt das den Physikern noch mehr Stoff zum Grübeln. Betrachten Sie den Spiegel in Abbildung 20.5: Ein solcher *konkaver* Spiegel (*Hohlspiegel*) sieht aus wie ein Teil der Innenfläche einer hohlen Kugel.

Vor diesen Hohlspiegel stellen Sie jetzt einen Gegenstand. Und was sehen Sie?

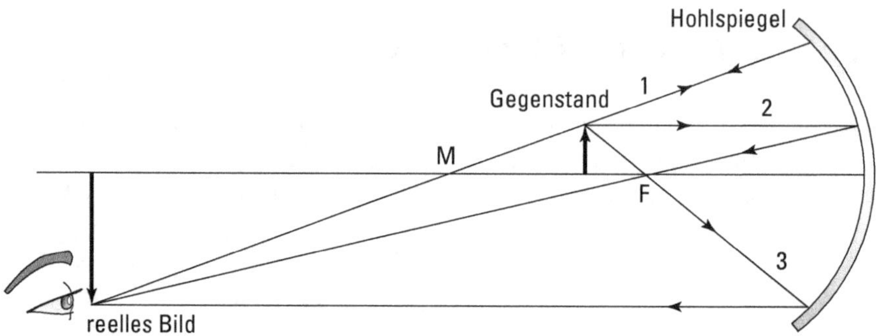

Abbildung 20.5: Ein Gegenstand befindet sich zwischen dem Krümmungsmittelpunkt und dem Brennpunkt eines Hohlspiegels.

Hohlspiegel haben zwei wichtige Punkte: den (Krümmungs-)Mittelpunkt M und den Brennpunkt F (von »Fokus«). M ist der Mittelpunkt der Kugel(schale), aus der man sich den Spiegel »ausgeschnitten« vorstellen kann. F ist der Punkt, in dem sich Lichtstrahlen, die parallel (und nicht allzu weit von der Achse entfernt) auf den Spiegel fallen, nach der Reflexion treffen. Für einen Hohlspiegel gilt: Die Entfernung des Brennpunkts ist gleich der Hälfte der Entfernung des Mittelpunkts. Oder physikalisch gesprochen: Die Brennweite ist die halbe Mittelpunktsweite.

Der Gegenstand in Abbildung 20.5 wurde zwischen Mittelpunkt und Brennpunkt aufgestellt. Wo entsteht das Bild? Ups, jetzt ist es so weit: Ohne Gleichungen geht es nicht mehr!

Strahlendiagramme

Um festzustellen, wo das Bild eines Gegenstands entsteht, der sich zwischen Mittelpunkt und Brennpunkt eines Hohlspiegels befindet, brauchen Sie drei besondere Strahlen. In Abbildung 20.5 sind sie mit 1, 2 und 3 bezeichnet. Die Strahlen gehen von dem Gegenstand aus, werden am Spiegel reflektiert und vereinigen sich zum Bild. Es sind:

- ✔ **Strahl 1 – der Mittelpunktsstrahl** (verläuft vom Gegenstand durch den Mittelpunkt zum Spiegel und wird in sich selbst reflektiert)

- ✔ **Strahl 2 – der Parallelstrahl** (verläuft vom Gegenstand parallel zur Achse zum Spiegel und wird zum Brennpunkt reflektiert)

- ✔ **Strahl 3 – der Brennpunktsstrahl** (verläuft vom Gegenstand durch den Brennpunkt zum Spiegel und wird parallel zur Achse reflektiert)

Dort, wo sich diese drei Strahlen treffen, entsteht das Bild. In Abbildung 20.5 befindet sich das Bild weit jenseits des Mittelpunkts. Es steht auf dem Kopf (man nennt dies *umgekehrt*) und es ist tatsächlich da – das heißt, Sie könnten es fotografieren oder ein Blatt Papier (einen »Schirm«) dorthin halten und das Bild auffangen. Solche *reellen* Bilder entstehen auf derjenigen Seite des Spiegels, auf der sich auch der Gegenstand befindet.

Schauen wir uns nun den umgekehrten Fall an, bei dem der Gegenstand weit jenseits des Mittelpunkts platziert wurde (siehe Abbildung 20.6). Wir zeichnen wieder die drei besonderen Strahlen ein und stellen fest, dass das Bild zwischen dem Mittelpunkt und dem Brennpunkt entsteht. Es ist umgekehrt (bezüglich des Originals), verkleinert und ebenfalls reell.

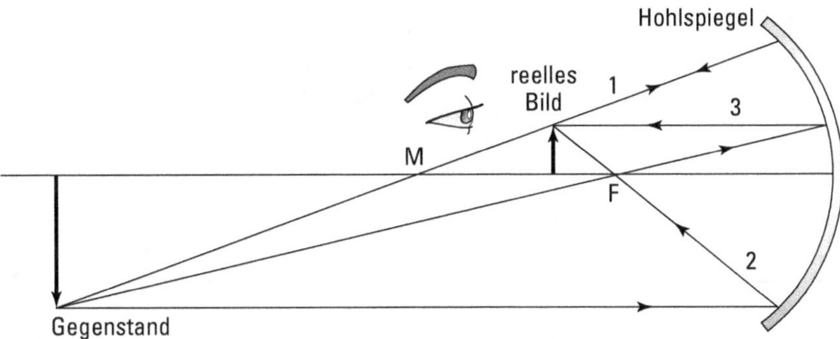

Abbildung 20.6: Der Gegenstand befindet sich jenseits des Mittelpunkts des Hohlspiegels.

Gibt es noch andere Möglichkeiten, den Gegenstand zu positionieren? Gewiss; Sie können ihn weiter an den Spiegel heranrücken, bis er zwischen Brennpunkt und Spiegelfläche steht (wie in Abbildung 20.7). Unsere drei reflektierten Strahlen treffen sich nun aber nicht mehr vor, sondern hinter dem Spiegel. Das Bild ist aufrecht, vergrößert und virtuell – wenn Sie in den Spiegel hineinschauen, scheinen die Lichtstrahlen von einem Objekt hinter dem Spiegel auszugehen.

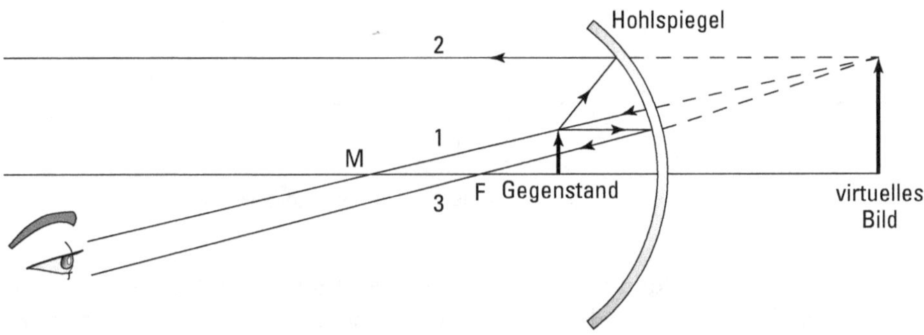

Abbildung 20.7: Der Gegenstand befindet sich zwischen Brennpunkt und Oberfläche des Hohlspiegels.

Rechnen vor dem Spiegel

Mit der richtigen Gleichung können Sie ausrechnen, wo das Bild eines Gegenstands bei einem Hohlspiegel entsteht. Zur Veranschaulichung dient Abbildung 20.8, in der ein und dieselbe Situation auf zwei verschiedene Weisen dargestellt ist. Dabei gibt es vier wichtige Entfernungen:

✔ h_G: Höhe des Gegenstands

✔ h_B: Höhe des Bildes

✔ a_G: Abstand des Gegenstands vom Spiegel (*Gegenstandsweite*)

✔ a_B: Abstand des Bildes vom Spiegel (*Bildweite*)

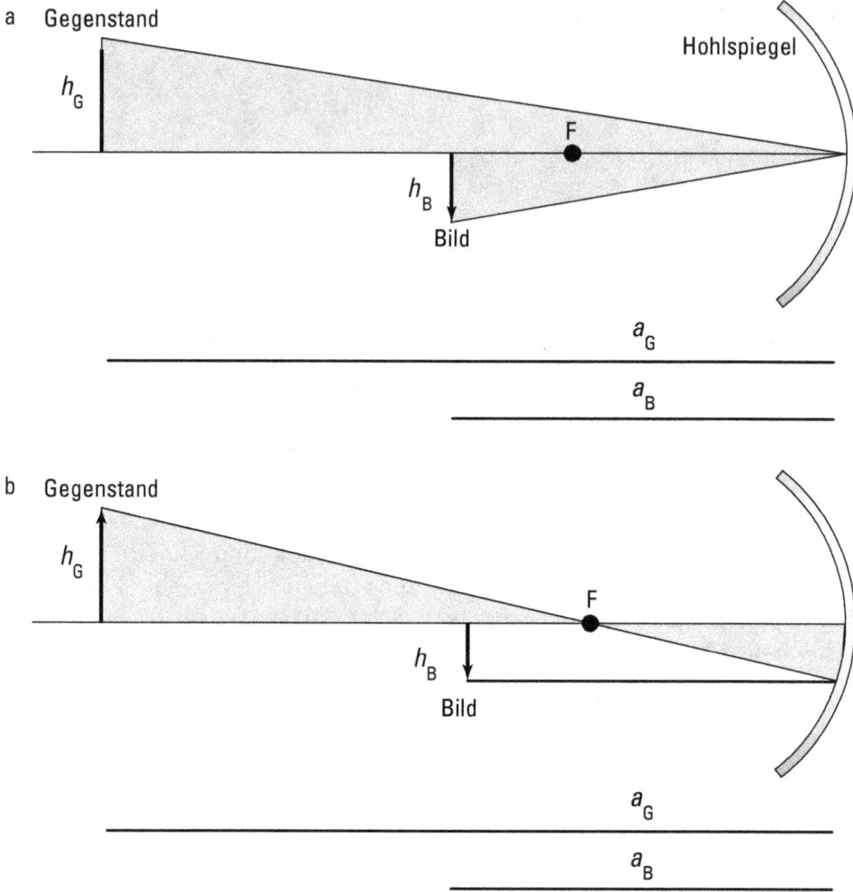

Abbildung 20.8: Geometrische Überlegungen zur Herleitung der Spiegelgleichung

Durch Betrachtung der in Abbildung 20.8 eingezeichneten, mathematisch ähnlichen Dreiecke (die folglich gleiche Winkel und das gleiche Seitenverhältnis besitzen) kommen Sie zu einer Gleichung, die alle vier Größen miteinander verknüpft.

Abbildung 20.8a gibt die Anwendung des Reflexionsgesetzes wider (Einfallswinkel gleich Reflexionswinkel) und liefert folgende Beziehung:

$$\frac{h_G}{h_B} = \frac{a_G}{a_B}.$$

Aus Abbildung 20.8b erhalten Sie

$$\frac{h_G}{h_B} = \frac{a_G - f}{f}$$

(f ist die Brennweite, also der Abstand des Brennpunkts F von der Spiegelfläche). Wir setzen diese Ausdrücke gleich:

$$\frac{a_G}{a_B} = \frac{a_G - f}{f}$$

oder

$$\frac{1}{a_G} + \frac{1}{a_B} = \frac{1}{f}.$$

 Diese *Spiegelgleichung* gibt die Abhängigkeit der Brennweite f von der Bildweite a_B und Gegenstandsweite a_G an. Ist das Bild virtuell (entsteht es also hinter dem Spiegel), so ist die Bildweite negativ.

Stellen Sie sich vor, eine Kosmetikfirma bittet Sie darum, einen Rasierspiegel zu entwerfen, in dem ein Mann sein Gesicht vergrößert (und bitte nicht auf dem Kopf stehend) sehen soll. Fröhlich machen Sie sich ans Werk. Abbildung 20.7 ist die Lösung: Befindet sich das Gesicht näher am Spiegel als der Brennpunkt, so sieht man ein vergrößertes, aufrechtes, virtuelles Bild. Schätzungsweise 12 Zentimeter Abstand zwischen Gesicht und Spiegel müssten, so meinen Sie, ganz bequem sein. Die Brennweite des Spiegels sollte dann vielleicht 20 Zentimeter betragen, der Krümmungsradius also 40 Zentimeter. Wo entsteht das Bild? Sie haben die Gleichung

$$\frac{1}{a_G} + \frac{1}{a_B} = \frac{1}{f}$$

und setzen alle Zahlen ein:

$$\frac{1}{12 \text{ cm}} + \frac{1}{a_B} = \frac{1}{20 \text{ cm}}.$$

Wenn Sie das nach a_B auflösen, erhalten Sie den Wert −30 Zentimeter. Sofort rufen Sie bei Ihrem Auftraggeber an und verkünden: »Der Spiegel muss einen Krümmungsradius von 40 Zentimetern haben. Dann entsteht das Bild bei −30 Zentimetern.« »Schön und gut«, sagt die Stimme am anderen Ende, »aber reicht die Vergrößerung auch aus?« Hmm. Gute Frage. Machen wir uns auf die Suche nach der Antwort.

Die Vergrößerung bestimmen

Die *Vergrößerung m* eines Hohlspiegels ist das Verhältnis der Bildhöhe zur Gegenstandshöhe, h_B/h_G. Dieser Wert ist für eine Firma, die Rasierspiegel herstellt, sicherlich interessant. Wie Sie wissen, ist

$$\frac{h_G}{h_B} = \frac{a_G}{a_B},$$

also

$$m = -\frac{a_B}{a_G}.$$

Das Minuszeichen wird eingefügt, weil die Vergrößerung positiv ist, wenn ein aufrechtes Bild entsteht, und negativ, wenn das Bild umgekehrt ist. Was ist nun mit Ihrem Rasierspiegel? Das Bild entsteht bei −30 Zentimetern, wenn sich der Gegenstand bei 12 Zentimetern befindet. Sie haben also

$$m = - \left(-\frac{30\ \text{cm}}{12\ \text{cm}} \right) = 2,5.$$

Jemand, der sein Gesicht im Abstand von 12 Zentimetern vor Ihren Spiegel hält, sieht seine Nase (und auch die Bartstoppeln) zweieinhalbfach vergrößert.

Konvexe Spiegel wirken verkleinernd

Einen *konvexen* Spiegel (Wölbspiegel) können Sie sich als einen Ausschnitt der Außenseite einer verspiegelten Kugel vorstellen. Wie beschreiben Sie die Situation in Abbildung 20.9 physikalisch?

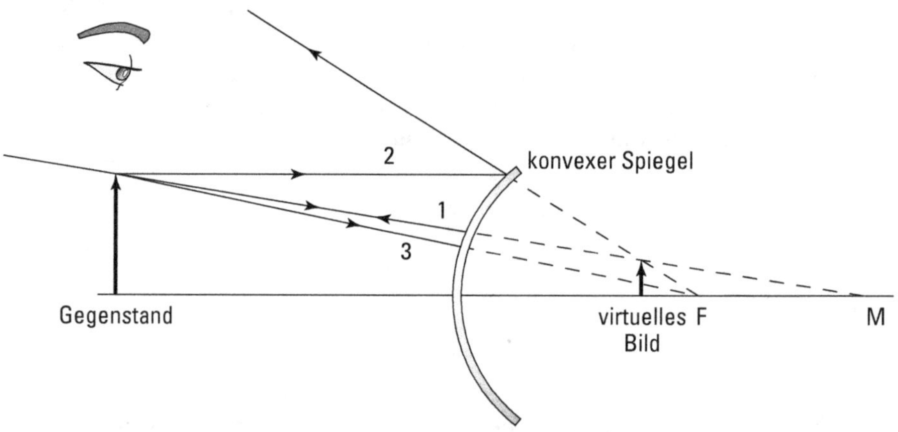

Abbildung 20.9: Herleitung der Gleichung für konvexe Spiegel

Kein Problem; auch hier leisten Ihnen die drei besonderen Strahlen aus dem Abschnitt »Hohlspiegel wirken vergrößernd« weiter vorn in diesem Kapitel gute Dienste. Der einzige Unterschied besteht darin, dass an einem konvexen Spiegel nur virtuelle Bilder entstehen können. Achten Sie beim Einzeichnen der Strahlen darauf, dass Brennpunkt und Mittelpunkt des Spiegels sich jetzt auf derjenigen Seite befinden, die vom Betrachter abgewandt ist.

Ein Blick auf die Strahlen in Abbildung 20.9 zeigt: Das Bild ist virtuell (hinter dem Spiegel), aufrecht und verkleinert. Nachprüfen können Sie das mit einer Schüssel aus Edelstahl oder einem großen Löffel: Das Bild, das die Außenseite der Schüssel von Ihnen zurückwirft, ist verkleinert (und sicher ein bisschen verzerrt).

Auch für konkave Spiegel können Sie die Spiegelgleichung (aus dem Abschnitt »Rechnen vor dem Spiegel« weiter vorn in diesem Kapitel) verwenden. Dabei dürfen Sie aber nicht vergessen, dass f jetzt negativ ist (weil der Brennpunkt hinter dem Spiegel liegt). Nehmen Sie zum Beispiel einen konvexen Spiegel mit einer Brennweite von −20 Zentimetern und stellen Sie einen Gegenstand im Abstand von 35 Zentimetern davor auf. Wo entsteht das Bild? Setzen Sie einfach alle Zahlen in die Spiegelgleichung ein:

$$\frac{1}{a_G} + \frac{1}{a_B} = \frac{1}{f},$$

also

$$\frac{1}{35\,\text{cm}} + \frac{1}{a_B} = \frac{1}{-20\,\text{cm}}.$$

Wenn Sie das nach a_B auflösen, erhalten Sie $a_B = -12,7$ Zentimeter. Das Bild entsteht also im Abstand von 12,7 Zentimetern hinter dem Spiegel. Können Sie auch noch berechnen, wie groß es ist? Natürlich. Aus dem Abschnitt »Die Vergrößerung bestimmen« weiter vorn in diesem Kapitel kennen Sie die geeignete Gleichung:

$$m = -\frac{a_B}{a_G} = -\left(\frac{-12,7\,\text{cm}}{35\,\text{cm}}\right) = 0,36.$$

Das virtuelle Bild steht aufrecht und ist um einen Faktor von 0,36 im Vergleich zum Gegenstand verkleinert. Und das ist nun wirklich alles, was es über Spiegel zu sagen gibt.

Mit Linsen sieht man besser

Abgesehen von Spiegeln begegnet Ihnen tagtäglich auch ein zweites optisches Bauteil: die Linse. *Linsen* bestehen aus durchsichtigem Material und sind so geformt, dass sie Licht durch Brechung bündeln oder zerstreuen und so spezielle Typen reeller oder virtueller Bilder erzeugen.

Grundsätzlich gibt es zwei Linsenarten: Sammellinsen und Zerstreuungslinsen. In den folgenden Abschnitten bespreche ich beide.

Sammellinsen wirken vergrößernd

An einer *Sammellinse* werden die Lichtstrahlen zur optischen Achse hin gebrochen. Man benutzt Sammellinsen, um das Licht von einem Gegenstand auf der einen Seite zu einem reellen Bild auf der anderen Seite zu bündeln. Eine Sammellinse nehmen Sie zum Beispiel, um die Zacken einer Briefmarke zu untersuchen; in diesem Fall nennt man die Linse Vergrößerungsglas oder Lupe.

Brillengläser zur Korrektur von Weitsichtigkeit sind ebenfalls Sammellinsen.

Strahlendiagramme für Linsen

Für Linsen können Sie ähnliche Diagramme zeichnen, wie sie weiter vorn in diesem Kapitel für Spiegel erklärt wurden. Schauen Sie sich die Sammellinse in Abbildung 20.10 mit ihren charakteristischen gekrümmten Flächen an. Dort sind drei Strahlen eingezeichnet:

✔ **Strahl 1 – der Mittelpunktsstrahl** (verläuft vom Gegenstand durch den Mittelpunkt der Linse und knickt nicht ab)

✔ **Strahl 2 – der Parallelstrahl** (verläuft vom Gegenstand parallel zur Achse und wird durch den Brennpunkt gebrochen)

✔ **Strahl 3 – der Brennpunktsstrahl** (verläuft vom Gegenstand durch den Brennpunkt zur Linse und wird so gebrochen, dass er anschließend parallel zur Achse verläuft)

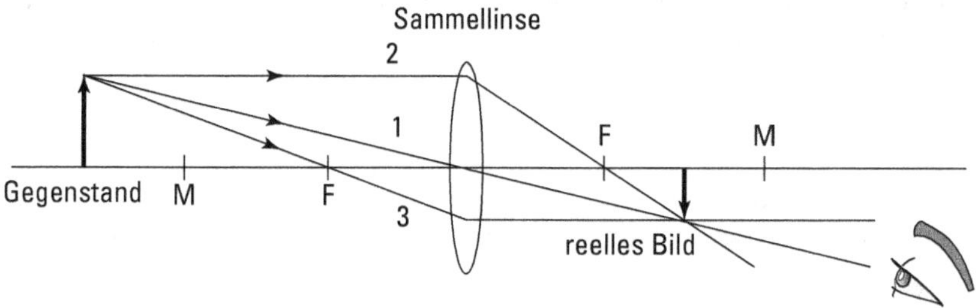

Abbildung 20.10: Sammellinse. Der Gegenstand steht jenseits des Krümmungsmittelpunkts.

In Abbildung 20.10 steht der Gegenstand jenseits des Krümmungsmittelpunkts M. Wir setzen den Krümmungsradius hier ebenfalls gleich $2f$ – was nicht ganz korrekt ist, weil Linsenflächen parabolisch und nicht kugelförmig sind, aber für kleine Linsen genau genug. Es entsteht ein verkleinertes, umgekehrtes, reelles Bild.

Und wenn sich der Gegenstand zwischen Krümmungsmittelpunkt und Brennpunkt befindet, wie in Abbildung 20.11? Dann sagen Ihnen die drei Strahlen: Das Bild ist vergrößert, umgekehrt und reell.

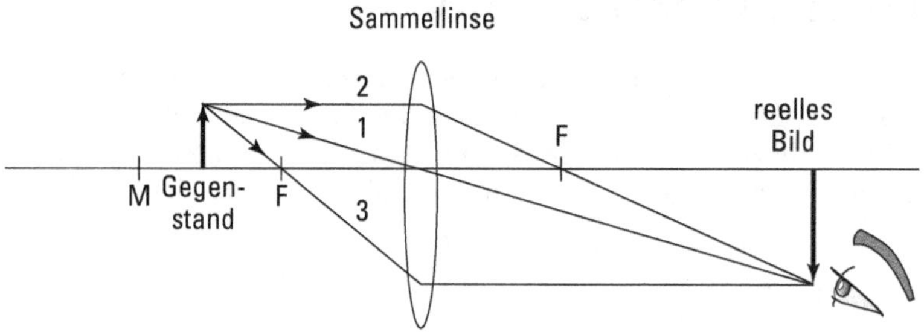

Abbildung 20.11: Der Gegenstand steht zwischen Krümmungsmittelpunkt und Brennpunkt der Sammellinse.

Nun bleibt nur noch eine Möglichkeit, dass nämlich der Gegenstand zwischen der Linsenfläche und dem Brennpunkt steht. Was dann geschieht, sehen Sie in Abbildung 20.12.

Hier können Sie nur zwei der drei Strahlen konstruieren – Sie müssen die gebrochenen Strahlen rückwärts verlängern – und erhalten ein vergrößertes, aufrechtes, virtuelles Bild. (Diese Situation trifft auf Vergrößerungsgläser zu.)

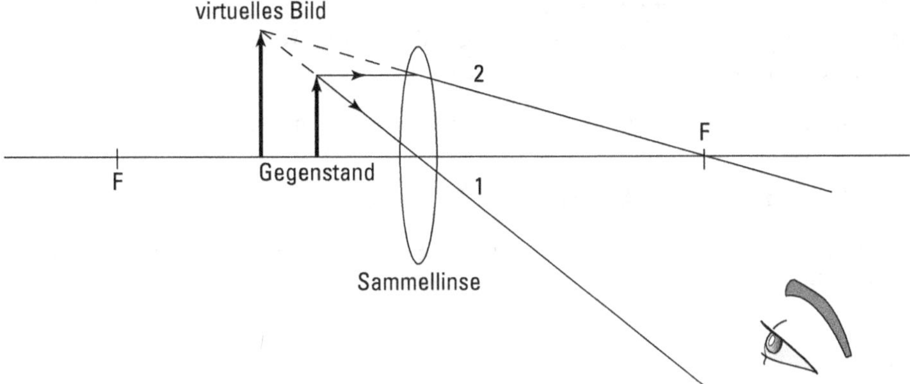

Abbildung 20.12: Der Gegenstand steht zwischen Brennpunkt und Oberfläche der Sammellinse.

Wie bei allen virtuellen Bildern treffen sich auch hier in Wirklichkeit keine Lichtstrahlen (die Hilfslinien in Abbildung 20.12 sind deshalb gestrichelt). Wenn Sie einen Schirm an der Bildposition aufstellen, sehen Sie nichts. Sie können das Bild nur sehen, wenn Sie direkt durch die Linse schauen.

Im Brennpunkt: Die Linsengleichung

Nun wollen Sie berechnen, wo Sammellinsen Bilder erzeugen. Dazu können Sie die *Gleichung für dünne Linsen* verwenden, die der Form nach der Spiegelgleichung entspricht und in gleicher Weise hergeleitet wird:

$$\frac{1}{a_\mathrm{G}} + \frac{1}{a_\mathrm{B}} = \frac{1}{f}.$$

Wieder sind a_B die Bildweite (Abstand des Bildes von der Linse), a_G die Gegenstandsweite (Abstand des Gegenstands von der Linse) und f die Brennweite.

Diese Gleichung gilt wohlgemerkt für *dünne* Linsen. Bei dicken Linsen beobachtet man Abbildungsfehler (Verzerrungen), sogenannte *Aberrationen*, die in der Praxis durch eine spezielle Formung der Linsen ausgeglichen werden müssen. Bei virtuellen Bildern wird die Bildweite a_B negativ gerechnet.

Stellen Sie sich vor, Sie wollen eine Briefmarke mit einer Lupe betrachten. Die Linse hat eine Brennweite von fünf Zentimetern und Sie halten sie drei Zentimeter über die Marke. Wo entsteht das Bild? Setzen Sie die Zahlen in die Linsengleichung ein:

$$\frac{1}{a_\mathrm{G}} + \frac{1}{a_\mathrm{B}} = \frac{1}{f},$$

also

$$\frac{1}{3\ \text{cm}} + \frac{1}{a_B} = \frac{1}{5\ \text{cm}}.$$

Das lösen Sie nach der Bildweite auf und erhalten $a_B = -7,5$ cm. Die negative Bildweite bedeutet, dass das Bild virtuell ist; außerdem ist es aufrecht und vergrößert, wovon Sie sich durch einen Blick auf Abbildung 20.12 überzeugen können.

Sicher interessiert Sie nun auch, wie stark Ihre Lupe die Briefmarke vergrößert.

Die Vergrößerung einer Lupe

Die Vergrößerung m von Sammellinsen berechnen Sie genauso, wie es zu Beginn dieses Abschnitts für Spiegel gezeigt wurde:

$$m = -\frac{a_B}{a_G}.$$

Eine negative Vergrößerung bedeutet, dass Sie ein umgekehrtes Bild erhalten; eine positive Vergrößerung bedeutet, dass das Bild aufrecht erscheint.

Wie stark vergrößert nun die oben beschriebene Lupe? Wie Sie wissen, ist $a_G = 3$ Zentimeter und $a_B = -7,5$ Zentimeter. Sie haben also

$$m = -\frac{a_B}{a_G} = -\left(\frac{-7,5\ \text{cm}}{3\ \text{cm}}\right) = 2,5.$$

Sie sehen die Briefmarke also rund zweieinhalbmal so groß (und aufrecht), wenn Sie die Lupe in einem Abstand von drei Zentimetern darüberhalten.

Schauen wir ein zweites Beispiel an. Stellen Sie sich vor, Sie möchten mit einem Diaprojektor ein Bild auf eine ein Meter entfernte Leinwand projizieren. Was Sie brauchen, ist also ein reelles, vergrößertes Bild (die Orientierung ist nicht so wichtig, denn Sie können das Dia notfalls auch kopfüber in den Projektor stellen – was man in der Praxis tatsächlich macht).

Die Lösung Ihres Problems ist jetzt Abbildung 20.11. Der Gegenstand (das Dia) wird zwischen den Krümmungsmittelpunkt ($2f$ von der Linse entfernt) und den Brennpunkt (in der Entfernung f) platziert. Angenommen, das Dia soll sich zehn Zentimeter von der Linse entfernt befinden. Welche Brennweite muss die Linse dann haben? Setzen Sie in die Linsengleichung

$$\frac{1}{a_G} + \frac{1}{a_B} = \frac{1}{f}$$

wieder alle Zahlen ein:

$$\frac{1}{0,1\ \text{m}} + \frac{1}{1\ \text{m}} = \frac{1}{f} \Rightarrow f = 0,09\ \text{m}.$$

Die Brennweite Ihrer Linse müsste rund 9 Zentimeter betragen.

Zerstreuungslinsen wirken verkleinernd

Sammellinsen brechen die Lichtstrahlen zur optischen Achse hin; *Zerstreuungslinsen* hingegen brechen die Strahlen von der Achse weg. Wie das funktioniert, sehen Sie in Abbildung 20.13. Wie Sie dem Strahlendiagramm entnehmen, entsteht hier ein virtuelles, aufrechtes, verkleinertes Bild.

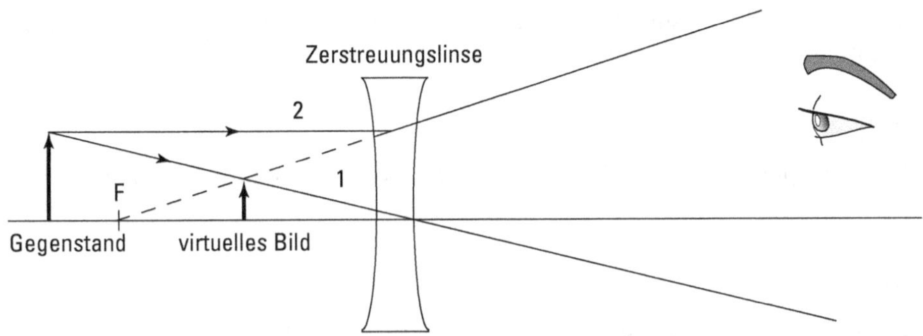

Abbildung 20.13: Eine Zerstreuungslinse erzeugt ein virtuelles Bild.

 Zerstreuungslinsen erzeugen stets virtuelle, aufrechte, verkleinerte Bilder.

Können Sie auch hier die Gleichung für dünne Sammellinsen verwenden? Natürlich, nur müssen Sie beachten, dass die Brennweite einer Zerstreuungslinse negativ ist (wie die eines konvexen Spiegels).

Stellen Sie sich eine Zerstreuungslinse mit einer Brennweite von −10 Zentimetern vor. Ein Gegenstand befindet sich vier Zentimeter davon entfernt. Wo entsteht das Bild? Die Linsengleichung ist Ihnen jetzt schon vertraut:

$$\frac{1}{a_{\mathrm{G}}} + \frac{1}{a_{\mathrm{B}}} = \frac{1}{f}.$$

Dann ist

$$\frac{1}{4\,\mathrm{cm}} + \frac{1}{a_{\mathrm{B}}} = \frac{1}{-10\,\mathrm{cm}}$$

und Sie bringen a_{B} auf die linke Seite:

$$a_{\mathrm{B}} = -2,9\,\mathrm{cm}.$$

Wie Sie anhand von Abbildung 20.13 nachprüfen können, ist die Bildweite kleiner als die Brennweite und außerdem negativ; das Bild ist folglich virtuell. Und nun noch die Vergrößerung: Verwenden Sie die Gleichung, die ich im Abschnitt »Die Vergrößerung einer Lupe« weiter vorn in diesem Kapitel für Sammellinsen benutze,

$$m = -\frac{a_{\mathrm{B}}}{a_{\mathrm{G}}},$$

und setzen Sie die Zahlen ein:

$$m = -\left(\frac{-2,9\ \text{cm}}{4\ \text{cm}}\right) \approx 0,72.$$

Was lesen Sie aus dem Ergebnis ab? m ist positiv, also entsteht ein aufrechtes Bild; es ist kleiner als eins, also ist das Bild kleiner als der Gegenstand – Sie haben es mit einer Verkleinerungslinse zu tun! Falls Sie kurzsichtig sind, tragen Sie übrigens Zerstreuungslinsen in Ihrer Brille mit sich herum.

Aufgabe 20.1

Ein Hohlspiegel hat einen Krümmungsradius von 40 cm. Ein Gegenstand befindet sich 70 cm vor dem Spiegel. Wie groß ist die Brennweite? Und wie groß ist die Bildweite?

Aufgabe 20.2

Die Brennweite eines Hohlspiegels beträgt 20 cm. Wo liegt das Bild und welche Eigenschaften hat es, wenn sich ein Gegenstand bei $a_\text{G} = 30$ cm befindet?

Teil VI

Teil VI
Der Top-Ten-Teil

Besuchen Sie uns doch einmal auf
www.instagram.com/furdummies/

In diesem Teil lassen wir die Physik von der Leine und erleben wilde Abenteuer. Als Erstes lernen Sie zehn Fakten aus Einsteins Relativitätstheorie kennen – verrückte Dinge wie Zeitdehnung, Längenschrumpfung und die berühmte Formel $E = mc^2$. Anschließend streifen wir zehn wirklich erstaunliche Ideen aus der modernen Physik, von Quarks bis zu schwarzen Löchern und vom Urknall bis zu dunkler Energie.

Kapitel 21
Alles ist relativ(istisch)

In diesem Kapitel lernen Sie zehn erstaunliche Aspekte von Einsteins spezieller Relativitätstheorie kennen. Bis heute hat sich die spezielle Relativitätstheorie in unzähligen Experimenten als richtig erwiesen. Aus ihr folgen zahlreiche spektakuläre Zusammenhänge, etwa die Tatsache, dass sich Energie und Materie ineinander umwandeln lassen, ausgedrückt durch die vielleicht berühmteste Gleichung der Physik:

$$E = mc^2.$$

Außerdem erfahren Sie, dass sich Zeit dehnt wie ein Gummi, während Längen schrumpfen, wenn ein Objekt mit nahezu Lichtgeschwindigkeit an Ihnen vorbeirast. Kurzum: Nachdem Sie gelesen haben, was Albert Einstein zu Raum und Zeit zu sagen hatte, wird die Welt für Sie nicht mehr dieselbe sein ...

Die Natur behandelt alle gleich

Einstein behauptete, dass die Gesetze der Physik in allen inertialen Bezugssystemen (kurz: *Inertialsystemen*) gleichermaßen gültig sind. Ein Inertialsystem ist dadurch gekennzeichnet, dass die Objekte darin ruhen oder sich mit konstanter Geschwindigkeit bewegen. Das bedeutet, ein solches System wird nicht beschleunigt und es gilt Newtons Trägheitsgesetz, wonach ein ruhender Körper in Ruhe bleibt und ein gleichförmig bewegter Körper sich gleichförmig weiterbewegt.

Gibt es auch Nichtinertialsysteme? Natürlich, zum Beispiel rotierende Systeme! Denn dort ist die Zentripetalbeschleunigung ungleich null. Auch anderweitig beschleunigte Systeme kann man sich mit Leichtigkeit vorstellen: Autos, Tennisbälle, den 100-Meter-Weltrekordler Usain Bolt ...

Der Kern von Einsteins Aussage ist: Die Naturgesetze gelten in allen Inertialsystemen ohne Ausnahme, die Natur bevorzugt oder benachteiligt nicht. Stellen Sie sich etwa vor, Sie sitzen in einem Labor über Physikexperimenten; draußen fährt Ihr Bruder in einem sich gleichmäßig bewegenden Eisenbahnwaggon vorbei und macht die gleichen Experimente, wie es in Abbildung 21.1 skizziert ist.

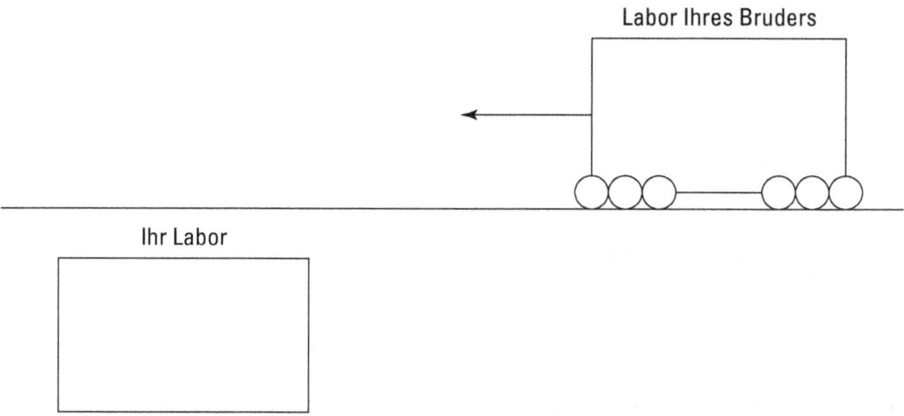

Abbildung 21.1: Bei einem physikalischen Experiment beobachten Sie immer dasselbe Ergebnis, gleichgültig ob das Labor ruht oder in einem Eisenbahnwaggon an Ihnen vorbeifährt.

Hinterher vergleichen Sie Ihre Ergebnisse und stellen fest, dass im Labor und im Eisenbahnwaggon die gleichen Gesetze gelten. Es gibt kein Experiment, anhand dessen Ausgang sich unterscheiden lässt, ob es im Labor im Ruhezustand oder im fahrenden Waggon ausgeführt wurde.

Licht ist immer gleich schnell

Geschwindigkeiten einzuschätzen, während man sich selbst bewegt, ist ziemlich schwierig – versuchen Sie es mal mit Autos, die Sie auf der Autobahn überholen (ohne auf den Tacho zu schielen!). Oder stellen Sie sich vor, Sie stehen an einem Bahnübergang und im vorbeifahrenden Zug sitzt Ihr Bruder, der einen Kaugummi aus dem Fenster wirft. Wie schnell fliegt der Kaugummi? Um das festzustellen, müssen Sie zu der Geschwindigkeit, mit der Ihr Bruder das Kügelchen weggeworfen hat (vielleicht fünf Kilometer pro Stunde), noch die Geschwindigkeit hinzurechnen, mit der sich sein Inertialsystem (der Zug) bewegt (vielleicht 100 Kilometer pro Stunde), also kommen Sie auf eine Anfangsgeschwindigkeit von 105 Kilometer pro Stunde. (Es ist also besser, wenn der Kaugummi Sie nicht trifft!) Licht aber trifft Sie immer mit der gleichen Geschwindigkeit, egal wie schnell sich die Bezugssysteme bewegen. Die Lichtgeschwindigkeit ist und bleibt exakt 299.792.458 Meter pro Sekunde.

Bei hoher Geschwindigkeit dehnt sich die Zeit

In einer klaren Nacht schauen Sie sich den Sternenhimmel an. Ein Astronaut fliegt in einer *sehr* schnellen Rakete vorbei und es kommt Ihnen so vor, als riefe eine Stimme von hoch oben: »Holt mich herunter!« Die spezielle Relativitätstheorie besagt: Bei einem Ereignis oben an Bord der (schnell fliegenden) Rakete misst der Astronaut eine kürzere Zeit, als Sie von der Erde aus messen. Wie das funktioniert, zeigt Abbildung 21.2.

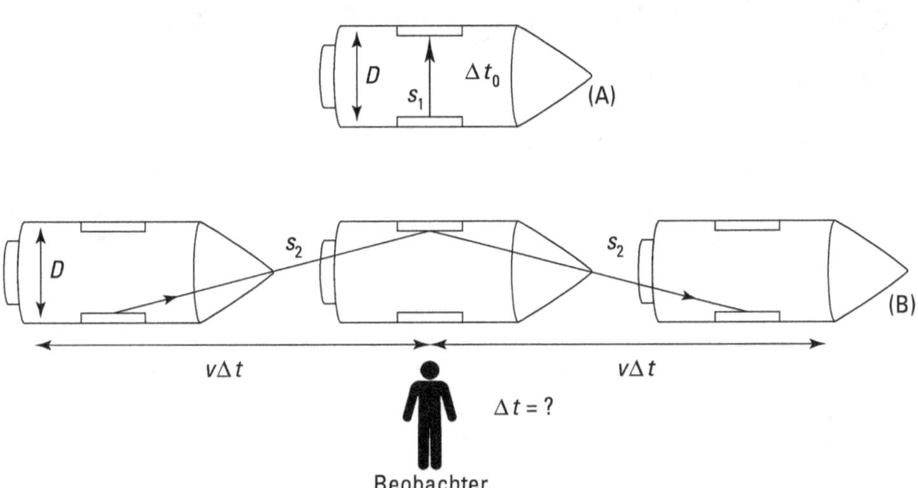

Abbildung 21.2: In der Rakete braucht der Lichtpuls die Zeit Δt_0, ein Beobachter auf der Erde misst dagegen die Zeit Δt.

Schauen Sie zunächst die obere Zeichnung (A) an. Licht läuft mit der Lichtgeschwindigkeit c zwischen den beiden Spiegeln im Abstand D hin und her. Ein Astronaut in der Rakete misst dafür die Zeit $\Delta t_0 = 2s_1/c$. Aus Ihrer Perspektive (B) ist diese Zeit jedoch länger: Der Strahl legt in Ihrem Inertialsystem den Weg s_2 zurück und braucht dafür die Zeit $\Delta t = 2s_2/c$. Und weil c in allen Systemen konstant ist (siehe hierzu auch den Abschnitt »Es geht nicht schneller« weiter hinten in diesem Kapitel), ist Δt deutlich länger als Δt_0. Der Physiker nennt dieses Phänomen *Zeitdilatation*.

Raumfahrer altern langsamer

Wer im Weltraum unterwegs ist, altert langsamer als seine auf der Erde zurückgebliebenen Verwandten. (Verraten Sie das bloß nicht Ihrer eitlen Erbtante!) Betrachten wir zum Beispiel einen Astronauten, der mit einer Geschwindigkeit von 0,99c unterwegs ist. Im Raumschiff tickt eine Uhr im Sekundentakt. Jede Raumschiffsekunde ist aber für Sie auf der Erde 7,09 Sekunden lang!

Wenn Sie *sehr* gut aufgepasst haben, ist Ihnen vielleicht Folgendes aufgefallen: Das langsame Altern im Weltraum nützt nur etwas, wenn man auch wieder zur Erde zurückkommt. Dann aber muss man logischerweise irgendwo umdrehen und zumindest am Ende der Reise bremsen. Dazu müssen jedoch Kräfte wirken, sodass die Annahme eines kräftefreien Inertialsystems nicht mehr gegeben ist! Interessanterweise zeigt aber eine extrem komplizierte Rechnung im Rahmen der allgemeinen Relativitätstheorie, dass man tatsächlich etwas weniger altert, wenn man eine sehr schnelle Spitztour durchs All unternimmt.

Bei hoher Geschwindigkeit schrumpft die Länge

Nicht nur Zeiträume für Ereignisse an Bord einer schnellen Rakete verändern sich, wenn man die Dinge vom Erdboden aus betrachtet, sondern auch Längen im System der Rakete: Die Bodenstation misst beispielsweise eine geringere Länge der Rakete als deren Besatzung! Abbildung 21.3 zeigt, wie das zu verstehen ist.

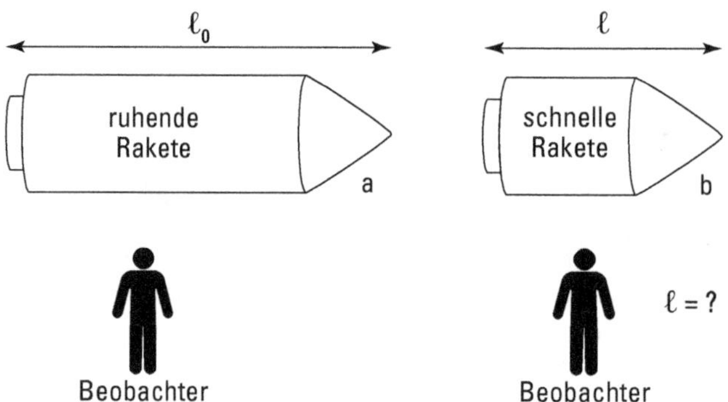

Abbildung 21.3: Ein schnell fliegendes Raumschiff scheint zu schrumpfen.

Misst ein Beobachter die Länge l_0 eines Objekts, bezüglich dessen er sich in Ruhe befindet, so misst ein bewegter Beobachter stattdessen die (geringere) Länge l. (Da es hier um eine *relative* Bewegung geht, ist es egal, ob Sie ruhen und das Raumschiff sich fortbewegt oder umgekehrt.) Mit anderen Worten: Für einen Beobachter scheinen relativ zu ihm bewegte Gegenstände zu *schrumpfen*. Der Physiker nennt dieses Phänomen *Längenkontraktion*.

Wichtig ist, dass nur die Abmessung in Bewegungsrichtung schrumpft! Die vorbeifliegende Rakete in Abbildung 21.3 wird also nur kürzer, nicht dünner.

Materie ist gleich Energie

Einsteins bekannteste Erkenntnis ist die der Äquivalenz von Materie und Energie. Das bedeutet, Energie lässt sich in Materie umwandeln und Materie in Energie. (Schon mal diesen uralten Physikerwitz gehört: Beim Abnehmen verliert man Masse und gewinnt Energie – und umgekehrt! Nicht sehr originell, aber wahr.) Einsteins Gleichung lautet aber nicht etwa $E = mc^2$, sondern

$$E = \frac{mc^2}{\sqrt{1 - \dfrac{v^2}{c^2}}}.$$

Ein Spezialfall dieser Gleichung besteht darin, dass sich das Objekt, das Sie in Energie verwandeln möchten, nicht bewegt. Dann ist $v = 0$, der Nenner wird gleich eins und es ergibt sich die berühmte Gleichung.

Materie plus Antimaterie gleich ... bumm

Eine vollständige Umwandlung von Masse in Energie findet statt, wenn Materie auf Antimaterie trifft. *Antimaterie* können Sie sich als eine Art umgekehrte Materie vorstellen – genauso aufgebaut, nur anstelle der Elektronen enthalten die Antimaterie-Atome positiv geladene *Positronen* und anstelle der Protonen negativ geladene *Antiprotonen*. Allen Star-Trek-Fans sind die (in der Realität noch nicht ganz praxistauglichen) Antimaterie-Triebwerke des Raumschiffs Enterprise bestens bekannt.

Das Verrückte ist aber: *Antimaterie gibt es wirklich.* Wissenschaftler haben sie in den Tiefen des Weltraums gefunden, unsere Sonne produziert sie unablässig und beim radioaktiven Zerfall tritt sie ebenfalls auf. Trifft ein »normales« Wasserstoffatom (Elektron + Proton) auf ein Antiwasserstoffatom (Positron + Antiproton), so wird deren Materie vollständig in Energie verwandelt. Und wo landet die Energie? Sie wird in Form energiereicher Photonen abgegeben, die weitere, in der Regel sehr heftige Prozesse auslösen können.

Die Sonne verliert an Masse

Die Sonnenenergie, die das Leben auf der Erde ermöglicht, stammt in der Hauptsache von *Kernfusionen*, der Verschmelzung von Atomkernen zu anderen, in der Summe leichteren Atomkernen. In jeder Sekunde strahlt die Sonne unheimlich viel Licht ab. Folglich muss sie ständig Masse verlieren. Trotzdem brauchen Sie sich keine Sorgen zu machen – der Vorrat ist noch groß genug.

Die Sonne verschwindet – aber nur langsam

Die Sonne strahlt mit einer Leistung von $3{,}92 \cdot 10^{26}$ Watt. Das bedeutet, pro Sekunde gibt sie eine Energie von $3{,}92 \cdot 10^{26}$ Joule ab. Umgerechnet in Masse sind das 4,36 *Milliarden Kilogramm*, die die Sonne in jeder Sekunde verliert! Eine ganze Menge, oder? Müssten die Sonnenforscher angesichts dieses enormen Verlusts nicht kalte Füße bekommen? (»Was wird aus meinem Job, wenn die Sonne weg ist?«) – Zum Glück hat die Sonne noch einiges an Masse aufzubieten, sie wiegt nämlich beruhigende $1{,}99 \cdot 10^{30}$ Kilogramm. Was sind da schon die paar Milliarden Kilogramm, die täglich verloren gehen ... Wäre die Umwandlung in Energie der einzige physikalische Mechanismus, nach dem die Sonne Masse verliert, würde sie noch $1{,}99 \cdot 10^{30} / (4{,}36 \cdot 10^{9}) = 4{,}56 \cdot 10^{20}$ Sekunden (oder $1{,}44 \cdot 10^{13}$ Jahre oder 144 Milliarden Jahrhunderte) lang leuchten.

Es geht nicht schneller

Allen Behauptungen von Star Trek und anderen Science-Fiction-Geschichten zum Trotz: Kein Raumschiff und auch sonst nichts kann schneller fliegen als das Licht. Weil die Lichtgeschwindigkeit die höchstmögliche Geschwindigkeit ist, muss sie in allen Inertialsystemen gleich sein (mehr dazu im ersten Abschnitt dieses Kapitels) – selbst dann, wenn die Lichtquelle in einem Inertialsystem steht, das sich schnell auf Ihr Inertialsystem zubewegt. Die spezielle Relativitätstheorie sagt über die Gesamtenergie eines Objekts Folgendes aus:

$$E = \frac{mc^2}{\sqrt{1 - \dfrac{v^2}{c^2}}}.$$

Für ein ruhendes Objekt gilt $E_{\text{Ruhe}} = mc^2$. Die relativistische kinetische Energie eines Objekts mit der Masse m ist dann

$$E_{\text{kin}} = mc^2 \left(\frac{1}{\sqrt{1 - \dfrac{v^2}{c^2}}} - 1 \right).$$

Je größer die Geschwindigkeit v des Objekts ist, desto kleiner wird der Nenner des Bruchs und desto größer folglich der ganze Klammerausdruck. Das bedeutet: Kommt die Geschwindigkeit sehr nahe an c heran, so geht die kinetische Energie des Objekts gegen unendlich. Es wäre also unendlich viel Energie nötig, um die Lichtgeschwindigkeit zu erreichen – und das geht natürlich nicht. Und selbst wenn es ginge, würden Sie sicher niemanden finden, der die Rechnung dafür bezahlen würde ...

Und Newton hat trotzdem recht!

Nach all diesen Diskussionen über Einstein: Hat Newton uns angelogen oder zumindest unwillentlich Unsinn erzählt? Wie steht es mit den guten alten Gleichungen für Impuls und kinetische Energie? Keine Sorge, sie gelten nach wie vor! Aber eben nur bei niedrigen Geschwindigkeiten (das heißt Geschwindigkeiten, die wesentlich kleiner sind als die

Lichtgeschwindigkeit). Betrachten Sie zum Beispiel die relativistische Gleichung für den Impuls (den ich in Kapitel 9 genauer erkläre):

$$p = \frac{mv}{\sqrt{1 - \frac{v^2}{c^2}}}$$

(p ist der Impuls, m die Masse und v die Geschwindigkeit). Interessant ist besonders der Faktor

$$\frac{1}{\sqrt{1 - \frac{v^2}{c^2}}}.$$

Er beginnt erst dann merklichen Einfluss auf das Ergebnis auszuüben, wenn die Geschwindigkeit nahe an c herankommt. Bei $4,2 \cdot 10^7$ Metern pro Sekunde sind wir gerade erst bei einem Prozent von c – und damit hat besagter Faktor immer noch in sehr guter Näherung den Wert 1. Solange es sich also um alltägliche Geschwindigkeiten handelt, sind wir mit der vertrauten Gleichung

$$p = mv$$

auf der sicheren Seite, was Newton bestimmt gefreut hätte.

Und wie steht es mit der kinetischen Energie E_{kin} (näher erklärt in Kapitel 8)? Die relativistische Formel dafür sieht so aus:

$$E_{kin} = mc^2 \left(\frac{1}{\sqrt{1 - \frac{v^2}{c^2}}} - 1 \right).$$

Wieder interessiert uns vor allem der Faktor

$$\frac{1}{\sqrt{1 - \frac{v^2}{c^2}}}.$$

Wenn Sie sich noch an die Binomialentwicklung aus dem Mathematikunterricht in der Oberstufe erinnern, können Sie den Ausdruck in eine Reihe entwickeln, nämlich so:

$$\frac{1}{\sqrt{1 - \frac{v^2}{c^2}}} = 1 + \frac{1}{2}\frac{v^2}{c^2} + \frac{3}{8}\left(\frac{v^2}{c^2}\right)^2 + \cdots$$

Wenn v^2/c^2 viel kleiner als eins ist (also v viel kleiner als c), kann man die Reihe in guter Näherung nach dem zweiten Glied abbrechen:

$$\frac{1}{\sqrt{1 - \frac{v^2}{c^2}}} = 1 + \frac{1}{2}\frac{v^2}{c^2}.$$

Dies setzen wir in die Gleichung für die relativistische Energie ein und erhalten – na, raten Sie mal! – die nichtrelativistische Version, den alten Bekannten aus Kapitel 8:

$$E_{\text{kin}} = \frac{1}{2}mv^2.$$

Wie Sie sehen, ist Newton durch die Relativitätstheorie keineswegs erledigt. Seine Mechanik gilt vielmehr immer dann, wenn sich die betrachteten Objekte deutlich langsamer bewegen als das Licht. Relativistische Effekte beginnen sich bei ungefähr $0{,}14 \cdot c$ bemerkbar zu machen. Kein Wunder, dass Newton nichts davon wusste, denn welche Pferdekutsche schafft schon 150 Millionen Kilometer pro Stunde?

Kapitel 22
Zehn wilde Theorien

Physiker geben sich ungern mit dem Stand der Dinge zufrieden und wollen immermehr über die Welt im Großen wie im Kleinenherausfinden. In diesem Kapitel stelle ich Ihnen zehn atemberaubende physikalische Theorien vor, die aus dieser unersättlichen Neugier heraus entstanden sind. Über das meiste davon haben Sie in der Schule vermutlichnichts gelernt. Kein Wunder, denn einige Theorien sind ziemlich verwegen und vermutlich auch noch nicht der Weisheit letzter Schluss. Was heute noch gut zu stimmen scheint, kann morgen schon durch neue Erkenntnisse über den Haufen geworfen werden.

Ganz klein ... und ganz anders

In diesem Buch erfahren Sie viel über Bewegungen, Beschleunigungen oder die Eigenschaften von elektrischen Ladungen. Die physikalischen Gesetze, die Sie in diesem Zusammenhang kennengelernt haben, funktionieren in Alltag und Technik ganz hervorragend. Verlässt man jedoch den Bereich der handelsüblichen Größenordnungen und wendet sich zum Beispiel der Welt der Atome und subatomaren Partikel zu, sieht vieles anders aus. Aber keine Angst, auch wenn Ihnen das Reich der Atome ziemlich seltsam vorkommen sollte, sind Sie immer noch in der Lage zu berechnen, in welche Richtung ein Stein fliegt, damit Sie ihm rechtzeitig ausweichen können!

Zu Beginn des 20. Jahrhunderts merkten die Physiker, dass die klassischen Gesetze der Physik nicht ausreichten, um die Existenz der Atome zu erklären. So konnte die bisherige Vorstellung, dass in Atomen einfach Elektronen um einen positiv geladenen Kern kreisen, nicht stimmen. Als beschleunigte Ladungen müssten die Elektronen nämlich ständig Energie abstrahlen und irgendwann im Atomkern landen. Damit wäre aber die Existenz stabiler

Atome unmöglich. Dabei sieht doch eigentlich alles um Sie herum recht haltbar aus, oder? Daher ersannen die Physiker eine Theorie, in der sich viele Größen nicht mehr kontinuierlich ändern, sondern vielmehr in kleinsten Päckchen, den *Quanten*, auftreten. Hierzu mussten sie viele lieb gewonnene Vorstellungen über Bord schmeißen. Doch dafür war die Theorie, schwupps, in der Lage, die Eigenschaften und Bewegungen der Atome und ihrer Bestandteile schlüssig berechnen zu können. Und nicht nur das! Auch viele Eigenschaften größerer Materiebrocken ließen sich damit besser beschreiben und voraussagen. Und schließlich gäbe es ohne die Quantentheorie weder Computerchips noch CD-Spieler oder Handys. Und dafür schenkt man auch gern mal einer atemberaubenden physikalischen Theorie Glauben.

Hier und da zugleich

Eine der erstaunlichsten Folgerungen aus der Quantentheorie ist die heisenbergsche *Unschärferelation* (manchmal auch Unbestimmtheitsprinzip genannt), benannt nach dem berühmten deutschen Physiker Werner Heisenberg (1901–1976). Der Begriff »unscharf« bezieht sich hier auf das Ergebnis einer physikalischen Messung und bedeutet ungefähr so viel wie »unsicher«. Der Grund für die Unbestimmtheit ist, dass Materie die Eigenschaften von Teilchen und Wellen in sich vereint: Alle Stoffe bestehen aus Teilchen wie zum Beispiel Elektronen; sich schnell bewegende Elektronen verhalten sich aber nicht mehr nach den Gesetzen, die uns aus der Alltagsphysik vertraut sind, sondern in mancher Hinsicht wie Wellen.

Diese Einheit von Wellen- und Teilcheneigenschaften hat zur Folge, dass man den Ort und den Impuls eines Teilchens nicht gleichzeitig messen kann. Anders formuliert: Je genauer man den Impuls kennt, desto unsicherer ist, an welchem Ort sich das Teilchen gerade befindet – und umgekehrt. Mit nochmals anderen Worten: Das Teilchen ist »ein bisschen hier und ein bisschen da«. Ebenso kann ein radioaktiver Atomkern »ein bisschen zerfallen und ein bisschen intakt sein« – oder ein Quanten-Martini »ein bisschen geschüttelt und ein bisschen gerührt«.

Können Quanten rechnen?

Die Quantentheorie sorgt nicht nur für Verblüffung beziehungsweise Verwirrung, sondern erweist sich auch als äußerst nützlich, zum Beispiel für die winzigen Schaltkreise in Computern. Und vielleicht lassen sich mit den seltsamen Eigenschaften der Quantenwelt irgendwann sogar völlig neuartige Rechenmaschinen bauen. Normale Computer basieren darauf, dass alle Informationen digital in Einsen und Nullen (Bits) abgespeichert werden. Doch Atome oder auch Photonen können nach der Quantentheorie gleichzeitig in zwei verschiedenen Zuständen existieren. Dann spricht man von *Qubits*. Damit lassen sich noch mehr Informationen verarbeiten und bestimmte Probleme noch schneller lösen. Fragen Sie aber bitte nicht bei Ihrem Computerhändler, ob es solche Quantencomputer schon zu kaufen gibt. Das kann noch etwas dauern …

Gravitation krümmt den Raum

Zu den Vermächtnissen von Isaac Newton gehört seine bahnbrechende Gravitationstheorie mit der bekannten Gleichung

$$F_{\mathrm{G}} = G\frac{m_1 m_2}{r^2},$$

mit F_{G} als Gravitationskraft, G als universeller Gravitationskonstante, m_1 und m_2 als den beiden beteiligten Massen und r als ihrem Abstand. Newton zeigte, dass ein und dieselbe Kraft einen Apfel vom Baum fallen und die Planeten umeinander kreisen lässt. Ein Problem konnte Newton aber nie lösen: Warum ist eigentlich die Masse, die als Trägheit das Beschleunigen so mühsam macht, dieselbe Größe wie die Masse, die die Gravitationskraft erzeugt?

Dieses Problem war mal wieder eine spannende Herausforderung für Albert Einstein, der sich von der klassischen Auffassung der Gravitation als »gewöhnlicher« Kraft verabschiedete und in seiner allgemeinen Relativitätstheorie vorschlug, dass Gravitation *den Raum krümmt*. Mit anderen Worten: Die Gravitation ist keine gewöhnliche Kraft, sondern eine Eigenschaft von Raum und Zeit und genau deshalb so eng mit Geschwindigkeit und Beschleunigung verknüpft – denn diese Größen setzen sich ja gerade aus Weg und Zeit zusammen! Sie können es sich so vorstellen, dass Raum und Zeit immer so gekrümmt sind, dass sich Teilchen, Planeten oder Martinis so bewegen, als würden sich ihre Massen anziehen. Oder stellen Sie sich vielleicht lieber gar nichts vor, sondern folgen Sie einfach Einsteins Gleichungen ...

Tatsächlich beeinflusst die Gravitation Raum *und* Zeit, kurz: die *Raumzeit*. So gehen Uhren anders, wenn man sie in große Höhen transportiert, wo die Schwerkraft schwächer ist. Der Unterschied ist winzig, spielt aber zum Beispiel eine Rolle bei von Satelliten geleiteten Navigationssystemen. Mathematisch betrachtet behandelt man in der Relativitätstheorie die Zeit übrigens als vierte Dimension (nicht zu verwechseln mit räumlicher Abmessung!). Ein Punkt in der Raumzeit ist dann ein Vektor mit den vier Dimensionen x, y, z und t. (Mehr über Vektoren erfahren Sie in Kapitel 4.)

Schwarze Löcher halten Licht fest

Wenn massereiche Sterne all ihren Brennstoff verbraucht haben, fallen sie in sich zusammen. Dabei entstehen (im Vergleich zum früheren Stern) sehr kleine, enorm dichte Gebilde. Besonders schwere Sterne enden als Neutronensterne. Hier ist die Gravitation so ungeheuer stark, dass die Elektronen und Protonen zu Neutronen verschmelzen. Der Stern besteht dann nur noch aus extrem eng zusammengequetschten Neutronen und hat dann etwa die Gestalt und Dichte eines 20 Kilometer großen Atomkerns.

Bei den allerschwersten Sternen wird die Materie noch stärker zusammengedrückt und es entsteht ein *schwarzes Loch*. Hier sind die Verhältnisse wirklich extrem: Die Gravitation des schwarzen Lochs ist so stark, dass nicht einmal mehr Lichtstrahlen von seiner Oberfläche entkommen können. Warum? Die Lichtquanten (Photonen) haben doch gar keine Masse, wie können sie dann überhaupt durch die Gravitation angezogen und festgehalten werden? Ja, sie können. Denn Masse ist, wie gerade dargelegt, nichts anderes als die Krümmung von Raum und Zeit. Und in einem schwarzen Loch krümmt sich die Raumzeit so stark, dass selbst Licht, das geradlinigste und schnellste physikalische Objekt, eingefangen wird und nicht mehr entkommen kann.

Übrigens krümmen auch herkömmliche Sterne wie unsere Sonne den Weg des Lichts. Bei einer Sonnenfinsternis kann man beobachten, dass Sterne direkt neben der verfinsterten Sonnenscheibe eine etwas andere Position am Himmel zu haben scheinen als des Nachts, wenn die Sonne weit weg ist. Als dies 1919 experimentell bestätigt wurde, war die allgemeine Relativitätstheorie bewiesen – und Einstein ein Weltstar!

Geht's noch kleiner?

Atome bestehen aus Protonen, Neutronen und Elektronen. Das ist ja einfach, denken Sie sicher. Aber halt: Physiker haben festgestellt, dass selbst die vermeintlich kleinsten Bestandteile der Materie wiederum aus anderen Teilchen zusammengesetzt sind! Und dass es noch viel mehr Teilchensorten als die genannten drei gibt. Um diese Dinge zu erforschen, müssen die Forscher ziemlich rabiat werden und zum Beispiel Protonen auf Geschwindigkeiten nahe der Lichtgeschwindigkeit beschleunigen. Dann lassen sie die arglosen Protonen aufeinanderprallen und sehen sich die dabei entstehenden Trümmerstücke an. Das ist gar nicht so einfach, weil viele davon nur sehr kurzlebig sind. Doch nach sehr aufwendigen und komplizierten Versuchen hat sich gezeigt, dass zum Beispiel das Proton aus drei kleineren Teilchen besteht, die man *Quarks* (ausgesprochen »Kworks«) nennt. Die zeigen sich so gut wie nie allein, es sei denn, es herrschen extrem hohe Temperaturen.

Explosive Mischung: Materie und Antimaterie

Zu den beeindruckendsten Entdeckungen der Teilchenphysik (auch Hochenergiephysik genannt) gehört die in Kapitel 21 erwähnte Antimaterie. *Antimaterie* ist eine Art umgekehrte Materie: Positiv geladene Positronen treten an die Stelle der Elektronen, negativ geladene Antiprotonen an die Stelle der Protonen. Sogar für Neutronen gibt es Antiteilchen, die *Antineutronen*. Das Photon ist allerdings sein eigenes Antiteilchen.

Trifft Materie auf Antimaterie, so gibt es einen Knall – und übrig bleibt nur noch Energie in Form höchst energiereicher Photonen, in diesem Fall *Gammastrahlung* genannt. Zum Vergleich: Beim Zünden einer Atombombe werden »nur« 0,7 Prozent des spaltbaren Materials in Energie verwandelt, beim Zusammentreffen von Materie und Antimaterie 100 Prozent! Wenn also ein Kilo Materie auf ein Kilo Antimaterie trifft, gibt es einen unvorstellbaren Rumms.

 Jetzt fragen Sie sich vielleicht: »Wenn Antimaterie sozusagen das Gegenteil von Materie ist, sollte das Universum dann nicht von beidem gleich viel enthalten?« Das ist in der Tat eine gute Frage, und die Antwort steht noch aus. Wo ist all die Antimaterie geblieben? Die meisten Physiker gehen davon aus, dass es in der Natur einen minimalen Unterschied zwischen Materie und Antimaterie gibt, der aber groß genug ist, dass das Universum eben hauptsächlich aus Materie besteht.

Auch nicht schlecht: Supernovae

Eine *Supernova* ist die Explosion eines Sterns. Wenn der Brennstoff eines Sterns fast verbraucht ist, werden die Energie liefernden Reaktionen im Innern des Sterns so schwach, dass er in sich zusammenfällt, sich dabei unglaublich aufheizt und schließlich explodiert. Meist ist die Explosion nicht ganz so heftig, man spricht dann »nur« von einer *Nova*. Hin und wieder stirbt ein Stern jedoch mit ungeheurer Kraft und wird zum Neutronenstern oder schwarzen Loch (siehe weiter vorn in diesem Kapitel) – das ist dann eine Supernova. Die letzte bekannte Supernova in unserer Galaxie, der Milchstraße, ereignete sich vor rund 400 Jahren. Das Licht benötigte also 400 Jahre, bis es zur Erde gelangte und wir von der Sternexplosion erfuhren. Es ist aber gut möglich, dass das Licht einer neuen Supernova bereits auf dem Weg zu uns ist!

Übrigens: Bei einer Supernova explodiert der Stern mit Geschwindigkeiten um zehn Millionen Meter pro Sekunde. Die stärksten Sprengstoffe auf der Erde bringen es gerade mal auf 1.000 bis 10.000 Meter pro Sekunde!

Vom Urknall zum Endknall

Viele Physiker sind davon überzeugt, dass alles mit dem *Urknall* anfing: Vor rund 13,7 Milliarden Jahren entstand das Universum in einer einzigen unfassbaren Explosion, dem *Big Bang*. Was danach kam, wurde und wird ständig erforscht und diskutiert. Nicht weniger interessant, aber noch schwieriger zu beantworten ist die Frage nach dem Davor. Hier zucken viele Physiker ratlos mit den Schultern, denn direkt am Urknall geben die heutigen physikalischen Theorien, einschließlich Einsteins allgemeiner Relativitätstheorie, ihren Geist auf.

Und wie wird es enden? Das hängt von der Gesamtmasse des Universums ab. Ist es zu leicht, dann dehnt es sich bis in alle Ewigkeit aus. Ist es zu schwer, bremst die Gravitation irgendwann einmal die Ausdehnung des Universums. Dann zieht es sich wieder zusammen und endet vielleicht in einer Art rückwärts verlaufendem Urknall, dem *Big Crunch*.

Dunkle Bedrohung

Wie schwer ist das Universum? Gibt es eine Waage, die groß genug wäre, um alles auf einmal zu wiegen? Nun, Astronomen können mit vielerlei Methoden immerhin abschätzen, wie viel die sichtbare Materie, also alle Sterne und Galaxien, in etwa wiegen. Dabei hilft ihnen auch die aus Einsteins allgemeiner Relativitätstheorie bekannte Tatsache, dass Materie Licht ablenken kann. Grob gesagt gilt: Je stärker die Ablenkung, desto größer ist die ablenkende Masse. Damit und anhand der Fluchtgeschwindigkeiten der Materie im All haben die Forscher die schockierende Beobachtung gemacht, dass das Universum zu einem Großteil aus einer rätselhaften Materie zu bestehen scheint, die unsichtbar ist und sich nur über ihre Schwerkraftwirkung bemerkbar macht.

Derzeit glauben Physiker, dass nur rund fünf Prozent der Materie im Universum aus »normaler« Materie, ein Viertel aus *dunkler Materie* und der Rest aus einer noch rätselhafteren *dunklen Energie* bestehen. Kein Scherz!

Alle Massen- beziehungsweise Energieformen zusammengenommen, sieht es derzeit so aus, als werde das Universum sich immer weiter ausdehnen – und das sogar beschleunigt! –, bis beim *Big Rip* sogar Atome und deren Kerne auseinandergerissen werden.

Zukunftsphysik

Vor langer Zeit betrachteten die Menschen ihren Standpunkt in der Welt als absolut: Der Weltraum war unbeweglich, Sonne und Sterne drehten sich um die Erde und das Licht reiste durch den sogenannten Äther, so wie sich Wellen im Wasser ausbreiten. Doch eine nach der anderen dieser ewigen »Wahrheiten« wurde mit den Jahren von den Physikern widerlegt: Kein fester Punkt im Raum, kein unbewegter Äther, nicht einmal eine absolute Zeit gibt es! Alles, was wir messen können, ist relativ. Für jede Messung müssen wir einen Bezugspunkt definieren – einen Anfang, ein Metermaß, ein Inertialsystem und so weiter.

Keine Frage, die Physik hat uns unglaublich viele Erkenntnisse beschert, die nicht zuletzt zu einer Fülle von technischen Erfindungen geführt haben. Ohne Physik geht auch im Alltag gar nichts – egal ob beim Computer in Ihrem Büro, bei Ihrem Smartphone-Akku oder bei Röntgengeräten in der Medizin. Gleichzeitig stellten die Physiker immer mehr Zusammenhänge zwischen den unterschiedlichsten Bereichen der Materie fest. Wir sind so sehr Teil unseres Universums, dass wir keinen absoluten Standpunkt brauchen, um uns über physikalische Gesetze und Alltagsangelegenheiten verständigen und uns im Universum heimisch fühlen zu können.

Ist damit alles gesagt? Nein, es gibt genug offene Fragen, und Physiker sind von Natur aus neugierig. So wollen sie herausfinden, wie die Elementarteilchen zu ihrer Masse kommen, woraus die dunkle Materie nun wirklich besteht oder welche physikalischen Prozesse in Lebewesen eine Rolle spielen. Bleiben Sie also am Ball – die Physik ist immer noch für einige Überraschungen gut!

Lösungen

Kapitel 2

Aufgabe 2.1

Es gilt:

$$5,7\,\text{nm} = 5,7 \cdot 10^{-9}\,\text{m}$$

Aufgabe 2.2

Die Darstellung lautet:

- ✔ $3\,\text{GPa} = 3 \cdot 10^9\,\text{Pa}$

- ✔ $5\,\mu\text{m} = 5 \cdot 10^{-6}\,\text{m}$

- ✔ $7\,\text{kJ} = 7 \cdot 10^3\,\text{J}$

Aufgabe 2.3

In Dezimaldarstellung lauten diese Zahlen:

- ✔ $1{,}567 \cdot 10^3 = 1.567$

- ✔ $1{,}234 \cdot 10^{-1} = 0{,}1234$

- ✔ $5{,}98 \cdot 10^4 = 59.800$

Kapitel 3

Aufgabe 3.1

Für die Beschleunigung gilt:

$$a = \frac{\Delta v}{\Delta t} = \frac{75\,\text{km/h}}{6\,\text{s}} = \frac{20,8\,\text{m/s}}{6\,\text{s}} = 3,5\,\text{m/s}^2$$

Für den zurückgelegten Weg gilt:

$$s = \frac{1}{2}at^2 = \frac{1}{2} \cdot 3,5\,\text{m/s}^2 \cdot (6\,\text{s})^2 = 63\,\text{m}$$

Aufgabe 3.2

Für den zurückgelegten Weg gilt in diesem Fall:

$$s = \frac{1}{2}at^2 = \frac{1}{2} \cdot 9,8 \ \text{m/s}^2 \cdot (13 \ \text{s})^2 = 828 \ \text{m}$$

Aufgabe 3.3

Wie im Abschnitt »Noch mehr Geschwindigkeit« erläutert, gilt in diesem Fall:

$$s = v_\text{A}(t_\text{E} - t_\text{A}) + \frac{1}{2}a(t_\text{E} - t_\text{A})^2 = 70\frac{\text{km}}{\text{h}} \cdot 1 \ \text{h} - \frac{1}{2} \cdot 70\frac{\text{km}}{\text{h}^2} \cdot (1 \ \text{h})^2 = 35 \ \text{km}$$

Die Beschleunigung ergibt sich dabei aus den angegebenen Werten: Mit $\Delta v = 70$ km/h und $\Delta t = 1$ h gilt

$$a = \frac{\Delta v}{\Delta t} = \frac{70 \ \text{km/h}}{1 \ \text{h}} = 70 \ \frac{\text{km}}{\text{h}^2}$$

Kapitel 4

Aufgabe 4.1

Für die erste Summe ergibt sich:

$$\boldsymbol{a} + \boldsymbol{b} = \begin{pmatrix} 5 \\ -7 \\ 9 \end{pmatrix} + \begin{pmatrix} 3 \\ -4 \\ -4 \end{pmatrix} = \begin{pmatrix} 5+3 \\ -7+(-4) \\ 9+(-4) \end{pmatrix} = \begin{pmatrix} 8 \\ -11 \\ 5 \end{pmatrix}$$

Für die zweite Summe folgt:

$$\boldsymbol{c} + \boldsymbol{d} = \begin{pmatrix} 3 \\ -4 \\ 9 \end{pmatrix} + \begin{pmatrix} -3 \\ 4 \\ -9 \end{pmatrix} = \begin{pmatrix} 3-3 \\ -4+4 \\ 9-9 \end{pmatrix} = \begin{pmatrix} 0 \\ 0 \\ 0 \end{pmatrix}$$

Aufgabe 4.2

Der Betrag von Vektor $\boldsymbol{a}$ ist gegeben durch:

$$\mid \boldsymbol{a} \mid = \sqrt{5^2 + (-7)^2 + 9^2} = \sqrt{155} = 12,45$$

Für Vektor $\boldsymbol{b}$ gilt:

$$\mid \boldsymbol{b} \mid = \sqrt{1^2 + (-1)^2 + 0^2} = \sqrt{2} = 1,41$$

Für den Betrag von Vektor $\boldsymbol{c}$ folgt:

$$\mid \boldsymbol{c} \mid = \sqrt{4^2 + 3^2 + 11^2} = \sqrt{146} = 12,1$$

Aufgabe 4.3

Die beiden Wegstrecken können wie folgt als Vektoren dargestellt werden:

$$s_{\text{Ost}} = \begin{pmatrix} 5 \\ 0 \end{pmatrix} \quad \text{und} \quad s_{\text{Süd}} = \begin{pmatrix} 0 \\ 3 \end{pmatrix}$$

Addieren Sie die beiden Vektoren, so folgt:

$$s_{\text{ges}} + s_{\text{Ost}} + s_{\text{Süd}} = \begin{pmatrix} 5 \\ 0 \end{pmatrix} + \begin{pmatrix} 0 \\ 3 \end{pmatrix} = \begin{pmatrix} 5 \\ 3 \end{pmatrix}$$

Der Betrag dieses Vektors lautet (inklusive der Einheiten):

$$|\, s_{\text{ges}} \,| = \sqrt{(5\,\text{km})^2 + (3\,\text{km})^2} = 5,8\ \text{km}$$

Kapitel 5

Aufgabe 5.1

Berechnen Sie zunächst die Beschleunigung:

$$F = m \cdot a \Rightarrow a = \frac{F}{m} = \frac{15\,\text{N}}{0,25\,\text{kg}} = 60\ \text{m/s}^2$$

Anschließend berechnen Sie die Strecke:

$$s = \frac{1}{2}at^2 = \frac{1}{2} \cdot 60\,\text{m/s}^2 \cdot (1\ \text{s})^2 = 30\ \text{m}$$

Aufgabe 5.2

Sie müssen nur die Gravitationskraft überwinden, um den Koffer anzuheben. Die Beschleunigung a entspricht in diesem Fall also g:

$$F = m \cdot g = 28\,\text{kg} \cdot 9,8\,\text{m/s}^2 \approx 270\ \text{N}$$

Aufgabe 5.3

Die Beschleunigung ist durch die Gravitationskonstante gegeben. Daher benutzen Sie folgende Gleichung:

$$v_{\text{E}} = v_{\text{A}} + at = v_{\text{A}} - gt = 23\,\text{m/s} - 9,8\,\text{m/s}^2 \cdot 4\,\text{s} = -16,2\ \text{m/s}$$

Das negative Vorzeichen bedeutet, dass die Geschwindigkeit nach unten gerichtet ist. Der Stein ist also schon wieder auf dem Weg nach unten in Richtung Boden!

Kapitel 6

Aufgabe 6.1

Hier ist die Kraft entscheidend, die entlang der Rampe wirkt. Für sie gilt folgende Gleichung:

$$F_{\text{Schwer}} \cdot \sin \theta = m \cdot g \cdot \sin \theta.$$

Somit folgt für die Beschleunigung:

$$a = \frac{F}{m} = \frac{m \cdot g \cdot \sin \theta}{m} = g \cdot \sin \theta = 9,8 \ \text{m/s}^2 \cdot \sin 50° = 7,5 \ \text{m/s}^2.$$

Aufgabe 6.2

In diesem Fall müssen Sie den Koeffizienten der Haftreibung bestimmen. Für die durch die Reibung verursachte Kraft gilt:

$$F_{\text{R}} = \mu_{\text{H}} F_{\text{N}} = \mu_{\text{H}} \cdot m \cdot g.$$

Somit folgt für den Koeffizienten der Haftreibung folgende Gleichung:

$$\mu_{\text{H}} = \frac{F_{\text{R}}}{F_{\text{N}}} = \frac{20 \ \text{N}}{55 \ \text{kg} \cdot 9,8 \ \text{m/s}^2} = 0{,}037.$$

Aufgabe 6.3

Die Kraft wird anhand folgender Gleichung berechnet:

$$\begin{aligned}
F_{\text{Schwer}} &= mg \sin \theta + \mu_{\text{H}} mg \cos \theta \\
&= 90 \ \text{kg} \cdot 9,8 \ \text{m/s}^2 \cdot \sin 35° + 0,18 \cdot 90 \ \text{kg} \cdot 9,8 \ \text{m/s}^2 \cdot \cos 35° \\
&= 510 \ \text{N} + 130 \ \text{N} \\
&= 640 \ \text{N}.
\end{aligned}$$

Kapitel 7

Aufgabe 7.1

Die Gleichung für die Winkelgeschwindigkeit lautet:

$$\alpha = \frac{\Delta \omega}{\Delta t}$$

Setzen Sie die Zahlen ein, so erhalten Sie folgendes Ergebnis:

$$\alpha = \frac{4,7 \ \text{rad/s} - 2,4 \ \text{rad/s}}{4 \ \text{s}} = 0,58 \ \text{rad/s}^2$$

Aufgabe 7.2

Verwenden Sie die Gleichung für die Zentripetalbeschleunigung, rechnen Sie 83,5 km/h in m/s um und setzen Sie die Zahlen ein:

$$a_{\mathrm{z}} = \frac{v^2}{r} = \frac{(23,2\ \mathrm{m/s})^2}{3,7\ \mathrm{m}} = 145\ \mathrm{m/s}^2$$

Aufgabe 7.3

Das dritte keplersche Gesetz lautet:

$$\frac{T_{\mathrm{Ma}}^2}{T_{\mathrm{Er}}^2} = \frac{a_{\mathrm{Ma}}^3}{a_{\mathrm{Er}}^3}$$

Lösen Sie dies nach T_{Ma} auf, so erhalten Sie folgende Gleichung:

$$T_{\mathrm{Ma}} = T_{\mathrm{Er}} \cdot \left(\frac{a_{\mathrm{Ma}}}{a_{\mathrm{Er}}}\right)^{3/2}$$

Die Umlaufzeit der Erde um die Sonne beträgt offenbar ein Jahr. Das Einsetzen der Zahlen ergibt dann:

$$T_{\mathrm{Ma}} = 1\ \mathrm{Jahr} \cdot \left(\frac{2,28 \cdot 10^8\,\mathrm{km}}{1,50 \cdot 10^8\,\mathrm{km}}\right)^{3/2} = 1,88\ \mathrm{Jahre} \approx 684\,\mathrm{Tage}$$

Kapitel 8

Aufgabe 8.1

Für die Beschleunigungsarbeit gilt folgende Beziehung:

$$W = \frac{1}{2}mv^2$$

Auflösen nach der Geschwindigkeit und Einsetzen der Zahlen führt zu folgendem Ergebnis:

$$v = \sqrt{\frac{2 \cdot W}{m}}$$

$$= \sqrt{\frac{2 \cdot 270\ \mathrm{kJ}}{1250\ \mathrm{kg}}} = 20,8\ \mathrm{m/s} = 74,9\ \mathrm{km/h}$$

Aufgabe 8.2

Die Leistung ist definiert als Arbeit pro Zeit. Für die Hubarbeit gilt:

$$W = mgh$$

Daraus ergibt sich für die Leistung:

$$P = \frac{W}{t} = \frac{mgh}{t}$$

Setzen Sie die Zahlen ein, erhalten Sie folgendes Ergebnis:

$$P = \frac{120\,\text{kg} \cdot 9,8\,\text{m/s}^2 \cdot 1,5\,\text{m}}{1\,\text{s}} = 1,8\,\text{kW}$$

Aufgabe 8.3

Für die Leistung gilt:

$$P = \frac{W}{t}$$

Für die geleistete Arbeit verwenden Sie folgende Gleichung:

$$W = \frac{1}{2}mv_\text{E}^2 - \frac{1}{2}mv_\text{A}^2$$

Somit folgt für die Leistung:

$$P = \frac{1}{2}m\frac{v_\text{E}^2 - v_\text{A}^2}{t}$$

Setzen Sie die Zahlen ein, so folgt:

$$P = \frac{1}{2} \cdot 70\,\text{kg}\frac{(7\,\text{m/s})^2 - (4\,\text{m/s})^2}{3\,\text{s}} \approx 390\,\text{W}$$

Kapitel 9

Aufgabe 9.1

Der Impuls ist folgendermaßen definiert:

$$p = m \cdot v$$

Setzen Sie die Zahlen ein, erhalten Sie folgendes Ergebnis:

$$p = m \cdot v = 13,8\,\text{kg} \cdot 7,7\,\text{m/s} = 106\,\text{kg} \cdot \text{m/s}$$

Aufgabe 9.2

✔ Da der Impuls eines Körpers das Produkt aus seiner Masse und seiner Geschwindigkeit ist, gilt für die weiße Kugel:

$$p_\text{weiß} = m \cdot v = 0,17\,\text{kg} \cdot 5\,\text{m/s} = 0,85\,\text{kg} \cdot \text{m/s}$$

✔ Der Impulserhaltungssatz besagt, dass der Gesamtimpuls bei einem solchen Prozess erhalten bleibt. Demzufolge gilt für den Impuls aller 16 Kugeln nach dem Stoß:

$$p_{\text{alle}} = \sum_{i=1}^{16} p_i = m \cdot \sum_{i=1}^{16} v_i = 0,85 \text{ kg} \cdot \text{m/s}$$

Aufgabe 9.3

Aus dem Impulserhaltungssatz folgt:

$$m_{\text{P}} v_{\text{P}} + m_{\text{B}} v_{\text{B}} = 0$$

Dabei ist P = Person und B = Boot. Außerdem gilt:

$$m_{\text{P}} + m_{\text{B}} = m$$

Setzen Sie für m_{B} also $m - m_{\text{P}}$ ein:

$$m_{\text{P}} v_{\text{P}} + (m - m_{\text{P}}) v_{\text{B}} = 0$$

$$m_{\text{P}} v_{\text{P}} + m v_{\text{B}} - m_{\text{P}} v_{\text{B}} = 0$$

$$m_{\text{P}} (v_{\text{B}} - v_{\text{P}}) = m v_{\text{B}}$$

$$m_{\text{P}} = \frac{m v_{\text{B}}}{(v_{\text{B}} - v_{\text{P}})}$$

Setzen Sie die Zahlen ein, so folgt:

$$m_{\text{P}} = \frac{85 \text{ kg} \cdot (-12 \text{ m/s})}{(-12 - 7,5) \text{ m/s}} = \frac{85 \text{ kg} \cdot 12 \text{ m/s}}{19,5 \text{ m/s}} = 52,3 \text{ kg}$$

Somit ergibt sich für die Masse des Bootes:

$$m_{\text{B}} = 85 \text{ kg} - 52 \text{ kg} = 33 \text{ kg}$$

Kapitel 10

Aufgabe 10.1

Verwenden Sie folgende Gleichung, um das Drehmoment zu berechnen:

$$\tau = F \cdot r \cdot \sin \theta$$

Setzen Sie die Zahlen ein, so erhalten Sie folgendes Ergebnis:

$$\tau = F \cdot r \cdot \sin \theta = 235 \text{ N} \cdot 2,25 \text{ m} \cdot \sin 90° = 529 \text{ N}$$

Vorsicht: In der Aufgabenstellung war der Durchmesser angegeben, das heißt der *doppelte* Radius!

Aufgabe 10.2

Es gilt:

$$\sum \tau = 0$$

Zunächst berechnen Sie das erzeugte Drehmoment:

$$\tau = F \cdot r \cdot \sin \theta = F \cdot 0,5 \text{ m} \cdot \sin 90° = F \cdot 0,5 \text{ m}$$

Das setzen Sie mit dem benötigten Drehmoment gleich und lösen die Gleichung nach der Kraft auf:

$$F \cdot 0,5 \text{ m} = 500 \text{ Nm}$$

$$\Rightarrow F = 1.000 \text{ N}$$

Kapitel 11

Aufgabe 11.1

Laut Tabelle 11.1 beträgt das Trägheitsmoment eines Vollzylinders mit dem Radius r, der sich um seine Längsachse dreht,

$$I = \frac{1}{2}mr^2.$$

Das Einsetzen der Zahlen ergibt (Achtung: Der Radius ist der *halbe* Durchmesser):

$$I = \frac{1}{2} \cdot 0,4 \text{ kg} \cdot (0,03 \text{ m})^2 = 1,8 \cdot 10^{-4} \text{ kg} \cdot \text{m}^2$$

Der Zylinder dreht sich zwei Mal pro Sekunde um seine Achse. Seine Winkelgeschwindigkeit beträgt demzufolge:

$$\omega = 2 \cdot 2\pi \text{ rad/s} = 12,6 \text{ rad/s}$$

Damit ergibt sich für die Rotationsenergie:

$$E_{\text{rot}} = \frac{1}{2}I\omega^2 = \frac{1}{2} \cdot 1,8 \cdot 10^{-4} \text{ kg} \cdot \text{m}^2 \cdot (12,6 \text{ s}^{-1})^2 = 0,01 \text{ J}$$

Aufgabe 11.2

Verwenden Sie folgende Gleichung:

$$E_{\text{rot}} = \frac{1}{2}I\omega^2$$

Für eine Vollkugel gilt:

$$I = \frac{2}{5}mr^2$$

Somit folgt für die kinetische Energie:

$$E_{\text{kin}} = \frac{1}{2} \cdot \frac{2}{5} \cdot 140\,\text{kg} \cdot (1,7\,\text{m})^2 \cdot (14\,\text{s}^{-1})^2 = 15.860\,\text{J}$$

Aufgabe 11.3

Die Geschwindigkeit ist in diesem Fall durch folgende Gleichung gegeben:

$$v = \sqrt{\frac{2mgh}{m + I/r^2}}$$

Laut Tabelle 11.1 beträgt das Trägheitsmoment eines Hohlzylinders:

$$I = mr^2$$

Setzen Sie diesen Ausdruck in die Gleichung für die Geschwindigkeit ein, erhalten Sie folgende einfache Gleichung:

$$v = \sqrt{gh}$$

Setzen Sie die Zahlen ein, so folgt:

$$v = \sqrt{9,8\,\text{m/s}^2 \cdot 5,3\,\text{m}} = 7,2\,\text{m/s}$$

Kapitel 12

Aufgabe 12.1

Das hookesche Gesetz lautet:

$$F = -k \cdot \Delta x$$

wobei Δx die Auslenkung ist. Somit erhalten Sie folgendes Ergebnis:

- ✔ $F = 0\,\text{N}$
- ✔ $F = 2{,}6\,\text{N}$
- ✔ $F = 11{,}7\,\text{N}$

Details über das Weglassen des Minuszeichens finden Sie im Abschnitt »Das hookesche Gesetz und die Richtung der Kraft«.

Aufgabe 12.2

Verwenden Sie die Gleichung $F = -k \cdot \Delta x$ und lösen Sie nach k auf; anschließend setzen Sie die Zahlen ein:

$$k = \frac{F}{\Delta x} = \frac{283\,\text{N}}{4,73\,\text{m}} = 59,8\,\text{N/m}$$

Dabei haben wir die im Text besprochene Konvention verwendet, wonach die Federkonstante immer positiv sein soll.

Aufgabe 12.3

Die Gleichung für die potenzielle Energie lautet:

$$E_{\text{pot}} = \frac{1}{2} \cdot k \cdot x^2$$

Einsetzen der Zahlen liefert folgendes Ergebnis:

$$E_{\text{pot}} = \frac{1}{2} \cdot k \cdot x^2 = \frac{1}{2} \cdot 170\,\text{N/m} \cdot (5,6\,\text{m})^2 = 2.670\,\text{J}$$

Kapitel 13

Aufgabe 13.1

Für die Beziehung zwischen der Kelvin- und der Celsiusskala gilt:

$$T_{\text{Kelvin}} = 273,15 + T_{\text{Celsius}}$$

$0\,°\text{C}$ entspricht also 273,15 K.

Für die Beziehung zwischen der Fahrenheit- und der Celsiusskala gilt:

$$T_{\text{Fahrenheit}} = T_{\text{Celsius}} \cdot 1,8 + 32$$

$0\,°\text{C}$ entspricht also $32\,°\text{F}$.

Aufgabe 13.2

Die Formel für die benötigte Wärmemenge lautet:

$$\Delta Q = mc\,\Delta T$$

Setzen Sie die Zahlen ein, so erhalten Sie folgendes Ergebnis:

$$\Delta Q = 0,3\,\text{kg} \cdot 4{,}186\,\frac{\text{kJ}}{\text{kg K}} \cdot 45\,\text{K} = 56,5\,\text{kJ}$$

Aufgabe 13.3

Zwischen Wärmemenge und Temperatur besteht die Beziehung:

$$\Delta Q = mc \cdot \Delta T \quad \Rightarrow \quad m = \frac{\Delta Q}{c \cdot \Delta T}$$

Einsetzen der Zahlen ergibt:

$$m = \frac{4{,}186\,\text{kJ}}{0{,}439\,\text{kJ/(kg K)} \cdot 15{,}0\,\text{K}} = 0{,}636\,\text{kg}$$

Für die Masse eines Würfels mit der Kantenlänge a ergibt sich:

$$m = \rho \cdot a^3 \Rightarrow a = \sqrt[3]{\frac{m}{\rho}} = \sqrt[3]{\frac{0{,}636 \text{ kg}}{7.870 \text{ kg/m}^3}} = 0{,}043 \text{ m} = 4{,}3 \text{ cm}$$

Kapitel 14

Aufgabe 14.1

✔ Sauerstoffmoleküle bestehen aus zwei Sauerstoffatomen (O_2). Da die Atommasse von Sauerstoff 16 u beträgt, benötigt man 32 g O_2 für ein Mol.

✔ Das Schwefelhexafluoridmolekül (SF_6) hat ein Schwefel- und sechs Fluoratome. Ein Mol besteht daher aus $(1 \cdot 32{,}1 + 6 \cdot 19)$ g = 146,1 g.

Aufgabe 14.2

✔ Die Molekülmasse von Fe_2O_3 beträgt $(2 \cdot 55{,}8 + 3 \cdot 16)$ g = 159,6 g. 100 g entsprechen daher

$$\frac{100 \text{ g}}{159{,}6 \text{ g/mol}} = 0{,}63 \text{ mol.}$$

✔ Die Molekülmasse von BaO beträgt $(137{,}3 + 16)$ g = 153,3 g. 500 g entsprechen daher

$$\frac{500 \text{ g}}{153{,}3 \text{ g/mol}} = 3{,}26 \text{ mol.}$$

Aufgabe 14.3

Verwenden Sie folgende Gleichung:

$$Q = \frac{k \cdot A \cdot \Delta T \cdot t}{L}$$

Lösen Sie die Gleichung nach der Zeit t auf und setzen Sie die Zahlen ein:

$$t = \frac{L \cdot Q}{k \cdot A \cdot \Delta T} = \frac{0{,}7 \text{ m} \cdot 1.200 \text{ J}}{79 \text{ J/(s} \cdot \text{m} \cdot \text{K)} \cdot 0{,}4 \text{ m}^2 \cdot 80 \text{ K}} = 0{,}33 \text{ s}$$

Kapitel 15

Aufgabe 15.1

In diesem Fall gilt folgende Gleichung:

$$\Delta U = U_E - U_A = Q - W$$

Daraus folgt:

$$\Delta U = 3.800 \, \text{J} - 1.600 \, \text{J} = 2.200 \, \text{J}$$

Aufgabe 15.2

Es gilt folgende Gleichung:

$$W = n \cdot R \cdot T \cdot \ln \frac{V_E}{V_A}$$

Einsetzen der Zahlen ergibt:

$$W = 3 \, \text{mol} \cdot 8,31 \, \text{J}/(\text{mol} \cdot \text{K}) \cdot 301 \, \text{K} \cdot \ln \frac{3,2}{1,7} = 4.750 \, \text{J}$$

Aufgabe 15.3

Für den Wirkungsgrad gilt folgende Gleichung:

$$\text{Wirkungsgrad} = \frac{W}{Q_\text{W}}$$

Setzen Sie die Zahlen ein, so folgt:

$$\text{Wirkungsgrad} = \frac{5,1 \cdot 10^7 \, \text{J}}{9,3 \cdot 10^7 \, \text{J}} = 0,55 \stackrel{\wedge}{=} 55\%$$

Kapitel 16

Aufgabe 16.1

Lösen Sie das coulombsche Gesetz nach ε_0 auf, erhalten Sie:

$$\varepsilon_0 = \frac{1}{4\pi F} \cdot \frac{q_1 \cdot q_2}{r^2}$$

Setzen Sie die bekannten Einheiten ein, ergibt sich:

$$[\varepsilon_0] = \frac{1}{\text{N}} \cdot \frac{\text{As} \cdot \text{As}}{\text{m}^2}$$

Die Einheit der Spannung ist das Volt und es gilt:

$$1 \, \text{V} = 1 \, \frac{\text{Nm}}{\text{As}}$$

Setzen Sie dies in die obige Gleichung ein, erhalten Sie:

$$[\varepsilon_0] = \frac{\text{As}}{\text{Vm}}$$

Aufgabe 16.2

Die Gleichung für die Kraft lautet:

$$F = \frac{k \cdot q_1 \cdot q_2}{r^2}$$

Einsetzen der Zahlen ergibt:

$$F = \frac{8,99 \cdot 10^9 \ \mathrm{Nm^2/C^2} \cdot (1,60 \cdot 10^{-19} \ \mathrm{C})^2}{(3 \cdot 10^{-2} \ \mathrm{m})^2} = 2,56 \cdot 10^{-25} \ \mathrm{N}$$

Aufgabe 16.3

Die Gleichung für die Spannung lautet:

$$U = \frac{q \cdot s}{\varepsilon_0 \cdot A}$$

Setzen Sie die Zahlen ein, erhalten Sie folgendes Ergebnis:

$$U = \frac{0,7 \ \mathrm{C} \cdot 0,9 \ \mathrm{m}}{8,85 \cdot 10^{-12} \ \mathrm{C^2/Nm^2} \cdot 1,5 \ \mathrm{m^2}} = 4,7 \cdot 10^{10} \ \mathrm{V}$$

Kapitel 17

Aufgabe 17.1

Für die Parallelschaltung von Kondensatoren gilt:

$$C_{\mathrm{ges}} = \sum_i C_i$$

Setzen Sie die Zahlen ein, erhalten Sie:

$$C_{\mathrm{ges}} = C_1 + C_2 + C_3 = 1 \ \mathrm{\mu F} + 3 \ \mathrm{\mu F} + 0,3 \ \mathrm{\mu F} = 4,3 \ \mathrm{\mu F}$$

Aufgabe 17.2

Für die Reihenschaltung von Kondensatoren gilt:

$$\frac{1}{C_{\mathrm{ges}}} = \sum_i \frac{1}{C_i}$$

Setzen Sie die Zahlen ein, erhalten Sie:

$$\frac{1}{C_{\mathrm{ges}}} = \frac{1}{C_1} + \frac{1}{C_2} + \frac{1}{C_3} = \frac{1}{1 \ \mathrm{\mu F}} + \frac{1}{3 \ \mathrm{\mu F}} + \frac{1}{0,3 \ \mathrm{\mu F}} = 4,67 \frac{1}{\mathrm{\mu F}}$$

Damit ergibt sich:

$$C_{\mathrm{ges}} = 0,21 \ \mathrm{\mu F}$$

Aufgabe 17.3

Der Strom ist definiert als Ladung pro Zeit:

$$I = \frac{Q}{t}$$

Die Gesamtladung besteht aus n Elektronen mit der Ladung q_e:

$$I = \frac{n q_\mathrm{e}}{t}$$

Lösen Sie diese Gleichung nach der Anzahl n der Elektronen, erhalten Sie:

$$n = \frac{I}{q_\mathrm{e}} t = \frac{1\,\mathrm{A}}{1,60 \cdot 10^{-19}\,\mathrm{As}} \cdot 1\,\mathrm{s} = 6,25 \cdot 10^{18}\,\text{Elektronen}$$

Kapitel 18

Aufgabe 18.1

Für die Geschwindigkeit einer im elektrischen Feld beschleunigten Ladung gilt:

$$v = \sqrt{\frac{2qU}{m}}$$

Lösen Sie dies nach der Spannung U auf, erhalten Sie:

$$U = \frac{mv^2}{2q} = \frac{9,11 \cdot 10^{-31}\,\mathrm{kg} \cdot (5 \cdot 10^5\,\mathrm{m/s})^2}{2 \cdot 1,60 \cdot 10^{-19}\,\mathrm{As}} = 0,71\,\mathrm{V}$$

Wenn ein Elektron eine Spannung von nur 0,71 V durchläuft, hat es eine Geschwindigkeit von 500 km/s. Beachten Sie, dass die obigen Gleichungen bei Spannungen oberhalb von etwa 1.000 V nicht mehr gelten. Dann muss man relativistisch rechnen.

Aufgabe 18.2

Für diesen Fall gilt die Beziehung:

$$\frac{q}{m} = \frac{v}{Br}$$

Lösen Sie dies nach dem Radius auf und setzen Sie die Zahlen ein, erhalten Sie:

$$r = \frac{m}{q} \cdot \frac{v}{B} = \frac{9,11 \cdot 10^{-31}\,\mathrm{kg}}{1,60 \cdot 10^{-19}\,\mathrm{As}} \cdot \frac{1,0 \cdot 10^5\,\mathrm{m/s}}{1,0 \cdot 10^{-4}\,\mathrm{T}} = 5,7 \cdot 10^{-3}\,\mathrm{m}$$

Aufgabe 18.3

Es passiert nichts! Ein Magnetfeld hat nur dann Einfluss auf bewegte Ladungen, wenn die Geschwindigkeit zumindest eine Komponente senkrecht zum Feld besitzt.

Kapitel 19

Aufgabe 19.1

Für den kapazitiven Widerstand gilt:

$$X_C = \frac{1}{2\pi f C}$$

Damit ergibt sich für die beiden Fälle:

$$X_C = \frac{1}{2\pi \cdot 77\,\mathrm{Hz} \cdot 1,0 \cdot 10^{-6}\,\mathrm{F}} = 2,07\ k\Omega$$

$$X_C = \frac{1}{2\pi \cdot 3.000\,\mathrm{Hz} \cdot 1,0 \cdot 10^{-6}\,\mathrm{F}} = 53\ \Omega$$

Aufgabe 19.2

Sie verwenden folgende Gleichung:

$$I_\mathrm{eff} = \frac{U_\mathrm{eff}}{Z}$$

Das heißt, Sie berechnen zunächst die Impedanz:

$$Z = \sqrt{R^2 + (X_L - X_C)^2} = \sqrt{25\ \Omega^2 + 144\ \Omega^2} = 13\ \Omega$$

Somit folgt für den effektiven Strom:

$$I_\mathrm{eff} = \frac{17\,\mathrm{V}}{13\,\Omega} = 1,3\ \mathrm{A}$$

Kapitel 20

Aufgabe 20.1

Für die Brennweite des Spiegels gilt die Beziehung:

$$f = \frac{r}{2} = \frac{40\ \mathrm{cm}}{2} = 20\ \mathrm{cm}$$

Aus der Hohlspiegelgleichung folgt für die Bildweite:

$$\frac{1}{a_\mathrm{B}} = \frac{1}{f} - \frac{1}{a_\mathrm{G}} = \frac{1}{20\ \mathrm{cm}} - \frac{1}{70\ \mathrm{cm}} \Rightarrow a_\mathrm{B} = 28\ \mathrm{cm}$$

Die Bildweite beträgt also 28 cm.

Aufgabe 20.2

Wenn $f = 20$ cm ist und $a_\mathrm{G} = 30$ cm, handelt es sich um den Fall

$$f < a_\mathrm{G} < 2f.$$

Das Bild ist also seitenverkehrt, vergrößert und reell. Für die Bildweite ergibt sich:

$$\frac{1}{a_\mathrm{B}} = \frac{1}{f} - \frac{1}{a_\mathrm{G}} = \frac{1}{20\ \mathrm{cm}} - \frac{1}{30\ \mathrm{cm}} = \frac{1}{60\ \mathrm{cm}} \Rightarrow a_\mathrm{B} = 60\ \mathrm{cm}$$

Glossar

Hier sind die wichtigsten physikalischen Begriffe aus diesem Buch zusammengefasst.

Adiabatisch: ohne Wärme aus der Umgebung aufzunehmen oder in die Umgebung abzugeben

Ampere: MKS-Einheit des Stroms; ein Coulomb pro Sekunde

Arbeit: Kraft multipliziert mit der Strecke, entlang derer die Kraft wirkt

Ausdehnung (thermische): Zunahme der Länge oder des Volumens eines Objekts bei Erwärmung

Auslenkung: Änderung der Position eines Objekts (etwa eines Pendels) bei einer Schwingungsbewegung

Avogadro-Zahl: Anzahl der Atome (oder Moleküle) pro Mol mit dem Zahlenwert $6{,}02 \cdot 10^{23}$

Beschleunigung: Geschwindigkeitsänderung pro Zeit, angegeben als Vektor

Betrag eines Vektors: Länge des Vektorpfeils; jeder Vektor besitzt einen Betrag und eine Richtung.

Boltzmann-Konstante: thermodynamische Konstante mit dem Zahlenwert $1{,}38 \cdot 10^{-23}$ Joule pro Kelvin

Brechung: Ablenkung eines Lichtstrahls beim Übergang von einem Medium in ein anderes

Brechungsindex: Verhältnis zwischen der Lichtgeschwindigkeit im Vakuum und in der betrachteten Substanz

CGS-System: Maßsystem auf der Basis der Grundeinheiten Zentimeter, Gramm und Sekunde

Coulomb: MKS-Einheit der Ladung

Dichte: physikalische Größe, die durch die Dimension eines Gegenstands (Länge, Fläche, Volumen) geteilt wird, zum Beispiel Masse pro Länge, Masse pro Volumen, Ladung pro Fläche, Ladung pro Volumen und so weiter

Drehimpuls: Der Drehimpuls eines Objekts bezüglich eines bestimmten (Dreh-)Punkts ist das Produkt aus dem Abstand von diesem Punkt und dem Impuls in Bezug auf diesen Punkt.

Drehmoment: Analogon zur Kraft bei Drehbewegungen

Drehwinkel: bei einer Drehbewegung der Winkel zwischen Anfangs- und Endposition

Druck: auf ein Objekt wirkende Kraft geteilt durch die Fläche, auf die sie wirkt

Elastischer Stoß: Aufeinandertreffen zweier Objekte unter Erhaltung der kinetischen Energie

Elektrische Spannung: Potenzialdifferenz, die in einem geschlossenen Stromkreis für das Fließen der Ladungen sorgt

Elektrischer Strom: pro Zeiteinheit fließende Ladung

Elektrischer Widerstand: Verhältnis von Spannung zu Strom an einem elektrischen Bauelement in einem Stromkreis

Elektrisches Feld: Kraft, die elektrische Ladungen auf eine einzelne positive Probeladung pro Coulomb ausüben, geteilt durch die Größe dieser Ladung

Elektrostatisches Potenzial: Energie pro positive Ladung, die erforderlich ist, um die Ladung von einem Punkt zum anderen zu bewegen

Emissionsvermögen: Vermögen einer Substanz, Strahlung auszusenden

Energie: Fähigkeit eines Objekts, Arbeit zu verrichten

Energieerhaltung: physikalisches Gesetz, das besagt, dass sich die Energie eines geschlossenen Systems nur durch Einwirkung von außen ändern kann und ansonsten konstant bleibt

Erdbeschleunigung: die Beschleunigung eines Gegenstands an der Erdoberfläche aufgrund der Gravitationsanziehung zwischen ihm und der Erde

Farad: MKS-Einheit der (elektrischen) Kapazität

Frequenz: Anzahl des Auftretens eines wiederkehrenden Ereignisses (Umdrehungen, Schwingungen und so weiter) pro Zeit; Kehrwert der Periode

Geschwindigkeit: Ortsänderung eines Körpers pro Zeit, angegeben als Vektor

Gewichtskraft: Kraft, die ein Gravitationsfeld auf eine Masse ausübt

Gleichstrom: elektrischer Strom, der immer nur in eine Richtung fließt (zum Beispiel aus einer Batterie)

Gleitreibung: Reibung, die der Weiterbewegung eines schon in Bewegung befindlichen Objekts entgegenwirkt

Gravitation: die gegenseitige Anziehung zweier Massen in einem bestimmten Abstand voneinander

Haftreibung: Reibung, die zu überwinden ist, wenn ein ruhender Körper in Bewegung gesetzt werden soll

Harmonische Bewegung: wiederkehrende Bewegung, wobei die Rückstellkraft proportional zur Auslenkung ist

Henry: MKS-Einheit der Induktivität

Hertz: MKS-Einheit der Frequenz, ein Zyklus pro Sekunde

Hohlspiegel (konkaver Spiegel): Spiegel mit nach innen gekrümmter Oberfläche

Impuls: Produkt aus Masse und Geschwindigkeit, angegeben als Vektor

Impulserhaltungssatz: physikalisches Gesetz, demzufolge der Impuls eines Systems sich nicht ändert, solange es nicht von außen beeinflusst wird

Induktivität: Maß für die Fähigkeit einer Spule, auf eine Stromänderung mit einer induzierten Spannung zu reagieren

Inelastischer Stoß: Aufeinandertreffen zweier Objekte ohne Erhaltung der kinetischen Energie

Inertialsystem: Bezugssystem, das selbst nicht beschleunigt wird

Isobar: bei konstantem Druck

Isochor: bei konstantem Volumen

Isotherm: bei konstanter Temperatur

Joule: MKS-Einheit der Energie, Newton mal Meter oder Watt mal Sekunde

Kapazität: Speichervermögen eines Kondensators in Ladung pro Volt

Kelvin: MKS-Einheit der Temperatur; die Kelvin-Skala beginnt am absoluten Nullpunkt

Kilogramm: MKS-Einheit der Masse

Kinematik: Teilgebiet der Mechanik, das die Bewegung von Körpern beschreibt, ohne Kräfte zu berücksichtigen

Kinetische Energie: Energie der Bewegung eines Objekts

Kondensator: elektrisches Bauelement, Ladungsspeicher

Konvektion: eine Form des Wärmetransports durch Bewegung eines Fluids (eines Gases oder einer Flüssigkeit)

Konvexer Spiegel (Wölbspiegel): Spiegel mit nach außen gewölbter Oberfläche

Kraft: Ursache einer Impulsänderung beziehungsweise einer Änderung des Bewegungszustands eines Körpers, angegeben als Vektor

Kraftstoß: Produkt aus der Kraft, die auf einen Gegenstand wirkt, und der Einwirkungsdauer

Latente Wärme: Wärme, die einer Substanz (pro Kilogramm) zugeführt werden muss, um einen Phasenübergang (zum Beispiel von fest zu flüssig) zu bewirken

Leistung: Energieänderung eines Systems pro Zeiteinheit

Leitung: Transport von Wärme oder elektrischem Strom innerhalb eines Stoffs

Magnetfeld: zum elektrischen Feld analoge Beschreibung der Kraftwirkung von Magneten (Permanentmagnete oder bewegte Ladungen beziehungsweise Elektromagnete)

Masse: 1. Trägheit: Widerstand, den ein Gegenstand seiner Beschleunigung entgegensetzt; 2. schwere Masse: Ursache der Gravitationsanziehung zwischen Körpern. Erst mit der allgemeinen Relativitätstheorie wurde geklärt, dass und warum es sich bei beiden Größen um dieselbe Erscheinung handelt.

MKS-System: Maßsystem auf der Grundlage der Einheiten Meter, Kilogramm und Sekunde

Newton: MKS-Einheit der Kraft, Kilogramm mal Meter pro Sekunde^2

Normalkraft: Kraft, die senkrecht zur Oberfläche eines Körpers angreift

Ohm: MKS-Einheit des elektrischen Widerstands

Pascal: MKS-Einheit des Drucks, Newton pro Meter^2

Periode: Zeit, die für einen vollständigen Zyklus eines wiederkehrenden Ereignisses (Schwingung, Umdrehung) benötigt wird; Kehrwert der Frequenz

Photon: Lichtteilchen, Quantum (kleinste Einheit) der elektromagnetischen Strahlung

Polarisation (elektrische): Verschiebung von Ladungen, zum Beispiel innerhalb eines Moleküls

Potenzielle Energie: Energie, die mit der Lage in einem Schwere- oder elektromagnetischen Feld oder mit dem Spannungszustand einer Feder verknüpft ist

Radiant: MKS-Einheit des Winkels. Ein Vollkreis sind 2π (rad), das entspricht $360°$.

RC-Stromkreis: elektrische Schaltung, die einen Widerstand und einen Kondensator enthält

Reelles Bild: Bild, das man fotografieren oder auf einem Schirm auffangen kann

Reihenschaltung: Hintereinanderschaltung elektrischer Bauelemente in einem Stromkreis, sodass alle Elemente nacheinander vom selben Strom durchflossen werden

Resultierender Vektor: Summe mehrerer Vektoren

Sammellinse: Linse, die Lichtstrahlen bündelt

Schwarzer Körper: Körper, der sämtliche einfallende Strahlung absorbiert und dann wieder abstrahlt

Skalar: Ungerichtete Größe; eine Größe mit definierter Richtung ist ein Vektor.

Spezielle Relativitätstheorie: Theorie von Albert Einstein, die das Verhalten von Objekten nahe der Lichtgeschwindigkeit erklärt, beispielsweise die Zeitdilatation und die Längenkontraktion

Spezifische Wärmekapazität: Wärmekapazität einer Substanz pro Kilogramm

Spule: elektrisches Bauelement, das unter anderem als Elektromagnet dient

Standarddruck: $1{,}0 \cdot 10^5$ Pascal, rund eine Atmosphäre

Standardvolumen: 22,4 Liter, Volumen von einem Mol eines idealen Gases bei Standardbedingungen ($1{,}0 \cdot 10^5$ Pascal und 0 Grad Celsius)

Strahlen(verlaufs)diagramm: Konstruktion des Verlaufs von Lichtstrahlen an Linsen oder Spiegeln

Strahlung: Form der Wärmeübertragung, allgemeiner der Energieübertragung in Form elektromagnetischer Wellen

Thermodynamik: Zweig der Physik, der sich mit dem Verhalten der Materie bei Wärmeeinwirkung befasst (»Wärmelehre«)

Trägheitsmoment: Widerstand eines rotierenden Systems gegen eine Winkelbeschleunigung

Unbestimmtheitsprinzip: physikalisches Gesetz, das besagt, dass Impuls und Ort eines Quantenteilchens nicht gleichzeitig beliebig genau messbar sind

Vektor: eine physikalische Größe mit Betrag und Richtung

Virtuelles Bild: Bild, das zwar sichtbar ist, aber nicht fotografiert oder auf einem Schirm aufgefangen werden kann

Volt: MKS-Einheit des elektrostatischen Potenzials, Joule pro Coulomb

Wärmekapazität: Wärmemenge, die erforderlich ist, um die Temperatur eines Objekts um ein Grad zu erhöhen

Wärmeleitfähigkeit: Fähigkeit einer Substanz, Wärme durch Wärmeleitung zu transportieren

Wechselstrom: elektrischer Strom, dessen Flussrichtung sich zeitlich periodisch ändert

Widerstand (elektrischer): Bauelement, das den Stromfluss in einem Stromkreis hemmt

Winkelbeschleunigung: Geschwindigkeitsänderung einer Drehbewegung pro Zeit, angegeben als Vektor

Winkelgeschwindigkeit: Änderung des Drehwinkels pro Zeit, angegeben als Vektor

Zentripetalkraft: Kraft in Richtung des Mittelpunkts einer Kreisbahn, die ein Objekt, das eine Kreisbewegung ausführt, auf dieser Bahn hält

Zerstreuungslinse: Linse, die Lichtstrahlen streut

Zylinderspule: Spule, deren Drahtwindungen alle den gleichen Durchmesser haben

Stichwortverzeichnis

Diese Bücher könnten Sie auch interessieren

W. Kulisch und R. Freudenstein

Physik für Dummies Das Lehrbuch

2. Auflage 2024   **ISBN:** 978-3-527-72004-0

1120 Seiten

Format: 176 mm x 240 mm

Ladenpreis: 39,99 €*

Wollen Sie tiefer in die Physik einsteigen, und das mit verständliche Anleitungen? Dann ist dieses Buch richtig für Sie. Wilhelm Kulisch und Regine Freudenstein erklären Ihnen, was Sie über Physik wissen sollten. Mit Übungsaufgaben können Sie Ihr Wissen auch noch prüfen.

S. Holzner

Übungsbuch Physik für Dummies

3. Auflage 2021   **ISBN:** 978-3-527-71843-6

368 Seiten

Format: 176 mm x 240 mm

Ladenpreis: 20,- €*

Übung macht den Meister? auch in Physik! Mit diesem Buch können Sie Ihr Wissen anwenden, ausbauen und so zuversichtlich der nächsten Prüfung entgegensehen.

O. Klein

Übungsbuch Physik für Mediziner für Dummies

1. Auflage 2022   **ISBN:** 978-3-527-71917-4

272 Seiten

Format: 176 mm x 240 mm

Ladenpreis: 20,- €*

Nicht unbewandert, aber auch nicht firm in Physik? Dann ist dieses Buch die richtige Hilfe für Sie: sicher zur Prüfung mit Übungen und Beispielen zu Mechanik, Thermodynamik, Elektrizitätslehre, Schwingungen und Wellen, Optik und Atomphysik.

*Der €-Preis gilt nur für Deutschland. Preisänderungen und Irrtümer vorbehalten.

Diese Bücher könnten Sie auch interessieren

M. Brandl und S. Viehbeck

Chemie für Dummies

1. Auflage 2024   **ISBN:** 978-3-527-72054-5

368 Seiten

Format: 176 mm x 240 mm

Ladenpreis: 20,- €*

Lernen Sie Atome, Moleküle, das Periodensystem der Elemente und den Ablauf von chemischen Reaktionen kennen. Michael Brandl und Stefan Viehbeck erklären Ihnen gut verständlich und mit vielen Beispielen aus dem Alltag die Grundlagen der Chemie.

M. J. Sterling

Algebra für Dummies

4. Auflage 2023   **ISBN:** 978-3-527-72094-1

416 Seiten

Format: 176 mm x 240 mm

Ladenpreis: 22,- €*

Spannend ist anders. So denken viele über Algebra. Sie ist bestenfalls ein notwendiges Übel. »Algebra für Dummies« führt die Leser auf amüsante und leichte Art in die Welt der Gleichungen und Terme ein und zieht dem mathematischen Schrecken die Wurzel.

M. Felleisen

Elektrotechnik für Dummies. Das Lehrbuch

1. Auflage 2024   **ISBN:** 978-3-527-72026-2

928 Seiten

Format: 176 mm x 240 mm

Ladenpreis: 38,- €*

Dieses Buch ist eine ausführliche Einführung in die Elektrotechnik. Neben den Grundlagen erfahren Sie auch, was Sie über magnetische Felder, Wechselstromtechnik und viele mehr wissen sollten. Mit Übungsaufgaben und Lösungen können Sie Ihr Wissen testen und festigen.

*Der €-Preis gilt nur für Deutschland. Preisänderungen und Irrtümer vorbehalten.